Métamorphoses animales

Transitions écologiques

Jacques Hourdry, Pierre Cassier
Jean-Loup d'Hondt, Maurice Porchet

MÉTAMORPHOSES ANIMALES

Transitions écologiques

COLLECTION MÉTHODES
HERMANN, ÉDITEURS DES SCIENCES ET DES ARTS

JACQUES HOURDRY est professeur de Biologie animale à l'Université de Paris-Sud (Orsay). Ses travaux sont centrés sur le développement post-embryonnaire des amphibiens et le contrôle de celui-ci.

PIERRE CASSIER est professeur de Biologie animale à l'Université Pierre-et-Marie-Curie (Paris VI). Ses travaux portent essentiellement sur la cytologie et l'endocrinologie des insectes au cours de leur développement.

JEAN-LOUP d'HONDT est directeur de recherche au CNRS (Muséum national d'histoire naturelle) et Secrétaire général de la Société zoologique de France. Ses recherches concernent le développement, la biosystématique et l'écophysiologie des bryozoaires.

MAURICE PORCHET est professeur de Biologie animale à l'Université des sciences et technologies de Lille. Spécialiste de la reproduction et du développement des invertébrés marins, ses travaux concernent plus particulièrement l'endocrinologie des annélides.

Les auteurs remercient M. Descamps (Université des sciences et technologies de Lille), D. Doumenc et C. Lévi (Muséum national d'histoire naturelle, Paris), C. Emig (Station marine d'Endoume, Marseille), L. Fenaux (Observatoire océanologique de Villefranche-sur-Mer), C. Nielsen (Zoologisk Museum, Copenhague), E. Southward (Plymouth Marine Laboratory), J. Tardy (Université de La Rochelle) et G. Vernet (Université de Reims) pour les informations transmises et les critiques constructives de certains chapitres.

Ils remercient également D. Guillaumin (Microscopie électronique, Université Paris VI) ainsi que L. Martini (Muséum national d'histoire naturelle, Paris) qui ont réalisé plusieurs des photographies illustrant l'ouvrage.

Ouvrage publié avec le concours du Ministère de l'Enseignement supérieur et de la Recherche (DIST)

ISBN 2 7056 6264 2

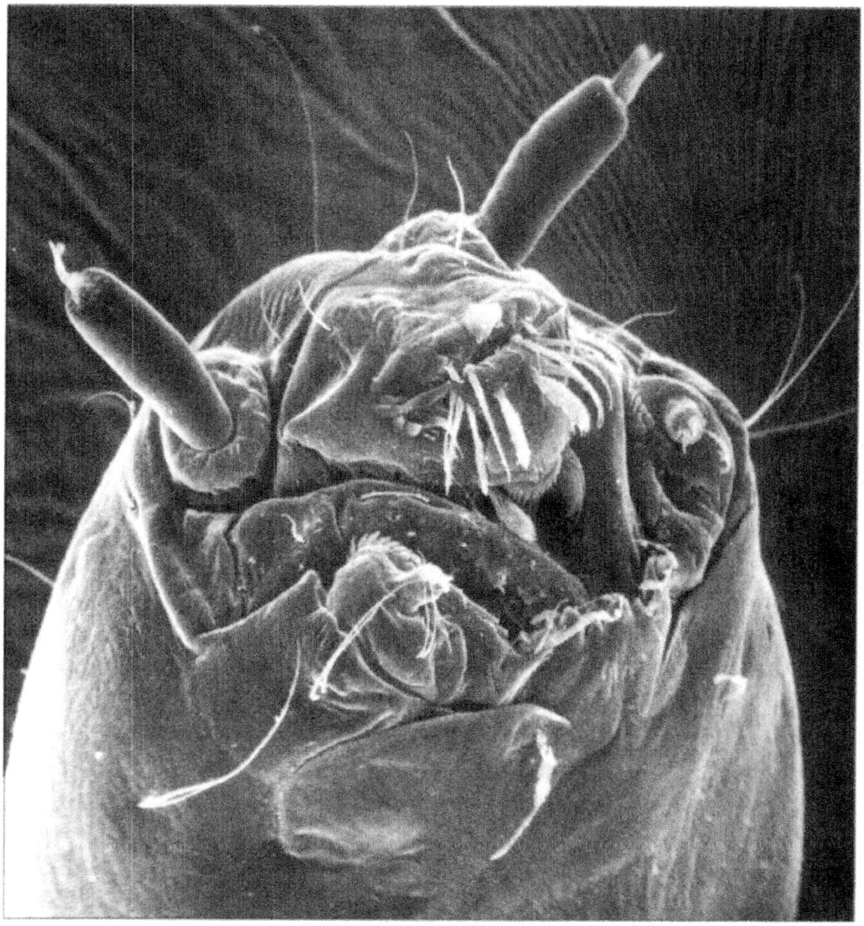

Larve de chironome *(Chironomus tentans)*. Vue ventrale de l'extrémité céphalique. Microscopie électronique à balayage (grandissement x 50).
(Cliché D. Guillaumin, Laboratoire de microscopie électronique CNRS – Université Paris VI.)

sante mouche, la métamorphose de la larve *cypris* qui va envahir le corps du crabe enragé ? Peut-on réellement parler de métamorphose pour le ver polychète qui, d'un état juvénile à un état sexué, gagne le milieu marin pour un voyage de noce sans retour ? Et si l'on répond positivement à cette question, doit-on abandonner le mythe de l'irréversibilité de la métamorphose, plaider pour la pluralité : de la larve trochophore pélagique au ver benthique, du ver atoque au ver épitoque. Que dire alors des hypermétamorphoses ?

La diversité est certainement trompeuse. Dans les divers cas cités, à la faveur de bouleversements plus ou moins marqués de l'organisation corporelle, la métamorphose se traduit par un changement radical du mode et/ou du milieu de vie, avant ou après une phase de croissance post-embryonnaire. L'association de la métamorphose et de la puberté est exceptionnelle. L'acquisition de la maturité sexuelle intervient généralement après la métamorphose, au terme d'une période de croissance somatique plus ou moins longue selon les espèces. Les diverses questions qui touchent à la définition de la métamorphose, à ses limites, aux données temporelles, sont abondamment développées dans l'introduction générale de l'ouvrage. Le détail des modalités caractéristiques des grands types de métamorphose, de leur déterminisme exogène et endogène, est envisagé à la faveur de thèmes majeurs :

– la sortie des eaux douces et le passage en milieu terrestre. Les principales transformations liées à la métamorphose ont été envisagées chez les amphibiens. Une place particulière a été accordée aux changements osmorégulateurs et aux mécanismes qui conduisent le juvénile à économiser l'eau en milieu terrestre ;

– les migrations entre le milieu marin et les eaux douces ont été analysées chez les poissons (anguilles, saumons) et les cyclostomes (lamproies). Le passage d'un milieu hypertonique (eau de mer) à un milieu hypotonique (eaux douces) implique une inversion des mécanismes osmorégulateurs ;

– en milieu terrestre, le changement de biotope a été envisagé chez les insectes. Les transformations de tous ordres caractéristiques de la nymphe et les nouveaux modes de vie acquis par les imagos sont décrits ;

– le passage d'un domaine marin à un autre est l'apanage de nombreux invertébrés ; leurs larves pélagiques se disséminent avec efficacité. Les juvéniles issus de la métamorphose gagnent le fond (domaine benthique), où ils se fixent, se déplacent ou s'enfouissent. Les modifications de l'organisation et les adaptations correspondantes sont analysées .

La réorientation du plan d'organisation suppose un contrôle par des facteurs externes et/ou par un jeu d'hormones. Le déterminisme endocrinien des métamorphoses, les mécanismes d'action des hormones ont été dégagés dans quelques cas, en prélude à l'acquisition d'un métabolisme nouveau par les cellules qui se différencient. Lorsque les animaux migrent entre la mer et les eaux douces (cas de poissons...) ou sortent des mares (cas des amphibiens), certaines hormones exercent plus spécifiquement leur action sur l'équilibre hydrominéral. Une telle corrélation entre l'endocrinologie et les transitions écologiques a pu être approfondie.

Il est patent que les divers embranchements qui composent le monde animal n'ont pas connu, quant à l'analyse des modalités et du contrôle de leurs métamorphoses, le même développement. Certains cas ont été analysés jusqu'au niveau moléculaire (amphibiens, poissons migrateurs, annélides, insectes, crustacés) ; d'autres, moins favorables aux plans expérimental et biochimique, n'ont bénéficié que d'approches descriptives. Cette disparité ne permet pas une présentation chronologique, conforme à l'histoire du monde vivant et à la colonisation des biotopes : du milieu marin au milieu terrestre. Il a semblé plus logique et plus instructif d'adopter un ordre décroissant quant au niveau d'étude : les amphibiens, les poissons migrateurs, les insectes examinés en priorité ayant bénéficié des recherches les plus approfondies.

La métamorphose disjoint dans le temps et l'espace, larves et imagos dont les niches écologiques se distinguent nettement. La vie larvaire est dominée par les divers aspects de la vie végétative (croissance) et permet en général la dissémination de l'espèce, les imagos en assurant la reproduction. Cet avantage écologique pour l'espèce a un prix : la métamorphose, processus complexe, se solde par la perte de nombreuses individualités mais divers processus de compensation sont apparus, restreignant l'incidence ou induisant la disparition de la métamorphose. Une question se pose dès lors : le développement direct est-il un développement à métamorphose masquée ? Chez les annélides, par exemple, ce mode de développement caractérise les oligochètes et les hirudinées, qui ont respectivement colonisé les sols et les eaux douces, alors que les polychètes, essentiellement marins, conservent en majorité un développement à métamorphose. Certaines modalités de ce développement direct ont été exposées. Chez les espèces néoténiques paedogénétiques, une reproduction à l'état larvaire peut court-circuiter la métamorphose. Des modes de vie singuliers comme le parasitisme peuvent également modifier le déroulement du phénomène.

Face à cet ensemble de développements différents, on a souhaité dégager les lignes de force qui président à l'évolution de la métamorphose dans les divers groupes zoologiques. Une signification phylogénétique ou écophysiologique a été recherchée.

Les métamorphoses sont directement impliquées dans les transitions écologiques et l'acquisition d'autres modes de vie, en fonction des nouvelles adaptations qui s'installent. Par ailleurs, les métamorphoses ont permis d'associer les niveaux réductionnistes de la biologie moléculaire et intégratifs de la biologie des organismes. Sur le plan phylogénétique même, elles ont pu, notamment, souligner certaines affinités d'embranchements. Ces quelques réflexions ont motivé la rédaction d'un tel ouvrage qui se veut résolument synthétique et pluridisciplinaire, s'articulant sur deux mots-clés : métamorphose et adaptations.

Table

Introduction

Après une phase de développement embryonnaire à l'abri des membranes d'un œuf, soit dans le milieu extérieur, soit dans un organe du géniteur (incubation ou gestation), se produit l'éclosion ou la naissance. Le jeune animal, lorsqu'il prend contact avec le milieu extérieur, tantôt ressemble à ses géniteurs, et son identité est évidente (cobaye, poussin, écrevisse, escargot...), il est alors sous forme juvénile ; tantôt il en est très différent, au point que les systématiciens, lors de sa découverte, ont pu hésiter ou même faire erreur sur son appartenance à une espèce, voire à une classe. Ce fait n'avait pas échappé à Linné qui avait appelé de telles formes *larva*, ce qui veut dire masqué, dissimulé. Pour les formes juvéniles, les modifications quantitatives dues à la croissance sont prépondérantes sur les modifications qualitatives dues à la morphogenèse, la plupart des caractères définitifs étant, à la naissance ou à l'éclosion, ébauchés ou déjà visibles. C'est le développement direct.

Pour les larves, au contraire, au cours du développement, les modifications qualitatives prédominent avec apparition, par à-coups, de caractères qui permettront de classer sûrement l'animal. Dans la majorité des cas, les larves grandissent en conservant leurs caractères initiaux puis, arrivées à un stade, à un âge appropriés, elles en changent rapidement et acquièrent ceux de la forme définitive, image (imago* de Linné) fidèle de l'espèce et reproductrice à plus ou moins longue échéance : c'est la métamorphose telle que la définissent les biologistes – changement irréversible, généralement indispensable à l'épanouissement de l'individu et à l'achèvement de son cycle vital. Elle est caractéristique des organismes à développement indirect.

La métamorphose (étymologiquement : forme secondaire, changement de forme) est en réalité un processus complexe, concentré sur une période relativement courte, qui survient au cours du développement post-embryonnaire de nombreux animaux aquatiques et terrestres. Elle comporte des processus constructifs (élaboration de tissus et d'organes propres à l'imago), des processus régressifs (lyse de tissus et d'organes larvaires), des remaniements d'importance relative variable. Certaines métamorphoses aboutissent à des imagos régressés par rapport aux larves, notamment chez des espèces parasites ou fixées ; elles sont dites métamorphoses régressives. Dans le cas contraire, elles sont qualifiées de progressives.

---

*Il faut préférer le mot imago à celui d'adulte, qui désigne un organisme apte à la reproduction. Normalement et étymologiquement, l'adulte est celui qui ne grandit plus *(adultus)*, contrairement à l'adolescent *(adulescens)* qui est en phase de croissance. Chez certains animaux (insectes), la reproduction survient dès la métamorphose ou peu après, alors que la taille maximale est atteinte, mais les deux processus sont indépendants. Chez les amphibiens, les reptiles, les poissons, les crustacés, la croissance se poursuit avant et après la reproduction.

Pour spectaculaires qu'ils soient, les critères structuraux ne définissent pas seuls la métamorphose qui, le plus souvent, est accompagnée par un changement du milieu de vie (critère écologique) mais aussi du mode de vie (critère éthologique). La reconnaissance d'un développement indirect, à métamorphose, implique celle d'au moins l'un de ces deux critères.

La réalisation de la métamorphose, l'acquisition de l'organisation caractéristique de l'adulte ne sont pas nécessairement accompagnées de l'acquisition des fonctions caractéristiques de l'adulte, notamment de l'aptitude à la reproduction. La maturité sexuelle survient plus ou moins longtemps après la métamorphose, souvent au terme d'une phase de croissance somatique. Dans quelques cas, elle survient avant la métamorphose, qui peut d'ailleurs être escamotée chez des organismes dont les caractères larvaires persistent. Dans ces cas, la reproduction sexuée implique la participation de deux partenaires sexuels (néoténie) ou s'effectue selon le mode parthénogénétique.

En règle générale, les processus morphogénétiques de la métamorphose se déroulent sur une période relativement courte. Ce paramètre "temps" n'est pas absolu et il est souvent difficile de définir le moment où la métamorphose commence et celui où elle finit. Chez de nombreuses espèces, la réalisation de la métamorphose, l'acquisition des caractéristiques structurales imaginales est progressive ; elle se fait par étapes, à la faveur de crises physiologiques ou de mues successives, mais est accompagnée au moins d'un changement de mode de vie, voire de milieu de vie : tel est le cas des crustacés (passage de la vie pélagique à la vie benthique, vagile ou sédentaire).

La modification des caractères structuraux, éthologiques et écologiques, réalisée à la faveur de la métamorphose, est associée à de profonds bouleversements biochimiques et cellulaires (différenciation, multiplication cellulaire, mort cellulaire programmée ou apoptose), qui traduisent l'activation de nouveaux systèmes géniques. Exception faite des tâches "ménagères", le passage de la vie larvaire à la vie imaginale marque vraisemblablement le passage d'un programme génique larvaire à un nouveau programme génique imaginal, ce qui pose, au plan de la régulation, le problème des modalités des phénomènes de répression-dérépression géniques. Larves et adultes sont en réalité des mosaïques et le développement indirect des organismes à métamorphose n'est que l'expression d'un polymorphisme séquentiel.

La métamorphose est un processus complexe, ordonnancé par les facteurs de l'environnement, contrôlé par un ensemble de facteurs internes, neurohormonaux et hormonaux, dont la connaissance est inégale selon les groupes zoologiques. Le coût énergétique est élevé et se solde souvent par la mort de nombreux individus. Il faut donc s'interroger sur la valeur adaptative de la métamorphose, son avantage quant à la survie et même l'évolution des espèces. Il est classique d'affirmer qu'en disjoignant dans le temps et dans l'espace les besoins et fonctions des larves et des imagos correspondants, la métamorphose limite la compétition intraspécifique. La réalité est peut-être autre et il faut souligner la complémentarité, quant à la survie de l'individu et de l'espèce, des phases larvaire et imaginale. La phase larvaire, souvent de longue durée, est en principe caractérisée par la prévalence des fonctions de nutrition et par la croissance somatique. Elle permet généralement la dissémination de l'espèce ; par ailleurs, grâce à l'accumulation de matériaux plastiques et énergétiques, elle prépare la morphogenèse de l'imago, dont l'activité est, à plus ou moins long terme, dévolue à la fonction de reproduction, donc à la pérennité de l'espèce. La dissémination et la pérennité des espèces sont assurées respectivement par les larves et les adultes des organismes à développement indirect. Elles sont le fait des seuls adultes chez les organismes à développement direct qui ne colonisent qu'un seul biotope.

La métamorphose est-elle, dans la vie d'une espèce, un phénomène unique ? L'application simple des éléments caractérisant ce phénomène (changement d'organisation, de milieu ou de mode de vie) conduit à répondre négativement à cette question. Au cours de son cycle vital, un individu peut présenter plusieurs formes, associées à des changements de milieu et de mode de vie. Tel est le cas d'organismes parasites subissant des "hypermétamorphoses" ou d'organismes libres, tels les annélides polychètes, dont l'épitoquie est une métamorphose secondaire, pubertaire, qui, par un retour au milieu originel, permet la reproduction, caractéristique de la phase adulte.

La métamorphose n'est qu'un thème de l'évolution ; elle témoigne d'un processus de convergence, réponse à une situation écologique contraignante. Elle est apparue, au cours de l'évolution du monde animal, à des époques variées, dans des groupes zoologiques sans parenté phylétique directe. Si elle limite la compétition intraspécifique, elle permet, soit par le changement de milieu, soit par le changement du mode de vie, d'élargir pour l'espèce considérée la surface des aires exploitables, la gamme des biotopes colonisables, la diversité des ressources alimentaires disponibles. Sa valeur adaptative est donc indéniable ; elle a permis la colonisation de nouveaux milieux, l'expansion des espèces ; mais le prix à payer pour ce succès évolutif est la disparition d'un nombre important d'individualités.

Au-delà de cette acquisition de la métamorphose drastique, des mécanismes compensatoires ont pu être sélectionnés et soulignent les étapes d'un phénomène de tachygenèse. Les processus de la métamorphose, de plus en plus précoces, peuvent être cantonnés à la phase intraovulaire du développement qui, en première analyse, revêt les caractéristiques d'un développement direct. Néanmoins, une analyse attentive révèle cette métamorphose qui, pour l'espèce considérée, est un atavisme du phylum et de son évolution.

La métamorphose est un phénomène très répandu dans le monde animal (tabl. I).

Les insectes, par la diversité des espèces (plus d'un million d'espèces recensées), le nombre des individus, jouent dans la biosphère un rôle majeur, qu'ils aient à l'égard de l'homme, de ses activités et de ses

Tableau I : Types de formes larvaires.

Phylum	Classe	Forme larvaire
Spongiaires		*amphiblastula*
Cnidaires		*planula*
Plathelminthes	turbellariés polyclades	larve de Müller
	trématodes	*miracidium*, cercaire, rédie sporocyste
	cestodes	oncosphère
Némertes		*pilidium*
Bryozoaires	ectoproctes	cyphonaute
Annélides		trochophore
Mollusques		trochophore, véligère
Arthropodes	crustacés	*nauplius* (entomostracés) *zoe* (malacostracés)
	insectes	larves variées
Échinodermes		*pluteus, bipinnaria, auricularia*
Hémichordés		*tornaria*
Urochordés		têtard
Céphalochordés		larve d'amphioxus
Vertébrés	agnathes-cyclostomes	ammocète
	poissons téléostéens	leptocéphale, parr
	amphibiens	têtard

productions, un rôle néfaste (déprédateurs, vecteurs de germes pathogènes) ou bénéfique (pollinisateurs, décomposeurs, etc.). Néanmoins, les insectes sont des invertébrés atypiques. En effet, la majorité des phylums d'invertébrés sont marins, quelques-uns ont des représentants dulcicoles ou terrestres ; beaucoup sont sessiles à l'état imaginal, ou mènent une vie sédentaire (fouisseurs, tubicoles). Au plan de la stratégie de reproduction, ces invertébrés aquatiques ont des formes larvaires libres qui assurent la dispersion de l'espèce et le choix de l'habitat imaginal. Les insectes sont essentiellement des organismes terrestres depuis le dévonien et les formes actuelles disposent d'adultes ailés, mobiles. En conséquence, les larves des insectes ont un rôle radicalement différent, puisque la sélection de l'habitat et la dispersion sont le fait des imagos.

Chez les invertébrés marins, les larves planctoniques sont soit lécithotrophes (elles utilisent leur vitellus pour couvrir leurs besoins énergétiques), soit planctonotrophes (elles vivent aux dépens d'autres organismes planctoniques). Il n'existe pas d'équivalent des larves lécithotrophes chez les insectes, ce qui peut être mis en relation avec leur rôle quant au développement et non à la dispersion ou à la sélection de l'habitat. Les adultes de nombreux phylums peuvent incuber extérieurement les jeunes, de sorte que les stades larvaires sont soit réduits soit éliminés ; d'autres encore, y compris de nombreuses espèces d'insectes, montrent à divers degrés une tendance à la viviparité. Des espèces étroitement apparentées peuvent présenter des modalités de développement très différentes pour des raisons le plus souvent obscures. En terme de fécondité, les espèces présentant de longs stades larvaires planctonotrophes produisent un grand nombre de descendants (stratégie R). En revanche, les espèces vivipares n'en produisent qu'un nombre réduit (stratégie K), mais il est difficile d'apprécier l'effort énergétique parental, qu'il s'agisse d'élaborer un très grand nombre d'œufs plus ou moins alécithes ou un petit nombre d'œufs abondamment pourvus en vitellus. De même, il est difficile de corréler investissement énergétique parental et succès de la reproduction, ou potentiel biotique (nombre d'adultes survivants de la génération suivante). Mais la perte considérable d'individualités chez les larves planctonotrophes doit être compensée par les avantages de la dispersion, l'aptitude à coloniser de nouveaux habitats, d'accroître la diversité génétique, l'aire géographique.

Exception faite de quelques espèces, la fécondité des insectes n'est jamais comparable à celle de nombreux invertébrés marins, sessiles ou sédentaires. Ce fait est également corrélé au rôle majeur des adultes quant à la dispersion et au choix de l'habitat.

En dépit des profondes différences existant entre les larves et les insectes adultes, comparés aux larves et aux adultes des autres invertébrés, la métamorphose reste le phénomène qui assure le passage d'une forme à l'autre ; bien des similitudes existent entre ces deux catégories d'invertébrés et il est possible de les décrire selon les mêmes termes quant aux modalités et au déterminisme, même si pour les différents groupes, le niveau de connaissance n'est pas comparable. Les métamorphoses dites "traumatiques" de la majorité des invertébrés sont comparables à celles des insectes holo- et hémimétaboles.

La métamorphose peut prendre une allure plus ou moins dramatique selon le laps de temps au cours duquel elle se déroule, l'importance des changements d'habitat, de physiologie, qui accompagnent le passage larve-imago, de même que l'importance des transformations qui assurent le passage tissus larvaires-tissus imaginaux. Tout dépend des différences quant à l'adaptation des larves d'une part, des adultes d'autre part. Les tissus larvaires peuvent être totalement éliminés, simplement remaniés ou ne présenter que peu de modifications, au point d'assimiler la métamorphose à un simple processus de croissance et différenciation. En apparence, il existe plusieurs types de métamorphoses ; il en est ainsi chez les insectes, ce qui traduirait la diversité et l'adaptabilité du phylum des arthropodes.

Larve de discoglosse *(Discoglossus pictus)* en métamorphose.
(Grandissement 5 X.)
(Cliché J. Hourdry, Laboratoire de biologie du développement des vertébrés inférieurs, Université de Paris XI, Orsay.)

CHAPITRE 1

Sortie des eaux douces chez les amphibiens en métamorphose

L'eau est inséparable de la vie chez les amphibiens, comme chez les autres métazoaires. Leur passage de l'habitat aquatique au milieu terrestre a donc constitué un problème majeur, résolu par la métamorphose, qui infléchit l'organisation de l'animal et le prépare à quitter les mares pour gagner les berges.

Chez les anciens amphibiens du dévonien, comme le stégocéphale *Ichthyostega*, l'organisation montrait à la fois des caractères de poisson et de tétrapode terrestre. Un tel animal, qui possédait une nageoire caudale, des pattes et une respiration aérienne, vivait probablement dans des marécages et était aussi à l'aise dans l'eau que sur terre. Chez les amphibiens actuels, l'infléchissement de l'organisation, qui prépare une migration en milieu terrestre, a pu être analysé aux niveaux d'intégration morpho-anatomique, cytologique mais aussi biochimique, et corrélé aux modifications d'ordre fonctionnel qui s'installent alors.

1. Transformations accompagnant la sortie des eaux douces

1.1. Acquisition d'un autre mode de locomotion

Les larves des amphibiens sont caractérisées par la présence d'une queue bien développée, à rôle natatoire. La régression de cet organe est l'événement le plus spectaculaire de la métamorphose chez les anoures, au point de définir l'ordre (*an oura* : sans queue). Cette disparition et l'allongement des membres adaptent les anoures métamorphosés au saut, lors du passage de l'habitat aquatique au milieu terrestre (fig. 1.1). Chez les urodèles, les remaniements des organes locomoteurs sont plus discrets.

1.1.1. LA QUEUE, ORGANE NATATOIRE CHEZ LES LARVES AQUATIQUES EN PRÉMÉTAMORPHOSE

La queue des larves d'amphibiens comprend un axe charnu et une nageoire membraneuse, s'insérant dorsalement et ventralement (fig. 1.2).

Figure 1.1 : Développement larvaire du discoglosse *(Discoglossus pictus).*
A, prémétamorphose ; B-D, climax.
Les membres se développent et la queue régresse.
(Clichés Hourdry.)

Par ses ondulations rythmiques, la queue a une fonction propulsive essentielle. La nage est particulièrement rapide lorsque l'organe est très développé et possède une musculature puissante, comme chez *Astylosternus* ou *Leptodactylodon*. Les ondulations caudales sont contrôlées par l'activité de deux motoneurones géants (neurones de Mauthner), dont les axones empruntent le trajet de la moelle épinière. Ces motoneurones favorisent une fuite immédiate en cas de stimulation sonore ou mécanique. Les influx sensitifs sont transmis par l'intermédiaire des nerfs stato-acoustiques.

Le degré d'aération de l'eau conditionne l'endurance des larves. En milieu bien oxygéné, les têtards peuvent disposer d'une énergie

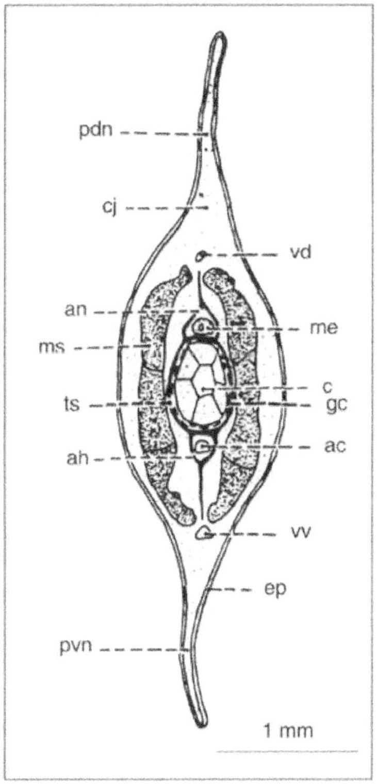

Figure 1.2 : Coupe transversale de la queue chez le têtard en prémétamorphose de *Discoglossus pictus* : vue générale.
ac, artère caudale ; ah, arc hémal ; an, arc neural ; c, chorde ; cj, tissu conjonctif ; ep, épiderme ; gc, gaine chordale ; me, moelle épinière ; ms, muscle strié ; pdn, partie dorsale de la nageoire ; pvn, partie ventrale de la nageoire ; ts, tissu squelettogène ; vd, veine dorsale ; vn, veine ventrale.
(Clichés Pouyet.)

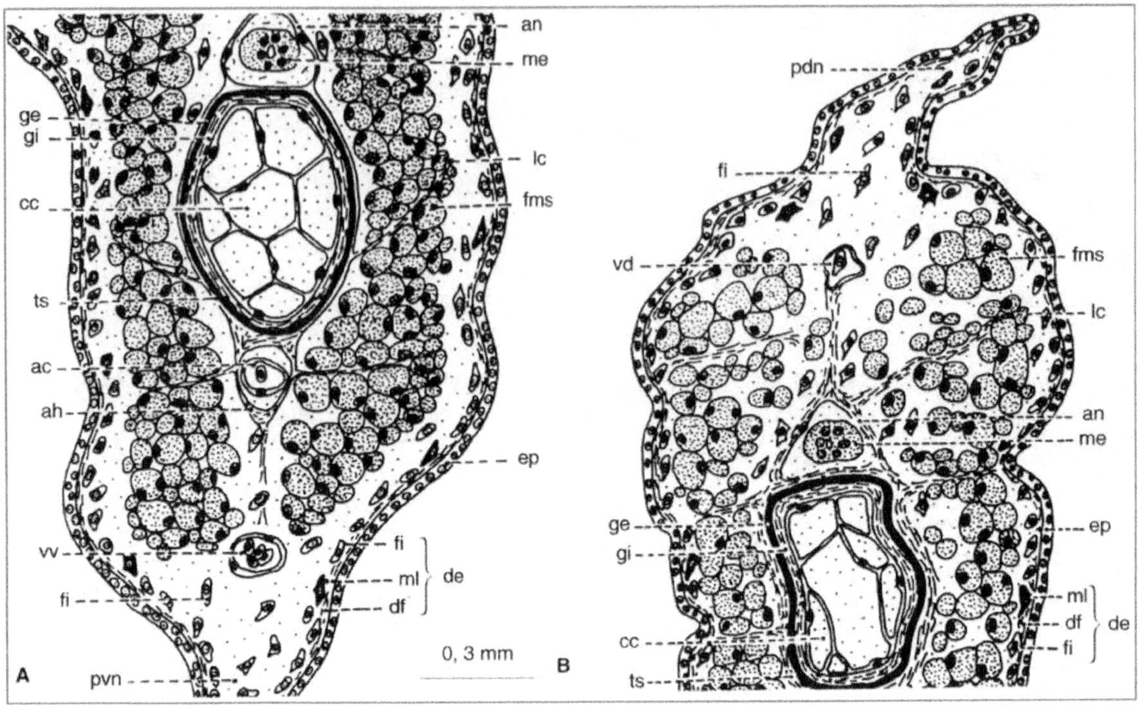

Figure 1.3 : Coupe transversale de la queue chez le têtard d'*Alytes obstetricans*.
A, prémétamorphose. B, climax de la métamorphose. L'altération de la queue est reflétée par un amenuisement de la nageoire, un plissement des gaines chordales externe et interne (ge, gi) et une individualisation des fibres musculaires striées (fms).
ac, artère caudale ; ah, arc hémal ; an, arc neural ; cc, cellule chordale vacuolisée ; de, derme ; df, derme fibreux ; ep, épiderme ; fi, fibroblaste ; lc, lame conjonctive ; me, moelle épinière ; ml, mélanophore ; pdn, partie dorsale de la nageoire ; pvn, partie ventrale de la nageoire ; ts, tissu squelettogène ; vd, veine dorsale ; vv, veine ventrale.
(Clichés Pouyet.).

chimique suffisante, fournie sous forme d'ATP par le catabolisme respiratoire, et se fatiguent peu. En eau peu oxygénée, l'énergie chimique est moindre et provient du seul catabolisme anaérobie (fermentation lactique) ; les animaux deviennent alors incapables d'un effort de propulsion soutenu, fortement endoénergétique.

1.1.2. RÉGRESSION DE LA QUEUE LORS DE LA MÉTAMORPHOSE DES ANOURES

La dégénérescence de la queue et sa disparition caractérisent le paroxysme de la métamorphose (climax) et sont réalisées en moins de deux semaines. À l'œil nu, les premiers signes de l'altération sont reflétés par l'amincissement de la nageoire et le noircissement de l'extrémité caudale, imputable à une accumulation de cellules pigmentaires (mélanophores). Tous les tissus de la queue subissent une altération. La moelle épinière, la chorde et l'épiderme sont le siège d'une autolyse : les constituants cellulaires sont séquestrés dans des lysosomes (vacuoles autophagiques), où

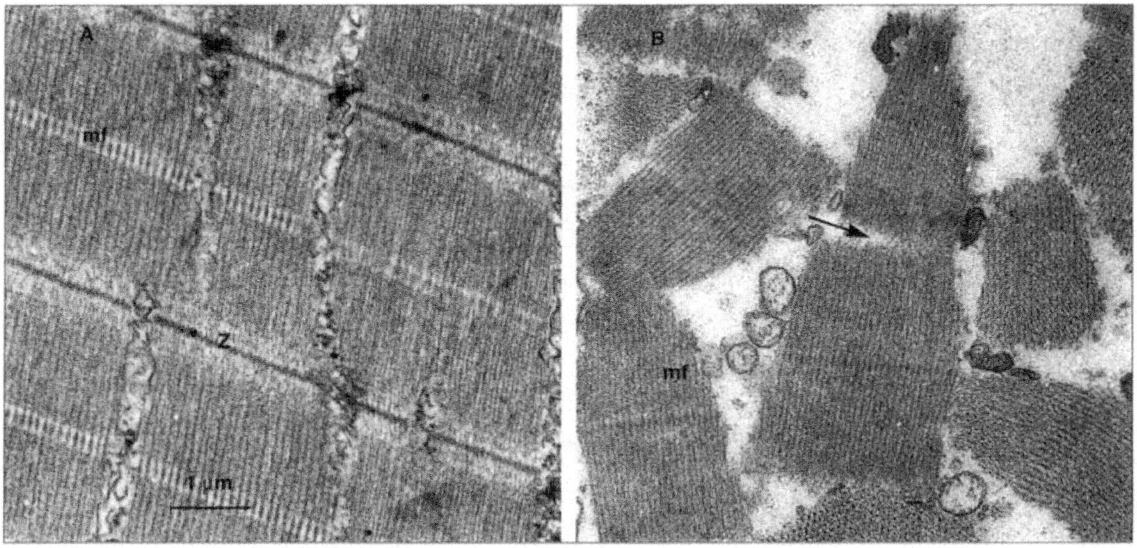

Figure 1.4 : Tissu musculaire strié caudal chez le têtard du crapaud-accoucheur *(Alytes obstetricans)*.
A, prémétamorphose. B, climax.
Les stries Z (Z) sont rompues lors du climax (flèche), ce qui entraîne la fragmentation des myofibrilles (mf).
(Cliché Pouyet.)

ils sont digérés par l'intervention d'hydrolases (cathepsines, nucléases...). Les fibres musculaires se rétractent et s'individualisent, en provoquant une déformation de la queue (fig. 1.3). Les myofibrilles se fragmentent, les myofilaments d'actine et de myosine perdent leur orientation (fig. 1.4). Ces processus entraînent l'apparition de masses arrondies renfermant des paquets de myofibrilles morcelées. Une actinase et une myosinase provoqueraient ces altérations.

Les premières recherches relatives à la régression caudale ont souligné l'existence de processus phagocytaires (fig. 1.5). Les fibroblastes caudaux subissent une activation métabolique et deviennent capables d'absorber des fragments cellulaires, puis de les digérer totalement grâce aux hydrolases lysosomales que contiennent leurs vacuoles digestives. Les activités de ces enzymes s'élèvent par conséquent dans des homogénats de queue en régression (fig. 1.6). Par la hyaluronidase qu'ils sécrètent aussi, les fibroblastes liquéfient partiellement les espaces conjonctifs et se rapprochent plus aisément des foyers d'altération.

1.1.3. LOCOMOTION CHEZ LES ANOURES MÉTAMORPHOSÉS

1.1.3.1. Adaptation au saut

Cette adaptation est permise par une croissance spectaculaire des membres postérieurs. Ceux-ci demeurent à l'état de bourgeons externes jusqu'à la métamorphose, mais ils s'allongent rapidement au début du

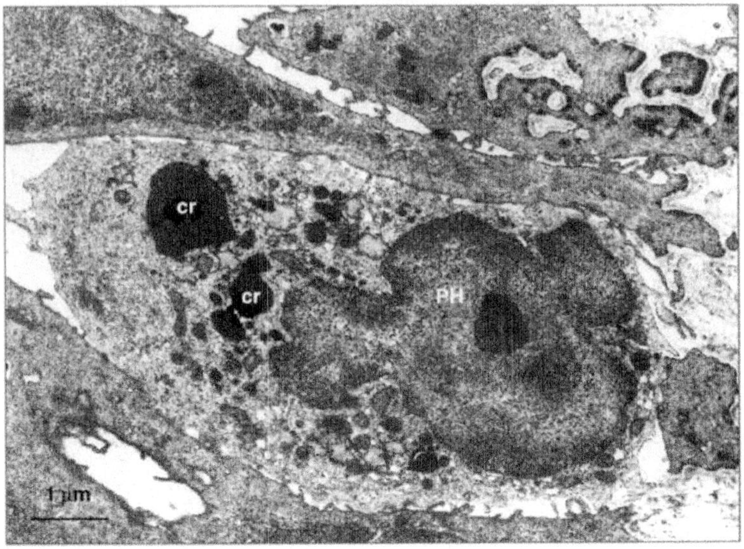

Figure 1.5 : Queue en dégénérescence de têtard d'*Alytes obstetricans* en métamorphose : phagocyte (PH) infiltré entre les cellules épidermiques. Le matériel absorbé par cette cellule est digéré dans des vacuoles hétérophagiques, qui se transforment rapidement en corps résiduels (cr) opaques aux électrons.
(Cliché Pouyet.)

phénomène, en prélude à l'acquisition d'un mode de locomotion saltatoire. L'adaptation au saut est favorisée par une déformation de la ceinture pelvienne, qui reporte très en arrière la cavité cotyloïde où s'articule la tête du fémur. Un corps plus ramassé, que charpente une colonne vertébrale relativement courte, facilite également l'adaptation au saut. Les membres antérieurs sont utilisés pour la réception au sol. Ils se développent dans les cavités branchiales, dont ils émergent au cours du climax.

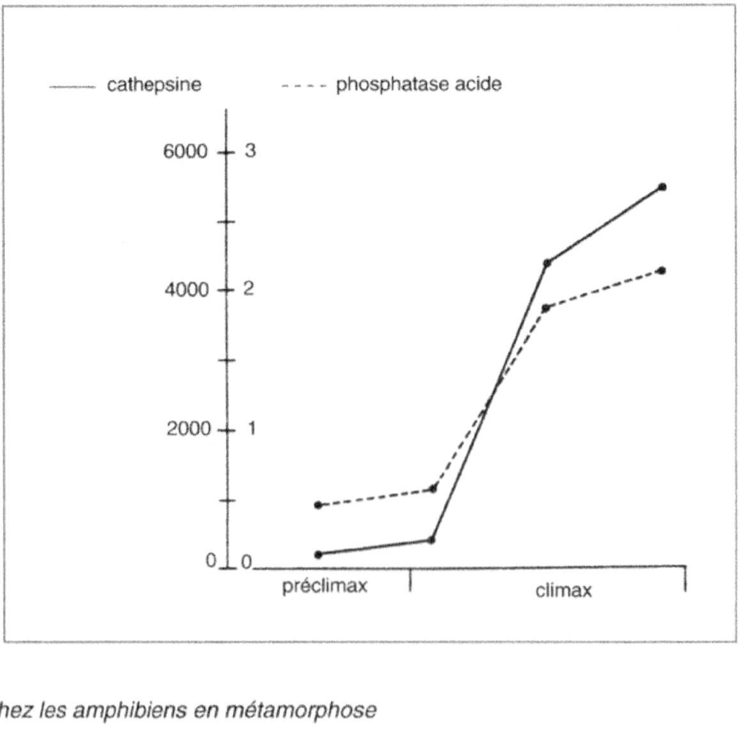

Figure 1.6 : Activités spécifiques de deux hydrolases lysosomales, la phosphatase acide et la cathepsine, dans la queue de la larve de *Xenopus laevis* en métamorphose. Les activités sont déterminées à 37 °C, à partir d'homogénats, et rapportées à 1 mg d'azote tissulaire. Elles sont exprimées en mg de caséine hydrolysée par heure (cathepsine) ou en micromoles d'un substrat chromogène hydrolysé par heure, le paranitrophénylphosphate de sodium (phosphatase acide).
(D'après Weber 1976.)

Lorsque les animaux retournent à l'eau, pour se reproduire ou échapper à un prédateur, les brusques détentes des pattes postérieures entraînent une nage très active, favorisée par la palmure qui unit les orteils.

1.1.3.2. Ossification du squelette

Au moment de la métamorphose, le remodelage du squelette est associé à une ossification significative, qui implique une modification du métabolisme calcique et un dépôt de phosphates et de carbonate de calcium dans le squelette.

Le calcium squelettique provient des deux sacs endolymphatiques et des sacs crayeux du têtard. Chaque sac endolymphatique résulte du développement du canal endolymphatique apparu au niveau de l'oreille interne. Chez le têtard en métamorphose, ces sacs s'insinuent entre le crâne et le cerveau et s'étendent dans le canal rachidien. Les sacs crayeux sont des diverticules latéraux du système endolymphatique, qui saillent aux points d'émergence des nerfs rachidiens. Sacs endolymphatiques et crayeux renferment de minuscules concrétions de calcaire (aragonite). Au moment de la métamorphose, ces dépôts sont en grande partie résorbés, et le calcium mobilisé contribue à l'ossification du squelette.

L'ossification du squelette du têtard est favorisée par les hormones thyroïdiennes, comme on peut le constater lors d'une métamorphose induite. Le métabolisme calcique est également contrôlé par les corps ultimobranchiaux. Ces corps favorisent l'accumulation du calcaire dans les sacs endolymphatiques et crayeux du têtard, condition nécessaire à une bonne ossification lors de la métamorphose.

1.1.3.3. Incidences de la maturation du système nerveux sur la locomotion en milieu terrestre

Le nouveau comportement locomoteur des anoures métamorphosés est favorisé par la maturation du cervelet. Les cellules de Purkinje et les cellules granulaires augmentent en nombre dans cet organe. De plus, l'arborisation dendritique très dense acquise par les cellules de Purkinje et la migration des cellules granulaires favorisent la mise en place de nombreuses synapses (fig. 1.7 & 1.8). Une telle maturation conditionne l'apparition de mouvements saltatoires coordonnés. Le cervelet va contrôler aussi le tonus musculaire qui contrebalance l'effet de la pesanteur en milieu terrestre.

Des terminaisons dendritiques enroulées autour des fibres musculaires (fuseaux neuro-musculaires) ont été identifiées lors de la métamorphose, dans les membres postérieurs des anoures. De telles terminaisons sont sensibles au degré de contraction des fibres et favorisent aussi un meilleur contrôle du saut.

1.1.4. CAS DES URODÈLES

Au moment de la métamorphose, la queue des urodèles ne subit pas de modifications morphologiques spectaculaires, puisque seule la nageoire

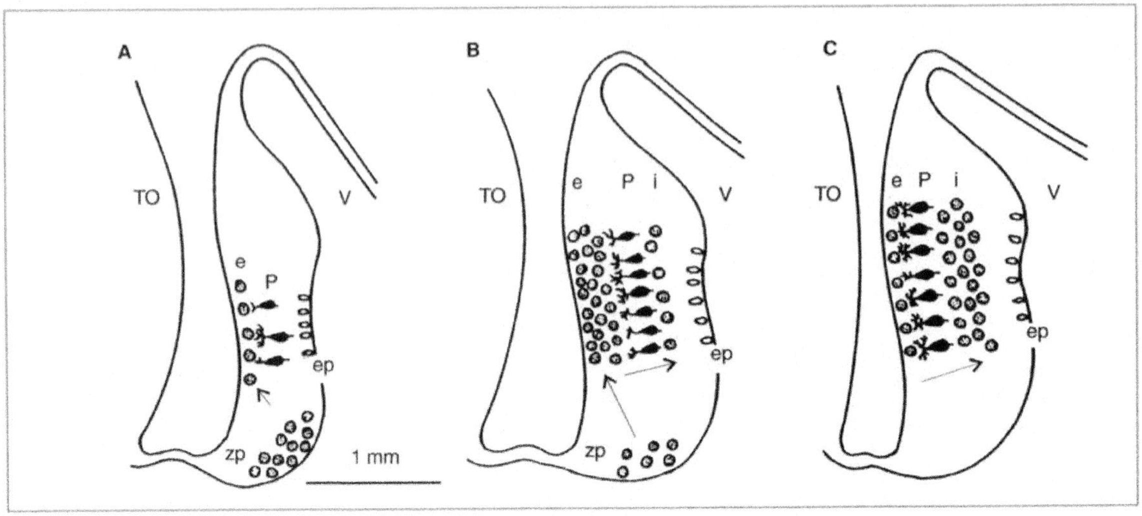

Figure 1.7 : Évolution du cervelet de *Rana catesbeiana* au cours de la métamorphose.
A, une zone proliférative (zp) s'installe à la base du cervelet et les cellules apparues migrent pour constituer les cellules granulaires externes (e).
B, les cellules granulaires externes (e) issues de la zone proliférative (zp) s'enfoncent dans le cervelet et se différencient en cellules granulaires internes (i).
C, la couche granulaire interne (i) continue de s'épaissir aux dépens de la couche granulaire externe (e).
ep, cellules épendymaires ; P, cellules de Purkinje ; TO, toit optique ; V, 4e ventricule.
(D'après A.G. Gona (1972) *J. Comp. Neurol. 146*, 133-142.)

régresse. Les membres s'allongent modérément. Leur disposition transversale limite toutefois la locomotion des juvéniles, devenus terrestres, à de simples mouvements de reptation.

1.2. Changements respiratoires

Le passage des amphibiens métamorphosés au milieu terrestre est préparé par un abandon de la respiration branchiale au profit d'une respiration pulmonaire. En fait, larves et adultes disposent d'un assez large éventail d'échangeurs respiratoires, ce qui permet une transition très progressive.

1.2.1. APPAREIL RESPIRATOIRE DES LARVES

Les branchies existent seulement durant la vie larvaire. Les urodèles présentent une seule génération de branchies, mais les anoures en montrent deux. La première génération dégénère peu après l'éclosion, au moment où elle est recouverte par un repli operculaire. Les branchies de deuxième génération ont un aspect arborescent et persistent jusqu'à la métamorphose (fig. 1.9). Les filaments branchiaux sont recouverts d'un épithélium simple et aplati, accolé aux capillaires sanguins (fig. 1.10A & 1.11).

La peau constitue le second échangeur respiratoire des larves. La forte densité du réseau capillaire cutané conduit à conférer à cet organe un rôle important.

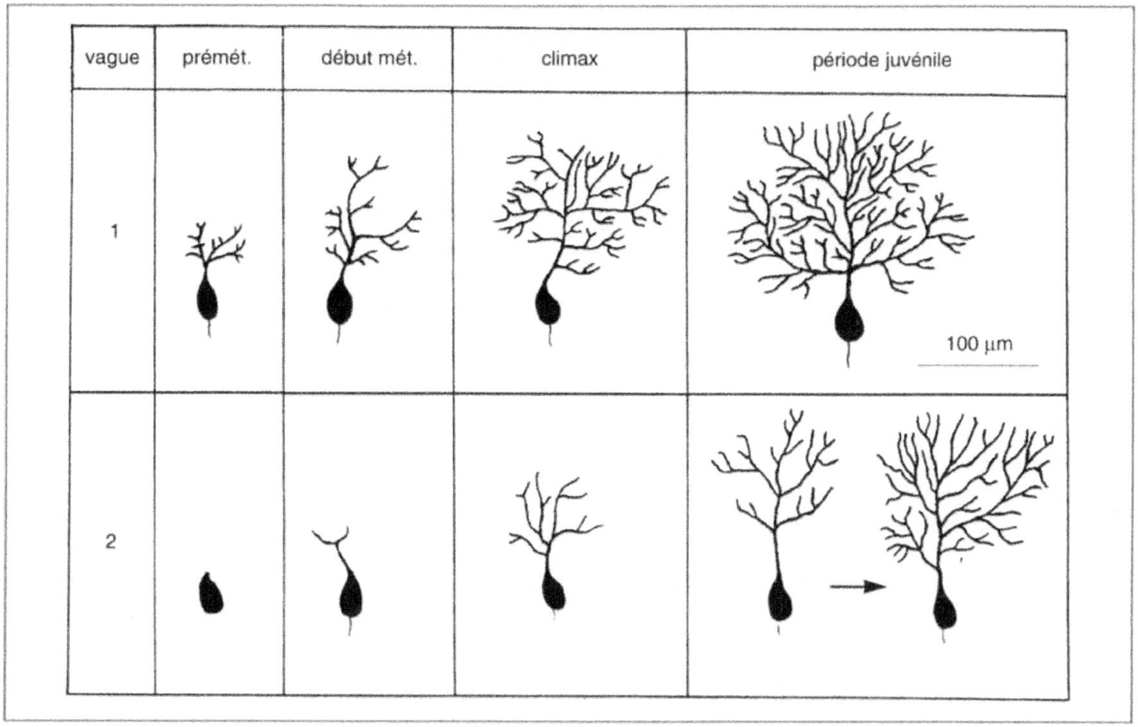

Figure 1.8 : Mise en place des deux vagues de cellules de Purkinje (les cellules motrices du cervelet) au cours du développement de *Rana catesbeiana*. L'arborisation dendritique des cellules de la première vague (1) se différencie rapidement, dès le début de la métamorphose. Les cellules de la seconde vague (2) se développent plus tardivement, au climax, et leur arborisation dendritique achève de se différencier pendant les premières semaines de la phase juvénile. prémét., prémétamorphose ; début mét., début de la métamorphose.
(D'après N.J. Uray & A.G. Gona (1978) *J. Comp. Neurol. 180*, 265-276.)

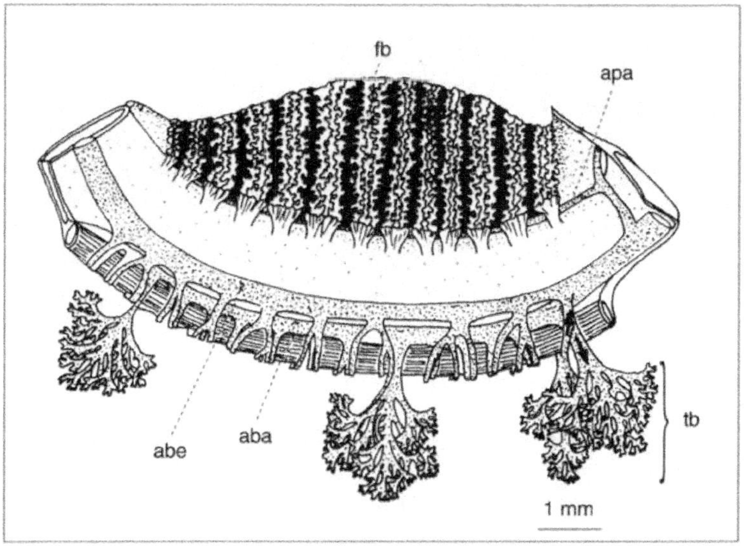

Figure 1.9 : Arc branchial d'un têtard d'anoure *(Pelobates fuscus)*. aba, artère branchiale afférente ; abe, artère branchiale efférente ; apa, artère pharyngienne afférente ; fb, filtre branchial ; tb, touffe branchiale.
(D'après F.E. Schulze (1892) *in* N. Gradwell (1972) *Canad. J. Zool. 50*, 481-499.)

Les poumons existent chez les larves de nombreux amphibiens, sauf chez celles des bufonidés (crapauds). Ils commencent vraisemblablement à fonctionner très tôt, mais de manière accessoire. Leur épithélium non plissé ne représente d'ailleurs qu'une faible surface d'échanges gazeux.

Lorsque l'eau est pauvre en oxygène (conditions hypoxiques), on observe une hyperventilation pulmonaire des larves, démontrée par une déglutition fréquente d'air à la surface de l'eau. Après chaque prise d'air, le débit du courant d'eau branchial diminue transitoirement, suite à une stimulation de mécanorécepteurs de la paroi pulmonaire, sensibles à la pression gazeuse, et de chémorécepteurs, sensibles à la teneur du sang en oxygène. Lorsque les conditions hypoxiques persistent, les échangeurs respiratoires des larves sont fortement remaniés : les capillaires sanguins deviennent plus superficiels dans la peau ; par ailleurs, les filaments branchiaux augmentent en nombre. De telles observations soulignent une grande plasticité morphologique de ces échangeurs.

1.2.2. MODIFICATIONS DE L'APPAREIL RESPIRATOIRE À LA MÉTAMORPHOSE

Les branchies régressent au cours de la métamorphose (fig. 1.10B & 1.12). L'épithélium subit une autolyse diffuse. Ses constituants peuvent être aussi digérés à l'intérieur de lysosomes (vacuoles autophagiques). Les cellules altérées sont généralement absorbées par des cellules mésenchymateuses ayant acquis des propriétés phagocytaires, où elles achèvent d'être digérées à l'intérieur de grands lysosomes (vacuoles hétérophagiques). La circulation

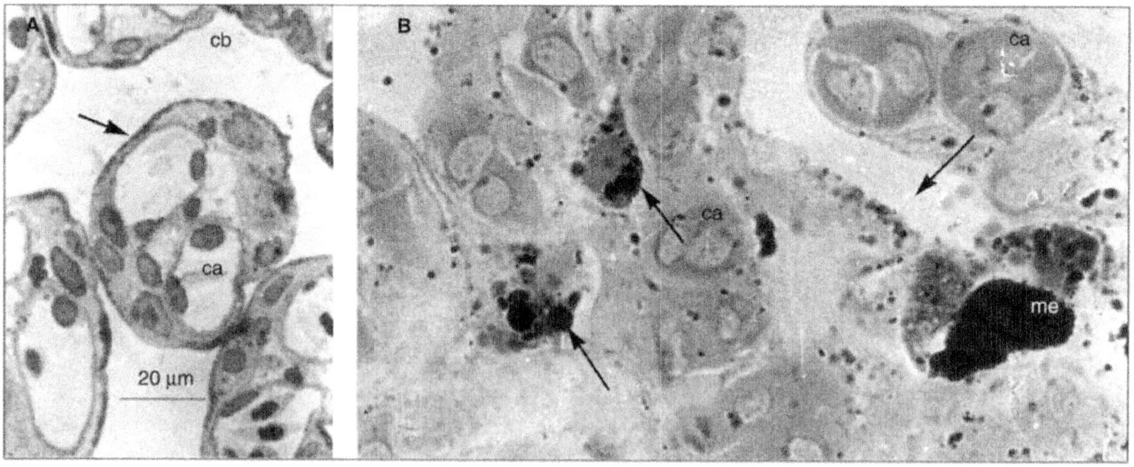

Figure 1.10 : Branchies de deuxième génération chez la larve de *Discoglossus pictus*.
A, prémétamorphose. En face des capillaires sanguins (ca), l'épithélium est pavimenteux (flèche mince) et permet les échanges gazeux. cb, cavité branchiale.
B, climax. La lumière des capillaires (ca) s'est rétrécie ou a disparu. Les lysosomes sont nombreux et parfois de grande taille, à la fois dans les cellules de l'épithélium (flèche mince) et dans les phagocytes (flèches épaisses).
me, mélanophore.
(Clichés J. Hourdry (1974) *J. Microscopie 20*, 165-182.)

branchiale finit par s'interrompre, tandis que les filaments branchiaux se flétrissent et se pigmentent avant de disparaître.

Chez la plupart des amphibiens, une compartimentation de la cavité pulmonaire apparaît après la métamorphose et se complique jusqu'à l'état adulte, au point de quintupler au moins la surface interne des poumons.

Chez les amphibiens en métamorphose, l'absorption d'oxygène se fait essentiellement par la peau, mais dès la phase juvénile, cette absorption

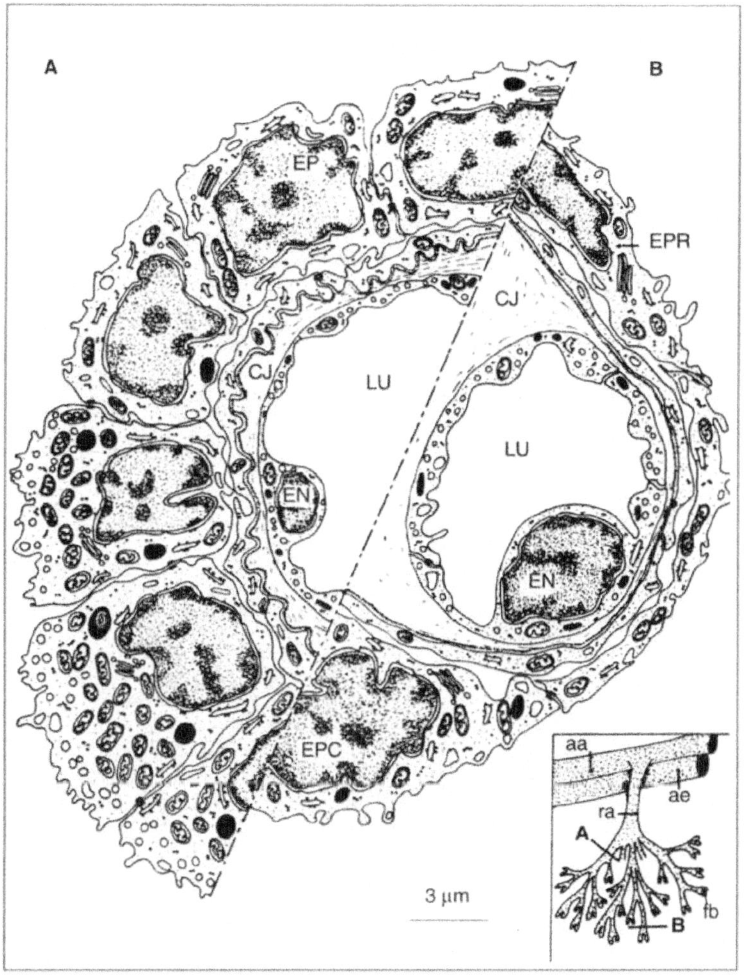

Figure 1.11 : Branchies de deuxième génération chez la larve de *Discoglossus pictus* en prémétamorphose.
A, coupe transversale du rachis ou de ses premières divisions (A : encart). L'épithélium (EP) se compose de cellules cubiques.
B, coupe transversale de filament branchial (B : encart). L'épithélium comprend des cellules cubiques (EPC) et des cellules pavimenteuses à rôle respiratoire (EPR).
aa, artère branchiale afférente ; ae, artère branchiale efférente ; CJ, espace conjonctif ; EN, endothélium du capillaire sanguin ; fb, filament branchial ; LU, lumière du capillaire ; ra, rachis.
(Cliché J. Hourdry (1974) *J. Microscopie 20*, 165-182.)

est réalisée de manière très substantielle par l'épithélium pulmonaire septé, tandis que diminue la contribution de l'épiderme qui s'épaissit. Pendant et après la métamorphose, la peau demeure néanmoins l'organe majeur

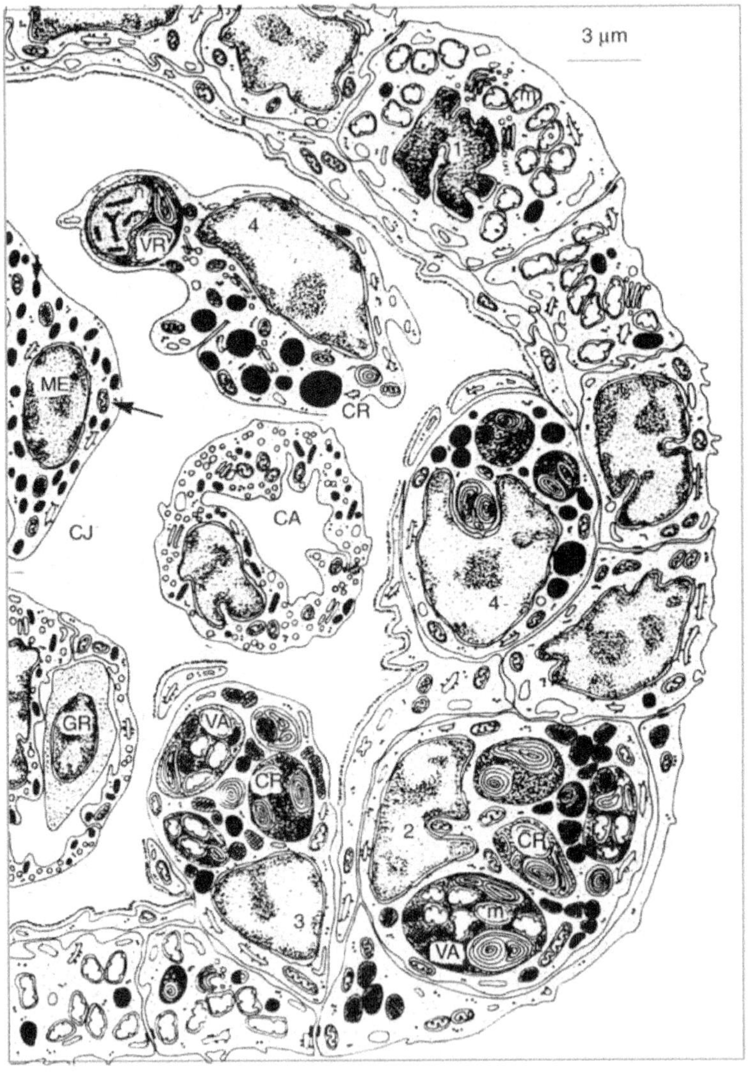

Figure 1.12 : Larve de *Discoglossus pictus* au climax : branchies de deuxième génération en régression. Certains épithéliocytes (1) subissent une autolyse diffuse et leurs mitochondries (m) sont dilatées. D'autres épithéliocytes (2) contiennent des vacuoles autophagiques (VA) et des corps résiduels opaques et/ou riches en tourbillons membranaires (CR). Ces cellules peuvent faire extrusion (3) dans les espaces conjonctifs (CJ) et y être libérées. Des phagocytes (4) sont également présents ; ils renferment des vacuoles hétérophagiques (VH) et leurs formes résiduelles (CR). Les capillaires (CA) ont une lumière réduite.
À gauche, un mélanophore (ME) contient de nombreux grains de pigment (mélanine) (flèche).
GR, globule rouge ; m, mitochondrie ; n, débris nucléaire.
(Cliché J. Hourdry (1974) *J. Microscopie 20*, 165-182.)

d'excrétion du dioxyde de carbone. La sécrétion d'un mucus par des glandes sous-épidermiques néoformées garantit l'humidité de la surface cutanée, condition nécessaire aux échanges gazeux.

La disparition des branchies est associée à de profondes transformations de l'appareil circulatoire. Les artères branchiales afférentes et efférentes régressent. Des arcs aortiques s'individualisent, irriguant la tête (arcs carotidiens), le tronc et les membres (arcs systémiques confluant en une aorte dorsale), les poumons et la peau (tronc pulmo-cutané).

1.2.3. MODIFICATIONS DU TRANSPORT DE L'OXYGÈNE

Chez la plupart des amphibiens, les hémoglobines de la larve (Hb.l) diffèrent des hémoglobines de l'adulte (Hb.ad), les secondes se substituant aux premières. Chez diverses grenouilles *(Rana esculenta, Rana catesbeiana...)*, la substitution s'accélère au cours de la métamorphose pour se poursuivre au-delà, pendant quelques semaines. Chez la rainette *(Hyla arborea)*, la grenouille-léopard *(Rana pipiens)* et le crapaud commun *(Bufo bufo)*, le changement des hémoglobines s'opère après achèvement de la métamorphose. Chez les urodèles, la substitution peut être légèrement antérieure *(Pleurodeles waltl, Triturus cristatus)* ou contemporaine *(Ambystoma tigrinum)* du phénomène (fig. 1.13).

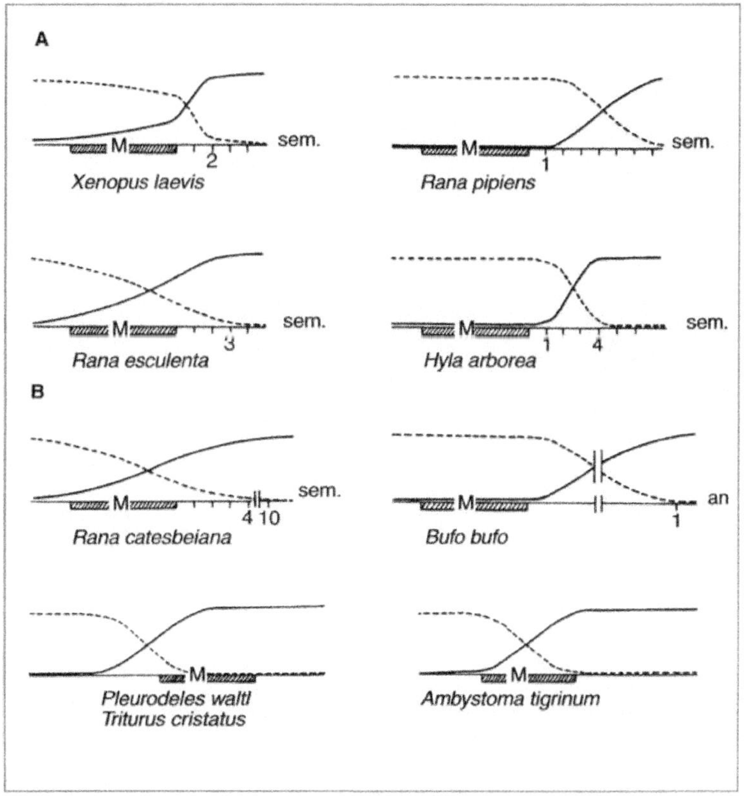

Figure 1.13 : Moment de la substitution des hémoglobines de l'adulte (traits pleins) aux hémoglobines de la larve (traits en pointillé) chez les amphibiens en métamorphose (M). A, anoures ; B, urodèles.
(D'après Hourdry & Beaumont 1985.)

Le changement des hémoglobines est mis en évidence par diverses techniques analytiques que l'on applique à des solutions d'hémoglobines obtenues après hémolyse. L'électrophorèse, par exemple, conduit à l'apparition de bandes différentes chez les anoures, comme chez les urodèles. Les différences constatées entre les Hb.l et les Hb.ad se situent au niveau de la seule globine et n'affectent jamais le groupement prosthétique (tétrahème). L'absence de chaîne polypeptidique commune a été démontrée de manière irréfutable par l'établissement de séquences différentes d'acides aminés, lorsque l'on passe d'une famille d'hémoglobines à l'autre.

Durant la substitution des hémoglobines, le fer des Hb.l s'accumule sous forme de ferritine dans les cellules de Kupffer du foie. Le métal sera ultérieurement transporté par des transferrines plasmatiques et incorporé aux nouvelles hémoglobines, en leurs lieux de synthèse, essentiellement la moelle osseuse.

L'affinité des Hb.l et des Hb.ad pour l'oxygène diffère. Chez les anoures en prémétamorphose, les Hb.l montrent une haute affinité pour le gaz. Cette propriété est compatible avec un habitat aquatique, où la concentration de l'oxygène dissous est particulièrement faible. L'affinité des Hb.ad pour l'oxygène est plus modérée.

La production des Hb.ad est associée à la présence de nouveaux globules rouges, plus nombreux, élaborés en différents sites (foie, moelle osseuse...) et qui se substituent aux globules rouges de la larve.

1.3. Évolution du tractus digestif

Durant le climax, le tractus digestif est modifié, spécialement chez les anoures. De tels changements sont associés à des modifications du comportement alimentaire.

1.3.1. MODIFICATIONS DU TRACTUS DIGESTIF DES ANOURES

Le volume de la cavité buccale augmente considérablement, suite à un allongement des mâchoires. Les "dents" cornées du têtard disparaissent, tandis que des dents véritables se développent (fig. 1.14).

Chez les larves, les trois paires de fentes branchiales pharyngiennes sont recouvertes par un épithélium rugueux, soulevé en crêtes que sépare un réseau complexe d'étroites cavités, et formant les filtres branchiaux (fig. 1.9). Chez diverses espèces, ceux-ci filtrent l'eau qui irrigue les branchies et interviennent dans la rétention des particules alimentaires en suspension. Durant la métamorphose, le pharynx subit une réduction appréciable. Il cesse de jouer un rôle dans la respiration, puisque les branchies et les fentes branchiales régressent. Les filtres branchiaux dégénèrent.

Les larves en prémétamorphose ne possèdent pas de poche stomacale (fig. 1.15A). Tout au plus existe-t-il un manchon glandulaire saillant, producteur de mucus mais ne sécrétant aucune enzyme, et qui ne constitue

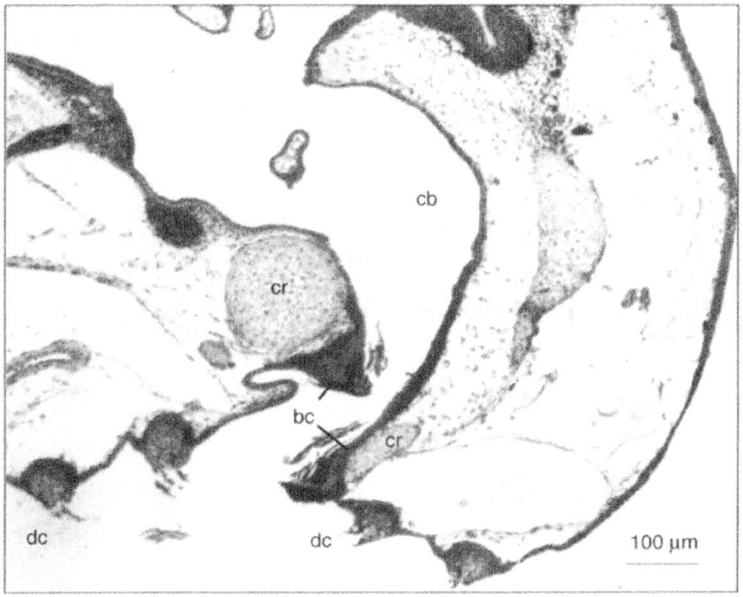

Figure 1.14 : Coupe parasagittale de la région buccale chez le têtard de *Discoglossus pictus* en prémétamorphose.
bc, bec corné ; cb, cavité buccale ; cr, cartilage rostral ; dc, "dent" labiale cornée.
(Cliché J. Hourdry & M. Truchet (1976) *Tissue and Cell 8*, 175-181.)

pas l'équivalent fonctionnel d'un estomac. Ce manchon régresse au climax, et un estomac dilaté s'individualise (fig. 1.15B). Son épithélium s'évagine dans le chorion et engendre des glandes gastriques tubulaires, qui s'allongent et se ramifient (fig. 1.16). Ces glandes gastriques comprennent chacune un collet, dans lequel débouchent plusieurs tubules sécréteurs. La musculeuse s'est par ailleurs épaissie. À de tels remaniements structuraux

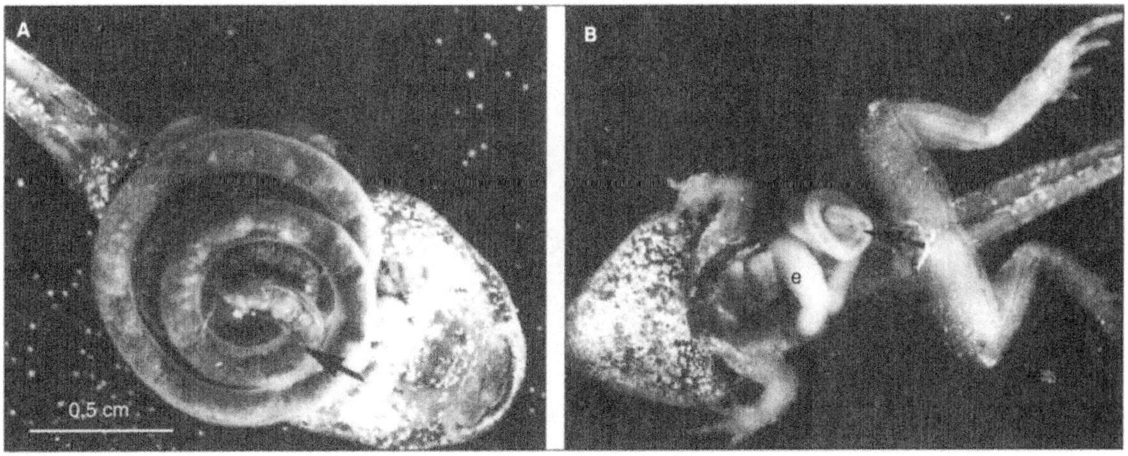

Figure 1.15 : Transformation du tube digestif chez *Discoglossus pictus* en métamorphose.
A, prémétamorphose. Un point de rebroussement (flèche) sépare les spires de l'intestin antérieur, tournant en sens inverse des aiguilles d'une montre, et celles de l'intestin postérieur, tournant dans le même sens.
B, climax. L'intestin diminue significativement de volume (flèche), tandis qu'une poche stomacale apparaît (e).
(Clichés Hourdry.)

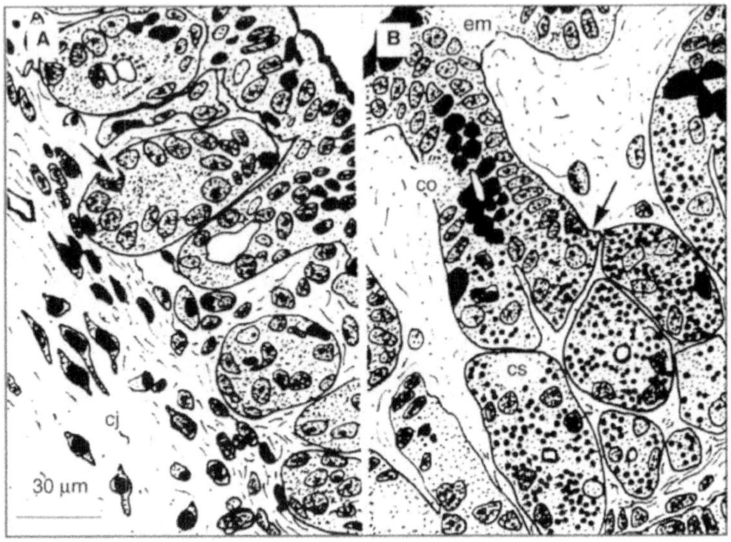

Figure 1.16 : Estomac de têtard d'*Alytes obstetricans*. A, milieu du climax. L'épithélium s'évagine dans le tissu conjonctif (cj) et forme des glandes gastriques (flèche). B, fin du climax. Les glandes sont totalement différenciées (flèche) : elles comportent un collet muqueux (co) et un ou plusieurs tubules de cellules séreuses (cs) renfermant des grains de pepsinogène. em, épithélium mucipare limitant la lumière de l'estomac.
(D'après Hourdry & Beaumont 1985)

sont associées des modifications fonctionnelles, soulignées par la sécrétion de pepsine et d'acide chlorhydrique par les tubules. La pepsine est produite par les cellules principales, à partir de deux pepsinogènes immunologiquement indistinguables et voisins du pepsinigène C humain. Les cellules à acide chlorhydrique ou cellules oxyntiques sont semblables aux cellules bordantes décrites chez les mammifères. Toutes les cellules épithéliales de la muqueuse gastrique libèrent des ions Cl^-, mais les ions H^+ proviennent plus spécifiquement des cellules oxyntiques, lesquelles atteignent leur maturité à la fin du climax. L'activité de la pepsine culmine

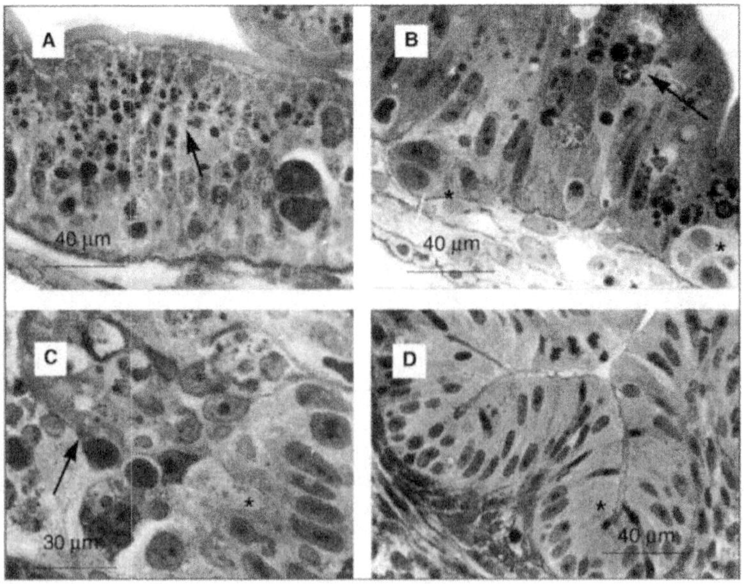

Figure 1.17 : Intestin de têtard de *Discoglossus pictus* en métamorphose. A et B, début du climax. Des lysosomes (flèches) apparaissent dans l'épithélium primaire, sous lequel des cellules embryonnaires se multiplient et constituent des îlots (*). C, milieu du climax. L'épithélium primaire en dégénérescence (flèche) est évacué dans la lumière intestinale, cependant que les cellules des îlots sous-épithéliaux prolifèrent (*). D, fin du climax. Épithélium secondaire villeux (*).
(Clichés J. Hourdry (1971) *J. Microscopie 10*, 41-58.)

quand le pH de la lumière gastrique demeure compris entre 1 et 3. Des chitinases sont également sécrétées par l'estomac, dès sa différenciation.

L'intestin en métamorphose subit des transformations particulièrement importantes (fig. 1.15, 1.17, 1.18 & 1.19). L'organe se raccourcit et perd son aspect spiralé. L'épithélium de la larve (épithélium primaire) dégénère selon un processus d'autolyse, avec participation de lysosomes (vacuoles autophagiques et corps résiduels qui en dérivent). Les débris sont éliminés dans la lumière intestinale. Ils pourraient être aussi phagocytés par des cellules mésenchymateuses ayant acquis des propriétés de macrophages. La prolifération de cellules-souches occasionne le remplacement de l'épithélium larvaire par un épithélium villeux (épithélium secondaire), qui persistera chez l'adulte.

1.3.2. CHANGEMENTS DE MODE ALIMENTAIRE AU COURS DU DÉVELOPPEMENT DES ANOURES

1.3.2.1. Larves en prémétamorphose

La plupart de ces larves sont microphages et se nourrissent de micro-organismes en suspension dans l'eau (bactéries, protozoaires, algues unicellulaires...). Les têtards plus spécialement benthiques, comme ceux de *Rana temporaria* ou de *Bufo bufo*, sont herbivores ou détritivores. Leurs "dents"

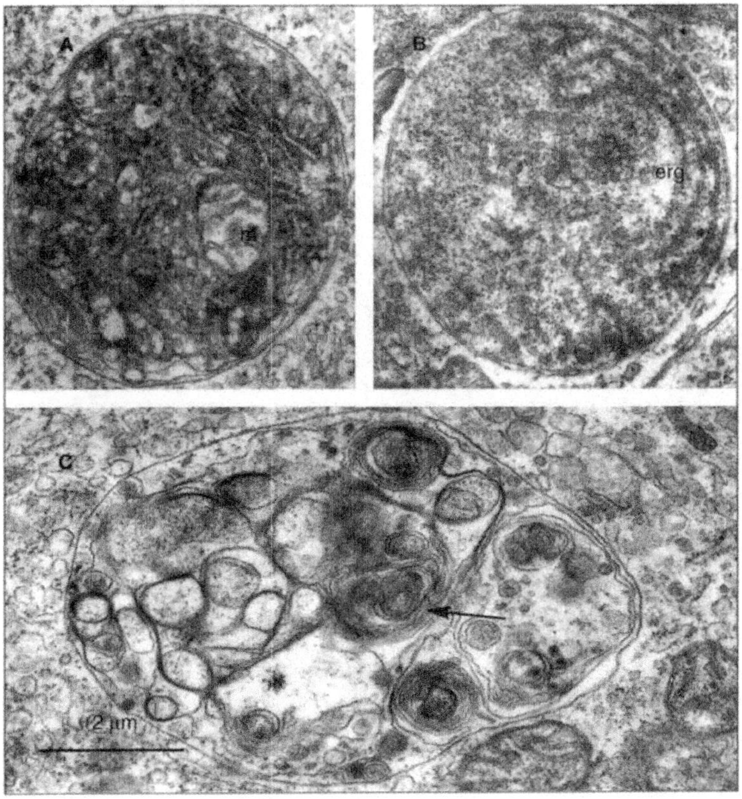

Figure 1.18 : Intestin de têtard de *Discoglossus pictus* en métamorphose : lysosomes de l'épithélium primaire.
A et B, début du climax. Vacuoles autophagiques contenant des mitochondries (m), des ribosomes (r) ou de l'ergastoplasme (erg) qui vont être détruits.
C, début du climax. Corps résiduel dérivant d'une vacuole autophagique et renfermant des tourbillons membranaires (flèche).
(Clichés J. Hourdry (1971) *J. Microscopie 10*, 41-58.)

kératinisées dépècent les organes végétaux et râclent les encroûtements organiques. Il en résulte une mise en suspension de particules, qui sont ensuite avalées par l'animal. Les variations périodiques de volume présentées par la cavité buccale, consécutivement aux mouvements pulsés de son plancher, provoquent un appel d'eau et l'ingestion des particules alimentaires.

Les particules en suspension dans l'eau sont arrêtées par diverses structures bucco-pharyngées (fig. 1.20). Certaines particules sont retenues par des papilles de la cavité buccale et par les vélums dorsal et ventral. Elles sont ensuite collées par le mucus de pièges qui se sont différenciés dans le toit de la cavité buccale. Dans quelques cas, les pièges sont observés à la face inférieure du vélum dorsal. Les autres particules sont arrêtées par les filtres branchiaux. Après avoir été mobilisées par les mouvements de l'eau, elles sont engluées par le mucus de pièges situés à la face infé-

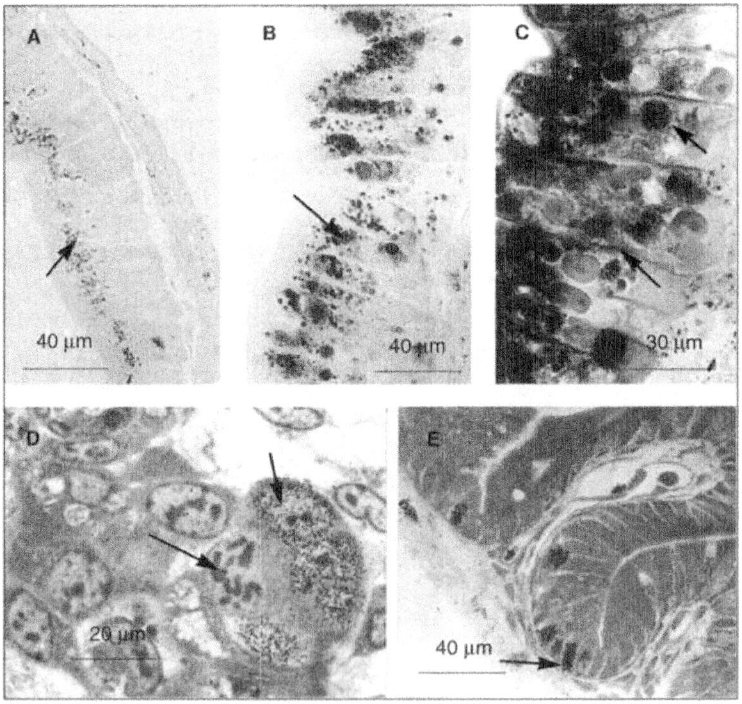

Figure 1.19 : Épithélium intestinal de têtards de *Discoglossus pictus*.
A-C, activité d'une enzyme lysosomale, la phosphatase acide, dans l'épithélium intestinal primaire. Cette activité est visualisée au microscope photonique par un dépôt de sulfure de plomb : A, prémétamorphose. L'activité est faible et localisée dans de petits lysosomes (flèche) ; B, début du climax. L'activité est visualisée dans des lysosomes plus grands (vacuoles autophagiques, corps résiduels) (flèche) ; C, milieu du climax. Une importante activité est observée dans des lysosomes de très grande taille (flèches). Cette activité diffuse également dans le hyaloplasme.
D et E, épithélium intestinal de têtards ayant reçu un radioprécurseur de l'ADN, la thymidine tritiée : étude radioautographique : D, milieu du climax. Des noyaux marqués à l'argent (flèche mince) sont présents dans les îlots embryonnaires. La flèche épaisse indique une mitose ; E, fin du climax. Les noyaux marqués sont localisés à la base des villosités épithéliales (flèche).
(Clichés J. Hourdry & M. Dauça (1977) *Int. Rev. Cytol. Suppl.* 5, 337-385.)

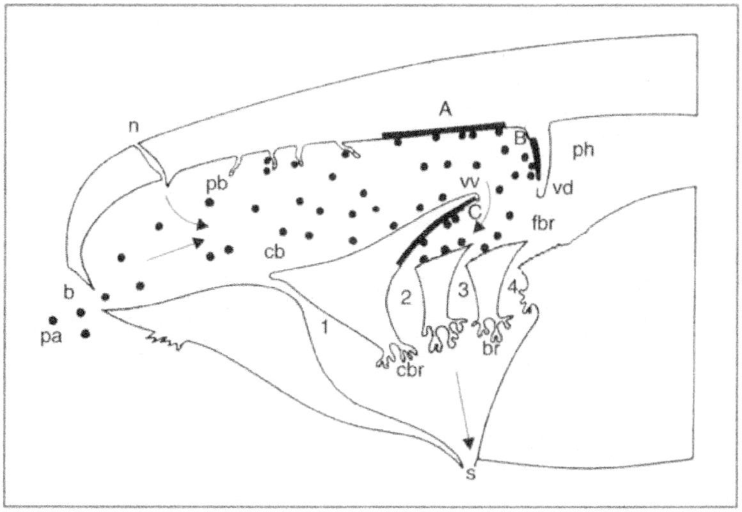

Figure 1.20 : Coupe parasagittale des cavités buccale, pharyngienne et branchiale chez un têtard d'anoure en prémétamorphose. Les vélums ventral (vv) et dorsal (vd) séparent la cavité buccale (cb) du pharynx (ph).
Les particules alimentaires en suspension dans l'eau (pa) sont arrêtées par les papilles buccales (pb), les vélums et les filtres branchiaux (fbr), et elles sont collées par le mucus de différents pièges (A, pièges du toit de la cavité buccale ; B, pièges du vélum dorsal ; C, pièges à nourriture branchiaux situés à la face inférieure du vélum ventral).
Le déplacement de l'eau se fait dans le sens indiqué par les flèches.
b, bouche ; br, branchies ; cbr, cavité branchiale ; n, narine ; s, "spiracle" ; 1-4, fentes branchiales.
(D'après J.S. Kenny (1969) *J. Zool. 157*, 225-246 & N. Gradwell (1972) *Can. J. Zool. 50*, 501-521.).

rieure du vélum ventral (pièges à nourriture branchiaux) (fig. 1.21). L'ensemble des filtres branchiaux et des pièges à nourriture branchiaux du vélum ventral définit l'appareil filtrant du têtard.

Les divers filets muqueux sont canalisés dans des gouttières pharyngiennes, où ils s'agencent en cordons translatés par les battements de cils. Au niveau de l'œsophage, les cordons s'entrelacent en formant une paire de boudins, dont les déplacements sont également favorisés par l'activité ciliaire.

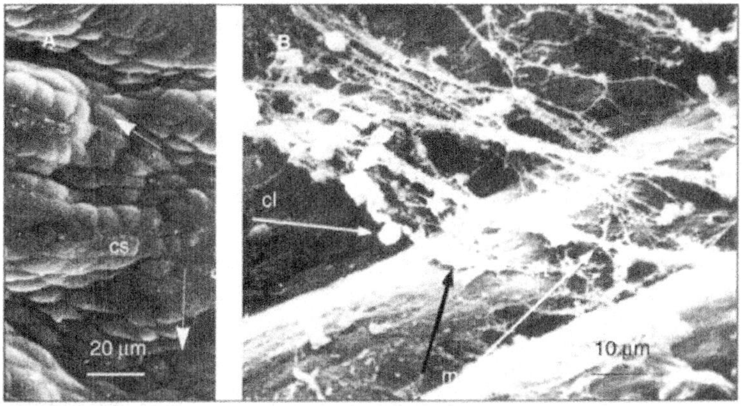

Figure 1.21 : Pièges à nourriture situés à la face inférieure du vélum ventral et observés au microscope électronique à balayage, chez la larve de *Rana catesbeiana*.
A, animal non nourri. Les crêtes sécrétoires (cs) sont recouvertes d'un tapis de cellules sécrétrices (flèches).
B, animal gardé 15 mn dans une solution concentrée de cellules de levure (*Saccharomyces cerevisiae*). Les cellules (cl) sont engluées dans un voile muqueux (m) produit par les cellules sécrétrices.
(Clichés R. Wassersug (1972) *J. Morphol. 137*, 279-288.)

En bref, les têtards de nombreuses espèces d'anoures sont des utilisateurs hautement spécialisés de suspensions. La rétention de particules sur les filtres branchiaux leur permet une alimentation facile, compatible avec une croissance accélérée et une métamorphose anticipée, dans la mesure où les conditions trophiques sont favorables. L'utilisation de suspensions peut donc représenter un avantage évolutif, puisqu'elle maintient l'espèce, même si l'habitat des larves est précaire et soumis à des fluctuations saisonnières (assèchement des mares...). Beaucoup d'espèces d'anoures pondent après de fortes pluies, lesquelles lessivent les sols et provoquent un afflux de sels minéraux dans les mares : la production du plancton s'en trouve stimulée et favorise l'alimentation des têtards.

La cellulose n'est probablement pas utilisée par les larves : la minceur de la musculeuse entraîne un faible péristaltisme, peu favorable à la rupture des parois des cellules végétales. De plus, les larves ne possèdent pas de cellulase, ni de symbiontes à cellulase. En revanche, une amylase issue des sillons pharyngiens et surtout du pancréas exocrine est signalée. Sa présence suggère une digestion préférentielle de l'amidon des aliments. Trois glucidases de la bordure intestinale (glucoamylase, maltase, tréhalase) sont également impliquées dans l'hydrolyse des glucides alimentaires.

Les glucides alimentaires sont à l'origine du glycogène hépatique et des triglycérides accumulés dans le foie et l'organe adipeux. Ces composés constituent les principaux substrats énergétiques chez le têtard.

1.3.2.2. Animaux en métamorphose et en postmétamorphose

Les larves cessent le plus souvent de s'alimenter au climax. Le tractus digestif est en effet trop altéré pour jouer un rôle.

Chez les anoures métamorphosés, la bouche s'est élargie et des mâchoires plus fortes, munies de dents véritables, sont apparues. Une langue éventuellement préhensile s'est développée. Ces diverses transformations accompagnent un changement de régime alimentaire, l'animal cessant d'être microphage pour devenir carnivore ou insectivore. Les proies sont capturées par projection de la langue. Par ailleurs, la migration des yeux vers le plan de symétrie permet la vision binoculaire, la perception du relief et, par conséquent, une meilleure localisation des proies en milieu terrestre.

La propulsion des aliments solides est favorisée par l'apparition de mouvements péristaltiques plus puissants, imputables à l'épaississement de la musculeuse.

La sécrétion de protéases par le pancréas (trypsine, chymotrypsine, aminopeptidase, carboxypeptidase) et l'estomac (pepsine) prépare l'animal métamorphosé au régime carnivore. La sécrétion de chitinases stomacales l'oriente aussi vers le régime insectivore. Par ailleurs, la nouvelle muqueuse intestinale est bien équipée pour l'absorption de résidus de l'hydrolyse protéique : une active χ-glutamyl transférase à localisation membranaire libère l'acide glutamique contenu par plusieurs peptides physiologiquement importants, dont le glutathion et l'acide folique. Cette même enzyme est impliquée dans le transport transmembranaire d'acides aminés et de dipeptides.

En bref, un nouveau comportement alimentaire s'élabore durant la métamorphose des anoures, suite à d'importants changements du tractus digestif, tandis que les animaux passent du milieu aquatique à un habitat terrestre.

1.3.3. CAS DES URODÈLES

Les transformations qui affectent leur tractus digestif au moment de la métamorphose sont très atténuées. La configuration de la cavité buccale change modérément, et l'intestin se raccourcit à peine. Carnivores et prédateurs dès la vie larvaire, les urodèles ne changent pas de mode alimentaire à la métamorphose, durant laquelle ils ne cessent pratiquement jamais de se nourrir.

1.4. Économie de l'eau

Le passage au milieu terrestre confronte les amphibiens au problème majeur de l'équilibre hydrique. Ce problème sera résolu par une série d'adaptations anatomo-physiologiques apparaissant à la métamorphose.

1.4.1. MODIFICATIONS DES PROTÉINES SÉRIQUES

1.4.1.1. Modifications qualitatives

Elles sont profondes chez les anoures en métamorphose. Le nombre des espèces moléculaires s'accroît au climax et, sur un électrophorégramme, la bande caractérisant l'albumine devient particulièrement nette (fig. 1.22). Les changements sont plus atténués chez les urodèles.

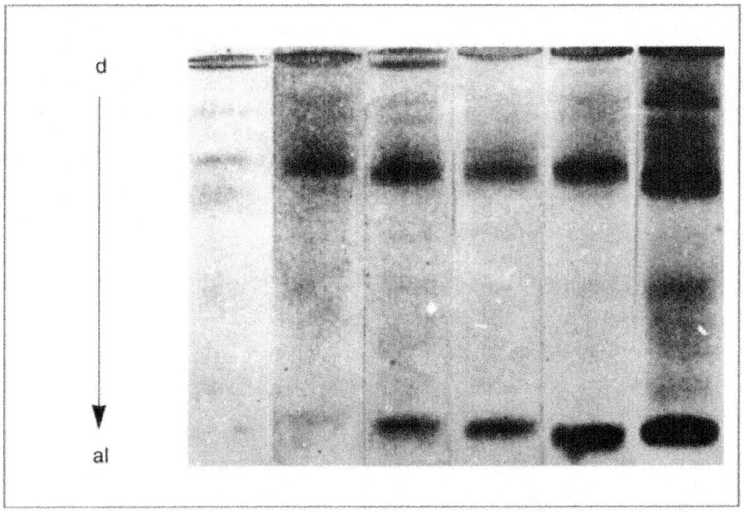

Figure 1.22 : Électrophorégrammes sériques réalisés lors de la progression de la métamorphose chez la grenouille rousse *(Rana temporaria)*. La bande colorée d'albumine (al) est particulièrement mobile et devient de plus en plus nette au fur et à mesure que la métamorphose se poursuit (de la gauche vers la droite).
d, début du gel. La flèche indique le sens de migration des protéines.
(Cliché P.S. Chen (1970) *W. Roux Arch. 165*, 132-149.)

1.4.1.2. Variations de la concentration

Cette concentration double au moins chez les anoures en métamorphose et, chez *Rana catesbeiana* par exemple, passe de 1,2 g/100 ml à 3 g/100 ml. L'augmentation est particulièrement spectaculaire pour la sérumalbumine, puisqu'elle peut décupler et passer de 0,08 g/100 ml à 0,8 g/100 ml chez cette même espèce. De telles hausses sont plus faibles chez les urodèles.

Toutes ces élévations impliquent une stimulation de la protéosynthèse par le foie. Chez *Rana catesbeiana*, l'utilisation de radioprécurseurs a montré que la vitesse de synthèse de la sérumalbumine est multipliée par 6 au climax.

Durant la métamorphose, l'augmentation du taux des protéines sériques accroît la pression oncotique (pression colloïde-osmotique) du plasma, qui est proportionnelle au nombre de molécules de protéines en solution. L'influence de la sérumalbumine mérite d'être soulignée, puisque sa masse moléculaire relativement faible entraîne la libération d'un plus grand nombre de molécules. L'accroissement de la pression oncotique favorise la rétention de l'eau dans le plasma, contribuant ainsi à éviter la déshydratation des animaux qui gagnent le milieu terrestre.

Plusieurs arguments d'ordre écologique ont confirmé que l'adaptation des amphibiens métamorphosés au milieu terrestre est liée à une élévation du taux des protéines sériques, et tout particulièrement de la sérumalbumine :

– chez *Rana* et *Salamandra*, terrestres à l'état adulte, le taux d'albumine sérique s'accroît plus vite que chez *Xenopus* ou *Pleurodeles*, qui peuvent demeurer perpétuellement aquatiques ;

– chez *Bufo arenarum*, le taux de la sérumalbumine croît plus vite si l'animal métamorphosé gagne un milieu plus sec ;

– chez plusieurs ambystomatidés nord-américains, une relation a pu être établie entre le degré d'humidité où vit l'animal métamorphosé et la richesse en protéines sériques. Chez *Ambystoma macrodactylum*, dont les adultes migrent vers un milieu sec, ces protéines sont relativement abondantes et suggèrent une bonne rétention osmotique d'eau dans le plasma. Chez *Rhyacotriton olympicus*, dont les adultes vivent en région humide, la protéinémie est plus faible, ce qui conduit à une moindre rétention hydrique.

1.4.2. ÉVOLUTION DE L'ÉQUILIBRE HYDROMINÉRAL LORS DU PASSAGE AU MILIEU TERRESTRE

Lors du passage au milieu terrestre, une conservation plus efficace de l'eau par l'organisme est également sous-tendue par l'apparition de nouveaux flux ioniques.

1.4.2.1. Larves en prémétamorphose

L'habitat aquatique des larves est très dilué par rapport au milieu intérieur de l'animal, où prédominent les ions sodium (Na^+) et chlorure (Cl^-).

La perte de ces ions par diffusion et l'invasion aqueuse par osmose, via le mince tégument, sont par conséquent corrigés par des mécanismes régulateurs permettant une entrée d'ions Na^+ et Cl^- et l'élimination d'eau (fig. 1.23A).

Les études conduites chez le têtard de *Rana catesbeiana* ont montré que l'absorption des ions Na^+ est réalisée au travers de l'épithélium branchial, selon un mécanisme de transport actif qui requiert un apport énergétique pour que les ions puissent remonter le gradient de concentration. Cette énergie est libérée par hydrolyse de l'ATP, que provoque la forte activité d'une adénosine triphosphatase (ATPase). Les ions Na^+ créent un potentiel électrique plus élevé sur la face interne de l'épithélium branchial que sur sa face externe, ce qui permet aux ions Cl^- d'accompagner passivement les ions Na^+ par simple attraction électrostatique. Les cellules branchiales qui sont le siège d'un transport actif d'ions Na^+ sont localisées vers la base des branchies. Homologues des ionocytes ou "cellules à chlorure" des poissons, elles contiennent de nombreuses mitochondries produisant l'énergie et un abondant réticulum endoplasmique. L'absorption des ions Na^+ et Cl^- est associée à une excrétion branchiale d'ions ammonium (NH_4^+), hydrogène (H^+) et bicarbonate (CO_3H^-). Outre leur fonction respiratoire et régulatrice de l'équilibre chloro-sodique, les branchies du têtard participent donc à l'excrétion azotée (cf. § 1.5) et au maintien de l'équilibre acido-basique.

Chez les larves d'amphibiens, l'invasion aqueuse est par ailleurs corrigée par l'émission d'une urine abondante et diluée, comme chez les poissons d'eau douce.

1.4.2.2. Apparition de nouveaux flux ioniques

Les amphibiens métamorphosés qui quittent les mares peuvent y revenir pour fuir un prédateur ou se reproduire. Un transport actif d'ions Na^+ dirigé vers le milieu intérieur s'installe alors au travers de l'épiderme, et remplace celui qui traversait l'épithélium branchial (fig. 1.23B). Les mouvements des ions Na^+ entraînent l'apparition d'une différence de potentiel trans-épidermique de 15 mV environ. Ici encore, les ions Cl^- accompagnent passivement les ions Na^+, en se dirigeant vers le potentiel électrique le plus élevé.

Le rein définitif des amphibiens (mésonéphros) représente un deuxième organe de récupération des ions Na^+ et Cl^-. Une partie des ions Na^+ en solution dans l'urine primitive, après filtration glomérulaire, traverse la paroi tubulaire des néphrons et regagne le milieu intérieur selon un mode de transport actif. Les ions Cl^- suivent passivement les ions Na^+.

Un troisième organe de récupération des ions Na^+ (transport actif) et Cl^- (accompagnement passif) est constitué par la vessie urinaire qui se développe à la métamorphose.

Les modalités des transferts ioniques ont pu être précisées au travers de l'épiderme et de l'épithélium vésical (fig. 1.24). La membrane

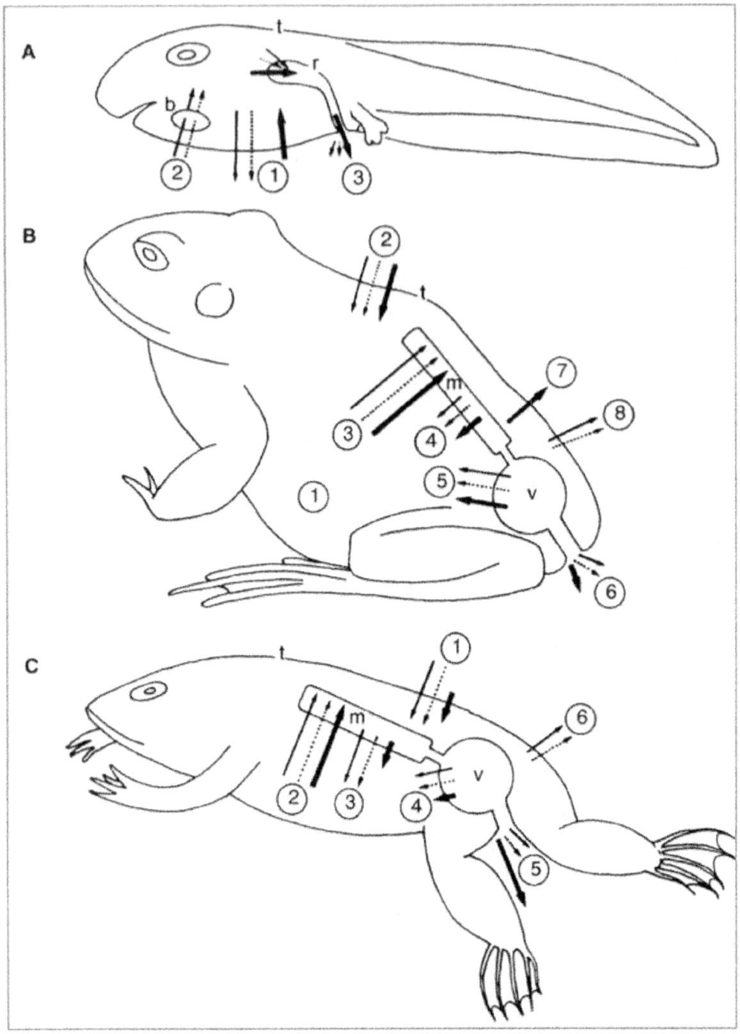

Figure 1.23 : Modifications des flux hydrique (➜) et ioniques (Na^+, → ; Cl^-, ...>) lors de la métamorphose des anoures.
A, chez le têtard, les effets de l'entrée osmotique d'eau et de la perte des ions Na^+ et Cl^- par diffusion, au niveau du tégument (1), sont limités par une absorption branchiale de ces ions (2) et par l'émission d'une urine abondante et diluée (3).
B, chez la grenouille métamorphosée et devenue terrestre, la rétention de l'eau est favorisée par une accumulation d'ions Na^+ et Cl^- dans le milieu intérieur (1). Lors d'un séjour dans une mare, une absorption cutanée d'eau accompagne l'entrée des ions Na^+ et Cl^- (2). L'eau et ces ions, qui ont abondamment pénétré dans le rein (mésonéphros) par filtration glomérulaire (3), sont très partiellement réabsorbés par la paroi tubulaire (4). En revanche, une réabsorption significative se produit au niveau vésical (5) ; il en résulte l'émission d'une urine relativement rare (6). Les pertes cutanées d'eau par évaporation (7) et d'ions par diffusion (8) sont assez importantes.
C, chez le xénope métamorphosé et pouvant persister en eau douce, l'entrée osmotique d'eau par l'épiderme est modérée (1). Comme chez la grenouille, la filtration glomérulaire est intense (2), mais une fraction plus importante des ions Na^+ et Cl^- est réabsorbée par la paroi des tubules (3). Par ailleurs, l'eau est faiblement récupérée au niveau vésical (4). L'urine est de ce fait abondante et diluée (5). Les pertes cutanées d'ions demeurent élevées (6).
b, branchie ; m, mésonéphros ; r, rein (pronéphros puis mésonéphros) ; t, tégument ; v, vessie urinaire.
(D'après Hourdry & Beaumont 1985.)

apicale des cellules épidermiques devient perméable aux ions Na^+, après acquisition de "canaux" sodiques. Le transport actif de ces ions vers le milieu intérieur est plus spécifiquement réalisé au travers de la membrane basolatérale, où l'activité d'une ATPase a pu être visualisée. Cette "pompe à sodium" ne peut être amorcée chez la larve, faute de "canaux" sodiques permettant l'entrée des ions Na^+. Des étapes fonctionnelles analogues sont remarquées au niveau de l'épithélium vésical néoformé. Les

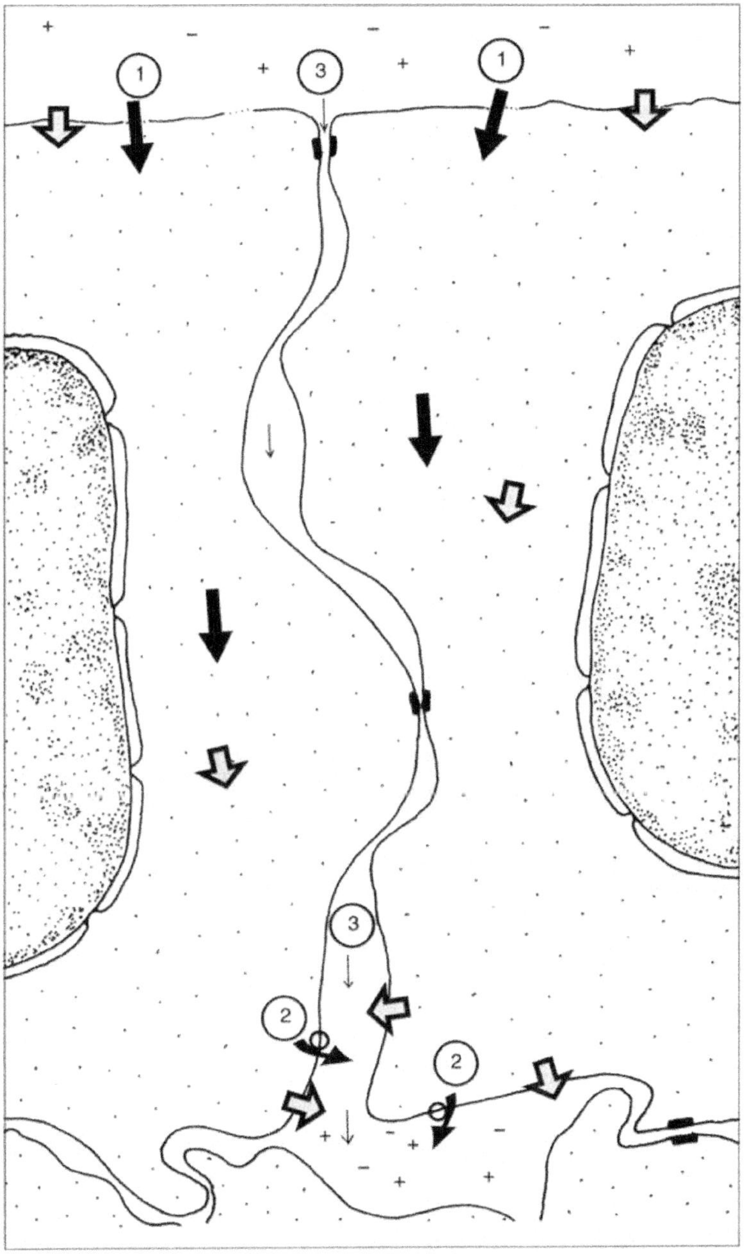

Figure 1.24 : Diffusion des ions sodium dans les cellules épidermiques de la grenouille métamorphosée, par traversée des "canaux" sodiques localisés dans la membrane plasmique apicale (1). Ces ions sont ensuite refoulés vers les espaces intercellulaires et le milieu intérieur, plus concentrés, grâce à un transport actif, endoénergétique, au travers de la membrane plasmique basolatérale (2). Les ions chlorure empruntent les espaces intercellulaires selon un mode passif, par simple attraction électrostatique (3). Une pénétration d'eau par osmose accompagne les ions (flèches pointillées). Un tel mécanisme ne peut fonctionner dans l'épiderme des têtards, faute de "canaux" approvisionnant les cellules en ions sodium.
(D'après A. Leaf (1982) *Amer. J. Physiol. 242*, F103-F111 ; T.C. Cox & R.H. Alvarado (1983) *Amer. J. Physiol. 244*, R58-R65.)

ions Cl^- empruntent les espaces intercellulaires selon un mode passif, en réponse à la différence de potentiel transépithéliale établie par les mouvements des ions Na^+.

Compte-tenu de ces différents flux et en dépit des pertes cutanées, les quantités d'ions Na^+ et Cl^- augmentent dans le milieu intérieur des animaux métamorphosés et devenus terrestres.

1.4.2.3. Conservation de l'eau lors du passage au milieu terrestre

Chez les amphibiens métamorphosés et migrant en milieu terrestre, l'économie de l'eau est étroitement associée à l'installation de nouveaux flux ioniques (fig. 1.23A & B).

Les quantités plus élevées d'ions Na^+ et Cl^- dans le milieu intérieur des animaux métamorphosés favorisent la conservation de l'eau dans l'organisme, par rétention osmotique (effet d'œdème). La pression osmotique du milieu intérieur est plus basse en hiver (500 mosm/l) qu'en été (600 mosm/l), où elle contribue à freiner encore la déshydratation de l'organisme en dépit d'une sécheresse ambiante.

Chaque fois que les animaux retournent dans une mare, une pénétration d'eau par osmose se produit au travers de la peau et accompagne le transport des ions Na^+ et Cl^- vers le milieu intérieur.

Bien que premiers conquérants du domaine terrestre, les amphibiens métamorphosés ont gardé un néphron de poisson, où le volumineux glomérule laisse filtrer une quantité considérable d'eau sans que la réabsorption tubulaire soit très élevée. La mauvaise adaptation du rein à la conservation de l'eau est compensée par une importante réabsorption du liquide par l'épithélium de la vessie urinaire. Cette réabsorption accompagne la récupération des ions Na^+ et Cl^- au niveau vésical. L'urine est donc débitée plus lentement que chez la larve, après rapport à l'unité de masse corporelle.

Une moindre perte d'eau est également favorisée par plusieurs transformations cutanées liées à la métamorphose, qui imperméabilisent le tégument (kératinisation superficielle) ou facilitent la rétention de l'eau (film de mucus recouvrant la peau, couche dermique riche en mucopolysaccharides). Certains anoures métamorphosés, comme *Scaphiopus* ou *Breviceps*, peuvent aussi stocker de l'eau dans leur vessie urinaire et l'utiliser lors de la saison sèche, à l'abri dans un terrier.

1.5. Passage à un autre mode d'excrétion azotée

Chez les amphibiens métamorphosés et gagnant le milieu terrestre, l'économie de l'eau réalisée par l'émission d'une urine plus rare est associée à un changement du mode d'excrétion azotée (fig. 1.25 & 1.26). La larve de la plupart des amphibiens est ammonotélique, puisque l'azote issu du catabolisme protéique et purique est essentiellement excrété sous forme d'ions ammonium (NH_4^+). Ces ions sont éliminés en grande partie par les branchies et, en très faible quantité, par l'épiderme et les reins. Le juvénile

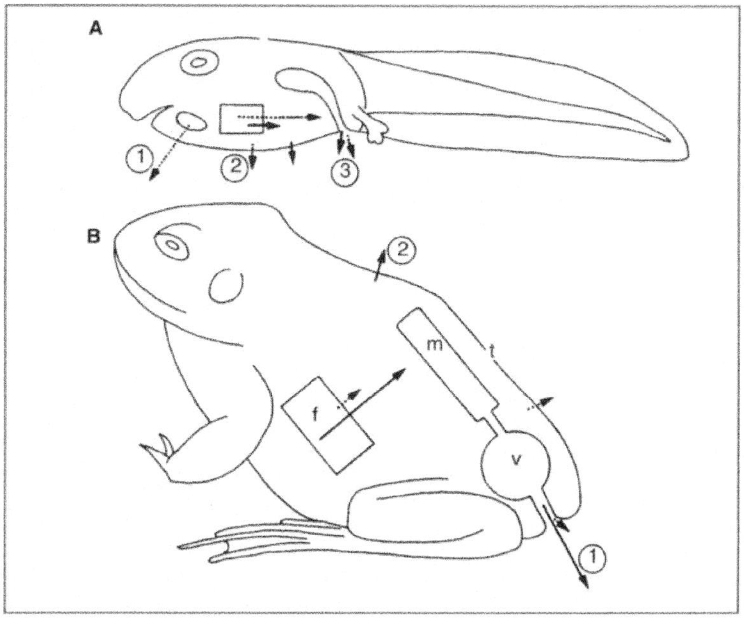

Figure 1.25 : Modifications du mode d'excrétion des ions ammonium (NH_4^+) (·····>) et de l'urée (→) chez la grenouille, au moment de la métamorphose.
A, chez le têtard, le foie (f) produit préférentiellement de l'ammoniaque, laquelle est essentiellement excrétée sous forme d'ions ammonium par les branchies (1) et en beaucoup plus faible quantité par le tégument (2) et les reins (3).
B, chez l'animal métamorphosé, l'urée est synthétisée plus activement par le foie (f) puis éliminée avec l'urine (1) ou après avoir traversé le tégument (2).
b, branchie ; m, mésonéphros ; r, rein (pronéphros puis mésoné-phros) ; t, tégument ; v, vessie urinaire.
(D'après Hourdry & Beaumont 1985.)

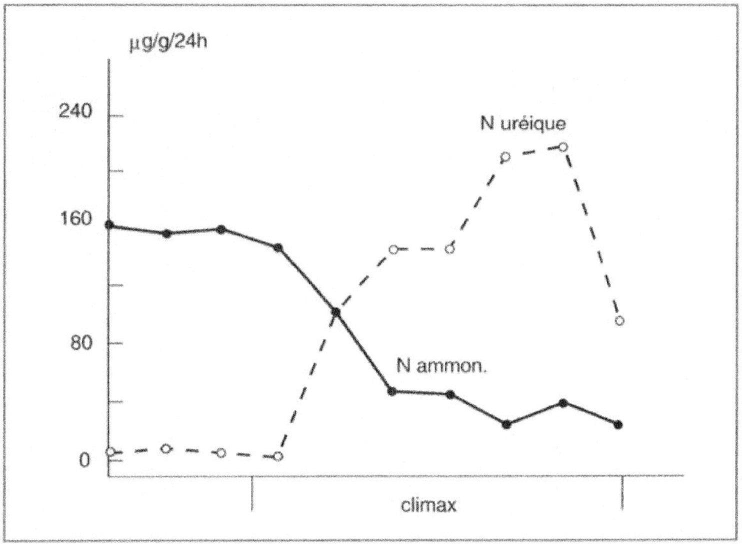

Figure 1.26 : Chez *Rana catesbeiana* au climax de la métamorphose, l'excrétion d'azote ammoniacal (N ammon.) diminue et l'azote est préférentiellement libéré sous la forme d'urée (N uréique).
(D'après H. Ashley *et al.* (1968) *Developt. Biol. 17*, 293-307.)

Figure 1.27 : Cycle de l'uréogenèse permettant l'apparition d'urée à partir d'ammoniac et de dioxyde de carbone. Deux réactions se déroulent dans les mitochondries (MIT.) et sont catalysées par la carbamyl phosphate synthétase-I (1) et l'ornithine transcarbamylase (2). Les trois autres réactions se produisent dans le hyaloplasme (HYAL.) et sont accélérées par l'argininosuccinate synthétase (3), l'argininosuccinase (4) et l'arginase (5).

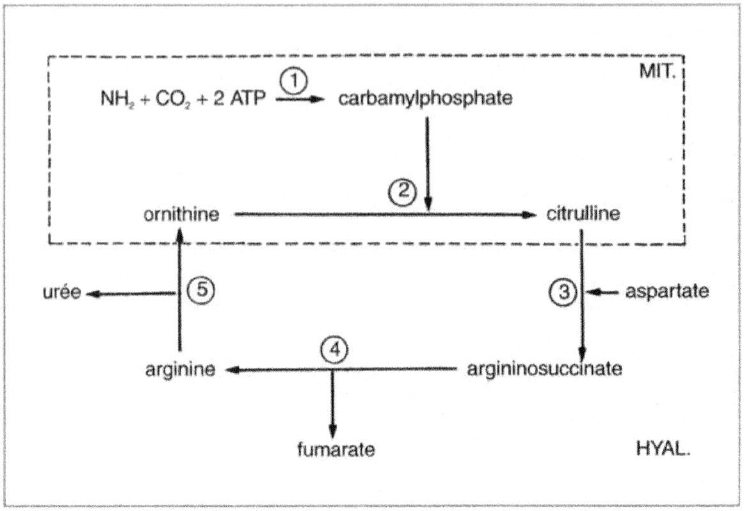

et l'adulte sont au contraire uréotéliques. L'azote excrémentiel est alors préférentiellement évacué sous forme d'urée en solution dans l'urine ou ayant traversé le tégument.

Le changement du mode d'excrétion azotée se produit durant la métamorphose. Il est associé à une production accrue d'urée par le foie, à partir d'ammoniac et de dioxyde de carbone, après une élévation significative et simultanée des activités des enzymes du cycle de l'uréogenèse ou cycle de l'ornithine-urée (carbamyl phosphate synthétase-I, ornithine transcarbamylase, arginase... – fig. 1.27 & 1.28). Les activités accrues de ces enzymes reflètent une stimulation de leur synthèse dans le foie.

Figure 1.28 : Activités de trois enzymes du cycle de l'uréogenèse, la carbamyl phosphate synthétase-I (C.P.S.), l'ornithine transcarbamylase (ORN. TR.) et l'arginase (ARG.), avant et pendant la métamorphose de *Rana catesbeiana*. Les activités sont exprimées en pourcentages des valeurs obtenues à la fin du climax. prémét., prémétamorphose ; début mét., début de la métamorphose.
(D'après P.P. Cohen (1970) *Science 168*, 533-543.)

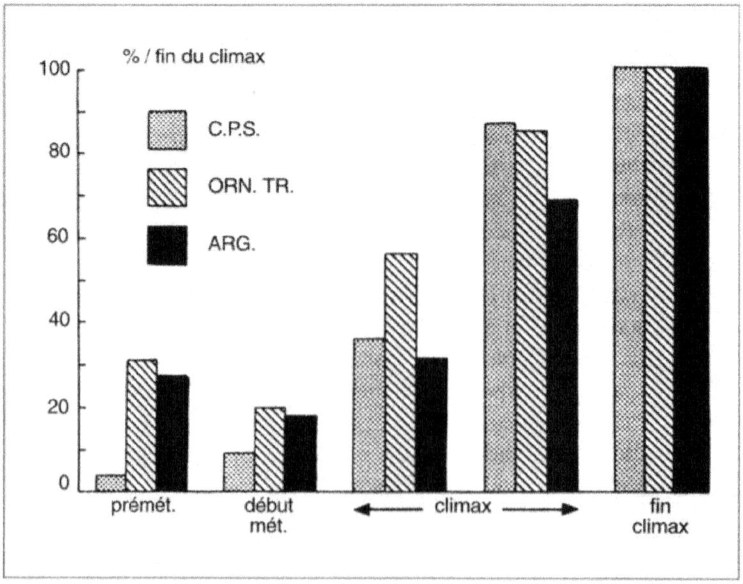

La substitution de l'uréotélie à l'ammonotélie doit être considérée comme une adaptation physiologique supplémentaire des amphibiens métamorphosés au milieu terrestre. Lorsque les mécanismes de conservation de l'eau s'établissent, l'excrétion d'un déchet azoté peu toxique, comme l'urée, est en effet compatible avec l'émission d'une urine plus rare, où ce déchet peut être concentré.

L'urée produite peut aussi faciliter une adaptation à un milieu sec, en s'accumulant dans le milieu intérieur. Une telle accumulation est observée chez les têtards de l'anoure *Scaphiopus couchi*, lors d'un assèchement accidentel des mares ; elle entraîne une rétention osmotique d'eau et permet à ces larves devenues terrestres d'attendre l'installation d'une nouvelle mare, après une pluie. Pour leur part, certains anoures métamorphosés vivant dans les eaux saumâtres de Thaïlande *(Rana cancrivora)* peuvent supporter des pressions osmotiques voisines de celles de l'eau de mer. L'urée qui s'accumule dans le milieu intérieur limite en effet la déperdition d'eau que provoque l'hypertonie de leur cadre de vie.

Après leur métamorphose, quelques anoures terrestres *(Phyllomedusa, Chiromantis)* excrètent une urine rare mais particulièrement riche en un autre déchet peu toxique, l'acide urique.

Chez les amphibiens capables de persister en eau douce après la métamorphose, comme le xénope, l'invasion aqueuse est limitée par l'émission d'une urine abondante, suite à une faible récupération d'eau par la vessie (fig. 1.23C). Les larves excrètent à la fois des ions NH_4^+, au niveau branchial, et de l'urée, aux niveaux rénal et tégumentaire. Après la métamorphose, l'urée demeure dans le milieu intérieur, et les ions NH_4^+ représentent le déchet azoté presque exclusif, dont la toxicité est atténuée par sa dilution dans l'urine. Un passage à l'uréotélie est néanmoins remarqué chez le xénope adulte lors d'un assèchement de son habitat. L'urine débitée devient alors plus rare. L'ammonotélie s'installe à nouveau dès le retour à l'eau, comme elle le fait aussi chez certains tritons *(Notophthalmus viridescens)* après leur "deuxième métamorphose", tandis qu'ils quittent définitivement le milieu terrestre pour reprendre un mode de vie aquatique.

1.6. Modifications d'ordre sensoriel

1.6.1. FONCTION VISUELLE

Durant la métamorphose, la rétine s'accroît par son bord ciliaire, et le nombre des cellules qui composent ce tissu s'élève significativement (fig. 1.29). Via le nerf optique, les axones des neurones multipolaires de la rétine gagnent partiellement le toit optique *(tectum)*, c'est-à-dire la région dorsale du mésencéphale, où ils entrent en contact synaptique avec les dendrites des neurones tectaux. La carte des projections rétiniennes sur le toit optique s'agrandit pendant la métamorphose, comme l'ont montré les enregistrements électrophysiologiques obtenus au moyen de microélectrodes implantées dans le toit, après une stimulation ponctuelle de la rétine.

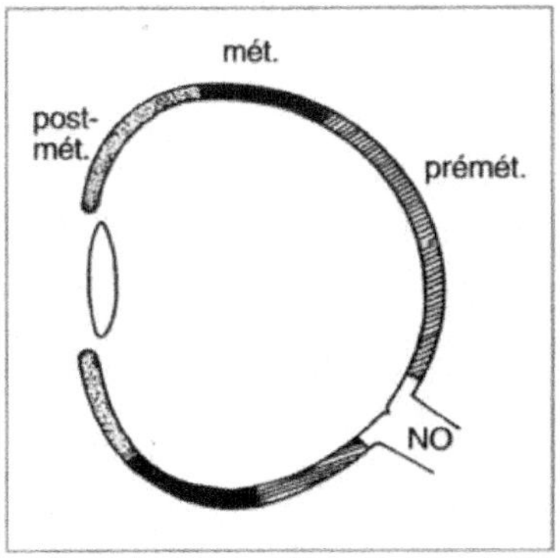

Figure 1.29 : Croissance de la rétine chez la larve du xénope, avant, pendant et après la métamorphose (prémét., mét., postmét.).
NO, nerf optique.
(D'après K. Straznicky & R.M. Gaze (1971) *J. Embryol. Exp. Morphol. 26*, 67-79.)

Jusqu'à la métamorphose, les yeux des larves sont suffisamment latéraux pour que leurs champs visuels ne comportent aucune partie commune. Durant cette phase de vision monoculaire, les enregistrements obtenus sont à gauche pour l'œil droit et inversement (enregistrements contralatéraux) (fig. 1.30A). De tels enregistrements sont consécutifs à la traversée du plan de symétrie par les axones des neurones multipolaires rétiniens, dans la région du chiasma optique.

Pendant la métamorphose et au début de la phase juvénile, les yeux se rapprochent dorsalement, au point que leurs champs visuels se chevauchent. Une telle vision binoculaire permet la perception du relief et une détection plus facile des proies. Pour tout stimulus lumineux situé dans le champ visuel commun, chaque œil émet des trains d'influx, dont les uns sont contralatéraux et les autres recueillis du même côté (enregistrements ipsilatéraux). L'apparition de ces derniers est imputable à la mise en place de neurones d'association connectant les moitiés droite et gauche du toit (fig. 1.30B). Les points lumineux aperçus, n'appartenant pas au champ visuel commun, fourniront seulement des enregistrements contralatéraux. Durant la métamorphose, l'acquisition de la vision binoculaire est également associée à la mise en place de relations neuronales plus strictes entre le toit optique et le thalamus, compatible avec une meilleure coordination des deux organes.

Les propriétés optiques changent aussi pendant la métamorphose. L'œil du têtard est un "œil de poisson", avec un cristallin sphérique qui fournit l'essentiel de sa convergence à l'organe. L'œil de l'animal métamorphosé acquiert un cristallin lenticulaire, et sa convergence est plutôt due à la cornée, dont l'indice de réfraction ($n = 1{,}38$) est très supérieur à celui de l'air ($n = 1$).

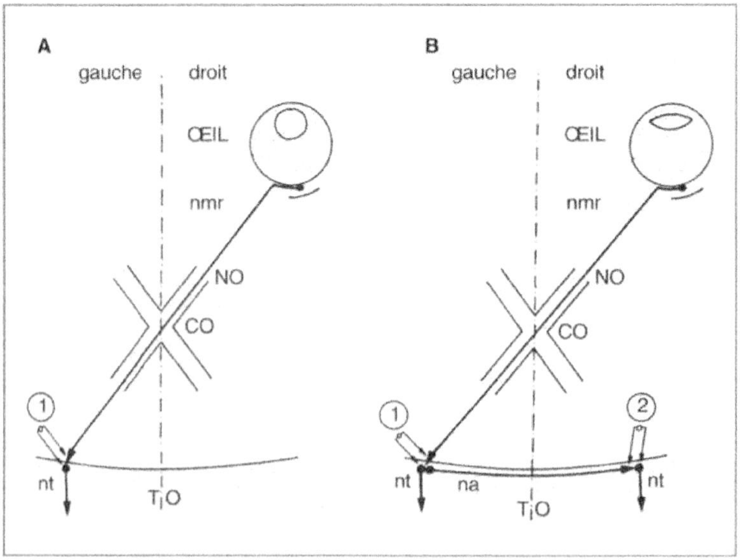

Figure 1.30 : Évolution des relations rétino-tectales chez le xénope en métamorphose.
A, larve en prémétamorphose. Les enregistrements électriques sont exclusivement contralatéraux (1).
B, animal métamorphosé. Les enregistrements peuvent être à la fois contralatéraux (1) et ipsilatéraux (2), grâce à la mise en place de neurones d'association (na).
CO, chiasma optique ; nmr, neurone multipolaire de la rétine ; NO, nerf optique ; nt, neurone tectal ; TO, toit optique.
(D'après Hourdry & Beaumont 1985)

Chez les amphibiens, deux pigments sont présents dans les segments externes des bâtonnets : la porphyropsine et la rhodopsine (pourpre rétinien). Ces pigments possèdent la même apoprotéine mais diffèrent par leur groupement prosthétique, qui sont respectivement le 3-4 déshydrorétinal et le rétinal. Les bâtonnets des têtards d'anoures contiennent plutôt de la porphyropsine mais, après la métamorphose et le passage au milieu terrestre, la rhodopsine devient le pigment visuel exclusif ou presque de ces cellules. *Xenopus laevis* est l'une des rares exceptions, puisque les bâtonnets des animaux métamorphosés contiennent seulement de la porphyropsine. Chez divers tritons *(Triturus alpestris, Notophthalmus viridescens)*, le pigment prédominant des bâtonnets est la porphyropsine chez la larve aquatique et la rhodopsine chez le juvénile terrestre.

La nature des pigments contenus par les segments externes des cônes est également modifiée au cours de la métamorphose des amphibiens. Les larves possèdent de la cyanopsine, tandis que les animaux métamorphosés acquièrent une iodopsine. Ces deux pigments ont respectivement le groupement prosthétique de la porphyropsine et de la rhodopsine, mais l'opsine est différente.

1.6.2. FONCTION ACOUSTIQUE

Chez les larves aquatiques, la transmission des vibrations sonores à l'oreille interne se fait imparfaitement par l'intermédiaire du crâne. L'oreille moyenne, qui focalise cette transmission, est souvent réduite. Chez de nombreux anoures devenus terrestres, l'oreille moyenne atteint son complet développement en fin de métamorphose. Elle comprend alors en principe une cavité tympanique et un système squelettique de transmission des vibrations. Chez les autres amphibiens, l'oreille moyenne demeure très incomplète.

1.6.3. SYSTÈME LATÉRAL

Le système latéral est un système sensoriel caractéristique des vertébrés inférieurs aquatiques, constitué par un ensemble de récepteurs cutanés (neuromastes). Ce système pourrait renseigner l'animal sur les faibles variations de pression de l'eau et sur les changements de sens subis par les courants. Il permettrait aussi la perception à distance des corps en mouvement.

Chez les amphibiens, l'existence du système latéral est liée au degré de dépendance vis-à-vis du milieu aquatique. Ce système est présent chez toutes les larves. Chez les anoures, il disparaît à la métamorphose si l'espèce gagne un habitat terrestre *(Rana, Bufo...)*, mais il persiste si celle-ci demeure aquatique *(Xenopus)*. Il peut ne pas disparaître complètement chez les urodèles adultes.

1.7. Dépense énergétique liée à la sortie de l'eau

Les événements de la métamorphose et la sortie de l'eau nécessitent l'énergie chimique contenue par l'ATP et libérée par l'activité d'une adénosine triphosphatase. Cette énergie, qui est fournie par le catabolisme respiratoire, résulte de l'oxydation de substrats accumulés durant la vie larvaire et libérés pendant la métamorphose, comme le glucose, les acides gras et le glycérol. Chez les anoures du moins, les substrats exogènes sont exclus pendant la métamorphose, puisque les animaux cessent alors de s'alimenter.

Le glucose provient de l'hydrolyse du glycogène hépatique. Il est également élaboré selon un processus de néoglycogenèse, à partir de précurseurs non glucidiques ayant gagné le foie (acides aminés issus de la dégénérescence des tissus...). Les acides gras et le glycérol résultent de l'hydrolyse des triglycérides accumulés dans le foie et l'organe adipeux.

La dépense énergétique s'accroît encore durant la phase juvénile. Cette dépense est non seulement nécessaire à la croissance des animaux, mais elle leur permet de satisfaire aussi aux nouveaux besoins nés du passage au milieu terrestre (locomotion saltatoire...).

1.8. Métamorphose de puberté ("deuxième métamorphose")

Après deux ou trois années de vie juvénile terrestre, certains tritons arrivant à maturité sexuelle subissent divers remaniements, tandis qu'ils retournent définitivement à l'eau. Les événements liés à cette "deuxième métamorphose" sont souvent inverses de ceux que l'on observe lors de la première et véritable métamorphose. L'épiderme cesse d'être rugueux en perdant ses tubercules kératinisés superficiels. Les glandes muqueuses cutanées deviennent également plus fréquentes et sécrètent davantage, si bien que la peau prend un aspect luisant et acquiert un toucher très gluant. La pigmentation du corps change radicalement. Le cas de *Notophthalmus viridescens*, un triton de l'Est des États-Unis, est à ce propos très significatif, puisque le juvénile est rouge-orangé, alors que l'animal ayant achevé sa métamorphose pubertaire retrouve la teinte vert-olive de la larve. Au même moment, la hauteur de la queue s'accroît et une nouvelle nageoire caudale apparaît.

Les pigments visuels sont affectés durant la métamorphose pubertaire, puisqu'une porphyropsine se substitue à la rhodopsine. De plus, un retour partiel à l'ammonotélie est observé chez ces tritons sexuellement mûrs retournant en milieu aquatique.

1.9. Conclusions

Pour un grand nombre d'amphibiens, une sortie de l'eau se situe au moment de la métamorphose. Néanmoins, certaines transformations liées au phénomène n'impliquent pas automatiquement cette transition écologique. La régression de la queue et l'acquisition de pattes ou de poumons et, par ailleurs, la substitution d'un régime carnivore à la microphagie peuvent ne pas interdire un maintien en eau douce. Le xénope métamorphosé, par exemple, nage par brusque détente de ses membres postérieurs, vient respirer à la surface de l'eau et assume un comportement de chasseur. D'autres transformations préadaptent mieux les amphibiens à un habitat terrestre. Une telle migration peut être en effet préparée par une meilleure économie de l'eau, comme on le constate chez les grenouilles et les crapauds métamorphosés. En revanche, une économie défaillante peut expliquer le mode de vie presque toujours aquatique du xénope, dont l'équilibre hydrominéral demeure celui d'un poisson d'eau douce.

En vérité, la métamorphose n'affranchit pas totalement l'adulte du milieu aquatique, où il peut revenir périodiquement pour fuir un prédateur ou récupérer de l'eau par son tégument. La reproduction nécessite aussi le retour dans une mare, où la fécondation externe puis le développement des embryons et des larves seront réalisés. Chez certains tritons, ce retour aux eaux douces est accompagné d'une métamorphose pubertaire.

Si les conditions de vie aquatique sont précaires, le passage au milieu terrestre des animaux métamorphosés peut s'avérer lui-même opportun. Différents amphibiens peuvent ainsi quitter les mares avant leur assèchement. Quand le volume d'eau est très petit, la survie de l'espèce est même associée à une métamorphose particulièrement précoce. Chez une rainette d'Amérique du Nord *(Hyla septentrionalis)* par exemple, dont les œufs éclosent dans l'eau conservée par des tiges de bambou, après la pluie, la vie larvaire ne dure que quelques jours.

En bref, pour beaucoup d'amphibiens, la sortie de l'eau apparaît très relative encore. Tout se passe comme si le milieu de vie n'était pas encore déterminé de manière décisive. On analysera d'autres stratégies conduisant les amphibiens à quitter plus radicalement les eaux douces (cf. § 5).

2. Déterminisme endocrinien de la métamorphose

Depuis les travaux de Gudernatsch (1912), il est admis que la métamorphose des amphibiens est provoquée par une élévation de la concentration des hormones thyroïdiennes circulantes (fig. 1.31), imputable à un accroissement d'activité de la thyroïde. La thyroïdectomie ou l'administration d'antithyroïdiens (thiourée...) supprime la métamorphose des larves, qui continuent toutefois de s'accroître. Inversement, le traitement des larves par les hormones thyroïdiennes anticipe le phénomène, tant chez les anoures que chez les urodèles. Le déclenchement de la métamorphose des amphibiens par les hormones thyroïdiennes constitue l'effet endocrinien le plus anciennement connu chez les vertébrés poïkilothermes.

Très longtemps focalisé sur l'activité de la seule thyroïde, le déterminisme endocrinien de la métamorphose s'est depuis élargi, et il est

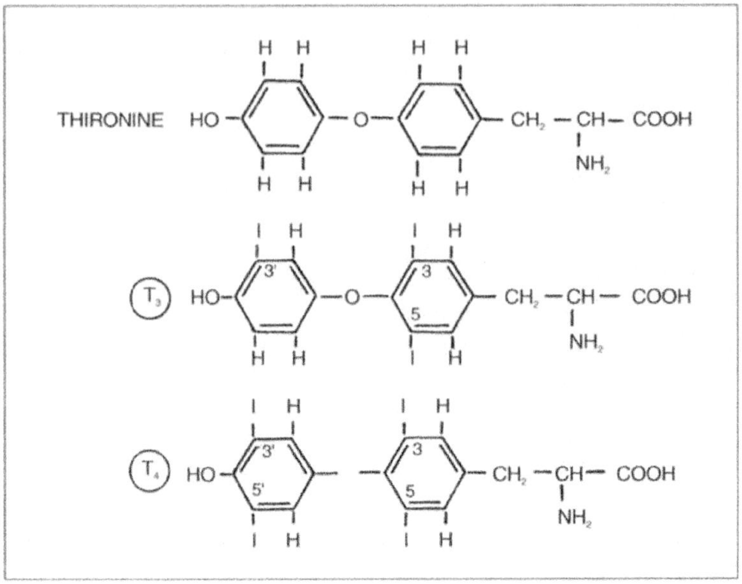

Figure 1.31 : Les deux hormones thyroïdiennes (3.5.3'-triiodothyronine ou T3 ; 3.5.3'.5'-tétraiodothyronine ou thyroxine ou T4) sont les dérivés tri- et tétraiodé de la thyronine.

maintenant établi que les événements observés résultent en fait des actions conjuguées d'un cortège d'hormones.

2.1. Réponses aux hormones thyroïdiennes

Le rôle primordial des hormones thyroïdiennes dans l'apparition de la métamorphose a amené de nombreux auteurs à provoquer précocement ce phénomène, par une élévation artificielle et brutale du taux plasmatique de la T3 ou de la T4. La métamorphose expérimentale constitue à ce propos une méthode de choix pour analyser les effets des hormones thyroïdiennes, lorsqu'elles pénètrent dans les cellules. Les larves sont choisies en prémétamorphose. Certaines sont immergées dans une solution de T3 ou de T4, où la concentration est généralement comprise entre 10^{-9} et 10^{-6} M. D'autres reçoivent les hormones par injection intrapéritonéale, à des doses allant de 0,1 à 1 µg/g de poids corporel. Le traitement *in vitro* d'explants tissulaires par la T3 ou la T4 a souvent confirmé les résultats obtenus *in vivo*.

Le traitement des larves par les hormones thyroïdiennes déclenche la série d'événements cellulaires déjà rencontrée lors de la métamorphose naturelle (fig. 1.32). Les cellules dégénèrent dans plusieurs tissus et organes des larves (queue et tractus digestif chez les têtards d'anoures, branchies...). Des foyers de prolifération cellulaire s'installent dans les membres en croissance, le cervelet ou le tractus digestif. Au terme d'une phase de différenciation, les cellules de Purkinje du cervelet acquièrent une arborisation dendritique, et les épithéliocytes intestinaux se garnissent d'une bordure en brosse. Cette différenciation peut être soulignée par une synthèse accélérée d'espèces moléculaires : kératines dans l'épiderme stratifié, hydrolases lysosomales dans les fibroblastes caudaux qui deviennent des phagocytes, nouvelles hémoglobines dans les globules rouges néoformés, pepsinogène dans les cellules principales de l'estomac, enzymes du cycle de l'uréogenèse et sérumalbumine dans les hépatocytes...). Enfin, des migrations cellulaires succédant à une phase de prolifération sont observées, dont celles des cellules granulaires dans le cervelet.

Les larves traitées par les hormones thyroïdiennes présentent des modifications fonctionnelles, comparables à celles que que l'on observe en métamorphose naturelle. On peut citer l'acquisition d'un mode de locomotion saltatoire, d'une vision binoculaire, d'un régime carnivore ou d'un nouvel équilibre hydrominéral... Ces transformations sont de même accompagnées par un passage des animaux au milieu terrestre.

Tous ces changements d'ordre expérimental peuvent être obtenus, avant l'apparition de la métamorphose naturelle, à des stades larvaires

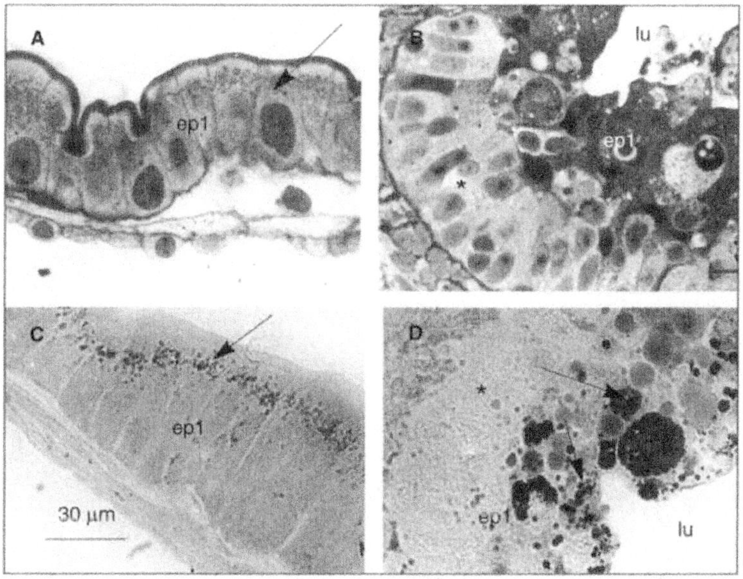

Figure 1.32 : Modifications de l'intestin chez le têtard de *Discoglossus pictus* en métamorphose induite par la thyroxine exogène (immersion des animaux dans une solution contenant l'hormone à la concentration de 10^{-7} M).
A et B, étude histologique : A, intestin de têtard-témoin non traité par l'hormone. De petits lysosomes (flèche) sont localisés dans l'espace supranucléaire de l'épithélium primaire (ep1) ; B, intestin de têtard traité pendant 6 jours. Sur le bord interne d'un îlot de cellules embryonnaires (astérisque), l'épithélium primaire en dégénérescence (ep1) est très chromophile et en cours d'évacuation dans la lumière intestinale (lu).
C et D, recherche de l'activité d'une hydrolase lysosomale, la phosphatase acide : C, intestin de têtard-témoin. Le produit de réaction (sulfure de plomb) précipite dans les petits lysosomes supranucléaires (flèche) de l'épithélium primaire (ep1) ; D, intestin de têtard traité pendant 5 jours. Le produit de réaction est abondant et se dépose dans de grands lysosomes (flèches) de l'épithélium primaire (ep1). L'îlot de cellules embryonnaires est dépourvu de toute activité (astérisque).
(Clichés J. Hourdry (1971) *J. Microscopie 12*, 205-224.)

très précoces. Néanmoins, la capacité de réponse des tissus aux hormones thyroïdiennes (ou compétence) n'est pas d'emblée totale, au point de permettre une métamorphose complète en présence d'un excès d'hormone. Cette compétence est d'abord d'ordre biochimique et concerne la synthèse des ARN et de protéines spécialisées, avant d'être anatomique et morphologique. Pour être intégrale, la compétence nécessite en fait un vieillissement des tissus, compatible avec une préparation métabolique. Lorsque les larves traitées sont trop jeunes, des compétences tissulaires encore partielles peuvent empêcher des réponses complètes de métamorphose et conduire à un développement dysharmonique. Dans de telles conditions, un têtard d'anoure pourrait posséder des membres mais garder encore sa queue.

L'utilisation de composés voisins des hormones thyroïdiennes a permis de définir les conditions d'une action thyromimétique, provoquant la résorption caudale chez les têtards (fig. 1.33). Il ressort de cette étude que l'iode et la liaison éther-oxyde ne sont pas indispensables. Contrairement à ce que l'on pensait il y a quelques années, l'action thyromimétique est conditionnée par les caractères stériques de la molécule d'hormone, plus que par la présence spécifique d'iode. L'intégration de l'halogène dans la molécule de T3 ou de T4 serait purement fortuite et refléterait des circonstances évolutives favorables au métabolisme hormonal.

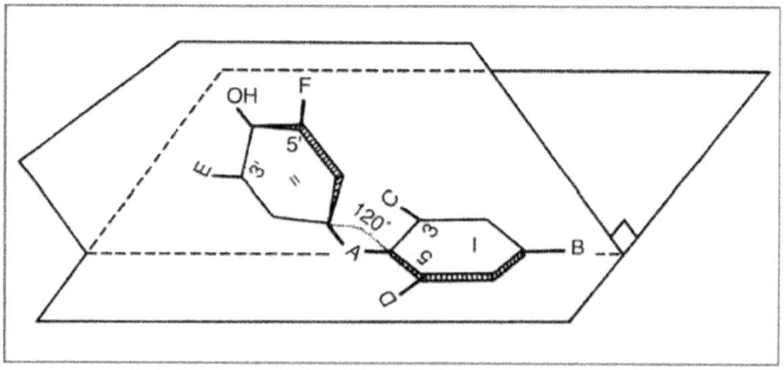

Figure 1.33 : Conditions d'une action thyromimétique sur la queue du têtard d'anoure. La molécule capable de provoquer la résorption caudale possède deux cycles aromatiques perpendiculaires (I et II), reliés par un atome d'oxygène, de soufre ou de carbone (A). Les deux branches du pont unissant les deux cycles forment d'autre part un angle de 120° environ. Le cycle I porte une chaîne latérale anionique (acide acétique...) ou aminoacide (alanine...), comprenant deux ou trois atomes de carbone et placée en position *para* (B) vis-à-vis du pont. Sur le cycle II, un radical phénolique (-OH) est également situé en position *para* vis-à-vis du pont. Les substituts placés en position 3 (C) et 5 (D) sur le cycle I sont relativement volumineux, sans toutefois dépasser une dimension de 2,9 nanomètres (halogène...). L'activité de cette structure est grandement accrue par la présence d'un substitut volumineux (halogène, radical alcoolique...) en position 3' sur le cycle II (E), mais elle s'élève moins si ce substitut occupe également la position 5' (F).
(D'après Jorgensen 1978.)

2.2. Variations et contrôle du taux des hormones thyroïdiennes

2.2.1. VARIATIONS D'ACTIVITÉ DE LA THYROÏDE

Avant la métamorphose, les deux îlots qui composent la thyroïde des amphibiens ne comportent que quelques follicules, dont l'épithélium est plat et peu actif. Lors du climax, ces îlots s'accroissent significativement. Les follicules deviennent plus nombreux et acquièrent une activité maximale, soulignée par l'épaisseur de leur épithélium. Avec intensité, celui-ci synthétise la thyroglobuline iodée, la déverse dans la lumière folliculaire où elle constituera l'essentiel de la colloïde, puis l'hydrolyse en libérant la T3 et la T4 (fig. 1.34 & 1.35). L'activité de la thyroïde s'abaisse après la métamorphose.

2.2.2. VARIATIONS DU TAUX DES HORMONES THYROÏDIENNES CIRCULANTES

Ces variations ont pu être appréciées par radioimmunodosage. Chez les anoures *(Xenopus, Rana, Bufo...)*, les taux plasmatiques de la T3 et de la T4 s'élèvent de manière significative et transitoire au cours du climax (fig. 1.36). Chez *Rana catesbeiana*, les valeurs maximales obtenues se situent entre 70 et 150 ng/100 ml pour la T3 et entre 0,5 et 1 µg/100 ml pour la T4, qui représente l'hormone circulante majeure. Outre le choix de l'espèce, les facteurs externes (température, éclairement, photopériode...) peuvent influer sur ces résultats. Chez les urodèles *(Ambystoma, Notophthalmus, Eurycea, Hynobius...)*, les concentrations plasmatiques de la T3 et de la T4 augmentent significativement aussi à la métamorphose.

2.2.3. VARIATIONS DU TAUX DES HORMONES THYROÏDIENNES AU NIVEAU CELLULAIRE

Au niveau des cellules-cibles, le taux des hormones thyroïdiennes est modifié par les activités d'une T4-5'-monodésiodinase et d'une T3-5-monodésiodinase, qui convertissent respectivement la T4 en T3 et la T3 en 3.3'-diiodothyronine. Jusqu'au climax, l'activité d'une T3-5-monodésiodinase maintient un taux très faible de T3 dans les cellules, puisque l'hormone est presqu'intégralement transformée en 3.3' diiodothyronine. Au climax, l'activité de la T3-5-monodésiodinase diminue significativement dans certaines cellules-cibles, dont les hépatocytes et les globules rouges. La T3 ne peut donc être dégradée. Durant cette même période, l'activité de la T4-5'-monodésiodinase demeure faible dans ces deux types cellulaires et limite la production de la T3 à partir de la T4. En revanche, cette activité s'accroît fortement dans la peau, l'intestin et la queue, d'où l'augmentation rapide du taux de T3 après désiodation de la T4.

À la métamorphose, les activités des deux désiodinases favorisent par conséquent une régulation de la concentration des hormones thyroïdiennes au niveau cellulaire, concentration initialement imposée par le taux de ces hormones dans le plasma. Une protection des cellules contre une surexposition hormonale peut en découler. La T3-5-monodésiodinase, par exemple, peut empêcher l'intervention d'un excès anormal de T3.

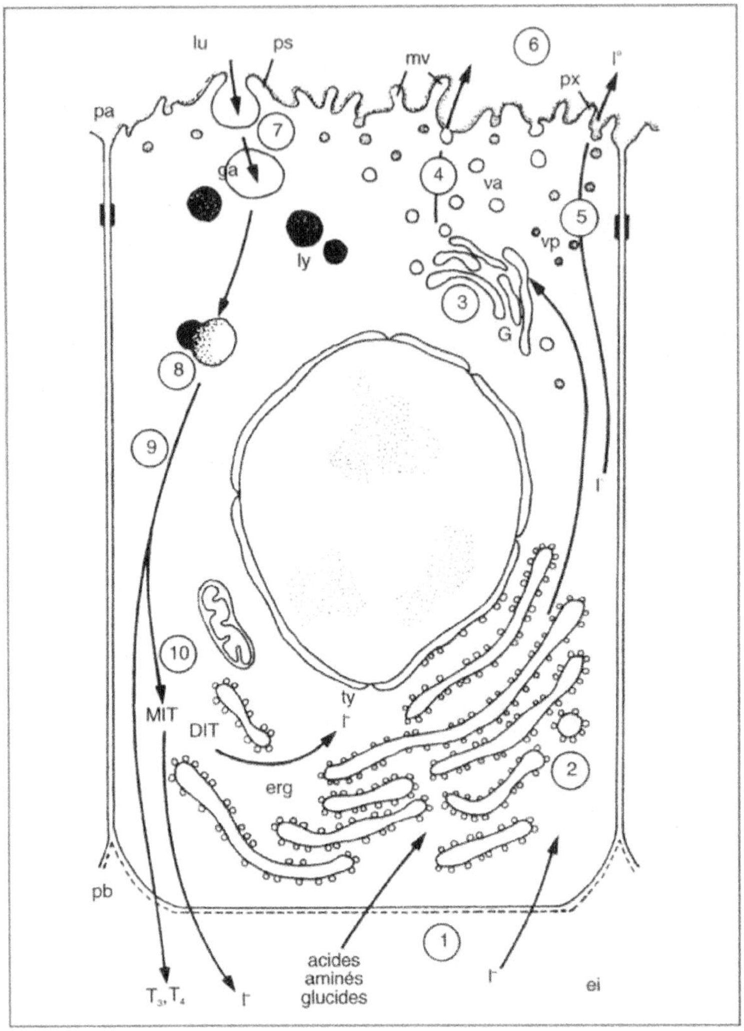

Figure 1.34 : Différentes étapes du métabolisme thyroïdien.
La voie montante (1 à 6) se dirige du pôle basal ou sanguin (pb) au pôle apical ou colloïdien (pa) des thyréocytes : 1, absorption d'acides aminés, de glucides et d'ions iodure I^- au pôle basal ; 2, assemblage des acides aminés en protéines au niveau de l'ergastoplasme (erg) ; 3, élaboration d'une glycoprotéine, la thyroglobuline, par addition d'une copule glucidique aux protéines néosynthétisées, lors du passage par les saccules golgiens (G) ; 4. déversement de la thyroglobuline des vésicules apicales (va) dans la lumière folliculaire (lu) ; 5, oxydation des ions I^- en I^o grâce à l'activité d'une peroxydase (px) localisée sur les microvillosités apicales (mv) et apportée par des vésicules (vp) ; 6, incorporation de l'iode I^o à la thyroglobuline. L'essentiel de la colloïde de la lumière est constitué par cette thyroglobuline iodée, dont la masse moléculaire avoisine 650 000 daltons.
La voie descendante (7 à 10) se dirige du pôle apical au pôle basal des thyréocytes : 7, phagocytose de la colloïde par des pseudopodes (ps) et formation de gouttelettes apicales (ga) ; 8, fusion de ces gouttelettes avec des lysosomes (ly) ; 9, hydrolyse de la thyroglobuline iodée des gouttelettes par les enzymes lysosomales ; 10, libération d'hormones thyroïdiennes (T3, T4) et de tyrosines iodées (monoiodotyrosine ou MIT, diiodotyrosine ou DIT). Les hormones sont déversées dans le sang via l'espace interfolliculaire (ei). L'iode des tyrosines iodées est réduit à l'état d'I^-, dont une partie est réutilisée par la cellule tandis que le reste passe dans le sang. La tyrosine (ty) est également récupérée par le thyréocyte.
(D'après E. Regard (1978) *Int. Rev. Cytol. 52*, 81-118.)

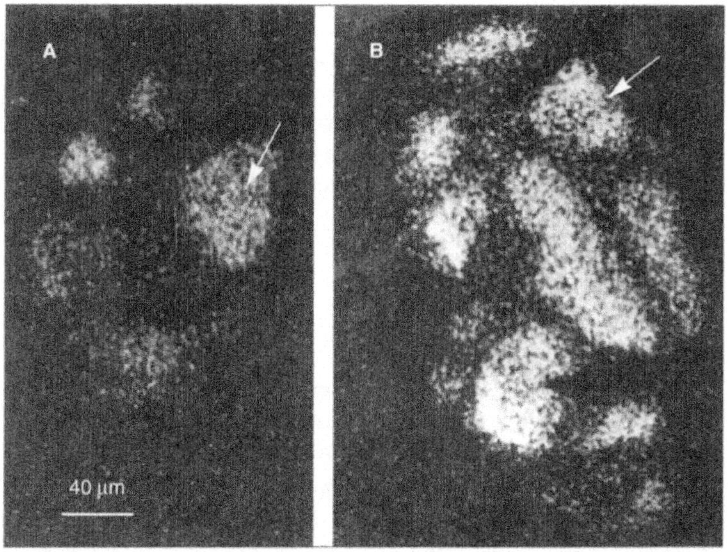

Figure 1.35 : Observation en balayage de l'iode détecté dans l'un des deux îlots thyroïdiens de *Xenopus laevis* au moyen du microanalyseur électronique. Cet appareil permet de discriminer un élément chimique dans une coupe histologique, grâce au rayonnement X à énergie spécifique qu'émet l'élément après bombardement par un faisceau d'électrons. L'iode repéré dans l'îlot est essentiellement celui qui est incorporé à la thyroglobuline des lumières folliculaires.
A, début de la métamorphose. L'iode s'accumule dans certaines lumières (flèche).
B, climax. La concentration de l'iode est élevée dans toutes les lumières folliculaires (flèche).
(D'après J. Hourdry & E. Regard (1975) *Gen. Comp. Endocrinol. 27*, 277-288.)

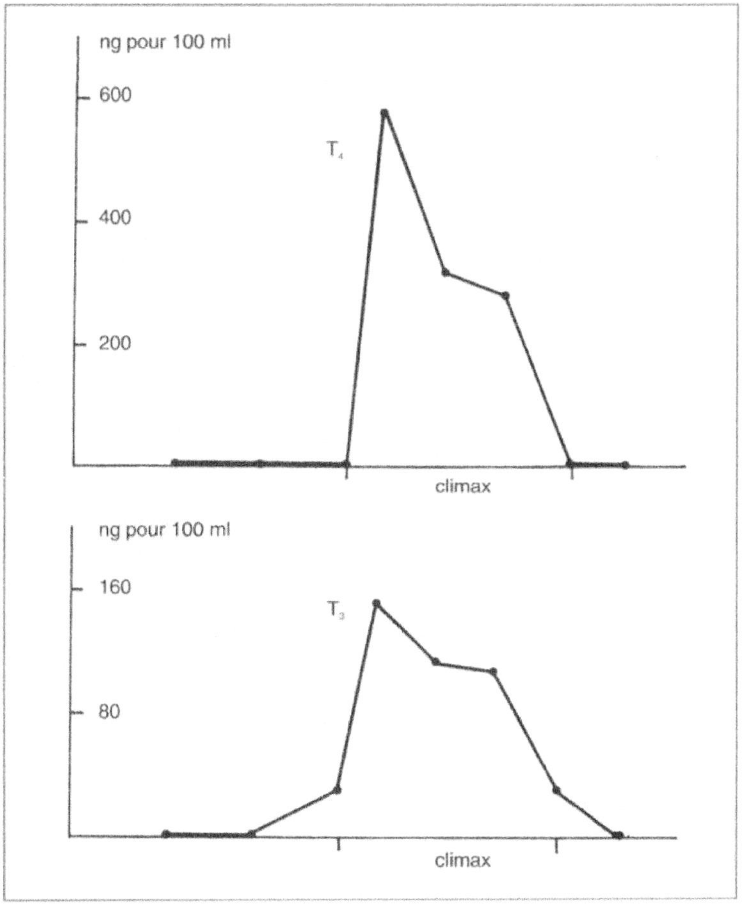

Figure 1.36 : Variations de la concentration plasmatique de la T3 et de la T4 au cours du développement de la larve de *Xenopus laevis*. Les valeurs s'élèvent significativement au climax de la métamorphose.
(D'après H. Miyauchi *et al.* (1977) *Gen. comp. Endocrinol. 33*, 254-266.)

Le mécanisme selon lequel varie le taux des hormones thyroïdiennes circulantes est actuellement connu dans ses grandes lignes. Durant la prémétamorphose, la très faible activité de la thyroïde est imputable à une sécrétion réduite d'hormone thyréotrope (*thyroid stimulating hormone* ou TSH) par l'adénohypophyse. Toute élévation fortuite de la concentration plasmatique des hormones thyroïdiennes entraîne alors une annulation de la sécrétion d'hormone thyréotrope, selon un rétrocontrôle négatif, et une inactivation de la thyroïde (fig.1.37A).

Peu avant la métamorphose, l'hypothalamus devient compétent aux hormones thyroïdiennes et subit une véritable maturation (fig. 1.38). Des centres neurosécrétoires s'y développent (noyaux préoptiques...). Un réseau capillaire dense s'installe à la base de l'hypothalamus (éminence médiane) et s'abouche à une veine porte hypothalamo-hypophysaire. Une thyréolibérine (*thyrotropin releasing factor* ou TRF) sécrétée par les centres hypothalamiques peut alors stimuler la libération de l'hormone thyréotrope par l'adénohypophyse. Il en résulte une activation de la thyroïde et une plus grande sécrétion de ses hormones. La maturation de l'hypothalamus s'en trouve accélérée. Selon un processus d'autostimulation de l'axe hypothalamo-hypophyso-thyroïdien, la concentration des hormones thyroïdiennes circulantes s'élève donc très rapidement au moment de la métamorphose (fig. 1.37B).

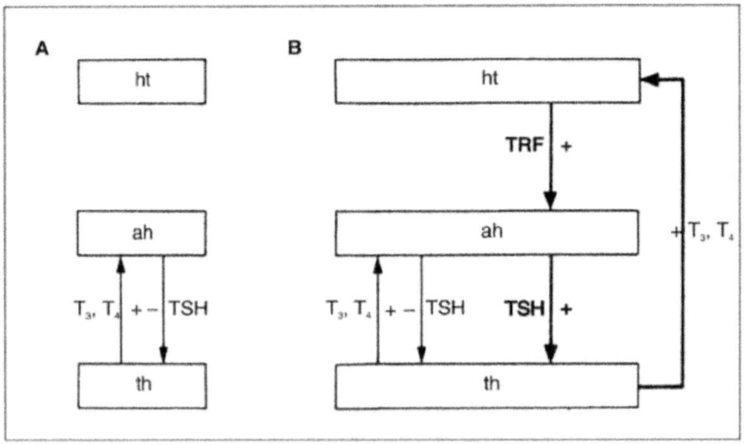

Figure 1.37 : Variations d'activité de l'axe hypothalamo-hypophyso-thyroïdien durant la métamorphose.
A, larve en prémétamorphose. Un rétrocontrôle négatif maintient l'activité de la thyroïde à un niveau très bas, toute augmentation du taux des hormones thyroïdiennes plasmatiques arrêtant la sécrétion de l'hormone thyréotrope par l'adénohypophyse et mettant la thyroïde au repos. Par ailleurs, l'hypothalamus ne contrôle pas encore l'activité des cellules thyréotropes. B, animal au climax. Une autostimulation de l'axe hypothalamo-hypophyso-thyroïdien élève très rapidement le taux des hormones thyroïdiennes plasmatiques, via une production croissante de TRF et d'hormone thyréotrope. Le rétrocontrôle négatif observé en A est ici masqué par cette autostimulation.
ah, adénohypophyse ; ht, hypothalamus ; th, thyroïde.
(D'après Etkin 1968.)

À la fin du phénomène, l'hypothalamus redevient insensible à ces hormones et ne sécrète plus de TRF. La thyroïde est alors mise au repos, suite au rétrocontrôle négatif exercé par l'adénohypophyse.

La nature du TRF est encore controversée. Il diffère de la TRH *(thyrotropin releasing hormone)* des mammifères, qui stimule la sécrétion de la TSH chez ces derniers. La TRH est un tripeptide, le pyroglutamyl-histidyl-prolylamide. Elle a été détectée, ainsi que ses ARN messagers, dans les noyaux neurosécrétoires de l'hypothalamus des larves en métamorphose, mais elle n'exerce alors aucune action sur l'adénohypophyse. En revanche, le TRF pourrait s'apparenter à un autre neuropeptide hypothalamique des mammifères, la CRH *(corticotropin releasing hormone)*, qui a été isolée chez l'homme et le mouton. Un traitement par cette CRH stimule en effet l'activité thyroïdienne des têtards d'anoures, élève leur concentration plasmatique en T3 et en T4, et anticipe leur métamorphose. Inversement, l'injection d'anticorps anti-CRH ralentit le phénomène en

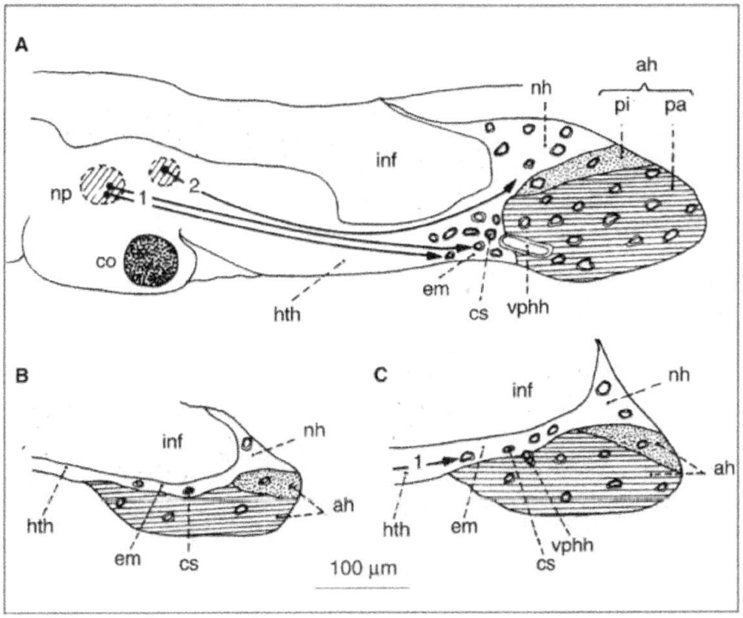

Figure 1.38 : Évolution des relations hypothalamo-hypophysaires chez un anoure, *Rana pipiens*.
A, animal au climax. Les granules de TRF issus de certains centres neurosécrétoires de l'hypothalamus, dont les noyaux préoptiques (np), gagnent l'éminence médiane (em) via les axones 1. Ces granules sont déversés dans les capillaires sanguins de l'éminence (cs), puis ils empruntent une courte veine porte hypothalamo-hypophysaire (vphh) qui les mène à l'adénohypophyse. Les axones 2 véhiculent des produits de neurosécrétion vers la neurohypophyse.
B, têtard en prémétamorphose. L'éminence médiane (em) est pauvre en capillaires (cs) et en terminaisons neurosécrétoires.
C, têtard en début de métamorphose. L'éminence médiane (em) s'épaissit et s'enrichit en capillaires (cs), où les axones 1 plus nombreux déversent le TRF. Simultanément, une veine porte hypothalamo-hypophysaire (vphh) se met en place.
ah, adénohypophyse ; co, chiasma optique ; hth, hypothalamus ; inf, infundibulum (diverticule du troisième ventricule) ; nh, neurohypophyse ; pa, *pars anterior* ; pi, *pars intermedia*.
(D'après W. Etkin (1965) *J. Morphol. 116*, 371-378.)

freinant la sécrétion de la TSH et, par voie de conséquence, de la T3 et de la T4. En fait, chez les amphibiens, le TRF pourrait être chimiquement très proche des neuropeptides hypothalamiques plus directement impliqués dans la stimulation des sécrétions l'hormone corticotrope (ACTH ou *adrenocorticotropic hormone*) ou de l'hormone somatotrope (GH ou *growth hormone* ou hormone de croissance), comme le CRF *(corticotropin releasing factor)* ou le GHRF *(growth hormone releasing factor)*. Une telle hypothèse reste néanmoins à vérifier, puisque ces neuropeptides n'ont pu être isolés jusqu'alors chez les larves d'amphibiens.

2.3. Mécanismes d'action des hormones thyroïdiennes chez les larves

Les différents types de réponse aux hormones thyroïdiennes sont préparés par une succession de réactions métaboliques, déclenchées par la pénétration des hormones dans les cellules. Dans les tissus traités par ces hormones, la réponse est donc détectée après une latence qui peut atteindre une dizaine de jours. Elle est par ailleurs spécifique et marque l'accomplissement d'un destin préétabli.

2.3.1. RÉCEPTEURS DES HORMONES THYROÏDIENNES

L'élaboration d'une réponse par les cellules compétentes nécessite une fixation des hormones thyroïdiennes libres sur des récepteurs nucléaires, à l'issue d'un transport thermosensible. Le proto-oncogène *c-erbA* serait le gène ancestral ayant donné naissance aux gènes codant les récepteurs de ces hormones et, plus généralement, d'autres signaux du développement (hormones stéroïdes, acide rétinoïque, vitamine D3...).

Deux types de récepteurs (RTα et RTβ) ont été discriminés, dont les séquences d'acides aminés sont très voisines de celles que l'on décrit chez le poulet ou chez l'homme. Les récepteurs s'agencent en homodimères (RTα.RTα, RTβ.RTβ) ou en hétérodimères (RTα.RTβ). Ils sont présents en petit nombre dans les tissus des très jeunes larves, ce qui expliquerait l'existence d'une compétence précoce aux hormones. Ces récepteurs seraient alors codés par des messagers maternels, présents dans les ovocytes.

Les récepteurs existent dans la plupart des types cellulaires du têtard (globules rouges, hépatocytes, cellules de la queue ou des bourgeons des membres...). Ils peuvent fixer l'une ou l'autre des hormones thyroïdiennes, mais leur affinité est toujours plus grande pour la T3 que pour la T4. Le rapport d'affinité est de 2 pour les hépatocytes, mais il est supérieur à 15 dans les globules rouges, ce qui entraîne une occupation préférentielle des récepteurs par la T3 au climax. La T3 représente par conséquent la véritable hormone de la métamorphose, qu'elle soit directement sécrétée par la glande thyroïde ou obtenue dans les cellules-cibles à partir de la T4, après une désiodation d'ordre enzymatique.

Dans les cellules-cibles appelées à subir des changements significatifs au climax de la métamorphose (cellules caudales qui dégénèrent, globules rouges totalement remplacés...), le nombre des récepteurs s'élève rapidement, en même temps que la concentration des hormones circulantes. La compétence des cellules-cibles s'en trouve accrue. Ce nombre quintuple dans les globules rouges des larves, où il est de 2 500 par noyau, mais il tombe à moins de 100 dans les globules rouges néoformés. Si les changements sont de moindre amplitude, comme on l'observe dans les hépatocytes qui sont le siège d'une simple différenciation biochimique, le nombre des récepteurs est en revanche peu modifié. Tous ces résultats ont été confirmés lors de traitements par les hormones thyroïdiennes.

2.3.1.1. Gènes des récepteurs, relation entre structure et domaines codés

Les récepteurs RTα et RTβ sont chacun codé par un couple de gènes, comme cela a été démontré chez *Xenopus laevis* et *Rana catesbeiana*. La structure des gènes *RTβA* et *RTβB*, codant les récepteurs RTβ, a été analysée récemment chez *Xenopus laevis* (fig. 1.39). Ces gènes ont une longueur de 70 000 paires de bases. Le gène *RTβA* comporte 14 exons et le gène *RTβB* en comprend 12. Chaque gène possède deux promoteurs situés

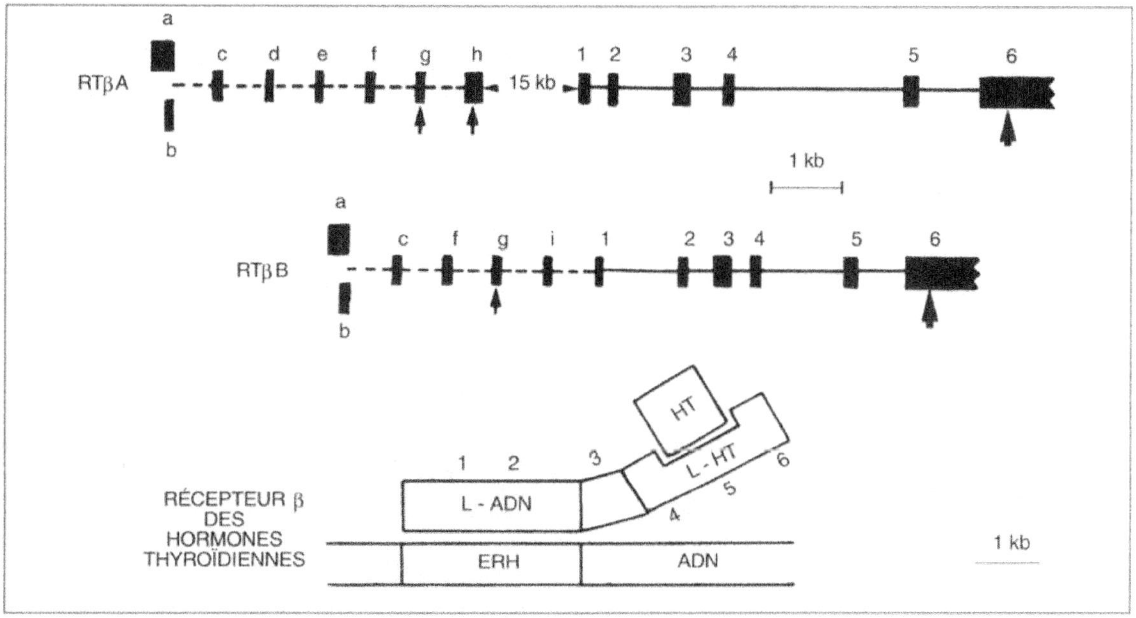

Figure 1.39 : Structure des deux gènes (*RTβA* et *RTβB*) codant le récepteur RTβ des hormones thyroïdiennes, chez *Xenopus laevis*. Le récepteur est traduit à partir des exons 1-6, l'exon 6 étant le plus grand. Chaque gène présente deux promoteurs situés en amont des exons a et b. Des flèches minces et une flèche épaisse marquent respectivement le début et la fin de la traduction.

Le récepteur RTβ comprend deux domaines fonctionnels distincts. L'un (L-ADN) se lie à l'ADN au niveau d'un élément de réponse à l'hormone (ERH). L'autre (L-HT) fixe les hormones thyroïdiennes (HT). Les domaines de liaison à l'ADN et aux hormones thyroïdiennes sont respectivement codés par les exons 1-2 et 4-6. Ces deux domaines sont reliés par une charnière flexible, codée par l'exon 3.

(D'après Y.B. Shi *et al.* (1992) *J. Biol. Chem.* *267*, 733-738 ; Y. Yaoita *et al.* (1990) *Proc. Nat. Acad. Sci.* *87*, 7090-7094.)

en amont des exons a et b, et dont un seul initie la transcription des messagers RTβ en présence des hormones thyroïdiennes, après fixation d'ARN polymérases. Les exons a-i codent des séquences qui sont peu traduites et engendrent des domaines très courts.

Les récepteurs RTβ sont plus particulièrement traduits à partir des exons 1-6 (fig. 1.39). Le domaine de liaison à l'ADN (L-ADN) est essentiellement formé d'une chaîne d'acides aminés repliée en deux boucles, dont la stabilité est garantie par la liaison d'un atome de zinc à quatre molécules de cystéine. Une telle configuration a valu le nom de "doigts de zinc" à ces boucles. Le premier "doigt" est codé par l'exon 1 : il se fixe à l'ADN sur une séquence spécifique de bases qu'il reconnaît (élément de réponse à l'hormone ou ERH). Le second "doigt" est codé par l'exon 2 ; il représente un élément stabilisateur et maintient la structure de reconnaissance en place. Le domaine de liaison des hormones thyroïdiennes (L-HT) est codé par les exons 4-6. L'exon 3 engendre une charnière flexible, reliant L-ADN et L-HT. La structure du récepteur des hormones thyroïdiennes est schématisée figure 1.39.

2.3.1.2. Messagers des récepteurs

La connaissance des gènes codant les récepteurs a été complétée par une analyse précise des modalités de transcription des messagers (RT-ARNm). Le taux des RTα-ARNm triple durant la métamorphose spontanée. De 10 à 30 fois inférieur au taux des RTα-ARNm, en prémétamorphose, le taux des RTβ-ARNm s'accroît très rapidement au climax dans les tissus et/ou organes subissant d'importants changements. Ce taux peut être multiplié par 10 et plus, en synchronisme avec l'élévation de la concentration des hormones thyroïdiennes circulantes et la progression de la métamorphose, mais il diminuera ultérieurement. Une accumulation privilégiée des RTβ-ARNm est également obtenue après un traitement par les hormones thyroïdiennes. En bref, celles-ci stimulent davantage la transcription des RTβ-ARNm que celle des RTα-ARNm, en préalable à une véritable auto-induction des récepteurs par leurs propres hormones. De plus, la transcription des RTβ-ARNm représente l'une des réponses les plus précoces à l'action de la T3 ou de la T4. Les observations fournies par l'hybridation *in situ* ont par ailleurs confirmé une localisation variable des RT-ARNm d'un tissu à l'autre.

En présence des hormones thyroïdiennes, la vitesse de transcription des RTβ-ARNm n'est pas la même, selon que le promoteur est porté par l'exon a ou par l'exon b. Après un traitement de deux jours, la transcription est initiée sur le promoteur lié à l'exon b ; par ailleurs, elle devient particulièrement rapide puisque sa vitesse décuple au moins. Après une semaine de traitement seulement, la transcription s'accélère à partir du promoteur lié à l'exon a. Les promoteurs des gènes *RTβA* et *RTβB* initieraient par conséquent des cascades précoce ou tardive d'expression génique, selon qu'ils appartiennent à l'exon b ou à l'exon a.

Une fois positionnées sur leurs récepteurs, les hormones thyroïdiennes vont influer sur un réseau d'éléments régulateurs comprenant des promoteurs, qui contrôlent à leur tour l'activité de gènes de structure selon des mécanismes maintenant connus dans leurs grandes lignes. Une liste de gènes activés ou réprimés par les hormones thyroïdiennes a pu être établie, spécialement par analyse génomique de lignées cellulaires cultivées en présence des hormones. Des obscurités persistent néanmoins, quant aux mécanismes intimes qui conduisent à l'activation ou à la répression des gènes.

2.3.2. HORMONES THYROÏDIENNES ET DIVISION CELLULAIRE

La multiplication cellulaire qui s'installe dans divers tissus larvaires, en présence des hormones thyroïdiennes, implique une stimulation de la réplication de l'ADN nucléaire. Une telle stimulation peut être appréciée par radioautographie, en déterminant la fréquence des noyaux radioactifs et marqués à l'argent (indice de marquage) après incorporation d'un radioprécurseur par l'ADN (thymidine tritiée). L'indice de marquage s'élève entre autres dans les ébauches des membres en cours d'allongement, les poumons ou le nouvel épithélium digestif.

2.3.3. INDUCTION DE LA DIFFÉRENCIATION ET DE LA DÉGÉNÉRESCENCE CELLULAIRES

Ces événements sont provoqués par une modification des activités géniques, après fixation des hormones thyroïdiennes sur leurs récepteurs. Certains gènes sont activés et permettent une transcription accélérée des ARN messagers dans les cellules-cibles. D'autres gènes jusqu'alors fonctionnels sont réprimés. Les hormones thyroïdiennes exerceraient un contrôle de l'activité des gènes en agissant sur la fraction protéique de la chromatine et tout particulièrement sur les histones, dont le rôle a longtemps été mal compris. Via des protéines activatrices, les hormones détacheraient l'histone H4 liée aux promoteurs de certains gènes, et modifieraient sa configuration. Dès lors, les nucléosomes qui contiennent cette histone, ainsi que les histones H2A, H2B et H3, cesseraient provisoirement d'être des masses compactes. L'ADN qui entoure ces nucléosomes subirait un déroulement partiel, où les gènes seraient transcrits grâce à une accessibilité plus grande des bases et à l'activité de deux ARN-polymérases. La répression de tels gènes s'en trouverait levée. Elle serait au contraire provoquée par la reconstitution de nucléosomes compacts, sur lesquels s'enroule le matériel génique.

2.3.4. CONTRÔLE DE LA SYNTHÈSE PROTÉIQUE

Chez les larves qui subissent des changements à la métamorphose en prélude à la sortie de l'eau, les hormones thyroïdiennes stimulent la synthèse de protéines spécialisées dans les cellules en différenciation fonctionnelle ou en dégénérescence, après une latence imputable à une transcription préalable de messagers plus abondants.

Chez les têtards d'anoures traités par la T3 ou la T4, les variations de la protéosynthèse hépatique ont fait l'objet de nombreux travaux d'ordre cytologique et biochimique (fig. 1.40). L'administration de l'une ou l'autre hormone à des animaux en prémétamorphose stimule la transcription des ARN et la synthèse des phospholipides membranaires. Les hépatocytes montrent simultanément les signes d'une différenciation cytologique, accusée par l'agencement des ribosomes en nombreux polysomes, eux-mêmes liés à un réticulum endoplasmique plus dense. Parmi les protéines codées plus activement, on peut citer la sérumalbumine, les enzymes du cycle de l'uréogenèse (carbamyl phosphate synthétase-I...) ou du catabolisme énergétique (cytochrome oxydase...). Ces synthèses ont de profondes incidences sur la physiologie des têtards. Ainsi, l'activation du cycle de l'uréogenèse favorise la production d'urée par le foie et l'excrétion des déchets azotés sous cette forme (uréotélie). Par ailleurs, l'afflux de sérumalbumine dans le sang accroît sa pression osmotique, ce qui entraîne une meilleure préservation de l'eau lors du passage au milieu terrestre.

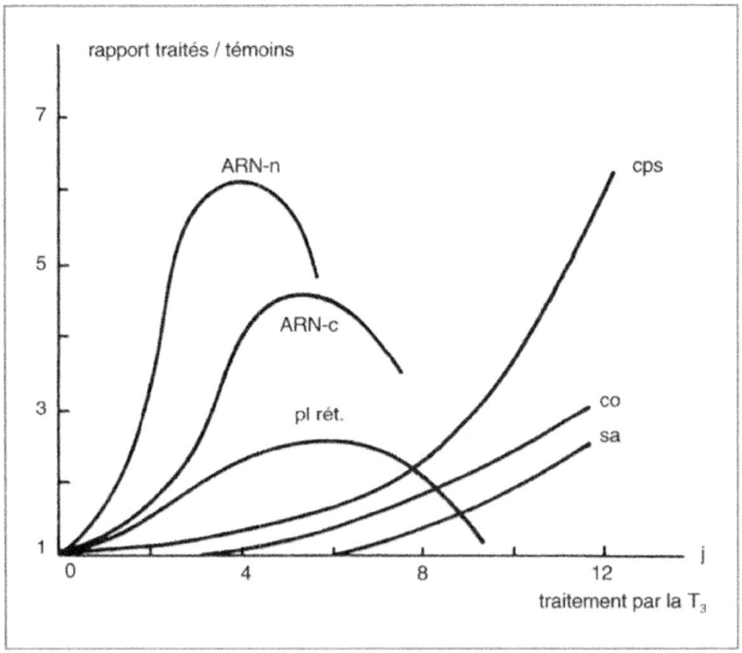

Figure 1.40 : Changements quantitatifs affectant l'ARN total et les protéines dans les hépatocytes de larves de *Rana catesbeiana* traitées par la T3. La vitesse de synthèse de l'ARN nucléaire (ARN-n) augmente jusqu'au 4e jour. Cet ARN s'accumule ensuite dans le cytoplasme (ARN-c), au sein de ribosomes et de polysomes, avec une vitese qui s'accroît jusqu'au 5e jour. La vitesse de synthèse des phospholipides est stimulée au niveau réticulaire jusqu'au 6e jour (pl rét). À partir du 7e jour, des protéines hépatiques spécialisées sont élaborées et se localisent dans les mitochondries (cps, carbamyl phosphate synthétase-I ; co, cytochrome oxydase) ou gagnent le sang (sa, sérum albumine). Les valeurs sont rapportées à celles qui sont obtenues chez les animaux témoins.
(D'après J.R. Tata (1967) *Biochem. J. 105*, 783-801.)

Les mécanismes intimes de la protéosynthèse ont été plus particulièrement étudiés pour la carbamyl phosphate synthétase-I, qui intègre l'ammoniac au cycle de l'uréogenèse. Chez les têtards de *Rana catesbeiana* en prémétamorphose traités par la T3 ou la T4, la synthèse de l'enzyme est stimulée en moins de 24 heures dans les hépatocytes. Deux sous-unités sont rapidement codées au niveau des polysomes puis transférées aux mitochondries, dans la matrice desquelles elles sont assemblées en engendrant l'enzyme active. Celle-ci a une durée de vie relativement longue et ne cesse de s'accumuler dans le foie, contrairement aux messagers qui sont rapidement éliminés. Dans les conditions *in vitro*, les mêmes hormones stimulent la transcription des messagers de la sérumalbumine, puis leur traduction, que l'on a pu quantifier au moyen d'anticorps.

La peau des têtards d'anoures représente également un organe-cible, où les hormones thyroïdiennes peuvent stimuler une protéosynthèse spécifique. Dans les conditions *in vitro* ou lors d'une métamorphose spontanée, en effet, ces hormones activent les gènes de trois nouvelles kératines qui se substituent à celles de la larve, tandis que l'épiderme s'épaissit par prolifération cellulaire.

Chez les têtards de divers anoures *(Rana catesbeiana...)*, les chaînes polypeptidiques des Hb.l cessent d'être produites après traitement par les hormones thyroïdiennes, suite à une répression des gènes correspondants. En revanche, les gènes codant les chaînes polypeptidiques des Hb.ad sont activés. De telles modifications sont associées à l'apparition de nouveaux globules rouges.

Les hormones thyroïdiennes exogènes accroissent la production d'hydrolases lysosomales (cathepsine D...) dans les fibroblastes caudaux des têtards d'anoures, au terme d'une activation génique. Corrélativement, ces cellules acquièrent une grande mobilité et contribuent à la régression de la queue en phagocytant des débris tissulaires.

Les activités d'hydrolases lysosomales ont également été visualisées dans diverses cellules caudales en dégénérescence, après exposition de têtards d'anoures à la T3 ou à la T4. Les hormones pourraient stimuler la synthèse de ces hydrolases. Elles pourraient aussi induire la production de protéines activatrices, qui démasqueraient à leur tour des prohydrolases lysosomales préexistantes mais jusqu'alors inactives.

Au niveau des cellules visuelles, enfin, les hormones thyroïdiennes stimulent le codage d'une protéine inhibant l'activité d'une 3-4 rétinol déshydrogénase rétinienne, indispensable à l'oxydation du rétinal en 3-4 déshydrorétinal. En prémétamorphose, les hormones sont en trop faible concentration pour que la protéine inhibitrice soit produite. La déshydrogénase est donc active et conduit au 3-4 déshydrorétinal, en prélude à une accumulation de porphyropsine. Au moment de la métamorphose naturelle ou expérimentale, au contraire, la protéine inhibitrice est rapidement codée et inactive la déshydrogénase. Dans de telles conditions, le rétinal ne peut être oxydé et la rhodopsine prédomine.

2.4. Les corticostéroïdes, autres hormones stimulant la métamorphose

Chez les amphibiens, les corticostéroïdes comme la corticostérone ou l'aldostérone peuvent accélérer la métamorphose spontanée ou provoquée par l'administration d'hormones thyroïdiennes. Le traitement simultané des larves par la T3 et un corticostéroïde entraîne des transformations plus rapides que le simple traitement par la T3. La queue des têtards d'anoures et la nageoire caudale des larves d'urodèles régressent deux fois plus vite. Certains événements biochimiques de la métamorphose, dont la synthèse de la carbamyl phosphate synthétase-I par le foie, sont également stimulés. L'aldostérone semble d'ailleurs plus efficace que la corticostérone. Le temps de latence qui précède l'apparition d'une réponse est lui-même raccourci. La métamorphose est en revanche freinée si les têtards d'anoures reçoivent conjointement une hormone thyroïdienne et de l'amphénone B, ou tout autre inhibiteur de la synthèse des corticostéroïdes. Un retard significatif de la résorption caudale est alors observé. Ces derniers résultats confirment la participation de corticostéroïdes endogènes à l'accélération de la métamorphose, en même temps que les hormones thyroïdiennes.

Durant la métamorphose spontanée, les corticostéroïdes endogènes sont sécrétés en plus grande abondance par la glande interrénale. Divers dosages radio-immunologiques l'ont démontré chez les anoures et chez les urodèles, à la fois pour la corticostérone et pour l'aldostérone (fig. 1.41). Le métabolisme activé de la glande interrénale des amphibiens en métamorphose est par ailleurs souligné par une plus forte activité des enzymes associées à l'hormonogenèse, comme la 3β-hydroxystéroïde déshydrogénase.

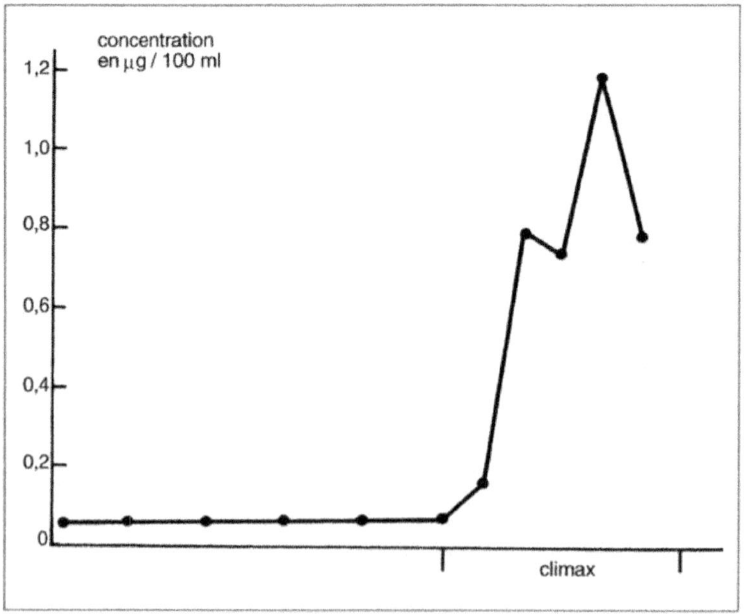

Figure 1.41 : Variations de la concentration plasmatique de la corticostérone lors du développement du têtard de *Rana catesbeiana*. Cette concentration s'élève significativement au cours du climax de la métamorphose. (D'après R.C. Jaffe (1981) *Gen. Comp. Endocrinol. 44*, 314-318.)

Lors de la métamorphose, les hormones thyroïdiennes peuvent accroître le taux des corticostéroïdes circulants en agissant au niveau hypothalamo-hypophysaire. Le transit du CRF de l'hypothalamus à l'adénohypophyse est en effet favorisé, comme celui du TRF, par une plus grande capillarisation de l'éminence médiane. Les cellules corticotropes sécrètent alors davantage d'ACTH et préparent une stimulation de la glande interrénale. D'autres voies d'action des hormones thyroïdiennes ont été signalées, dont un effet direct sur la synthèse des enzymes nécessaires au métabolisme interrénal, d'une part, et une activation du système rénine-angiotensine favorable à une libération d'aldostérone, d'autre part (fig. 1.42).

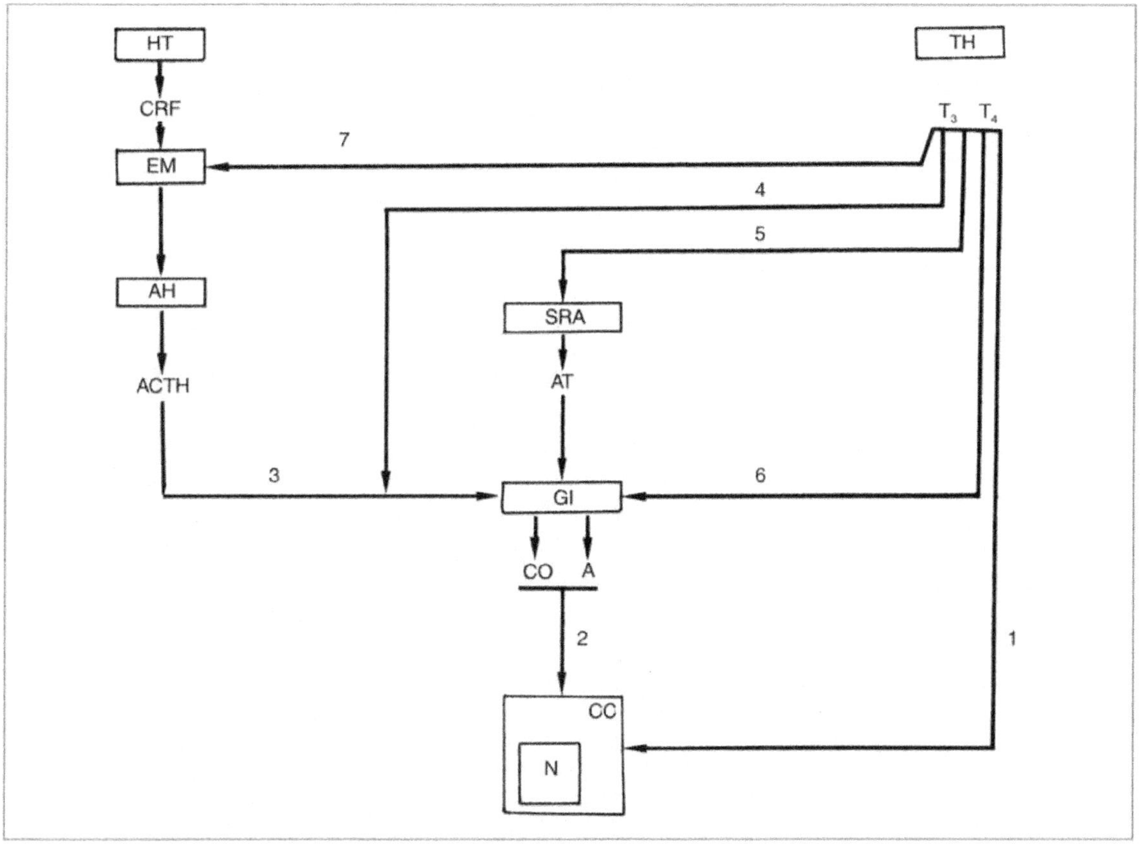

Figure 1.42 : Interactions des hormones thyroïdiennes (T3, T4) et des corticostéroïdes (CO, corticostérone ; A, aldostérone) sécrétés par la glande interrénale (GI), durant la métamorphose des amphibiens. La liaison (1) de la T3 et de la T4 aux noyaux (N) des cellules-cibles (CC) est favorisée par les stéroïdes interrénaux (2). La sécrétion de ces stéroïdes est stimulée par l'hormone corticotrope (ACTH) (3), dont l'action est elle-même accrue par les hormones thyroïdiennes (4). Celles-ci activent aussi la sécrétion des stéroïdes via le système rénine-angiotensine (SRA) (5) ou par une action directe sur les cellules interrénales (6). Enfin, en induisant la différenciation de l'éminence médiane (EM) (7), les hormones thyroïdiennes accélèrent le flux du CRF hypothalamique vers l'adénohypophyse (AH) et la libération d'ACTH.
AT, angiotensine ; HT, hypothalamus ; TH, thyroïde.
(D'après J.N. Dent (1988) *Amer. Zool. 28*, 297-308.)

Les corticostéroïdes pourraient favoriser la transformation de la T4 en T3 (forme active) en stimulant l'activité de la T4-5'-monodésiodinase, dans la peau par exemple. Ils pourraient aussi limiter la désiodation de la T3 en di-iodothyronine inactive en freinant l'activité de la T3-5-monodésiodinase, comme cela se produit dans le foie ou l'intestin. Dans les deux cas, la concentration de la T3 s'élève dans le plasma. Une influence des corticostéroïdes sur le nombre des récepteurs nucléaires aux hormones thyroïdiennes est encore controversée. Ce nombre ne serait pas modifié dans les hépatocytes, les cellules caudales ou les globules rouges, après traitement. Les corticostéroïdes pourraient néanmoins favoriser l'action des hormones thyroïdiennes en les rendant plus affines pour leurs récepteurs. De plus, des récepteurs communs à l'aldostérone et à la corticostérone ont été mis en évidence dans plusieurs tissus-cibles, dont l'épiderme caudal.

En bref, si les événements de la métamorphose sont déclenchés par les hormones thyroïdiennes, les corticostéroïdes exercent un réel effet stimulateur sur ces dernières.

2.5. Hormones inhibitrices de la métamorphose

2.5.1. PROLACTINE

La prolactine est une hormone d'origine adénohypophysaire. Chez les larves d'anoures, la prolactine exogène exerce un effet inhibiteur sur certains événements de la métamorphose *in vivo* ou reproduite *in vitro*. L'hormone empêche la résorption de la queue et le développement des membres postérieurs. Corrélativement, le passage au milieu terrestre est supprimé ou reculé. L'injection de prolactine inhibe aussi la métamorphose des urodèles, dont les branchies restent pratiquement intactes et la sortie de l'eau plus difficile.

Chez les larves, un traitement par la prolactine provoque par conséquent des effets inverses de ceux que produisent les hormones thyroïdiennes. Ces réponses opposées reflètent un double antagonisme. D'une part, la prolactine réduit la sécrétion de la T4 et de la T3 en inactivant la thyroïde. D'autre part, la prolactine s'oppose à certains effets tissulaires de ces hormones, en limitant le nombre de leurs récepteurs. Des travaux réalisés chez *Xenopus laevis* ont confirmé à ce propos que la transcription des RTα- et RTβ-ARNm normalement induite par la T3 est freinée par l'une des deux formes moléculaires de la prolactine, à la fois chez le têtard en prémétamorphose et dans des fragments de queue en culture. Dans de telles conditions, le petit nombre de récepteurs codés ne permettrait pas une activation génique par la T3 et une synthèse soutenue d'hydrolases à effets lytiques.

Les étapes initiant l'effet inhibiteur de la prolactine sont encore discutées. L'hormone pourrait agir par l'intermédiaire d'un facteur hépatique (synlactine), dont elle stimulerait la sécrétion. Elle pourrait aussi abaisser l'activité d'une protéine kinase C membranaire, nécessaire au métabolisme cellulaire.

Les cellules à prolactine ont été visualisées par immunocytochimie ou immunofluorescence chez divers anoures et urodèles. Le nombre de ces cellules passe par un maximum au début de la métamorphose, ainsi que la quantité de prolactine contenue par l'adénohypophyse. Le taux plasmatique de l'hormone, déterminé par radioimmunodosage, s'élève au climax pour diminuer ensuite (fig. 1.43).

Suite aux relations plus strictes s'installant au climax entre l'hypothalamus et l'adénohypophyse, un tripeptide identique au TRH des mammifères et synthétisé dans divers noyaux hypothalamiques gagne plus facilement les cellules à prolactine. Ce tripeptide, qui est sans action sur la sécrétion de la TSH chez les amphibiens, constituerait le principal facteur stimulant la libération de la prolactine chez ces derniers.

Chez divers tritons, dont *Notophthalmus viridescens*, les effets inhibiteurs d'un traitement par la prolactine ne concernent que la métamorphose de la larve. Appliquée à un juvénile en phase terrestre, l'hormone stimule au contraire la métamorphose pubertaire. La peau s'enrichit en glandes, devient plus gluante par sécrétion accrue de mucus et change de coloration. Les animaux montrent également une plus grande activité locomotrice et des facultés évidentes de vagabondage, avant de retourner prématurément et définitivement à l'eau. Les changements cutanés induits par l'hormone pourraient déterminer cette activité locomotrice et ces modifications éthologiques par le besoin d'un environnement approprié de type aquatique. Enfin, la substitution de la porphyropsine à la rhodopsine est stimulée.

2.5.2. HORMONE SOMATOTROPE

Un traitement par cette autre hormone adénohypophysaire peut s'opposer à quelques événements de la métamorphose, dont la résorption caudale.

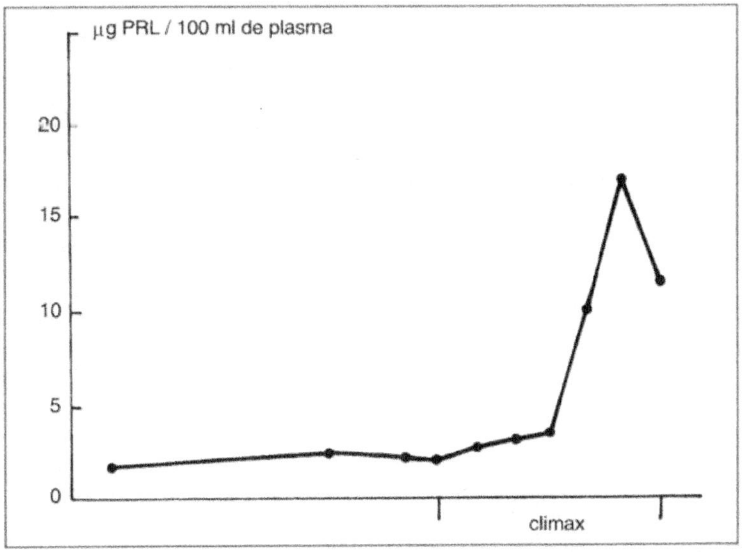

Figure 1.43 : Variations de la concentration plasmatique de la prolactine (PRL) au cours du développement de la larve de *Rana catesbeiana*. Les valeurs s'élèvent significativement durant la deuxième moitié du climax de la métamorphose et dépassent alors 15 mg/100 ml de plasma.
(D'après K. Yamamoto & S. Kikuyama (1982) *Endocrinol. Japon. 29*, 159-167.)

De tels effets semblent néanmoins plus faibles que ceux de la prolactine. La concentration de l'hormone somatotrope circulante passe par un maximum vers la fin de la métamorphose, s'abaisse chez les juvéniles, pour s'accroître à nouveau chez les adultes.

2.6. Hormones régulatrices de l'équilibre hydrominéral

Plusieurs hormones contrôlent l'équilibre hydrominéral des amphibiens en métamorphose tandis qu'ils gagnent un habitat terrestre.

2.6.1. ALDOSTÉRONE

Chez les amphibiens métamorphosés, tout retour dans une mare entraîne une absorption cutanée d'ions Na^+ et d'eau. L'aldostérone contrôle plus particulièrement le "transport actif" des ions Na^+, dont la membrane plasmique basolatérale est le siège. Pour leur part, les hormones thyroïdiennes perméabilisent les cellules épidermiques à ces ions, en favorisant l'apparition de "canaux sodiques" dans la membrane plasmique apicale. L'épithélium de la vessie urinaire, autre organe de récupération d'eau et d'ions, est soumis à un contrôle hormonal de même ordre.

2.6.2. HORMONES NEUROHYPOPHYSAIRES

Ces hormones participent aussi au contrôle de l'équilibre hydrominéral. Chez les amphibiens, la principale de ces hormones est l'arginine vasotocine (AVT), nanopeptide qui comporte la leucine en position 3 et l'arginine en position 8. Le traitement par l'AVT provoque une antidiurèse chez les anoures métamorphosés et devenus terrestres *(Rana, Bufo...)* : la filtration glomérulaire est freinée, et une forte réabsorption d'eau se produit dans les tubules rénaux et la vessie urinaire. L'hormone agit également au niveau de la peau en stimulant l'entrée osmotique d'eau. Chez le xénope, qui peut persister en milieu aquatique après la métamorphose, le traitement par l'AVT accentue en revanche un effet diurétique, comme on peut le constater chez les poissons d'eau douce. En fait, l'AVT favorise d'autant mieux la rétention hydrique chez les anoures métamorphosés que leur degré d'adaptation au milieu terrestre est plus prononcé.

Chez les larves d'anoures, la neurohypophyse est trop petite pour que l'AVT ait pu être détectée. Au moment de la métamorphose, l'organe augmente de volume et acquiert un réseau plus dense de capillaires. Par ailleurs, l'AVT activement synthétisée dans les noyaux hypothalamiques gagne rapidement la neurohypophyse. Toutes ces observations suggèrent une sécrétion accélérée d'AVT, évidemment favorable à une meilleure conservation de l'eau chez les anoures gagnant un habitat terrestre.

Une action directe de l'AVT sur le rein est parfois signalée. Plus vraisemblablement, l'hormone agirait par l'intermédiaire de la glande interrénale, où des récepteurs de l'AVT ont été visualisés. L'aldostérone sécrétée en plus grande quantité interviendrait à son tour au niveau rénal et régulerait l'équilibre hydrominéral.

2.6.3. PROLACTINE

Chez les amphibiens métamorphosés et devenus terrestres, le traitement par la prolactine accentue la récupération de l'eau et des ions Na^+ et Cl^- par le rein et la vessie. L'hormone facilite donc l'adaptation des animaux au milieu terrestre, puisqu'elle leur permet de mieux économiser l'eau. Le contrôle de l'équilibre hydrominéral par la prolactine, via le rein et la vessie, est permis par l'installation de nombreux récepteurs dans ces organes durant le climax.

Un traitement par la prolactine empêche la mise en place de la "pompe à sodium" épidermique au cours de la métamorphose, mais il n'empêche nullement le fonctionnement de cette "pompe" une fois différenciée, dès la fin du phénomène.

En vérité, replacés dans un contexte écologique, les effets d'un traitement par la prolactine peuvent être antagonistes. Si l'hormone accentue la rétention hydrique des individus métamorphosés qui sortent des mares, elle empêche aussi l'acquisition d'une organisation d'animal terrestre et elle favorise le retour à l'eau de tritons sexuellement mûrs, lors de leur seconde métamorphose. L'usage de doses pharmacologiques pourrait expliquer cet antagonisme ? Chez le xénope du moins, il pourrait exister aussi deux formes moléculaires de prolactine dont les effets seraient différents.

2.7. Hormones contrôlant le catabolisme énergétique

Lors de la métamorphose et de la sortie de l'eau, les intenses processus morphogénétiques supposent une stimulation du catabolisme énergétique et une mobilisation des réserves glucidiques et lipidiques. Une telle mobilisation est soumise à un contrôle endocrinien qui s'installe alors. Les corticostéroïdes (aldostérone, corticostérone) des cellules interrénales et, vraisemblablement, l'adrénaline et la noradrénaline des cellules adrénales sont sécrétés dans le plasma. Ces hormones favorisent une mobilisation des réserves et une réponse hyperglycémique. Celle-ci entraîne à son tour une maturation des îlots de Langerhans du pancréas et une production accrue d'insuline hypoglycémiante. L'installation d'un contrôle endocrinien n'implique toutefois pas une constance de la glycémie chez les amphibiens, comme cela se produit chez les mammifères. Ce contrôle serait encore imparfait, au point d'entraîner une réponse insuffisamment adaptée aux besoins énergétiques. On peut voir là une difficulté potentielle pour le passage en milieu terrestre, où les conditions de vie varient plus qu'en milieu aquatique et nécessitent un ajustement sans cesse renouvelé de ces besoins.

2.8. Conclusion

Chez beaucoup d'amphibiens, la métamorphose et la sortie de l'eau qui en résulte sont contrôlées par l'action d'un cortège d'hormones, au premier rang desquelles se situent les hormones thyroïdiennes. Après leur fixation sur des récepteurs nucléaires, ces hormones déclenchent la réalisation d'un programme en intervenant au niveau du génome. De nombreuses protéines spécialisées sont alors synthétisées et préparent une phase de différenciation ou de dégénérescence cellulaires. La succession des étapes métaboliques explique la latence des réponses.

L'action des hormones thyroïdiennes n'est toutefois pas une condition suffisante à la sortie de l'eau, puisque certaines espèces métamorphosées demeurent dulcicoles, comme le xénope. D'autres hormones peuvent en effet intervenir, dont l'action serait différente selon l'espèce. Ainsi l'AVT est antidiurétique chez la grenouille et facilite l'économie hydrique en milieu terrestre, mais elle accentue chez le xénope un effet diurétique peu compatible avec la sortie de l'eau. Pour sa part, la prolactine peut inhiber la métamorphose des têtards d'anoures et les maintenir en milieu aquatique. Chez certains tritons en phase juvénile et terrestre *(Notophthalmus viridescens)*, cette même hormone anticipe la métamorphose pubertaire, en prélude à un retour prématuré à l'eau.

En bref, chez les amphibiens actuels, un déterminisme endocrinien complexe préside au changement de milieu que l'on observe au cours de leur développement.

3. Action des facteurs externes

La métamorphose des amphibiens est affectée par divers facteurs externes dont les actions interfèrent dans les conditions naturelles

3.1. Facteurs physiques

L'abaissement de la température retarde l'apparition de la métamorphose et ralentit son déroulement. Ainsi les têtards de xénope se transforment dès l'âge d'un mois s'ils sont élevés à 23 °C, mais ils cessent de le faire au-dessous de 5 °C. La diminution de la température ralentit l'activité de l'hypothalamus. Chez les larves gardées au froid, les centres produisant le TRF ne se développent pas, ce qui limite les activités des cellules thyréotropes hypophysaires et de la thyroïde. La diminution de la température modère également les effets des hormones thyroïdiennes sur les tissus-cibles. Ces effets sont mêmes supprimés au-dessous de 5 °C, les hormones n'étant plus transférées sur leurs récepteurs pour y déclencher une séquence d'événements moléculaires.

La lumière influence également la métamorphose. Le phénomène est anticipé et rapide en éclairement permanent, mais il est différé voire supprimé en obscurité totale. Les résultats sont intermédiaires lorsqu'une phase lumineuse alterne quotidiennement avec une phase obscure. Comme la température, la lumière exerce ses effets au niveau hypothalamique et, selon que la photopériode est allongée ou raccourcie, la production du TRF est accélérée ou freinée. D'après certains travaux, la glande pinéale pourrait sécréter davantage de mélatonine durant la phase obscure. Les effets inhibiteurs de cette neurohormone sur les fonctions thyroïdienne et interrénale, via peut-être un freinage de l'adénohypophyse, pourrait expliquer le retard et le ralentissement de la métamorphose que l'on constate alors. En phase lumineuse, la sécrétion de la mélatonine serait au contraire abaissée. De tels résultats restent néanmoins préliminaires.

Via les effets conjugués de la température et de la photopériode, les climats et les rythmes saisonniers agissent sur les métamorphoses. Chez la grenouille verte par exemple, les têtards éclos en mai se développent rapidement, alors que la température est clémente et la photopériode longue, el ils se métamorphosent dès le mois d'août. Les têtards éclos en juillet croissent lentement durant l'hiver, sous la double influence d'une température froide et d'une photopériode courte, pour se métamorphoser seulement au printemps suivant.

3.2. Densité de la population larvaire

La densité de la population larvaire interfère sur la croissance des individus et leur métamorphose. Lorsque cette densité est élevée, les larves demeurent petites et se transforment rarement. On peut voir là les conséquences d'une sévère compétition trophique à l'intérieur de l'espèce. Lorsque la densité de la population s'abaisse, la compétition trophique devient moins âpre. Les larves grandissent plus vite et se métamorphosent après avoir atteint une taille relativement élevée. L'isolement des larves ralentit à nouveau leur croissance et retarde leur métamorphose. Ces différentes observations suggèrent une densité optimale de la population, compatible avec une croissance soutenue des larves et une séquence de transformations plus faciles.

Le grégarisme contrôle le développement en agissant sur les conditions trophiques mais aussi sur les mécanismes endocriniens. Chez les têtards du crapaud-accoucheur, il a été démontré qu'une densité modérée de population élève la sécrétion de la prolactine et de l'hormone somatotrope dans le plasma, ce qui favorise la croissance. La sécrétion des hormones thyroïdiennes s'accroît aussi et déclenche plus facilement la métamorphose.

4. Néoténie et maintien des amphibiens en eau douce

Certains amphibiens persistent en eau douce en demeurant perpétuellement larvaires. La néoténie a d'abord désigné la prolongation d'un tel état (néoténie *sensu lato)* qui peut être assortie d'une reproduction sexuée ou paedogenèse (de *paedos* : enfant et *genesis* : génération). Pour la plupart des auteurs, la néoténie désigne tout particulièrement cette prolongation d'un état larvaire, accompagnée d'une aptitude à la reproduction (néoténie *sensu stricto*).

Chez plusieurs anoures, dont le crapaud-accoucheur, la néoténie *sensu lato* est observée lorsque les têtards vivent dans les eaux froides de lacs montagnards. Elle n'entraîne aucune reproduction à l'état larvaire, car les gonades n'arrivent pas à maturité et les voies génitales demeurent rudimentaires.

Chez les urodèles, la conservation d'une organisation larvaire provoque au contraire une paedogenèse, puisque les gonades deviennent fonctionnelles avec l'âge, tandis que les voies génitales se différencient. Cette néoténie *sensu stricto* est la seule qui sera envisagée chez les amphibiens.

4.1. Fréquence de la néoténie

Chez certaines espèces, les formes perpétuellement larvaires sont rares et géographiquement localisées. Cette néoténie accidentelle (ou géographique) est signalée chez la salamandre-tigre *(Ambystoma tigrinum)* et différents tritons *(Triturus helveticus, Notophthalmus viridescens).*

Pour d'autres espèces, certains individus se métamorphosent complètement et gagnent un habitat terrestre, tandis que les autres, vivant dans la même pièce d'eau, persistent et se reproduisent à l'état larvaire (néoténie facultative). L'exemple le plus célèbre est celui d'*Ambystoma mexicanum* d'Amérique centrale, dont la forme néoténique est l'axolotl (fig. 1.44).

Enfin, une organisation larvaire plus ou moins profonde est systématiquement maintenue chez les espèces néoténiques obligatoires, comme le necture ou "chien de vase" des Grands Lacs nord-américains *(Necturus maculosus)*, le protée des grottes de Carniole *(Proteus anguinus)* (fig. 1.45) ou la salamandre géante du Japon *(Andrias japonicus).*

4.2. Degrés de la néoténie

Au niveau morpho-anatomique, les caractères larvaires sont conservés dans leur totalité chez le necture ou le protée ou en très grande partie

Figure 1.44 : Forme néoténique d'*Ambystoma mexicanum* (axolotl). Les trois paires de branchies externes (1-3) persistent, ainsi que la nageoire caudale (flèche).
(Cliché Breuil.)

chez l'axolotl, qui possède encore trois paires de branchies externes et une nageoire caudale. Plusieurs de ces caractères peuvent néanmoins disparaître, suite à une métamorphose, comme chez la salamandre géante du Japon ou chez les amphiumes.

Chez l'axolotl, une métamorphose biochimique peut se produire indépendemment de tout remaniement morpho-anatomique. De nouvelles hémoglobines apparaissent au cinquième mois du cycle vital et se localisent dans une autre population de globules rouges. Deux mois plus tard, le taux des protéines sériques est modifié. Le mode d'excrétion azotée est également infléchi : d'ammonotéliques au cinquième mois, les animaux deviennent préférentiellement uréotéliques à l'âge de 18 mois, suite à une élévation d'activité des enzymes du cycle de l'uréogenèse.

Chez le necture et les formes néoténiques d'*Ambystoma tigrinum*, il a par ailleurs été montré que l'absorption d'eau et d'ions Na^+ se fait essentiellement au travers de l'épithélium cutané, comme chez les amphibiens métamorphosés, et non via l'épithélium branchial comme chez les larves non encore transformées.

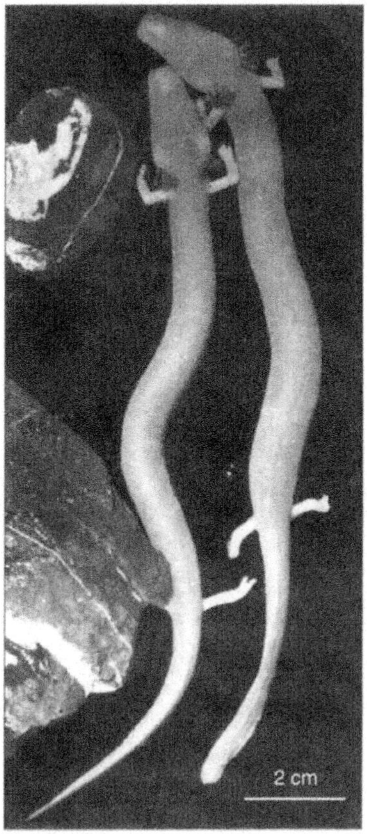

Figure 1.45 : Protée *(Proteus anguinus).*
(Cliché Durand.)

4.3. Réponses aux hormones thyroïdiennes exogènes

4.3.1. REMANIEMENTS MORPHO-ANATOMIQUES

Le traitement des urodèles néoténiques par les hormones thyroïdiennes, inductrices de la métamorphose chez les amphibiens, a montré que les tissus et organes réagissent différemment selon les espèces.

Quelle que soit la dose d'hormone, les tissus du necture ou du protée demeurent incompétents et incapables de réagir. La métamorphose n'est donc jamais déclenchée et la néoténie est obligatoire.

Chez les néoténiques facultatifs comme l'axolotl, tous les tissus deviennent très tôt compétents aux hormones thyroïdiennes, bien que leurs récepteurs soient peu nombreux. Une métamorphose complète, avec entre autre une régression des branchies et de la nageoire caudale, est aisément obtenue si les animaux sont placés dans une eau où la teneur en T4 est inférieure à 2 10^{-6} M. La sensibilité à l'hormone diminue toutefois avec l'âge, et les larves immatures répondent à des concentrations en T4 de 5 10^{-7} M, alors que les larves sexuellement mûres nécessitent des taux doubles ou triples.

La compétence tissulaire aux hormones thyroïdiennes existe également chez les formes accidentellement néoténiques. Comme précédemment, chez les néoténiques facultatifs, les tissus-cibles ne montrent aucune incapacité systématique à répondre à ces hormones.

4.3.2. TRANSFORMATIONS BIOCHIMIQUES

Les transformations biochimiques induites par les hormones thyroïdiennes ont été essentiellement étudiées chez l'axolotl. Ces transformations sont plus sensibles aux hormones que les modifications morpho-anatomiques.

L'injection de très faibles doses de T3 ou de T4 aux animaux peut en effet induire l'apparition d'espèces moléculaires caractéristiques de l'adulte (nouvelles hémoglobines...) ou favoriser l'uréotélie, sans provoquer de remodelage corporel.

4.4. Déterminisme hormonal de la néoténie

La néoténie des urodèles est associée à une moindre activité de l'axe hypothalamo-hypophyso-thyroïdien.

La thyroïde devient hypofonctionnelle et sécrète peu de T3 et de T4 dans le plasma. Chez l'axolotl, la véritable hormone de métamorphose que représente la T3 est elle-même libérée en quantité infime dans les cellules-cibles, puisque l'activité de la T4-5'-monodésiodinase y est quasi-nulle. De telles conditions interdisent les transformations morpho-anatomiques, mais elles permettent encore les changements d'ordre biochimique, avec modification du répertoire des hémoglobines et des protéines sériques et passage de l'ammonotélie à l'uréotélie. Cette plus grande sensibilité de la métamorphose biochimique aux hormones thyroïdiennes explique son indépendance vis-à-vis de la métamorphose morpho-anatomique. Chez quelques axolotls toutefois, les taux de la T3 et de la T4 peuvent s'élever spontanément dans le plasma, au point de provoquer une métamorphose complète et une migration vers le milieu terrestre. Une conversion de la T4 en T3 dans les cellules-cibles, suite à une élévation d'activité de la T4-5'-monodésiodinase, pourrait alors faciliter cette métamorphose.

La faible activité de la thyroïde n'est pas imputable à une incapacité de la glande à répondre à une stimulation d'origine hypophysaire. Ainsi, la greffe de l'hypophyse d'une salamandre-tigre en métamorphose permet une reprise temporaire de l'activité thyroïdienne chez l'axolotl, lorsque l'implantation a lieu dans la région céphalique. Il en résulte une métamorphose de l'animal. L'hypofonctionnement de la thyroïde des néoténiques est plutôt consécutif à une très faible sécrétion d'hormone thyréotrope par l'adénohypophyse.

Les cellules thyréotropes des néoténiques peuvent répondre à une stimulation d'origine hypothalamique : greffée au voisinage de l'hypothalamus activé d'un triton en métamorphose, une hypophyse d'axolotl émet davantage de TSH. La stimulation exercée par l'hypothalamus sur les cellules thyréotropes est toutefois particulièrement faible chez les néoténiques. La production quasi-nulle de TRF annihile pratiquement la production de TSH et, par voie de conséquence, de T3 et de T4.

La prolactine sécrétée en excès dans le plasma pourrait favoriser aussi la néoténie. Après administration de substances antiprolactine, comme l'ergocornine ou l'ergocryptine, la métamorphose des animaux néoténiques est en effet facilitée, tandis que la sécrétion de prolactine est supprimée. L'hormone pourrait empêcher la T3 et la T4 endogènes de stimuler la sécrétion du TRF hypothalamique, ce qui modérerait l'activité thyroïdienne.

4.5. Bases génétiques de la néoténie

Chez les formes obligatoirement néoténiques, comme le protée ou le necture, la très faible activité de l'axe hypothalamo-hypophyso-thyroïdien et l'incompétence tissulaire aux hormones thyroïdiennes sont l'une et l'autre liées au génotype, c'est-à-dire au support héréditaire des caractères de l'organisme.

La néoténie facultative d'*Ambystoma mexicanum* est également induite par une altération du génotype. Celle-ci entraîne un défaut transmissible de l'axe hypothalamo-hypophyso-thyroïdien, impliquant une quasi-élimination des neurohormones hypothalamiques et aboutissant à un hypofonctionnement de la thyroïde. La métamorphose morpho-anatomique ne peut être alors déclenchée, bien que les tissus soient compétents.

Des expériences d'hybridation ont précisé les bases génétiques de cette néoténie. Si l'on croise des axolotls avec des individus à métamorphose constante appartenant à l'espèce voisine *Ambystoma tigrinum*, les descendants de la première génération (F1) se métamorphosent tous. Dans la deuxième génération (F2), 75 % des animaux se transforment et 25 % demeurent néoténiques, selon les proportions mendéliennes. Ces résultats sont interprétés par l'existence de deux gènes allèles M et n. Le gène M caractérise la métamorphose et domine le gène n de la néoténie, dont il empêche l'expression. Les génotypes MM et nn expriment respectivement la métamorphose chez *Ambystoma tigrinum* et la néoténie chez l'axolotl, dans la génération parentale. Le génotype Mn exprime la métamorphose dans la génération F1. Les recombinaisons géniques aboutissent aux génotypes MM (25 %), Mn (50 %) et nn (25 %) dans la génération F2, où seulement un animal sur quatre est par conséquent néoténique.

Chez *Ambystoma mexicanum* et compte-tenu de ces résultats, les animaux qui se métamorphosent spontanément ont les génotypes Mn et MM.

4.6. Influence des facteurs externes

Certains paramètres de l'habitat peuvent provoquer la néoténie accidentelle ou accentuer la fréquence de la néoténie facultative. Le froid, par exemple, intervient en freinant le métabolisme thyroïdien et en atténuant la réponse des tissus-cibles à la T3 et à la T4, ce qui diminue les possibilités de métamorphose.

Une absence de lumière favorise aussi ces formes de néoténie, comme on peut le vérifier dans les zones obscures des pièces d'eau.

4.7. Néoténie et protection contre le milieu

Les modifications génotypiques conduisant à la néoténie s'appliquent parfois à des espèces qui, comme le protée cavernicole, fréquentent des pièces d'eau permanentes, entourées d'un milieu terrestre inhospitalier et hautement sélectif. La néoténie préserve alors l'espèce en lui conservant un mode de vie aquatique, qui lui évite les aléas d'un milieu terrestre trop hostile.

Une intense évaporation peut quelquefois réduire l'habitat aquatique et même le faire disparaître. Les néoténiques obligatoires ne se protègent pas contre la précarité de ce milieu en se métamorphosant, puisqu'ils ont perdu la capacité génétique de le faire, mais par divers comportements. La sirène inféodée aux marécages tropicaux de l'Est des États-Unis s'enterre dans la vase lors des basses eaux estivales, tandis que l'amphiume des marais de Virginie se déplace à terre pour gagner une pièce d'eau plus permanente.

5. Amphibiens à développement direct

Divers amphibiens acquièrent un développement direct, qui supprime la phase larvaire libre et aquatique et écarte la nécessité de recourir à l'eau pour la reproduction. Les œufs sont alors généralement gros et leurs dimensions peuvent dépasser 5 mm. L'abondant vitellus qu'ils contiennent permet la nutrition du nouvel organisme durant un stade intraovulaire prolongé, et même au-delà. Le développement direct n'implique pas la disparition systématique de la métamorphose. Le phénomène ne régresse en effet que progressivement, et son amplitude n'est pas véritablement corrélée avec l'importance de la phase aquatique dans le cycle de vie. Un tel développement a pu être suivi dans les trois ordres d'amphibiens.

5.1. Élimination de la phase larvaire libre et aquatique chez les anoures

La plupart des anoures pondent dans l'eau. Les têtards sont nageurs et subissent une métamorphose typique qui les transforme en juvéniles terrestres, semblables aux adultes. On rencontre néanmoins dans cet ordre une gamme très complète d'espèces, où la phase larvaire libre et aquatique est plus ou moins supprimée. Dans de telles conditions, la métamorphose qui peut persister n'entraîne plus aucune transition écologique et se déroule intégralement en milieu terrestre.

5.1.1. DÉVELOPPEMENT SANS INTERVENTION DES PARENTS

La phase aquatique est d'emblée exclue dans ce cas. Chez certaines grenouilles, les œufs sont déposés sur des pierres moussues, des débris végétaux humides ou des souches d'arbre *(Thoropa, Leiopelma, Eleutherodactylus martinicensis)*. La métamorphose est discrète et se limite à la régression de la queue chez l'individu éclos (fig. 1.46). Chez l'éleuthérodactyle des forêts d'Amérique tropicale, cet organe est garni d'une nageoire très vascularisée qui, au stade intraovulaire, s'appliquait contre la paroi de l'œuf et jouait un rôle respiratoire.

Chez les nectophrynes, crapauds africains dont les œufs sont pondus sur le sol humide, il éclôt un juvénile semblable à l'adulte et la métamorphose a totalement disparu.

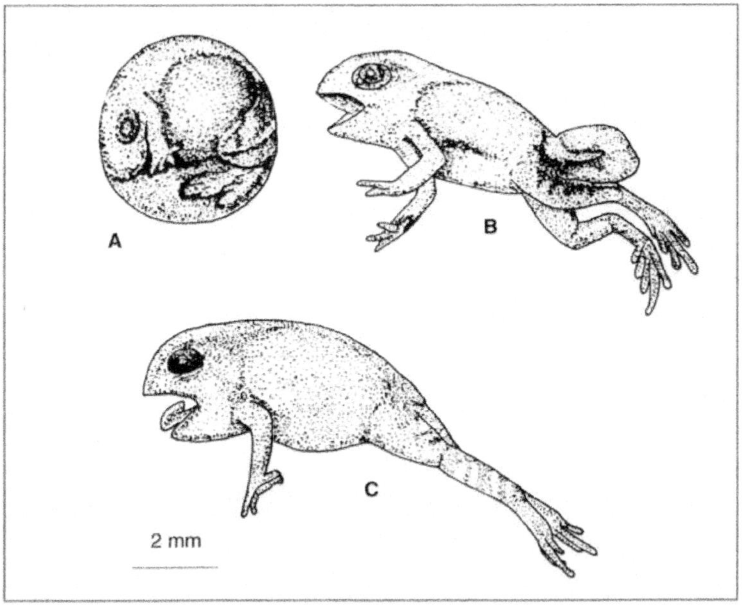

Figure 1.46 : Développement d'*Eleutherodactylus martinicensis*. A, 6e jour, vue latérale de l'embryon à l'intérieur de l'œuf. B, 13e jour, larve venant d'éclore et présentant une queue rudimentaire. C, 14e jour, juvénile, la queue a totalement régressé.
(D'après M. Lamotte & J. Lescure (1977) *La Terre et la Vie 31*, 225-312.)

5.1.2. DÉVELOPPEMENT ACCOMPAGNÉ DE RELATIONS PLUS OU MOINS STRICTES AVEC LES PARENTS

Chez plusieurs anoures, ces relations sont d'ordre éthologique et tendent simplement à mieux protéger les œufs contre la dessiccation, lors d'une extension de la phase terrestre. Pour d'autres, cette extension est associée à une incubation de la progéniture dans diverses poches parentales et, parfois, à une véritable gestation intra-utérine.

5.1.2.1. Protection des œufs contre la dessiccation

Chez plusieurs grenouilles arboricoles *(Arthroleptis, Chiromantis)*, les œufs sont pondus dans une substance sécrétée par les oviductes de la mère et que le battement des membres transforme en une écume (fig. 1.47). La ponte surplombe l'eau, où les têtards tombent après l'éclosion et subissent une métamorphose classique. Chez une grenouille des Petites Antilles *(Leptodactylus fallax)*, les œufs sont aussi déposés dans un nid d'écume, mais le développement en milieu aquatique a disparu. Les têtards éclos sont protégés de la dessiccation grâce aux propriétés hygroscopiques de l'écume, où ils réalisent une métamorphose pratiquement normale.

Chez *Breviceps*, qui vit dans les régions arides d'Afrique australe, les adultes sont enfouis. Ils sortent néanmoins lors des fortes pluies et accumulent de l'eau dans leur vessie urinaire. Les œufs pondus sur le sol seront régulièrement arrosés par la femelle, grâce à cette eau, et ce jusqu'à l'éclosion de juvéniles semblables aux parents. Un comportement analogue est remarqué chez les phylloméduses. Près de leur ponte, les femelles placent en effet des capsules d'eau dont le contenu pénètre dans les œufs par osmose.

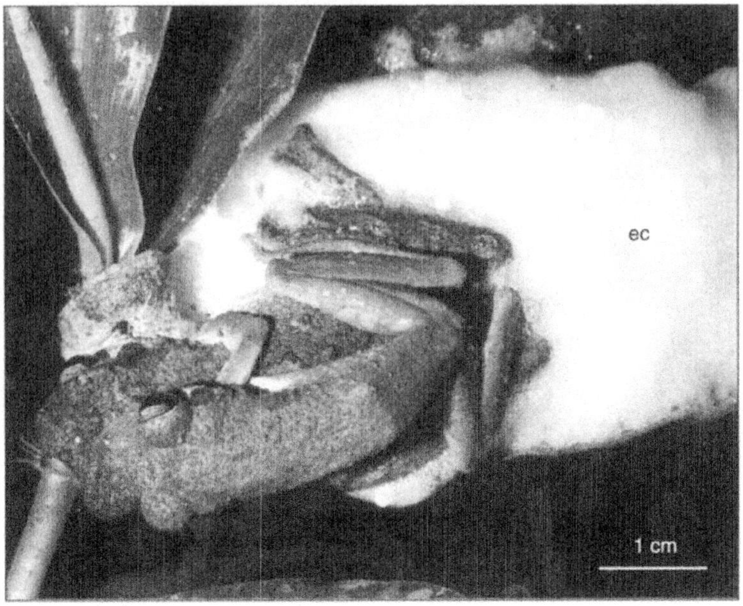

Figure 1.47 : Un couple de *Chiromantis rufescens* est en train de pondre dans l'écume (ec) qu'il a formée et qui est portée par une feuille de *Costus* surplombant une pièce d'eau.
(Cliché Amiet 1975.)

Chez le crapaud-accoucheur de nos pays *(Alytes obstetricans)*, l'accouplement a lieu à terre. Les œufs fécondés sont enroulés en longs chapelets autour des membres postérieurs du mâle. Pendant trois semaines, celui-ci va mener une existence terrestre mais baigne régulièrement ses œufs. À la fin de cette période, le mâle gagne l'eau et y séjourne jusqu'à l'éclosion de têtards ayant déjà dépassé les premiers stades de leur développement. Ces larves ont un aspect classique et effectuent une métamorphose normale au printemps suivant.

5.1.2.2. Espèces incubantes ou gestantes

Chez *Rhinoderma darwinii*, un crapaud du Chili, la phase larvaire libre et aquatique existe encore, mais elle devient très brève. Les têtards qui viennent d'éclore sont happés par les mâles et introduits dans le sac vocal, évagination ventrale du plancher buccal qui renforce les sons, où ils poursuivent leur développement (fig. 1.48). Des substances nutritives sécrétées par la paroi du sac vocal sont aisément absorbées par le tégument des têtards, dont le derme est très vascularisé. Une telle absorption n'exclut toutefois pas une possible ingestion des sécrétions par la voie buccale. Une contraction du sac vocal rejette les juvéniles en milieu terrestre, après la métamorphose.

La phase aquatique du développement disparaît totalement chez *Rheobatrachus silus* d'Australie. Les œufs fécondés sont avalés par la femelle et incubés dans l'estomac. Une substance analogue à la prostaglandine E2 et sécrétée par les œufs, puis par les têtards, inhibe la production de la pepsine et de l'acide chlorhydrique. La métamorphose a lieu dans l'estomac et les juvéniles sont expulsés par la bouche.

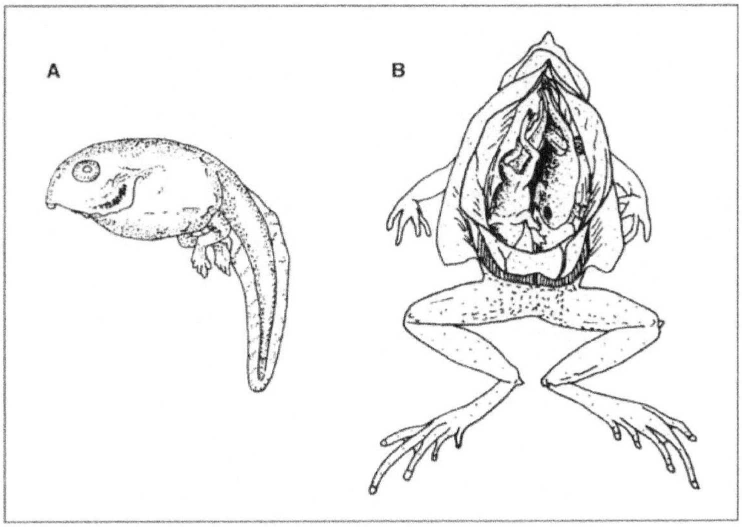

Figure 1.48 : Têtard de *Rhinoderma darwinii.*
A, têtard en prémétamorphose extrait du sac vocal.
B, têtard en place dans le sac vocal du mâle.
(D'après G.K Noble (1927) *in* M. Lamotte & J. Lescure (1977) *La Terre et la Vie 31*, 225-312.)

Chez la rainette marsupiale d'Amérique du Sud *(Gastrotheca riobambae)*, la phase aquatique est éliminée aussi du développement. L'accouplement a lieu à terre. Le mâle grimpé sur le dos de la femelle transporte les œufs fécondés (130 environ) dans les diverticules d'une poche cutanée maternelle, en s'aidant de ses orteils postérieurs. Cette poche se creuse dorsalement sous l'influence de la progestérone sécrétée par les follicules ovariens, après l'ovulation. Durant l'incubation, des contacts intimes s'établissent entre les branchies foliacées des embryons et un mince revêtement très vascularisé recouvrant la paroi de la poche (fig. 1.49). Seules les enveloppes très fines des œufs séparent ces deux types de structure. De tels contacts favorisent le passage des gaz respiratoires, des substances nutritives et des déchets du métabolisme entre la femelle et sa progéniture. La métamorphose des larves écloses se déroule dans la poche cutanée.

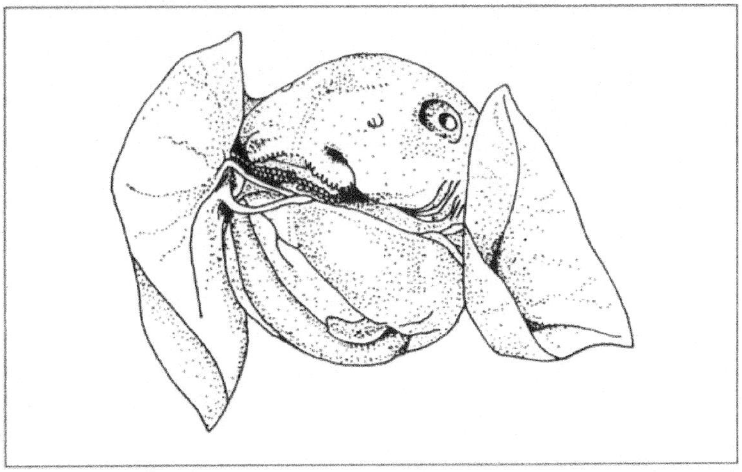

Figure 1.49 : Larve de *Gastrotheca riobambae* extraite de la poche marsupiale.
(D'après G.K. Noble (1927) *in* M. Lamotte et J. Lescure (1977) *La Terre et la Vie 31*, 225-312.)

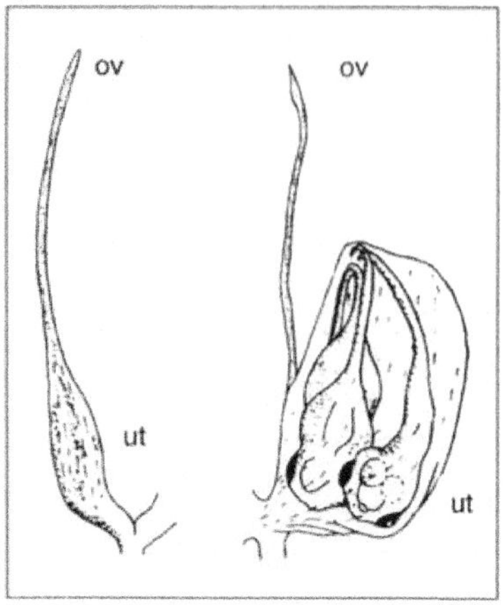

Figure 1.50 : Transformations morphologiques du tractus génital au cours de la gestation de *Nectophrynoides occidentalis*. Tandis que l'oviducte (ov) reste inchangé, l'utérus (ut) se dilate considérablement sous la pression des têtards.
(D'après M. Lamotte et J. Lescure (1977) *La Terre et la Vie 31*, 225-312.)

Chez un anoure guinéen, *Nectophrynoides occidentalis*, l'absence d'une vie aquatique est permise par des relations particulièrement strictes avec la mère. La fécondation est interne et se fait par accolement des cloaques. L'incubation des œufs a lieu dans les utérus (fig. 1.50). Elle conduit à l'apparition de têtards qui, par leur bouche très tôt fonctionnelle, ingèrent un liquide nutritif sécrété par la paroi utérine. Cette gestation avec apport nourricier d'origine maternelle (viviparité) n'est toutefois pas accompagnée par la différenciation d'un placenta absorbant. Les têtards subissent leur métamorphose dans les voies génitales, et la femelle donne naissance à des juvéniles semblables aux adultes (fig. 1.51). Le développement de ces différentes espèces est résumé figure 1.52.

5.2. Élimination de la phase aquatique du développement chez les urodèles

Une exclusion de la phase larvaire libre et aquatique est constatée chez quelques urodèles (fig. 1.53). Une famille de salamandres américaines

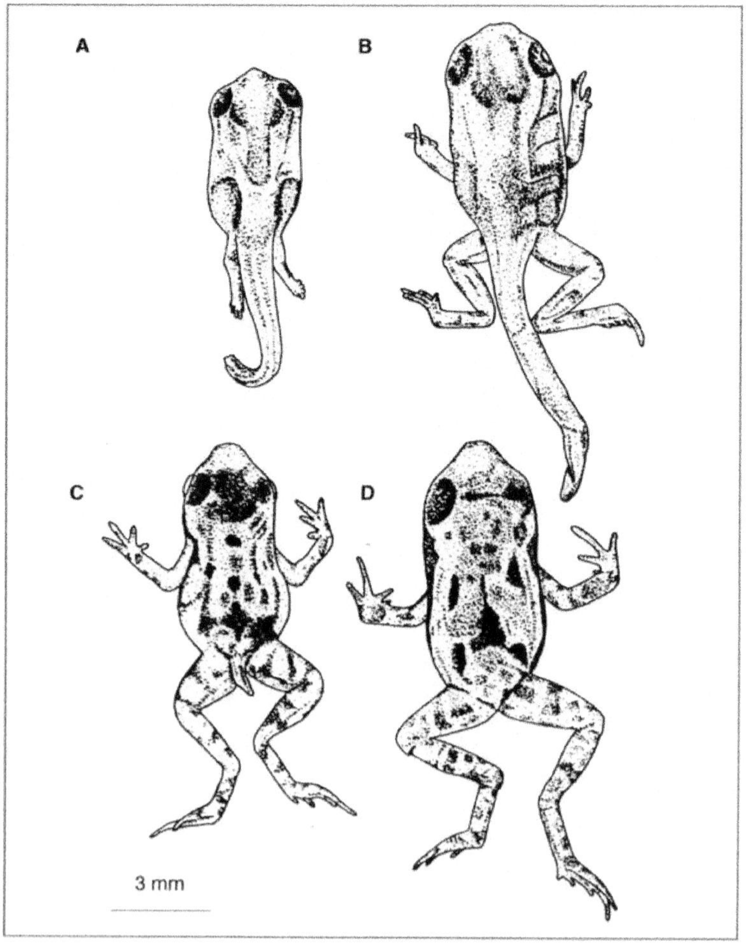

Figure 1.51 : Développement de *Nectophrynoides occidentalis*. A, têtard de 6 mois. B et C, têtards en métamorphose : B, têtard de 8 mois, les membres postérieurs sont plus longs et les membres antérieurs sont apparus ; C, têtard de 8 mois et demi, la queue est en cours de régression. D, individu métamorphosé de près de 9 mois, juste avant la naissance.
(D'après M. Lamotte & J. Lescure (1977) *La Terre et la Vie 31*, 225-312.)

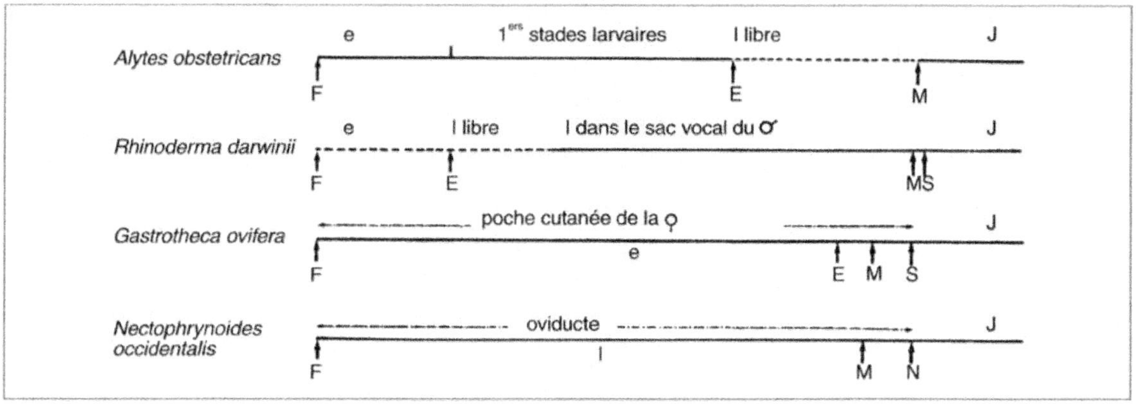

Figure 1.52 : Passage au développement direct chez quelques anoures présentant des relations plus ou moins strictes avec les parents.
e, embryon ; E, éclosion ; F, fécondation ; j, juvénile ; l, larve ; M, métamorphose ; N, naissance ; S, sortie d'une cavité parentale (sac vocal, poche cutanée).
Trait plein, phase terrestre du développement ; traits pointillés, phase aquatique.
(D'après Hourdry & Beaumont 1985.)

dépourvues de poumons, les pléthodontidés *(Plethodon, Aneides lugubris)*, les œufs sont pondus dans des anfractuosités terrestres où ils se développent lentement. Des branchies foliacées, accolées aux membranes ovulaires, permettent les échanges respiratoires des embryons. La métamorphose est toujours très discrète.

Plusieurs salamandres européennes sont vivipares. Chez la salamandre noire et jaune *(Salamandra salamandra)*, les œufs (une quinzaine environ) sont incubés dans les utérus. Les larves écloses dans les voies génitales sont ensuite déposées dans les mares, qu'elles quitteront

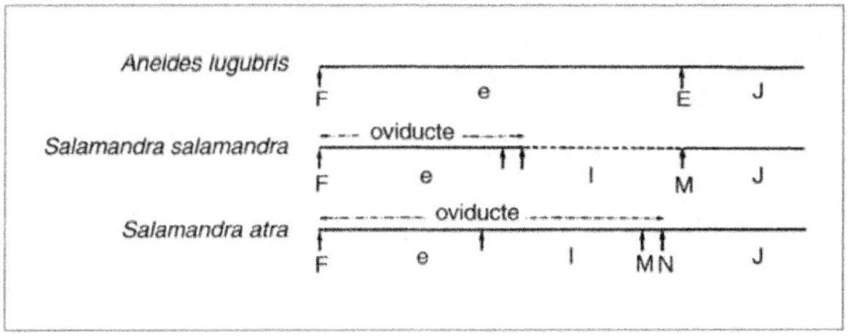

Figure 1.53 : Mode de développement de quelques urodèles.
e, embryon ; E, éclosion ; F, fécondation ; j, juvénile ; l, larve ;
M, métamorphose ; N, naissance.
Trait plein, phase terrestre du développement ; traits pointillés, phase aquatique.
(D'après Hourdry & Beaumont 1985.)

après la métamorphose. Ces larves sont uréotéliques en position intra-utérine, mais elles deviennent ammonotéliques en milieu aquatique. Un retour à l'uréotélie caractérise les juvéniles terrestres. Chez la salamandre noire des Alpes *(Salamandra atra)*, la phase aquatique du développement est éliminée. Les larves écloses dans les oviductes utilisent le vitellus d'œufs dont l'incubation s'est arrêtée. Leurs branchies appliquées contre la paroi oviductaire permettent aussi des échanges nutritifs avec la mère. Trois ou quatre juvéniles naissent et demeurent en milieu terrestre, sitôt leur métamorphose achevée dans les voies génitales.

5.3. Cas des apodes

Les apodes, encore appelés gymnophiones ou coecilies, sont des amphibiens tropicaux, serpentiformes, où la phase aquatique du développement peut également disparaître. Chez l'espèce ovipare *Hypogeophis rostratus* des îles Seychelles, un juvénile fouisseur éclôt directement de l'œuf. Chez diverses espèces vivipares d'Amérique du Sud *(Siphonops)*, des juvéniles sortent du cloaque et s'enfouissent également.

5.4. Conclusion

Une exclusion de la phase aquatique du développement est observée dans plusieurs lignées d'amphibiens, lors du passage au développement direct, et un véritable "télescopage" de stades ontogénétiques peut éventuellement s'accomplir. Quand elle persiste, la métamorphose affecte alors des organes normalement utilisés dans l'eau mais fonctionnant ici en milieu terrestre : la queue et les branchies, par exemple, permettent une respiration aérienne des larves.

L'affranchissement de l'habitat aquatique est ici plus strict que chez les amphibiens métamorphosés classiques. Chez les formes ovipares, où le développement tend à se dérouler en grande partie dans l'œuf, la dessiccation des embryons est partiellement évitée par la présence des membranes péri-ovulaires. La conservation de l'eau par la progéniture est également favorisée par la viviparité ou par une incubation dans diverses poches parentales.

Chez les amphibiens, la sortie définitive de l'eau n'atteint toutefois pas la perfection rencontrée chez les vertébrés supérieurs ovipares (reptiles et oiseaux) ou vivipares (mammifères). Chez ces vertébrés et contrairement aux amphibiens, la dessiccation des embryons est systématiquement supprimée par leur développement dans une cavité amniotique à contenu liquide. Une telle ontogenèse a permis à ces différents amniotes de se soustraire totalement de l'habitat aquatique et d'envahir toutes les terres émergées. Une économie de l'eau particulièrement efficace et réalisée par le rein, spécialement chez les mammifères, renforce encore cette indépendance.

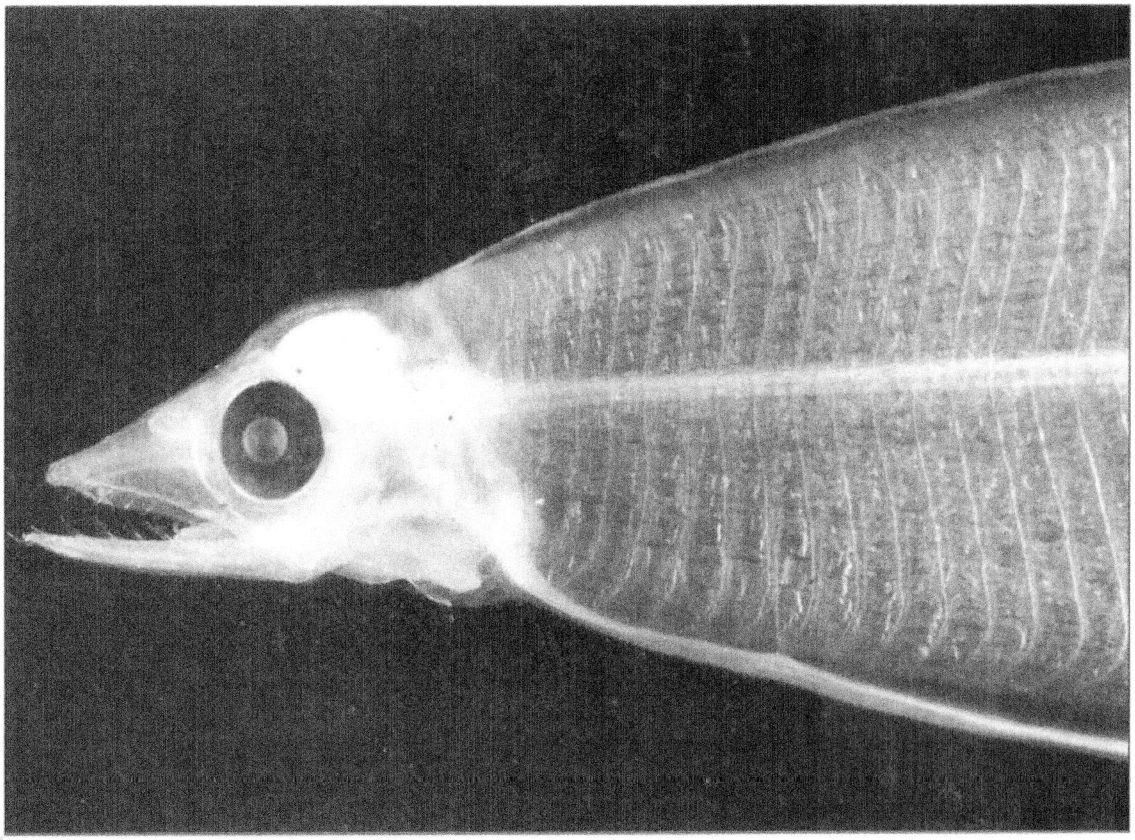

Larve leptocéphale d'anguille ***(Anguilla anguilla).***
(Grandissement x 15.)
(Cliché J. Lecomte, CNRS, Banyuls.)

CHAPITRE 2

Métamorphoses et migrations entre les eaux douces et la mer

Des métamorphoses associées à des migrations entre les eaux douces et la mer sont rencontrées chez les lamproies, les saumons et les anguilles. Chez ces animaux, les métamorphoses sont généralement corrélées avec de longues migrations vers la mer (migrations catadromes) ou vers le cours supérieur des rivières (migrations anadromes). Les déplacements sont réalisés dans un sens, puis dans l'autre, et permettent un retour au milieu d'origine où s'effectuera le frai. Les espèces potamotoques, comme les lamproies ou les saumons, regagnent les eaux douces. Les espèces thalassotoques, telles les anguilles, repartent en mer.

Les eaux douces et la mer imposent des contraintes hydrominérales inverses aux animaux. En rivière, milieu hypotonique, l'organisme perd des ions Na^+ et Cl^- par diffusion mais accumule de l'eau par osmose. Dans les estuaires et en mer, en conditions hypertoniques, l'organisme est au contraire envahi par les ions Na^+ et Cl^- mais perd de l'eau. Le double danger d'une dilution du milieu intérieur (effet hypo-osmotique) ou de sa concentration (effet hyperosmotique) sera écarté, lors des migrations, par la mise en place de nouveaux mécanismes osmorégulateurs. Mieux même, par une véritable préadaptation, de tels mécanismes pourront préparer ces migrations.

1. Lamproies

Les lamproies sont des cyclostomes pétromyzontiformes qui se reproduisent en eau douce. Leurs larves ou ammocètes sont toujours dulcicoles. Les individus métamorphosés migrent plus ou moins loin vers l'aval, selon les espèces. Ils demeurent en rivière chez la lamproie de ruisseau *(Ichthyomyzon greeleyi)* et la lamproie de Planer *(Lampetra planeri)*, descendent jusqu'aux estuaires chez la lamproie de rivière *(Lampetra fluviatilis)*, gagnent la mer chez la lamproie marine *(Petromyzon marinus)* ou la lamproie australe *(Geotria australis)*, mais reviennent dans les zones de frai à la fin de leur vie.

1.1. Larve de lamproie ou ammocète

L'ammocète est une larve vermiforme, qui mesure près de 15 cm chez la lamproie marine et peut vivre plus de 5 ans (fig. 2.1). Moins d'un mois après son éclosion, elle s'enfouit dans le lit des rivières. Ses yeux sont de simples ébauches non fonctionnelles, logées sous la peau. L'épiderme caudal est en revanche photosensible et, soumis à un stimulus lumineux, entraîne la fuite de la larve.

La paroi du pharynx est creusée de sept paires de poches branchiales, s'ouvrant à l'extérieur par des spiracules et à l'intérieur par des oscules. L'intestin sécrète des hydrolases dans sa seule partie antérieure, mais il exerce une fonction absorbante au-delà. Un long repli dorsal de la muqueuse intestinale occupe partiellement la lumière (typhlosolis). À l'avant de l'intestin, une ou deux paires de diverticules tubulaires sécrètent également des hydrolases, dont une amylase.

Un sac hypobranchial (ou glande hypobranchiale) est appendu sous le pharynx et communique avec lui par un étroit canal. L'épithélium plissé de ce sac produit des mucus et des protéines iodées. Ces sécrétions sont dirigées vers le tube digestif, où les protéines iodées sont vraisemblablement hydrolysées par une protéase intestinale qui les transforme en hormones thyroïdiennes absorbables. Son caractère exocrine ne permet toutefois pas d'assimiler le sac hypobranchial à une thyroïde. En revanche, ce sac pourrait être l'homologue de l'endostyle, qui représente la gouttière glandulaire ventrale du pharynx chez certains prochordés, comme l'amphioxus ou les ascidies.

L'ammocète est microphage. Les pulsations rythmiques des poches branchiales et d'un vélum marquant l'entrée du pharynx mobilisent l'eau et les particules alimentaires en suspension. Celles-ci sont filtrées par la ciliature vélaire, puis agglutinées en cordons par un mucus sécrété par le sac hypobranchial et l'épithélium buccal. Les cordons sont véhiculés vers le tube digestif par une ciliature pharyngienne. Les produits assimilés s'accumulent sous forme de lipides (dans le corps suprarénal) ou de glycogène, et ils représentent près de 15 % du poids de la larve aux approches de la métamorphose.

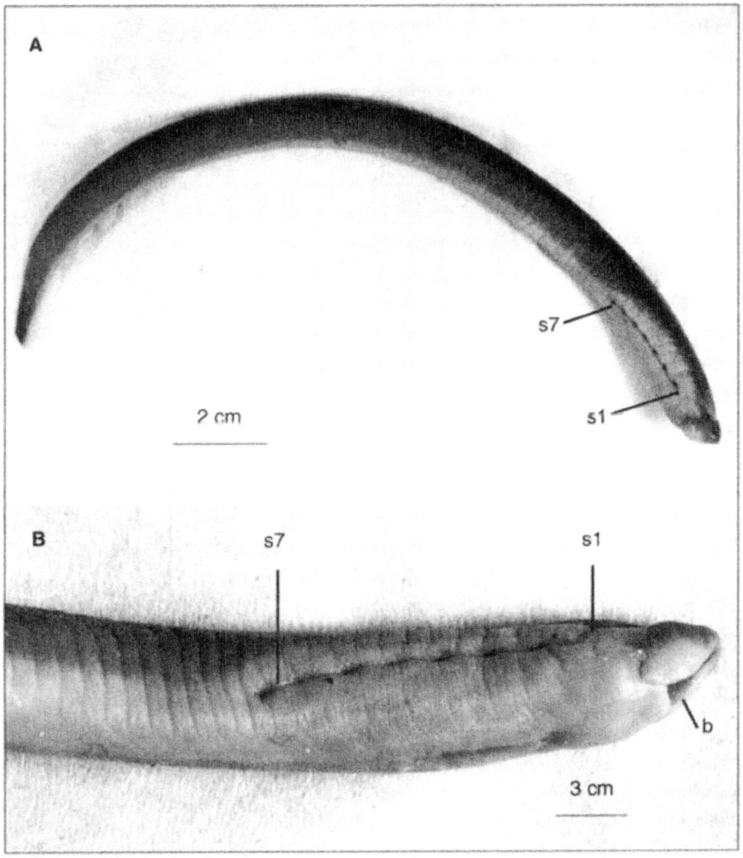

Figure 2.1 : Ammocète de *Lampetra planeri*.
A, vue générale.
B, région antérieure.
b, bouche ; s1-s7, spiracules 1-7.
(Clichés Hourdry.)

Les pertes d'ions Na^+ et Cl^- occasionnées par la vie en eau douce sont compensées par l'intervention d'ionocytes localisés à la base des lamelles branchiales, qui absorbent ces ions contre un gradient de concentration (fig. 2.2A).

1.2. Métamorphose de l'ammocète et migration vers l'aval

Cette métamorphose est la première que subissent les lamproies ; elle peut durer près de 8 mois. Chez la lamproie de rivière, elle se déroule entre octobre et mai et, chez la lamproie marine, entre juillet et février. Plus précoce chez les larves à développement rapide et bien nourries, la métamorphose est retardée si les larves s'accroissent lentement, parce que regroupées en populations denses et soumises aux effets d'une compétition trophique. Les animaux qui se transforment sortent du substrat puis nagent activement vers l'aval.

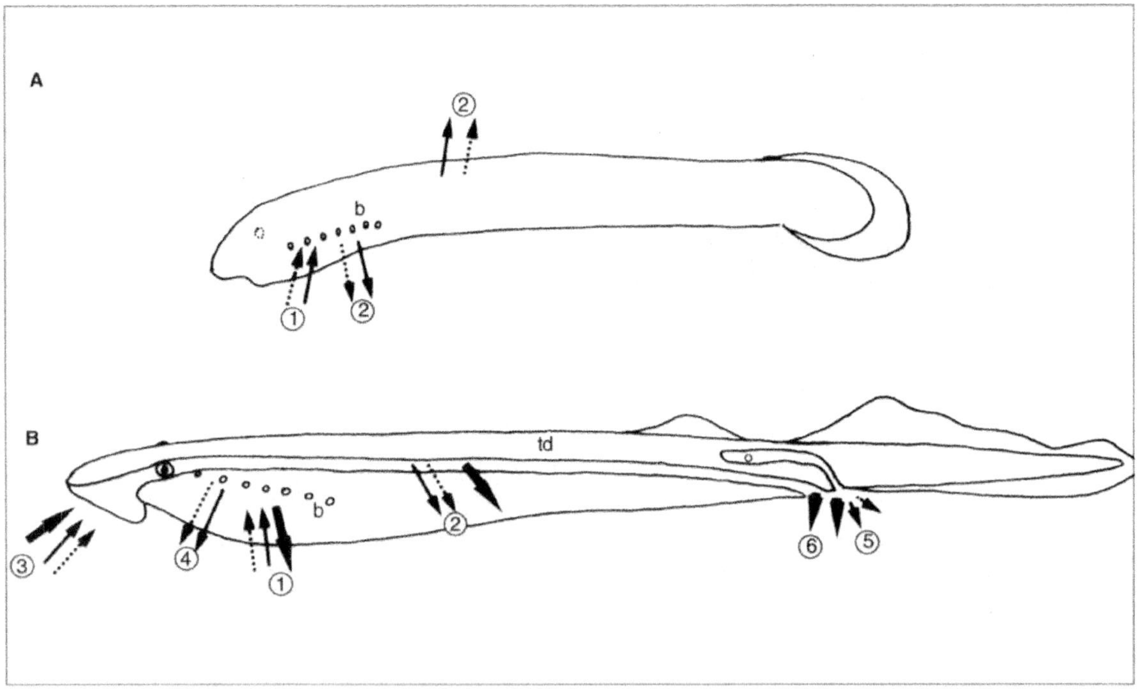

Figure 2.2 : Modifications des flux ioniques (Na^+ → ; Cl^- .....>) et hydrique (➔) au cours du développement de la lamproie.
A, ammocète. Les ionocytes localisés à la base des lamelles branchiales pompent les ions Na^+ et Cl^- (1) et évitent les pertes occasionnées par la vie en eau douce (2).
B, lamproie adulte en mer. Les ions Na^+ et Cl^- envahissent l'organisme par les branchies (1) et l'intestin (2). L'eau de mer est en effet consommée en abondance (3). Cette invasion est contrée par une expulsion des ions par des ionocytes branchiaux (4). L'eau absorbée par l'intestin (2) remplace celle qui est perdue par osmose (1). L'eau est faiblement excrétée par les voies rénale (5) et intestinale (6).
b, branchie ; o, opisthonéphros ; td, tube digestif.

1.2.1. TRANSFORMATIONS MORPHOLOGIQUES

Un remodelage du neurocrâne et des muscles associés modifie la forme de la tête. Le derme céphalique est lui-même remanié par la mise en place de nouvelles fibres de collagène. La bouche devient circulaire, d'où l'appartenance des lamproies à la classe des cyclostomes. Les yeux émergent et s'agrandissent. Les deux nageoires dorsales et la nageoire caudale se développent.

L'une des modifications cutanées les plus spectaculaires concerne l'apparition d'une argenture ventro-latérale, qui se propage de l'avant vers l'arrière. Les observations réalisées chez *Petromyzon marinus* en métamorphose ont confirmé le développement d'iridophores dans la profondeur du derme. Ces cellules contiennent des plaquettes de guanine élaborées à partir de l'appareil de Golgi et qui réfléchissent la lumière. Les animaux seraient ainsi camouflés vis-à-vis des prédateurs, puisque la face ventrale refléterait le fond de l'eau.

1.2.2. AMÉLIORATION DE LA PRODUCTION D'ÉNERGIE

Un changement des hémoglobines est constaté chez plusieurs lamproies, dont la lamproie marine et la lamproie de rivière. Les hémoglobines néoformées diffèrent de celles de la larve par leurs globines. Leur plus grande affinité pour l'oxygène, un flux sanguin accéléré par des contractions cardiaques plus fortes et, par ailleurs, mieux réparti par une capillarisation plus fournie améliorent la respiration cellulaire. La production d'énergie chimique s'en trouve renforcée chez des animaux qui, au demeurant, sont appelés à parcourir de grandes distances.

Les nouvelles hémoglobines s'installent dans une autre population de globules rouges, issue du corps suprarénal et non plus du typhlosolis ou du rein (opisthonéphros), comme chez l'ammocète.

Le métabolisme du fer est réorienté par la substitution des hémoglobines. Le métal est peu abondant dans les hépatocytes de la larve. Mais, dès la métamorphose, il s'accumule dans des grains de ferritine éparpillés pour la plupart dans ces hépatocytes, après destruction des anciens globules rouges par les cellules de Kupffer. Un tel stockage est favorisé par l'atrésie de l'arbre biliaire, qui exclut toute évacuation du fer vers l'intestin. Le métal sera progessivement utilisé lors de la synthèse des nouvelles hémoglobines. Le hème des anciens pigments est par ailleurs transformé en bilirubine et en biliverdine, dont le taux s'élève dans le plasma après la métamorphose.

1.2.3. ÉVOLUTION DU TUBE DIGESTIF ET DES GLANDES ANNEXES

1.2.3.1. Transformations du tube digestif et des glandes annexes

Le tube digestif est fortement remanié chez l'ammocète en métamorphose. Les lèvres fusionnées forment une couronne garnie de denticules

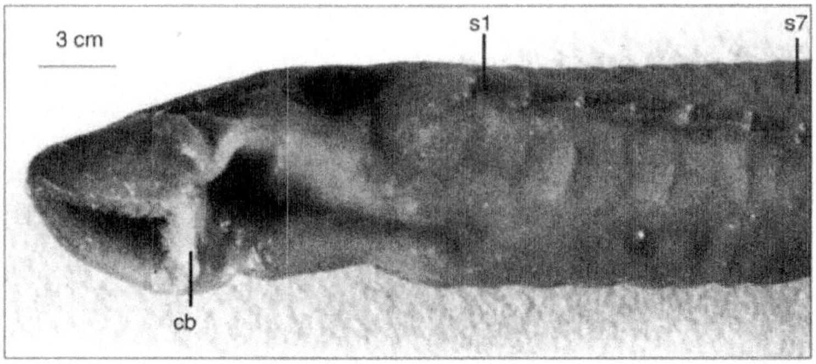

Figure 2.3 : Lamproie adulte (*Lampetra planeri*). Chez cette espèce non parasite, la couronne buccale (cb) est garnie de papilles mais ne porte pas de denticules cornés. s1-s7, spiracules 1-7. (Cliché Hourdry.)

cornés, qui limite une cavité buccale en entonnoir (fig. 2.3). Le fond de cette cavité est occupé par un piston lingual, dont l'avant est tapissé de denticules et de crochets. Un cartilage central se développe pendant la métamorphose et charpente le piston sur lequel se fixent des muscles puissants qui lui permettent de se rétracter, de créer une dépression et de provoquer un effet de succion.

Le pharynx est mis en dérivation et dessine un cul-de-sac ventral par rapport au tube digestif (aqueduc ou "bronche"). Sept paires de poches branchiales lenticulaires persistent le plus souvent. Dans leur paroi, des muscles en remplacent d'autres qui ont dégénéré. Ces remaniements ralentissent les mouvements respiratoires et entraînent un état asphyxique transitoire. Le vélum prépharyngien régresse en grande partie et cesse de battre.

Un œsophage de néoformation s'abouche à l'intestin. Cet organe est lui-même profondément remanié. Son épithélium initial (ou primaire) est détruit selon un processus autophagique ; les débris sont évacués dans la lumière puis phagocytés par des cellules intestinales postérieures. Un épithélium secondaire portant de nombreux replis longitudinaux le remplace. Le typhlosolis régresse en partie chez la lamproie marine ou prend un aspect gaufré chez la lamproie de rivière. Il est plus musculeux que chez l'ammocète, mais il perd sa fonction hématopoïétique.

Les diverticules pré-intestinaux sont éliminés, mais un pancréas diffus apparaît, dont les cellules exocrines se dispersent dans la paroi de l'intestin antérieur et d'un court coecum dorsal.

Le foie subit aussi d'importantes modifications. Le canal cholédoque, les canaux biliaires et la vésicule biliaire dégénèrent et leurs débris sont phagocytés par diverses cellules (hépatocytes, leucocytes, macrophages). Des désordres vasculaires transitoires sont de plus remarqués ; ils sont imputables à un arrangement désordonné des cellules endothéliales limitant les sinusoïdes sanguins.

1.2.3.2. Acquisition d'un nouveau régime alimentaire

Les ammocètes en métamorphose cessent de s'alimenter, puisque leur intestin en remaniement n'est pas fonctionnel. Les lipides accumulés sont alors mobilisés et assurent les besoins énergétiques de la larve.

Chez plusieurs espèces de lamproies (lamproie de rivière, lamproie marine, lamproie australe), les juvéniles deviennent des ectoparasites de poissons pendant quelques années. La rencontre d'un hôte peut demander plus de trois mois. L'animal se fixe par sa ventouse buccale, puis effrite le tégument et les tissus de l'hôte avec ses denticules buccaux. Les mouvements du piston lingual permettent l'aspiration du sang, dont la fluidité est garantie par la sécrétion d'une salive anticoagulante. Un jeu de valves évite tout refoulement vers l'avant. Les aliments sont digérés grâce aux activités d'une lipase et de protéases sécrétées par l'épithélium intestinal antérieur et par les cellules pancréatiques qui s'y disséminent. L'absorption des métabolites est améliorée par la présence des nombreux replis intestinaux particulièrement vascularisés. La croissance des animaux s'en trouve stimulée, si bien qu'à l'état adulte, la lamproie de rivière peut atteindre 40 cm de longueur et la lamproie marine dépasser 1 mètre.

Le courant d'eau respiratoire ne peut entrer par la bouche durant cette phase ectoparasitaire. Il traverse alors les poches branchiales dans un sens puis dans l'autre, grâce à la musculature plus performante qui garnit leur paroi.

La lamproie de ruisseau et la lamproie de Planer ne deviennent jamais parasites après leur métamorphose et cessent définitivement de s'alimenter. Leur intestin dégénère ou, en tout cas, n'est plus fonctionnel. Ces animaux ont une espérance de vie très courte, qui n'excède pas un an, et leur période de frai débute rapidement.

1.2.4. DÉPLACEMENT DE L'ÉQUILIBRE HYDROMINÉRAL

La migration des lamproies juvéniles vers l'aval est préparée par la mise en place d'un autre équilibre hydrominéral (fig. 2.2B). En rivière, les inconvénients dus à l'hypotonie du milieu sont évités par une absorption d'ions par l'épithélium digestif antérieur et par un débit élevé d'urine diluée.

Dans les estuaires et en mer, plusieurs corrections évitent le déséquilibre imposé par l'hypertonie du milieu. La première d'entre elles a pour cadre les branchies. Aux ionocytes de l'ammocète, qui dégénèrent, s'en substituent en effet d'autres, issus de la différenciation de cellules-souches basales et dont la polarité est inversée. Ces nouveaux ionocytes occupent la même position interlamellaire que les précédents, mais ils excrètent les ions Na^+ et Cl^- contre un gradient de concentration, comme ils le font chez les téléostéens marins.

Le poste rénal permet une seconde correction. Le rein postérieur (opisthonéphros) des ammocètes régresse durant la métamorphose, et les débris de ses cellules autolysées sont phagocytés par des macrophages. L'opisthonéphros définitif se développe en arrière. Ses néphrons partent d'un glomérule unique (chambre glomérulaire) et s'abouchent à une série de canaux collecteurs, qui confluent dans l'uretère. La partie distale de ces nouveaux néphrons réabsorbe l'eau de manière très efficace après quelques semaines de vie juvénile, tandis que les animaux atteignent la mer. Il en résulte une antidiurèse et une meilleure économie hydrique.

Une élévation de l'osmolarité du plasma, consécutive à une néosynthèse hépatique de protéines sériques (globulines), améliore aussi la rétention d'eau.

1.2.5. RÉORGANISATION DU SYSTÈME NERVEUX ET DES VOIES SENSORIELLES

Le système nerveux est remodelé chez les ammocètes en métamorphose, comme le démontre l'évolution de la réponse à un stimulus mécanique, un choc sur la paroi de l'aquarium, par exemple. Chez les ammocètes en prémétamorphose, les poches branchiales se contractent avec force et expulsent l'eau par la bouche, d'où une réaction de fuite. En postmétamorphose, le stimulus provoque un effet de succion sur la paroi de l'aquarium. Tout se passe comme si ce stimulus mimait les remous occasionnés par un poisson en mouvement, sur lequel se fixerait le juvénile. Le point de départ du réflexe se situe toujours au niveau de l'organe stato-acoustique, mais les influx moteurs sont enregistrés sur les seuls nerfs trijumeaux chez le juvénile, alors qu'ils le sont aussi le long des nerfs glossopharyngiens et pneumogastriques chez l'ammocète.

Le système visuel devient fonctionnel à la métamorphose. La rétine s'élargit. Les cellules visuelles y sont plus fréquentes, et une rhodopsine est détectée dans les bâtonnets. Des neurones multipolaires en plus grand nombre empruntent le nerf optique et se projettent sur des aires en extension du toit mésencéphalique. Une réponse tectale peut être alors enregistrée par les techniques électrophysiologiques. Cette sensibilité visuelle néoformée favorisera la rencontre d'un hôte chez les espèces ectoparasites.

Il ressort des observations précédentes que les événements de la métamorphose préparent les juvéniles à changer radicalement de mode de vie. La constitution plus aisée de réserves, suite à une assimilation soutenue, et une circulation sanguine plus efficace favorisent le haut catabolisme énergétique, nécessaire aux migrations lointaines vers l'aval. Les inconvénients d'un milieu hypertonique, estuarien ou marin, sont levés par un déplacement de l'équilibre hydrominéral. Une réorganisation du tractus digestif mène par ailleurs les animaux à l'ectoparasitisme.

1.3. Contrôle endocrinien de la métamorphose de l'ammocète

Peu de choses sont actuellement connues chez l'ammocète concernant le déterminisme endocrinien de sa métamorphose.

1.3.1. NON-INTERVENTION DES HORMONES THYROÏDIENNES

Les taux des hormones thyroïdiennes circulantes ont été mesurés par radio-immunodosages chez plusieurs espèces de lamproies (lamproie marine, lamproie de ruisseau). Chez l'ammocète en prémétamorphose, les hormones sont sécrétées par le sac hypobranchial (cf. § 1.1). Leurs concentrations plasmatiques varient avec la température et peuvent dépasser 100 ng/100 ml pour la T3.

Le sac hypobranchial de l'ammocète dégénère presque totalement en début de métamorphose, et ses débris sont phagocytés par des macrophages. Quelques cellules prolifèrent toutefois et s'organisent en follicules thyroïdiens. Une glande endocrine typique des vertébrés, la thyroïde, se substitue par conséquent à une glande pharyngée exocrine, probablement homologue de l'endostyle des prochordés. Pendant la métamorphose, la thyroïde est très petite et faiblement vascularisée. Ses follicules sont inactifs et synthétisent très peu de thyroglobuline iodée. Les hormones ne sont donc plus sécrétées ou à peine, et leurs concentrations chutent significativement dans le plasma au lieu de s'élever. Ces concentrations demeurent très basses chez les juvéniles.

Peu de travaux ont concerné le rôle des hormones thyroïdiennes dans le développement des lamproies, mais il est actuellement admis qu'elles ne déclenchent pas la métamorphose des ammocètes. Aucune induction précoce du phénomène n'est observée après traitement des larves par la T3 ou la T4. Des récepteurs à haute affinité pour la T3 ont été signalés dans les noyaux hépatiques, et tout spécialement pendant la métamorphose. L'incapacité de répondre n'est donc pas imputable à une absence de récepteurs et elle pourrait apparaître en aval, lors d'une étape métabolique menant à l'expression de gènes. D'autres hormones peuvent bien entendu intervenir, mais beaucoup d'incertitudes persistent encore dans ce domaine.

1.3.2. RÔLE DU COMPLEXE PINÉAL

Chez les lamproies, le complexe pinéal comprend les organes pinéal et parapinéal, deux évaginations du toit diencéphalique possédant l'une et l'autre des cellules photoréceptrices. Ce complexe est impliqué dans la métamorphose de l'ammocète et son ablation empêche toute transformation de l'animal. L'influence du complexe pinéal dans l'initiation de la métamorphose a été recherchée dans différentes conditions d'éclairement. En lumière (ou en obscurité) continue, aucun effet n'est remarqué. En revanche, l'alternance quotidienne d'une phase lumineuse et d'une phase obscure induirait certaines modifications, via une libération de mélatonine. Cette neurohormone pourrait, par exemple, stimuler les activités enzymatiques requises pour l'acquisition d'une nouvelle pigmentation cutanée.

Une augmentation de la température accroîtrait l'activité du complexe pinéal, ce qui lui permettrait de mieux coordonner aussi les changements métaboliques associés à la métamorphose.

1.3.3. CONTRÔLE DES BESOINS ÉNERGÉTIQUES

Chez les vertébrés, un tel contrôle est partiellement assuré par le pancréas endocrine. Celui-ci est remanié sur le plan morpho-anatomique lorsque la larve se métamorphose. Localisé à la confluence du canal cholédoque et du tube digestif chez l'ammocète, l'organe se scinde en deux parties chez le juvénile. Le pancréas antérieur ou crânial se différencie aux dépens des épithéliums œsophagien et duodénal. Le pancréas postérieur ou caudal se développe à partir des quelques cellules de l'arbre biliaire qui n'ont pas dégénéré. La présence d'insuline et de somatostatine a été démontrée par immunoréaction dans le pancréas endocrine. L'insuline sécrétée, dont la concentration plasmatique s'accroît, ne peut empêcher une hyperglycémie de s'installer transitoirement à la métamorphose, au moment où l'animal utilise ses réserves.

La sécrétion de corticostéroïdes interrénaux, comme l'hydrocortisone (cortisol), accélère le catabolisme énergétique qui sous-tend le déroulement de la métamorphose, et elle peut expliquer la phase d'hyperglycémie. Toute stimulation expérimentale de l'hormonogenèse dans le tissu interrénal présomptif des ammocètes, après une injection d'ACTH par exemple, favorise la transformation des animaux. Une telle stimulation est ici démontrée par l'augmentation d'activité d'enzymes intégrées dans la synthèse hormonale, comme la 3β-hydroxystéroïde déshydrogénase.

1.4. Deuxième métamorphose des lamproies et retour aux zones de frai

1.4.1. ESPÈCES ECTOPARASITES

Les gonades sont petites et immatures chez l'ammocète, mais elles s'accroissent chez les juvéniles en migration vers l'aval. Leur maturation se produit après deux ou trois années, alors que les animaux occupent les estuaires *(Lampetra fluvialitis)* ou sont en mer *(Petromyzon marinus)*. Plusieurs modifications corporelles accompagnent cette maturation. Des teintes d'accouplement dorées sont remarquées et, chez les mâles, une crête cordée est visible dorsalement ("lamproie cordée"). La papille urogénitale s'élargit. D'autres changements concernent le foie, qui verdit par accumulation de biliverdine, et les cellules visuelles, où une porphyropsine remplace presqu'intégralement la rhodopsine. Le rein antérieur (pronéphros), dont les tubules des néphrons avaient dégénéré dès le stade ammocète, achève de régresser : glomérules et néphrostomes disparaissent alors.

Cette deuxième métamorphose (ou métamorphose de puberté) est marquée par un retour vers l'amont des rivières et les zones de frai. Les animaux ne peuvent s'alimenter durant cette remontée, puisque leur intestin est atrophié, et ils utilisent leurs réserves. Fortement amaigris, ils meurent pour la plupart après la reproduction.

L'acquisition de la maturité sexuelle est consécutive à une activation de l'axe hypothalamo-hypophyso-gonadique. Deux gonadolibérines (Gn-RH ou *gonadotropin releasing hormones*) ont été mises en évidence dans l'hypothalamus de la lamproie marine, et leur sécrétion a pu être appréciée par l'emploi de tests radio-immunologiques. Ces neurohormones sont indétectables chez l'ammocète, mais leur libération s'élève dès la métamorphose et se poursuit durant toute la vie de l'animal. Les cellules gonadotropes de l'adénohypophyse sont alors stimulées et provoquent à leur tour la croissance puis la maturation des gonades.

Une hypophysectomie pratiquée sur des juvéniles immatures arrête la sécrétion des hormones gonadotropes et maintient les gonades au repos. L'injection de ces hormones rétablit le développement des gonades, à la condition que l'expérience soit suffisamment tardive pour qu'elles soient compétentes et puissent réagir.

Le traitement de mâles immatures par la testostérone bovine n'induit pas les caractères sexuels secondaires avec une grande efficacité, et il est probable que la testostérone de la lamproie diffère de celle qui existe chez les mammifères.

L'ACTH adénohypophysaire et les corticostéroïdes produits par les cellules interrénales pourraient intervenir aussi dans l'initiation de la maturité sexuelle, mais cette hypothèse reste à vérifier. Pour leur part, les paramètres du milieu (température, photopériode) ne semblent pas devoir contrôler ce phénomène.

1.4.2. ESPÈCES NON PARASITES

Chez les espèces non parasites *(Ichthyomyzon greeleyi, Lampetra planeri)*, la maturation des gonades est beaucoup plus rapide, puisque les animaux commencent à frayer dès que leur métamorphose est terminée.

1.5. Conclusion

Migrations et métamorphoses sont fortement corrélées chez les lamproies, et indispensables à leur cycle vital. L'interdiction de toute migration en mer, suite à un confinement expérimental ou après la construction d'un barrage, provoque la fixation des juvéniles sur des poissons dulcicoles. Cependant, leur vie est abrégée et leur reproduction malaisée, au point que la population s'éteint en quelques années. Cette moindre résistance serait due à une diffusion d'ions Na^+ que corrigeraient mal les mécanismes ionorégulateurs.

2. Saumons

Les saumons sont des téléostéens salmoniformes, dont quelques espèces présentent des métamorphoses dans leur cycle vital. La première (smoltification) est associée à une migration catadrome, qui mène les animaux des eaux douces à la mer. La seconde est corrélée à une migration anadrome, qui reconduit les saumons dans le cours supérieur des rivières où ils pourront frayer. Une phase de smoltification est observée chez le saumon atlantique *(Salmo salar)* et le saumon coho *(Oncorhynchus kisutsch)*. Beaucoup d'autres salmonidés, dont le saumon à bosse *(Oncorhynchus gorbuscha)*, le saumon chum *(Oncorhynchus keta)* et la truite de rivière

(Salmo trutta fario), ont une smoltification plus discrète, voire nulle, qui n'exclut toutefois pas une migration en mer dans quelques cas.

2.1. Alevin de saumon ou parr

Les alevins (fig. 2.4A) éclosent en hiver dans le cours supérieur des rivières. Pendant deux ou trois mois, ils restent enfouis et épuisent leurs réserves vitellines. Devenus pélagiques, ils forment une population de *fry* puis de parrs (ou saumoneaux) relativement sédentaires. Les parrs chassent à l'affût et s'accroissent lentement. L'invasion aqueuse par osmose et la perte d'électrolytes (ions Na^+, Cl^-...) par diffusion sont respectivement corrigées par une forte diurèse et par une absorption ionique modérée, contre un gradient de concentration, au niveau d'ionocytes branchiaux petits et rares (fig. 2.5A). Placés dans un milieu hypertonique comme l'eau de mer, les parrs sont facilement envahis par les électrolytes, que les ionocytes ne peuvent expulser, et perdent de l'eau. La pression osmotique de leur milieu intérieur tend donc à s'élever et interdit toute survie prolongée des animaux.

2.2. Smoltification (première métamorphose) et migration en mer

Les parrs des saumons atlantique et coho subissent leur smoltification au début du printemps (fig. 2.4B). Ce phénomène intègre un ensemble de transformations morpho-anatomiques, biochimiques et physiologiques. Il est achevé en cinq semaines environ et est accompagné d'une migration des smolts vers la mer, où ils deviendront adultes.

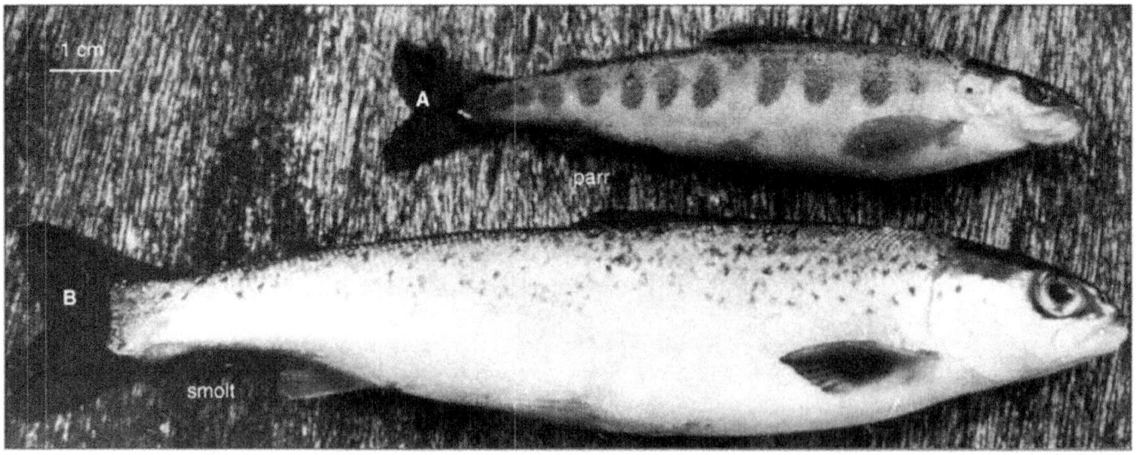

Figure 2.4 : Deux stades physiologiques observés chez le saumon atlantique.
A, Parr reconnaissable à ses bandes sombres transversales. B, smolt.
Bien qu'ils appartiennent à deux stades différents, ces animaux photographiés en avril proviennent de la même ponte. Leur âge est de 14 mois et ils ont été élevés dans des conditions identiques. Le smolt migrera au cours du printemps. Le parr smoltifiera l'année suivante seulement.
(Cliché Bœuf.)

Chez le saumon atlantique, les parrs doivent atteindre une dizaine de centimètres pour se métamorphoser. Certains d'entre eux s'accroissent rapidement et deviennent des smolts dès l'âge d'un an. D'autres demeurent plus chétifs et se transforment après deux ou trois années seulement. On peut voir là les conséquences d'une hiérarchie sociale où des dominants bien nourris, atteignant très tôt leur taille de smoltification, soumettent les subordonnés à une compétition trophique sévère qui les maintient petits.

Les animaux en cours de smoltification prennent une livrée argentée, due au stockage dans le derme de dérivés puriques du catabolisme azoté (guanine, hypoxanthine). Des plages sombres décorent aussi les nageoires pectorales et caudale.

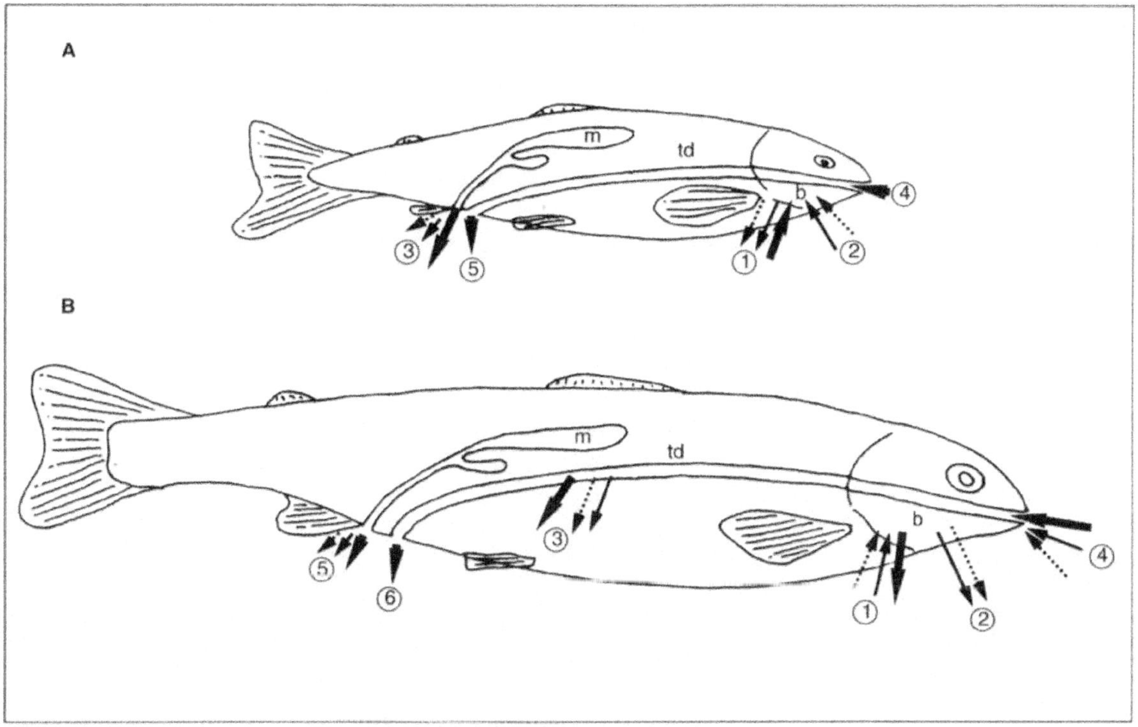

Figure 2.5 : Modifications des flux ioniques (Na^+ → ; Cl^- .....>) et hydrique (➜) au cours de la smoltification.
A, parr. En rivière, les effets de la perte des ions Na^+ et Cl^- par diffusion et de l'entrée d'eau par osmose, via les branchies (1), sont limités par une absorption de ces ions par les ionocytes branchiaux (2) et par l'émission d'une urine abondante et diluée (3). Le transit de l'eau par la voie digestive est très faible (4, 5).
B, smolt. En milieu marin, les ions Na^+ et Cl^- pénètrent dans l'organisme et essentiellement par les branchies (1). Leur excrétion par des ionocytes branchiaux et operculaires (2) évite cette invasion, qu'aggraverait encore une absorption soutenue d'ions par l'intestin (3), suite à une forte consommation d'eau de mer (4). L'eau éliminée par osmose et essentiellement au niveau branchial (1) est compensée par une récupération intestinale (3). Les pertes d'eau par les postes rénal (5) et digestif (6) sont toujours très limitées.
b, branchie ; m, mésonéphros ; td, tube digestif.

2.2.1. STIMULATION DU CATABOLISME ÉNERGÉTIQUE

Au début de la smoltification, le parr mobilise ses réserves corporelles. Une déflation du glycogène hépatique est remarquée. Les lipides (essentiellement des triglycérides) du foie, du tissu adipeux et des muscles sont hydrolysés. Les métabolites libérés (glucose, acides gras...) sont oxydés plus activement lors du catabolisme respiratoire, grâce à un apport soutenu d'oxygène aux cellules. L'accroissement relatif des surfaces branchiales améliore en effet l'absorption du gaz, dont le transport sanguin est favorisé par la synthèse de nouvelles hémoglobines plus affines pour lui. Par ailleurs, un rythme cardiaque accéléré et des systoles plus puissantes élèvent le débit sanguin.

L'utilisation des réserves amaigrit les jeunes smolts, puisqu'ils s'alimentent peu. Leur corps s'amincit alors et apparaît mieux caréné que celui des parrs. Vers la fin de la smoltification néanmoins, les animaux deviennent des piscivores actifs, possédant un fort pouvoir d'absorption intestinale, et s'accroissent rapidement.

Le catabolisme respiratoire plus intense qui s'installe dès la smoltification fournit une quantité plus grande d'énergie chimique, sous forme d'ATP. Cette énergie sera dépensée pour satisfaire les besoins métaboliques provoqués par les migrations.

2.2.2. ACQUISITION D'UN NOUVEL ÉQUILIBRE HYDROMINÉRAL

La smoltification est associée à l'acquisition d'une capacité hypo-osmorégulatrice, qui tend à abaisser la pression osmotique du milieu intérieur par rétention d'eau et perte d'ions. L'installation d'une telle capacité fait intervenir plusieurs organes. Par les ionocytes que porte leur épithélium, les branchies et l'opercule constituent les principaux sites responsables de l'hypo-osmorégulation. Les ionocytes deviennent plus nombreux dès le début de la smoltification, essentiellement par mise en place progressive d'ionocytes α, spécifiques de la vie en milieu marin. Lorsque les animaux sont placés dans un milieu salé hypertonique, comme l'est l'eau de mer, ces cellules peuvent expulser des ions contre un gradient de concentration. Le transport actif qui permet l'expulsion des ions utilise l'énergie libérée par l'hydrolyse de l'ATP, en présence d'une ATPase. L'activité de cette enzyme augmente dans les ionocytes des smolts d'eau douce, et elle peut quintupler lorsque les animaux sont placés en milieu marin (fig. 2.6). Une telle activité est visualisée sur les membranes plasmiques, basolatérales des ionocytes, ainsi que dans un réseau de tubules cytoplasmiques.

Au niveau rénal, la filtration glomérulaire diminue et la réabsorption tubulaire augmente. L'antidiurèse qui en résulte favorise une économie de l'eau. Elle entraîne par ailleurs une faible excrétion de déchets azotés par la voie urinaire, d'où leur dépôt dans le tégument sous la forme de purines insolubles. L'intestin postérieur devient aussi le site d'une réabsorption hydrique accrue. Pour sa part, la vessie urinaire participe à la

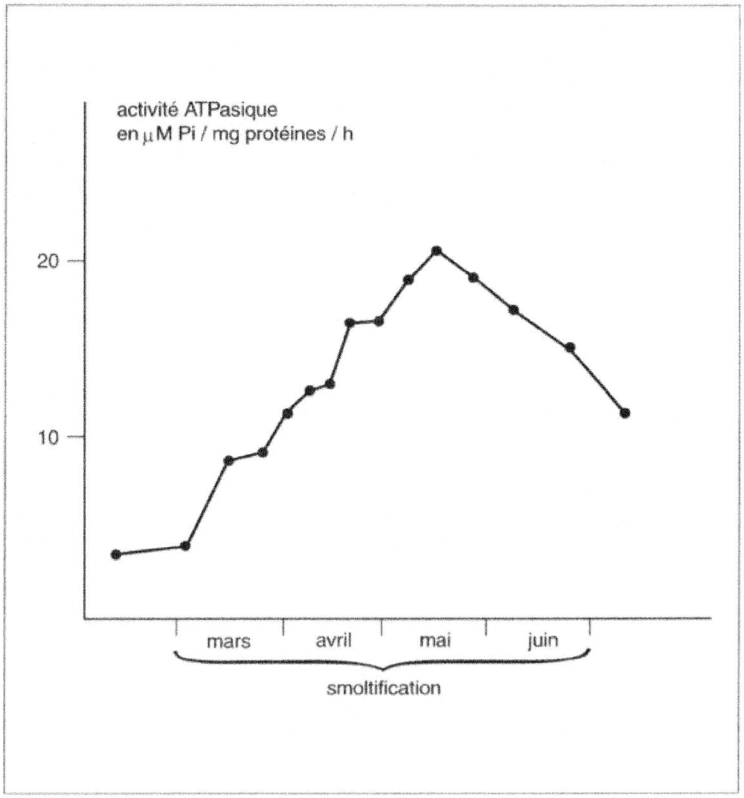

Figure 2.6 : Activité de l'adénosine triphosphatase (ATPase) branchiale durant la smoltification du saumon atlantique.
Pi, phosphate inorganique.
(D'après P. Prunet *et al.* (1989) *Gen. Comp. Endocrinol. 74*, 355-364.)

récupération de l'eau chez les poissons téléostéens, mais son rôle lors de la smoltification n'a pas encore été testé. Des protéines hépatiques libérées dans le milieu intérieur contribuent aussi à limiter la déshydratation des smolts, par un effet osmotique.

La vie des smolts en eau douce est peu compatible avec l'apparition d'une capacité hypo-osmorégulatrice, qui ne pourrait qu'aggraver une baisse de la pression osmotique interne. L'acquisition de cette capacité constitue en revanche une véritable préadaptation physiologique des smolts à l'habitat marin. La haute force ionique de l'eau de mer tend à élever alors la pression osmotique de leur milieu intérieur, qui gagne des ions par diffusion mais perd de l'eau par osmose. La capacité hypo-osmorégulatrice acquise maintient néanmoins cette pression osmotique dans des limites de survie. L'acclimatation des animaux au milieu marin s'en trouve garantie.

Compte-tenu du nouvel équilibre hydrominéral qui s'installe chez les smolts (fig. 2.5B), le besoin d'un milieu hypertonique pourrait partiellement expliquer leur migration vers la mer, qu'ils atteignent en quelques semaines.

2.2.3. AUTRES MODIFICATIONS

Durant les premières semaines en milieu marin, les smolts ne s'éloignent guère de la surface, et leurs cellules visuelles (bâtonnets) contiennent essentiellement de la porphyropsine. Chez les saumons plus âgés, ce pigment est partiellement remplacé par de la rhodopsine. Une telle substitution s'accorde avec l'acquisition d'un mode de vie nouveau des animaux, qui gagnent la profondeur. La rhodopsine est en effet sensible aux radiations bleu-vertes, seules présentes au-dessous de 50 mètres.

Par les changements qu'elle entraîne, particulièrement sur l'équilibre hydrominéral, la smoltification prépare la migration en mer. Réciproquement, des smolts soumis à un confinement expérimental et ne pouvant migrer perdent leur livrée argentée et retrouvent leur ancienne condition de parr.

2.3. Déterminisme endocrinien de la smoltification

Un contrôle endocrinien complexe est exercé sur la smoltification, spécialement sur les mécanismes osmorégulateurs qui préparent la migration en mer.

2.3.1. CONTRÔLE EXERCÉ PAR LA GLANDE INTERRÉNALE

La glande interrénale des poissons téléostéens sécrète plusieurs hormones stéroïdes, dont la plus importante est le cortisol, ou hydrocortisone. Cette glande s'hypertrophie durant la smoltification des saumons. La concentration du cortisol appréciée par radioimmunodosage s'élève alors dans le plasma, pour atteindre un maximum lorsque les animaux pénètrent en mer.

L'injection de cortisol à des parrs ou à de jeunes smolts affecte les flux hydrique et ioniques dans les organes participant à l'équilibre hydrominéral, comme le rein, l'intestin, le tégument ou la branchie. Placés dans l'eau de mer, les animaux traités économisent mieux l'eau tissulaire, excrètent davantage d'électrolytes (Na^+, Cl^-...) et conservent une pression osmotique interne à peu près stable en dépit de l'environnement. Une élévation provoquée du taux de cortisol circulant préadapte donc les animaux au milieu marin et améliore leur tolérance à la salinité, en installant des mécanismes hypo-osmorégulateurs.

L'action du cortisol sur les ionocytes branchiaux a pu être précisée. Ces cellules prolifèrent chez de jeunes smolts traités par l'hormone et elles produisent davantage d'énergie chimique, suite à l'activité accrue d'une ATPase (cf. § 2.2.2). Dans de telles conditions, les ionocytes expulsent plus efficacement les ions Na^+ et Cl^- contre un gradient de concentration, lorsque les animaux sont placés dans l'eau de mer.

Durant la smoltification, l'élévation du taux plasmatique de cortisol entraîne les mêmes effets qu'un traitement par l'hormone (fig. 2.7). Cette élévation améliore la capacité hypo-osmorégulatrice des smolts et prépare leur migration en mer. Au niveau des ionocytes, elle stimule en

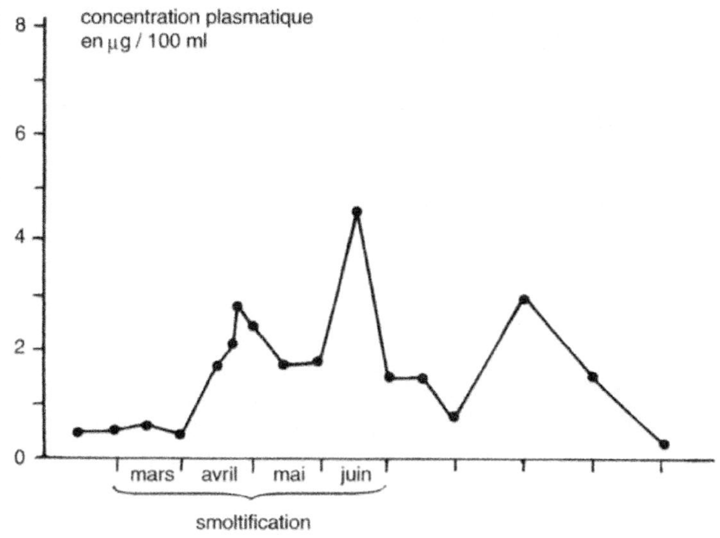

Figure 2.7 : Variations de la concentration plasmatique du cortisol durant la smoltification du saumon coho.
(D'après G. Young *et al.* (1989) *Gen. Comp. Endocrinol. 74*, 335-345.)

principe l'activité ATPasique, en prélude à une expulsion plus soutenue des ions Na^+ par les "pompes" situées sur la membrane plasmique apicale. La présence d'un plus grand nombre de récepteurs nucléaires au cortisol dans les ionocytes branchiaux des smolts favorise encore l'efficacité de l'hormone.

Une partie du cortisol peut être convertie en cortisone dans les tissus des smolts. L'implication de cette deuxième hormone dans l'équilibre hydrominéral reste cependant à déterminer.

2.3.2. RÔLE DE LA THYROÏDE

L'activité de la thyroïde s'élève durant la smoltification, mais elle diminue le plus souvent lorsque les animaux pénètrent en mer. Comme chez les autres téléostéens, la T4 est la seule hormone libérée par la glande. Sa concentration plasmatique passe par un maximum pendant la smoltification, à la fois chez le saumon atlantique et chez le saumon coho (fig. 2.8). La concentration de la T3 dans le plasma s'élève aussi durant le phénomène, bien que l'hormone ne soit pratiquement pas sécrétée par la thyroïde (fig. 2.8). On peut voir là les conséquences d'une désiodation de la T4 en T3 dans plusieurs organes (branchie, foie, rein, muscle...), qui contiennent une T4-5'-monodésiodinase. La T3 diffuse dans le plasma, mais elle garde une concentration élevée dans les cellules, à moins que l'activité d'autres désiodinases n'accélère sa transformation en diiodothyronines.

Le traitement de parrs par les hormones thyroïdiennes anticipe certains événements de la smoltification. Le catabolisme énergétique est stimulé et la consommation d'oxygène par l'organisme s'accroît, tandis que l'activité des enzymes respiratoires s'élève dans les hépatocytes ou les cellules branchiales. Les animaux prennent une livrée argentée. On observe par ailleurs une augmentation relative de la masse cérébrale et une mise en place de nouveaux circuits neuronaux dans le bulbe olfactif.

Une capacité hypo-osmorégulatrice se développe chez les parrs traités par les hormones thyroïdiennes. Si ces animaux sont élevés dans un bassin d'eau de mer, l'activité accrue d'une ATPase fournit alors suffisamment d'énergie chimique aux ionocytes pour qu'ils puissent excréter les ions Na^+ et Cl^- avec plus d'efficacité. Une telle capacité améliore la survie des animaux en milieu marin : le comportement locomoteur

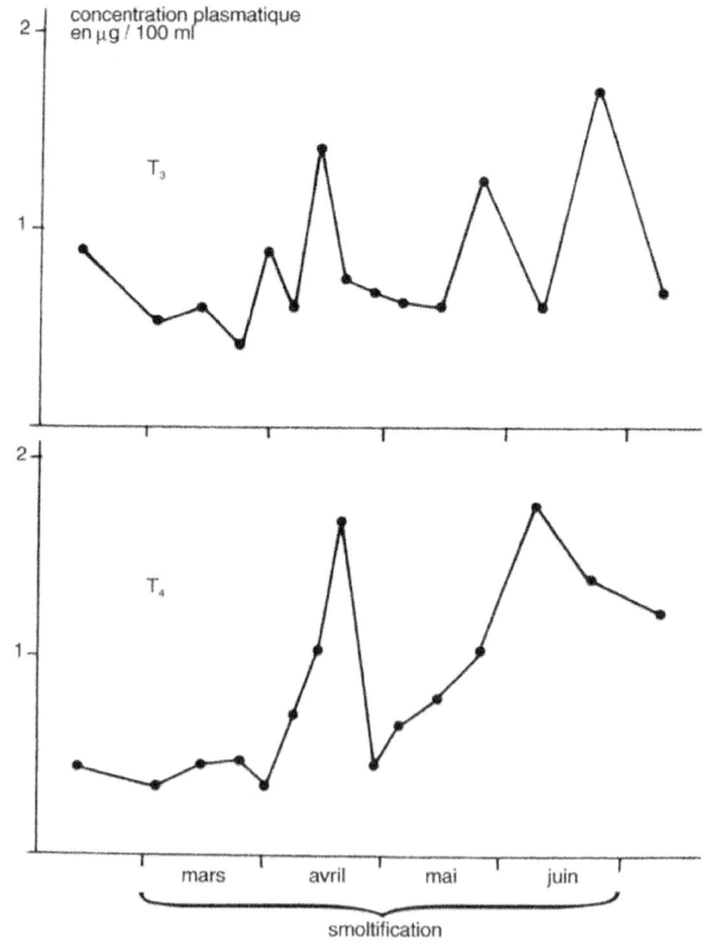

Figure 2.8 : Variations de la concentration plasmatique des hormones thyroïdiennes (T3 et T4) durant la smoltification du saumon atlantique.
(D'après P. Prunet *et al.* (1989) *Gen. Comp. Endocrinol. 74*, 355-364.)

exacerbé des parrs traités, primitivement dulcicoles, pourrait d'ailleurs leur permettre d'atteindre plus rapidement ce milieu.

Les résultats fournis par les traitements suggèrent une implication des hormones thyroïdiennes endogènes pendant la smoltification, en prélude à une préadaptation au milieu marin, à un moment où la concentration plasmatique et tissulaire de ces hormones s'élève spontanément. Dans diverses cellules-cibles (ionocytes branchiaux, hépatocytes...), les récepteurs nucléaires ont une affinité au moins dix fois plus grande pour la T3 que pour la T4. Chez les saumons en cours de smoltification, comme chez les amphibiens en métamorphose, la T3 représente donc l'hormone thyroïdienne biologiquement active. Si l'on bloque la conversion de la T4 en T3 par l'acide iopanoïque, les ionocytes demeurent inactifs et l'activité ATPasique qu'ils recèlent est toujours faible. Aucune capacité hypo-osmorégulatrice ne peut alors s'installer, ce qui interdit toute acclimatation à l'eau de mer.

Les hormones thyroïdiennes endogènes, spécialement la T3, favorisent la smoltification, mais leur mode de participation est encore discuté, puisqu'elles interviennent en même temps que d'autres hormones. L'exemple des ionocytes branchiaux est significatif à ce propos. Les hormones thyroïdiennes endogènes peuvent accroître la capacité hypo-osmorégulatrice des smolts et les adapter à l'eau de mer, en agissant directement sur les ionocytes. Elles peuvent aussi intervenir indirectement via une sécrétion accélérée de cortisol, après avoir stimulé la glande interrénale en la sensibilisant à l'ACTH. À son tour, le cortisol pourrait d'ailleurs élever la concentration des hormones thyroïdiennes circulantes pendant la smoltification.

2.3.3. PARTICIPATION DE L'ADÉNOHYPOPHYSE

2.3.3.1. Hormone somatotrope

L'activité sécrétrice des cellules somatotropes de l'adénohypophyse est stimulée pendant la smoltification, tant chez le saumon atlantique que chez le saumon coho. Le taux plasmatique de l'hormone somatotrope ou hormone de croissance (GH) s'en trouve accru et conserve des valeurs élevées durant la migration en mer (fig. 2.9).

La GH joue un rôle important dans le déplacement de l'équilibre hydrominéral qui accompagne la smoltification. L'injection de GH ovine à des parrs multiplie les ionocytes branchiaux (spécialement les ionocytes α) et élève leur activité ATPasique. L'expulsion des ions Na^+ et Cl^- par ces cellules s'en trouve favorisée lorsque les animaux sont mis dans l'eau de mer. Le traitement entraîne aussi une rétention d'eau dans l'organisme, particulièrement dans les muscles. La pression osmotique du milieu intérieur tend donc à s'abaisser par un véritable effet hypo-osmorégulateur, qui prépare les animaux traités à mieux tolérer la salinité du milieu marin.

Durant la smoltification, l'élévation spontanée du taux de la GH circulante induit les mêmes effets que le traitement. De même que pour le cortisol ou les hormones thyroïdiennes, dont les taux s'accroissent alors

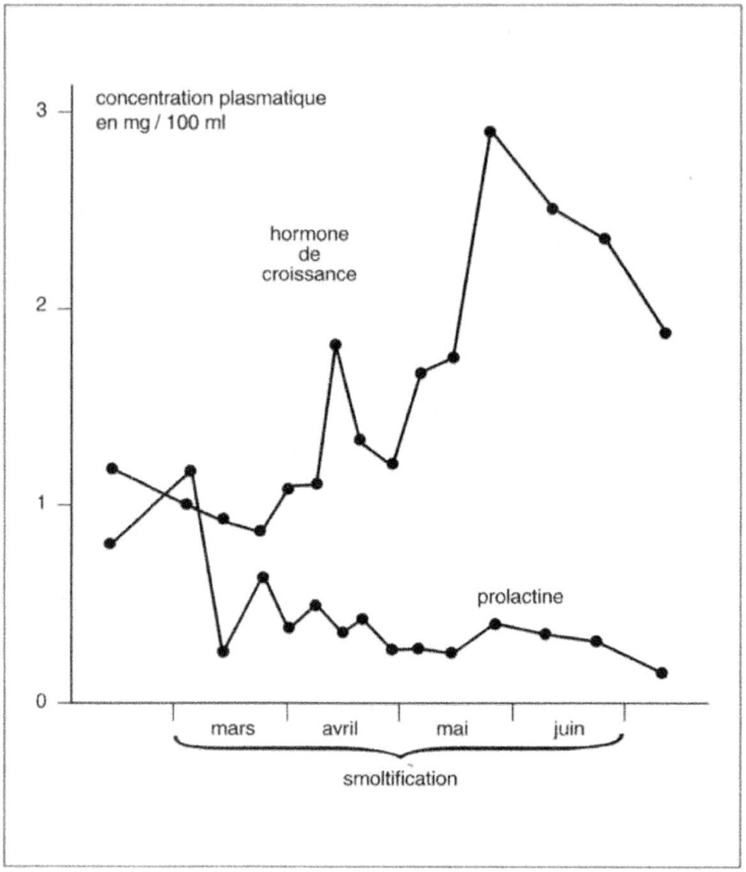

Figure 2.9 : Variations de la concentration plasmatique de l'hormone de croissance et de la prolactine durant la smoltification du saumon atlantique.
(D'après P. Prunet *et al.* (1989) *Gen. Comp. Endocrinol. 74*, 355-364.)

dans le plasma, la GH endogène contribue à améliorer la capacité hypo-osmorégulatrice des smolts et à mieux les préparer à un habitat marin. De plus, l'expression du gène de la GH s'élève dans les cellules somatotropes de l'adénohypophyse lors du transfert des smolts en eau de mer.

Le mécanisme d'action de la GH reste à préciser. Des récepteurs spécifiques, à haute affinité pour l'hormone, ont été découverts dans les branchies et le foie. Ils suggèrent une action directe de la GH sur les cellules-cibles impliquées dans l'osmorégulation ou la déflation de réserves, comme le sont respectivement les ionocytes ou les hépatocytes. La GH peut aussi stimuler la désiodation enzymatique de la T4 en T3. Cette coopération (ou synergie) entre la GH et les hormones thyroïdiennes peut faciliter à son tour l'activation de la glande interrénale par l'ACTH et accélérer la sécrétion du cortisol.

2.3.3.2. Prolactine

La prolactine est une hormone adénohypophysaire qui joue un rôle majeur dans l'équilibre hydrominéral des téléostéens dulcicoles.

L'injection de prolactine mammalienne à ces poissons freine la sortie des ions Na^+ et Cl^- par diffusion, mais elle stimule leur absorption par les ionocytes branchiaux, contre un gradient de concentration. Ce même traitement ralentit l'entrée osmotique d'eau mais favorise son élimination urinaire. Il en résulte une élévation de la pression osmotique du milieu intérieur, imputable à un surplus d'ions dans un volume plus réduit. Un tel effet hyperosmorégulateur rend plus aléatoire encore toute survie en mer, dans un milieu rendu dangereux par sa haute force ionique. Mais en eau douce, il évite toute dilution néfaste dans l'organisme.

Une élimination de la prolactine circulante par des anticorps entraîne au contraire un effet hypo-osmorégulateur, puisqu'elle abaisse la pression osmotique du milieu intérieur.

La chute du taux plasmatique de la prolactine (fig. 2.9), que l'on observe durant la smoltification des saumons atlantique et coho, ne peut que stimuler aussi la capacité hypo-osmorégulatrice des animaux et, donc, mieux les acclimater à l'eau de mer. La mise au repos des cellules à prolactine et leur moindre activité sécrétrice ne sont pas imputables à une augmentation de la pression osmotique extérieure, puisqu'elles débutent chez des animaux encore en eau douce. Elles semblent plutôt consécutives à l'augmentation du taux de cortisol circulant, lors de la smoltification. Cette hormone inhibe la synthèse de la prolactine et, à un moindre degré, sa libération.

2.3.4. CONCLUSION

L'installation d'une capacité hypo-osmorégulatrice, qui préadapte les smolts au milieu marin, est contrôlée par un jeu d'hormones. Le cortisol, les hormones thyroïdiennes et l'hormone somatotrope agissent après une élévation de leur concentration plasmatique. Au même moment, l'effet hyperosmorégulateur de la prolactine est atténué par une moindre sécrétion de l'hormone. On peut voir là l'une des causes principales qui préparent les smolts à descendre les rivières pour migrer en mer.

Ce contrôle endocrinien, qui peut varier avec l'espèce, est réalisé selon un mode synergique. Une hormone seule ne peut induire la smoltification et doit nécessairement conjuguer son action avec celle d'autres hormones. Lors d'un traitement par le cortisol, par exemple, la capacité hypo-osmorégulatrice s'installe si l'axe hypothalamo-hypophysaire est suffisamment activé pour que les hormones thyroïdiennes et somatotrope soient libérées en plus grande quantité.

2.4. Influence du milieu extérieur sur la smoltification

2.4.1. PARAMÈTRES CONDITIONNANT LE PHÉNOMÈNE

La smoltification des saumons ne peut apparaître au-dessous de 4 °C, mais elle s'accélère avec l'élévation de la température pour atteindre sa vitesse maximale vers 14 °C.

Le phénomène ne peut se produire ou demeure incomplet en lumière continue ou en obscurité prolongée. Dans de telles conditions, la capacité hypo-osmorégulatrice n'augmente pas et aucune tolérance à la salinité de l'eau de mer ne s'installe. Les ionocytes sont rares, hypofonctionnels, et ne montrent pas d'activité ATPasique appréciable. Un passage journalier de la lumière à l'obscurité, assorti d'un allongement progressif de la photophase, est en fait nécessaire pour que la smoltification aille à terme et puisse accoutumer les animaux au milieu marin, grâce à une capacité hypo-osmorégulatrice suffisante. En confinement expérimental, un rythme circadien où la photophase est de 16 heures semble particulièrement favorable à la smoltification. Les cycles lunaires pourraient interférer aussi avec le déclenchement du phénomène, en modulant la durée de la photophase.

Il ressort de ces observations que la smoltification est influencée par la saison. La simulation de conditions printanières précoces, obtenue en anticipant l'allongement de la photophase et l'élévation de la température, entraîne des transformations prématurées. Le maintien de conditions hivernales de luminosité et de température les retardent au contraire.

D'autres paramètres encore peuvent intervenir. Un pH acide est néfaste à la smoltification. Certains ions lourds (Hg^{2+}...), des polluants industriels ou des pesticides altèrent aussi son déroulement. Pour leur part, les ions Cu^{2+} peuvent inhiber les ionocytes branchiaux en inactivant l'ATPase.

2.4.2. CONTRÔLE DE L'ACTIVITÉ DE L'AXE HYPOTHALAMO-HYPOPHYSAIRE

L'élévation de la température et l'allongement de la photophase activent l'axe hypothalamo-hypophysaire au moment de la smoltification. Suite à une hypersécrétion de libérines (RF, *releasing factors*) hypothalamiques, l'activité des cellules corticotropes et thyréotropes de l'adénohypophyse s'accroît. La glande interrénale et la thyroïde sont à leur tour stimulées et libèrent davantage, l'une du cortisol et l'autre des hormones thyroïdiennes. La production d'hormone somatotrope augmente également. Ces modifications d'ordre endocrinien expliquent la mise en place de mécanismes hypo-osmorégulateurs, préparatoires à la migration en mer.

2.4.3. EFFETS DE L'ACCLIMATATION AU MILIEU MARIN SUR L'ACTIVITÉ ENDOCRINIENNE DES SMOLTS

Par sa forte salinité, le milieu marin maintient les concentrations plasmatiques du cortisol, des hormones thyroïdiennes et de l'hormone somatotrope à des niveaux élevés. La conversion périphérique de la T4 en T3 est par ailleurs stimulée. Le milieu marin confirme aussi l'abaissement du taux de la prolactine circulante, que l'on constate chez les smolts. Les mécanismes qui sont mis en jeu sembleraient échapper à tout contrôle hypophysaire.

2.5. Deuxième métamorphose des saumons et migration vers les zones de frai

Les saumons arrivent à maturité sexuelle après avoir passé plusieurs années en mer, où leur comportement vorace leur a permis d'accumuler des réserves. Les saumons matures gagnent les estuaires et remontent les fleuves jusqu'à leur cours supérieur, où ils se reproduisent. Cette migration de frai a lieu en hiver pour les saumons les plus gros et les plus âgés, au printemps pour les plus petits et les plus jeunes. Le frai se produit l'hiver suivant, ce qui implique un séjour en eau douce d'une durée variable selon les animaux.

La migration de frai est associée à une deuxième métamorphose (métamorphose de puberté), comme chez les lamproies. La rhodopsine des cellules visuelles est alors remplacée presqu'intégralement par de la porphyropsine. La pression osmotique du milieu intérieur tend à s'élever chez les saumons matures encore en mer. Cet effet hyperosmorégulateur est partiellement dû à un ralentissement du métabolisme des ionocytes, qui excrètent moins d'ions Na^+ et Cl^- et présentent corrélativement une faible activité ATPasique. Un tel effet pourrait inciter les saumons à quitter un habitat marin et à éviter les dangers d'une invasion ionique, en gagnant les eaux douces.

Durant la remontée des cours d'eau, les pertes d'ions par diffusion sont limitées par leur absorption contre un gradient de concentration au niveau des ionocytes. Les flux ioniques traversant ces cellules sont par conséquent inversés. En eau douce, les saumons ne s'alimentent plus et consomment leurs réserves. Le tube digestif en dégénérescence est incapable de fonctionner. De plus, les mâchoires sont suffisamment déformées pour ne plus pouvoir se refermer, chez les mâles du moins (bécards). Après le frai, les adultes meurent le plus souvent d'épuisement.

2.5.1. DÉTERMINISME DES DÉPLACEMENTS EN MER ET DE LA MIGRATION DE FRAI

2.5.1.1. Intervention des hormones sexuelles

Les gonades sont rudimentaires et immatures chez les parrs. Durant la smoltification, l'activation de l'axe hypothalamo-hypophysaire entraîne une libération d'hormones gonadotropes et un développement partiel de ces organes, où l'on peut observer des ovocytes en prévitellogenèse ou des spermatogonies. Aucune hormone sexuelle n'est toutefois sécrétée de manière appréciable. La maturation précoce de parrs, avec libération anticipée d'hormones sexuelles, parfois observée chez *Salmo salar*, pourrait d'ailleurs empêcher la smoltification et interdire toute migration vers l'aval. Un traitement des animaux par des androgènes (testostérone) ou des œstrogènes (17β-œstradiol) aurait le même effet.

La maturation des gonades s'accélère avec le passage des smolts en mer, ce que soulignent le démarrage de la vitellogenèse et la poursuite de la spermatogenèse. Cette maturation est achevée peu de temps avant la migration de frai et est accompagnée d'une sécrétion d'hormones sexuelles, qui diminuent la capacité hypo-osmorégulatrice des saumons. Un traitement par la testostérone ou le 17β-œstradiol ne peut en effet qu'amplifier une élévation de la pression osmotique interne de ces animaux. Mal défendus contre une invasion ionique, en milieu marin, les saumons matures seraient donc contraints à rechercher les eaux douces pour y frayer.

Les raisons qui conduisent les hormones sexuelles à modifier les mécanismes osmorégulateurs ont été recherchées. Ces hormones pourraient affaiblir la fonction thyroïdienne mais stimuler les cellules à prolactine, en prélude à un amoindrissement de la capacité hypo-osmorégulatrice.

2.5.1.2. Déplacements vers les côtes et recherche de la rivière natale

Les biologistes ont été longtemps intrigués par le fait que les saumons matures, qui se rapprochent des côtes, recherchent leur rivière natale. Des informations ont été obtenues après marquage des adultes de saumon coho, dans l'Océan Pacifique. Ces poissons peuvent parcourir près de 2 000 km en mer avant d'atteindre leur estuaire. Un cheminement à direction fixe est peu probable, et serait d'ailleurs systématiquement détourné par les courants marins.

Des simulations ont été réalisées afin de connaître le pourcentage de chances avec lequel les saumons matures se rapprochent des côtes et retrouvent leur rivière natale. Les conditions choisies supposent que la trajectoire est linéaire mais réorientée de manière aléatoire tous les 30 km. Les poissons sont censés se déplacer à 4 km/h en pleine mer et à 2 km/h près des côtes. La recherche de la rivière natale ne doit pas dépasser 5 à 6 mois. Enfin, le programme fait état d'une légère tendance à un déplacement privilégié, vers l'est par exemple. Avec de tels paramètres, près de 35 % des saumons atteindraient les eaux côtières et leur rivière d'origine, ce qui est très supérieur au pourcentage réel obtenu chez les saumons marqués en mer et qui ne dépasse pas 20 %. Des déplacements en ligne brisée seraient en fait très compatibles avec l'approche des côtes.

Une orientation des saumons basée sur la position du soleil a été suggérée par des observations en laboratoire. D'autres travaux indiquent néanmoins que ces poissons seraient aussi capables de s'orienter la nuit.

La raison pour laquelle les saumons reconnaissent leur rivière d'origine est encore un mystère. Il est probable qu'intervienne leur sensibilité olfactive particulièrement subtile, qui pourrait leur rappeler les "odeurs" de la frayère natale, où ils vont à leur tour se reproduire.

3. Anguilles

Les anguilles sont des téléostéens appartenant à l'ordre des anguilliformes. Leurs métamorphoses sont accompagnées de longues migrations entre les eaux douces et la mer, mais, à la différence des lamproies et des saumons, elles fraient en milieu marin.

3.1. Larves leptocéphales et approche des continents

La reproduction des anguilles a lieu dans la mer des Sargasses, au nord-est des Antilles, par 1 000 mètres de profondeur. Les larves ou leptocéphales sont des organismes pélagiques et planctoniques qui s'éloignent peu de la surface de l'eau (fig. 2.10A). Elles ont une forme foliacée, une tête étroite comme l'indique leur nom, et sont transparentes. Ce corps aplati favorise leur transport passif par les courants marins. Chez *Anguilla anguilla*, les leptocéphales sont véhiculés par le Gulf-Stream sur près de 5 000 kilomètres, lors d'un voyage de trois années qui les mène au-dessus du plateau continental européen. Chez *Anguilla rostrata*, la migration se déroule dans l'autre sens et conduit les larves vers le plateau continental américain, après un voyage de 3 000 kilomètres réalisé en deux années seulement.

Selon une hypothèse actuelle, la dérive des continents européen et américain qui se poursuit depuis plus de trente millions d'années aurait pu provoquer les longues migrations des anguilles, en éloignant ces continents des fosses océaniques où a lieu le frai. Une telle dérive aurait permis aussi l'apparition de deux espèces d'anguilles atlantiques.

Les leptocéphales atteignent une dizaine de centimètres de longueur. Consommateurs de microplancton, ils absorbent aussi des aliments en solution dans l'eau par leur tégument.

Les leptocéphales ne possèdent ni globules rouges ni hémoglobines. Les bâtonnets, qui constituent leurs seules cellules visuelles, contiennent de la chrysopsine.

3.2. Civelles et première métamorphose, colonisation des eaux douces

Les leptocéphales se transforment en civelles au-dessus du plateau continental, durant une métamorphose de plusieurs mois (fig. 2.10B & C). Les civelles sont allongées, actives et transparentes, d'où leur nom d'anguilles

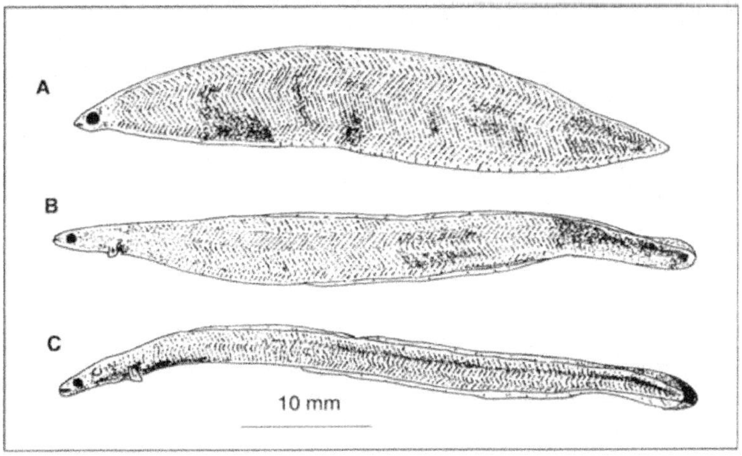

Figure 2.10 : Métamorphose de l'anguille européenne *(Anguilla anguilla)*.
A, leptocéphale.
B, leptocéphale en métamorphose.
C, civelle.
(Cliché J. Lecomte, CNRS.)

de verre. Elles acquièrent des nageoires pectorales et de longues nageoires impaires. Une vessie natatoire et des reins définitifs se développent. La rétine contient maintenant des cônes et des bâtonnets. Dans ces derniers, la chrysopsine est remplacée par la rhodopsine, dont la protéine (opsine) est différente. De la porphyropsine est également produite en petite quantité, après modification du groupement prosthétique de la rhodopsine. Les leptocéphales en métamorphose cessent transitoirement de s'alimenter et utilisent leurs réserves nutritives, si bien que les jeunes civelles ont perdu du poids et diminué de longueur.

La métamorphose est plus précoce chez *Anguilla rostrata* que chez *A. anguilla*. Des leptocéphales d'*A. rostrata* poussés vers l'Europe se métamorphoseraient alors trop loin des côtes pour pouvoir poursuivre leur cycle vital. À l'inverse, des larves d'*A. anguilla* portées vers l'ouest ne seraient pas encore en mesure de se transformer près des côtes américaines, ce qui les ferait également périr. Une corrélation existe donc entre la durée de la phase larvaire et la longueur des migrations.

Les civelles remontent les estuaires et les rivières de préférence l'hiver. Elles s'assemblent alors en bancs cylindriques, qui se dissocient le jour mais se reconstituent la nuit. Le déterminisme de cette migration anadrome est encore mal connu. Il pourrait être provoqué par une déshydratation des civelles, qui leur fait rechercher les eaux douces.

3.3. Anguilles jaunes

Les civelles sont d'actifs prédateurs en eau douce et accumulent des réserves lipidiques et glucidiques (glycogène), tandis que leur tégument prend une teinte jaunâtre caractéristique. La période de croissance des anguilles jaunes dépasse en principe une dizaine d'années, au cours de laquelle elles cessent rapidement d'être des migrateurs pour devenir sédentaires.

Les anguilles jaunes demeurent sexuellement immatures et leurs gonades se développent avec une extrême lenteur. Les spermatogonies ne se divisent pas et les ovocytes persistent en prévitellogenèse. Les gonades peuvent néanmoins répondre à l'hormone gonadotrope (GTH, *gonadotropic hormone*). Lors d'un traitement par celle-ci, en effet, testicules et ovaires s'accroissent en taille et achèvent leur gamétogenèse, et cela d'autant plus efficacement que les anguilles sont plus âgées. Le blocage du développement des gonades est plutôt consécutif à une déficience de la fonction gonadotrope. Chez les anguilles jaunes, même âgées, les cellules gonadotropes de l'adénohypophyse sont rares, petites et ne sécrètent rien. Lorsque l'hormone gonadotrope est synthétisée en quantité substantielle, lors d'un traitement par l'œstradiol par exemple, elle n'est pas non plus libérée dans le plasma. En fait, l'hypothalamus des anguilles jaunes produit trop peu de gonadolibérine (GnRF) responsable de cette sécrétion. De plus, l'action de la neurohormone est inhibée par la dopamine. Un traitement conjoint d'anguilles jaunes par un agoniste de la gonadolibérine et par une substance antidopaminergique, comme le pimozide, lève cette déficience hypothalamique et provoque une décharge d'hormone gonadotrope. Le développement des gonades s'en trouve accéléré.

Une minorité des anguilles jaunes sont des femelles génétiques. Les autres présentent une phase préliminaire d'hermaphrodisme puis, vraisemblablement sous l'influence de facteurs externes, deviennent mâles ou femelles. Les mâles sont plus nombreux que les femelles dans le cours inférieur des rivières, mais le *sex-ratio* s'inverse en amont. Un dimorphisme apparaît, démontré par la taille supérieure des femelles.

Rhodopsine et porphyropsine coexistent dans les bâtonnets, mais la rhodopsine représente le pigment visuel majeur, comme chez les civelles.

3.4. Transformation des anguilles jaunes en anguilles argentées (deuxième métamorphose), retour à la mer

Les anguilles jaunes ayant au moins 10 ans se métamorphosent à leur tour, en prélude à leur migration vers les estuaires et les zones de frai de la mer des Sargasses (migration catadrome ou d'avalaison). Ces déplacements s'effectuent de novembre à mars et presque toujours la nuit, à la fois chez *A. anguilla* et chez *A. rostrata*.

Pendant la métamorphose, le ventre prend une teinte argentée (livrée nuptiale), qui caractérise les anguilles transformées. Cette argenture est due à une extension des chromatophores à guanine. Au même moment, les flancs et le dos noircissent, suite à une accumulation de mélanophores. Chez la femelle, des cellules épidermiques sécrètent un mucus qui renferme une phéromone attirant le mâle.

3.4.1. STIMULATION DE LA PRODUCTION D'ÉNERGIE

Les anguilles jaunes cessent de s'alimenter pendant la métamorphose, puisque leur tube digestif s'atrophie et ne sécrète plus d'hydrolases. Les réserves nutritives accumulées sont alors utilisées, afin de satisfaire les besoins énergétiques entraînés par les longues migrations vers les zones de frai. Les muscles striés augmentent de volume et tout particulièrement les muscles blancs, à contractions lentes et soutenues, dont les fibres s'hypertrophient. Le catabolisme respiratoire est stimulé dans ces fibres, comme le soulignent l'importance du compartiment mitochondrial, la fonte des lipides présents et une meilleure oxygénation. Un réseau plus dense de capillaires et un taux doublé des hémoglobines favorisent cet apport d'oxygène. Dans de telles conditions, l'ATP est rapidement synthétisé. Il est également déphosphorylé avec efficacité par l'activité accrue d'ATPases. L'énergie chimique libérée est dépensée lors des contractions des muscles blancs. Contrairement à ces derniers, les muscles rouges à contractions rapides sont moins sollicités pendant les migrations.

Les lipides mobilisés n'interviennent pas seulement lors du catabolisme énergétique. Chez la femelle, ils sont aussi transmis au foie où ils participent à l'élaboration du vitellus.

3.4.2.1. Équilibre hydrominéral chez les anguilles en eau douce

Les anguilles jaunes perdent des ions Na^+ et Cl^- par diffusion dans l'eau douce. Un doublement du nombre des ionocytes (cellules à chlorure), qui améliore le pompage des ions extérieurs, écarte les inconvénients d'une telle diffusion sur l'organisme. Une forte diurèse corrige par ailleurs les méfaits d'une invasion aqueuse par osmose (fig. 2.11A).

En eau douce, la métamorphose des anguilles jaunes en anguilles argentées ne modifie pas le fonctionnement des ionocytes branchiaux préexistants, qui continuent de pomper les ions Na^+ et Cl^- contre un gradient de concentration. À cette première génération d'ionocytes s'ajoute maintenant une population d'ionocytes de transition, que ne traverse encore aucun flux ionique (fig. 2.12). Ces cellules sont fréquemment enfouies sous l'épithélium branchial et naissent d'une série de divisions. L'activité d'une ATPase y est déjà détectée mais demeure modérée.

3.4.2.2. Équilibre hydrominéral chez les anguilles argentées ayant migré en mer

Lorsqu'elles gagnent la mer, les anguilles argentées tendent à s'enrichir en ions et à s'appauvrir en eau (fig. 2.11B). Un tel déséquilibre est évité

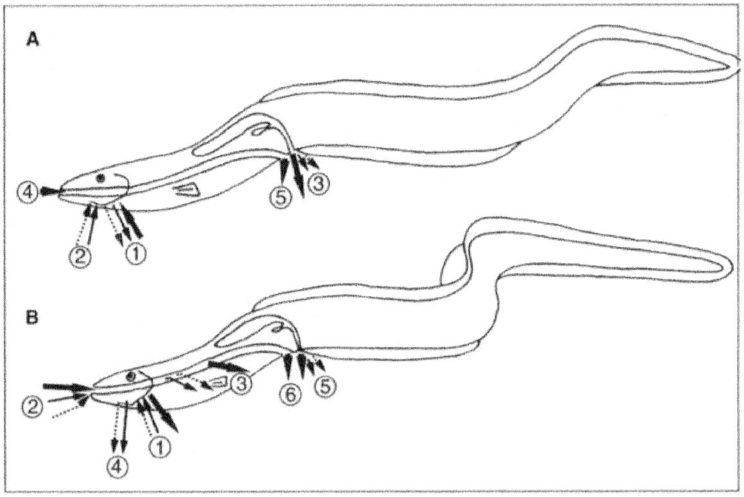

Figure 2.11 : Modifications des flux ioniques (Na^+ → ; Cl^- ·····>) et hydrique (➔) lors de la transformation des anguilles jaunes en anguilles argentées.
A, Anguilles jaunes. En eau douce, les ions Na^+ et Cl^- diffusent à l'extérieur via les branchies, tandis que l'eau pénètre par osmose (1). Ces effets sont limités par une absorption d'ions par les ionocytes branchiaux (2) et par l'excrétion d'une urine abondante et diluée (3). L'eau ne transite pratiquement pas par le tube digestif (4, 5).
B, Anguilles argentées. En milieu marin, les ions Na^+ et Cl^- pénètrent dans le milieu intérieur par les branchies (1) et, suite à une consommation élevée d'eau de mer (2), par la muqueuse intestinale (3). Cette invasion est écartée par une excrétion d'ions par les ionocytes branchiaux (4). Une absorption intestinale d'eau (3) évite une déshydratation osmotique de l'organisme via le poste branchial (1). Les pertes d'eau par les voies rénale (5) et intestinale (6) demeurent faibles.
b, branchie ; m, mésonéphros (rein) ; td, tube digestif.

par plusieurs mécanismes régulateurs. Tout d'abord, les ionocytes de la première génération inversent leur polarité et expulsent les ions Na^+ et Cl^- au lieu de les pomper.

D'autre part, les ionocytes de transition deviennent actifs et excrètent eux aussi les ions Na^+ et Cl^- contre un gradient de concentration. Dans de telles cellules, l'élévation du catabolisme énergétique est soulignée par la multiplication des mitochondries et l'activité accrue d'enzymes du cycle respiratoire (succinodéshydrogénase...). Une activité ATPasique plus intense est aussi détectée au niveau des membranes plasmiques et du réticulum endoplasmique (fig. 2.13). Ces différenciations d'ordre cytologique et biochimique, qui signalent une production d'énergie, préparent indéniablement les transports actifs endoénergétiques, dont les nouveaux ionocytes sont le siège.

Chez les anguilles argentées ayant migré en milieu marin, les ionocytes représentent une fraction stable de la population de cellules branchiales, mais leur nombre augmente en valeur absolue, puisque les branchies s'étendent.

Le tube digestif constitue aussi un organe osmorégulateur de premier ordre. Les ions Na^+ et Cl^- en solution dans l'eau de mer consommée traversent la paroi œsophagienne par simple diffusion. Au niveau de

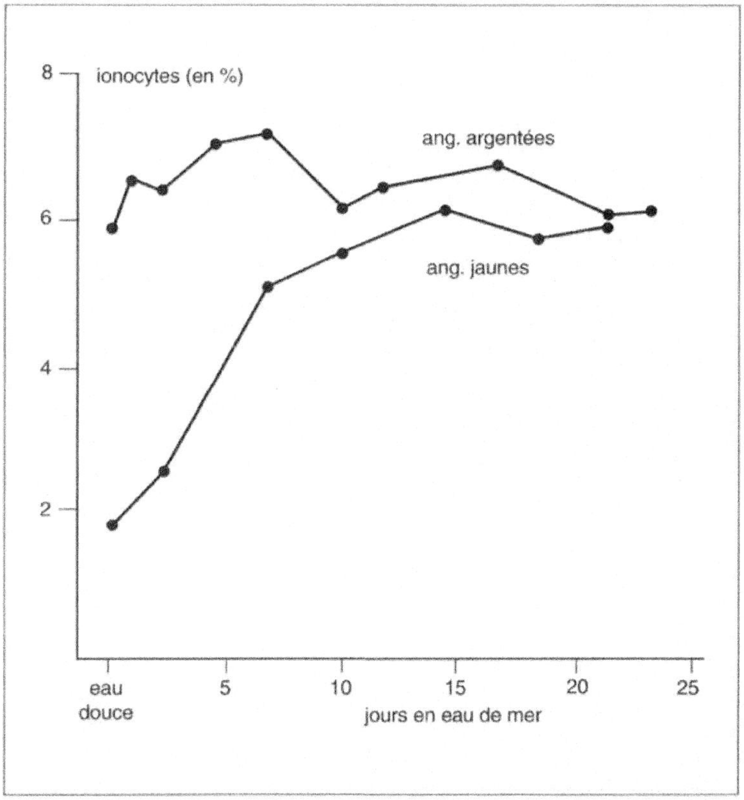

Figure 2.12 : Pourcentage des ionocytes dans la population cellulaire branchiale des anguilles. Durant l'adaptation au milieu marin, ce pourcentage s'accroît chez les anguilles jaunes, mais il demeure stable chez les anguilles argentées. Dès les eaux douces en effet, celles-ci comportent déjà une population d'ionocytes de transition qui deviennent actifs en milieu marin. (D'après A.J. Thomson & J.R. Sargent (1977) *J. Exp. Zool. 200*, 33-40.)

l'épithélium intestinal, l'activité d'une ATPase localisée dans la membrane plasmique basolatérale des cellules fournit l'énergie nécessaire à une absorption supplémentaire d'ions Na^+, contre un gradient de concentration. Pour leur part, les ions Cl^- sont repris grâce à l'activité d'un transporteur intégré à la bordure en brosse intestinale. Les ions Na^+ et Cl^- repassés dans le milieu intérieur sont à leur tour excrétés contre un gradient de

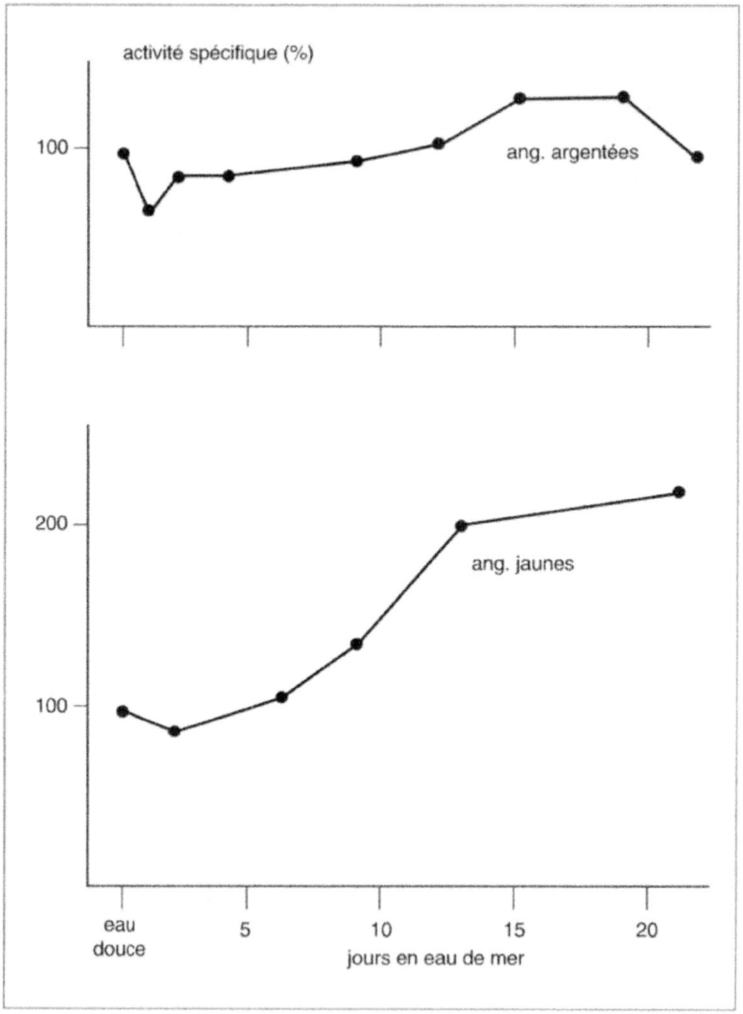

Figure 2.13 : Variations de l'activité spécifique de l'adénosine triphosphatase branchiale (ATPase) chez les anguilles jaunes et les anguilles argentées adaptées au milieu marin.
Chez les anguilles jaunes, l'activité spécifique est modérée en eau douce (100 % = 26 mM de phosphate inorganique libéré par heure et par mg de protéines microsomales), mais elle s'accroît durant l'adaptation à l'eau de mer.
En eau douce, l'activité spécifique est plus élevée chez les anguilles argentées (100 % = 43 mM de phosphate inorganique libéré par heure et par mg de protéines microsomales) que chez les anguilles jaunes. Cette activité augmente encore pendant l'adaptation au milieu marin, suite à l'activation des ionocytes de transition.
(D'après A.J. Thomson & J.R. Sargent (1977) *J. Exp. Zool. 200*, 33-40.)

concentration par les ionocytes branchiaux plus nombreux. Il ressort des mécanismes précédents que l'eau de mer bue est diluée par un véritable "dessalage". Rapidement réabsorbée par la muqueuse intestinale, elle remplacera l'eau qui sort par osmose et essentiellement par les branchies. Une économie de l'eau est également permise par une moindre diurèse.

L'ensemble de ces observations montre que les anguilles argentées sont préadaptées au milieu marin dès les eaux douces, particulièrement par la mise en place d'une nouvelle population d'ionocytes branchiaux. Non fonctionnelles en rivière, ces cellules le deviennent en mer. Les anguilles jaunes ne possèdent pas cette préadaptation. Mises d'emblée en eau douce, elles doivent infléchir radicalement leurs potentialités osmorégulatrices par une multiplication rapide de leurs ionocytes, où l'activité d'une ATPase s'élève significativement (fig. 2.12 & 2.13).

3.4.3. MODIFICATIONS DES ORGANES SENSORIELS

Les yeux s'agrandissent à la métamorphose et sont même exorbités chez le mâle. La rétine s'enrichit en bâtonnets où la rhodopsine est remplacée par la chrysopsine, un pigment visuel particulièrement sensible aux radiations bleues. On peut voir là une préadaptation des anguilles argentées qui, en mer, nagent dans des régions seulement pénétrées par ces radiations. Les cônes deviennent rares et renferment de la cyanopsine.

La ligne latérale devient plus apparente dans la région céphalique et sur les flancs, en relation avec un renforcement de l'activité natatoire.

3.4.4. APPARITION DE LA MATURITÉ SEXUELLE

Les gonades sont encore immatures et difficiles à repérer chez les anguilles argentées qui quittent les eaux douces et migrent en mer. La descente des animaux dans les fosses de la mer des Sargasses, où règne une pression hydrostatique élevée, serait nécessaire pour l'acquisition de la maturité sexuelle. Cette pression pourrait débloquer la fonction gonadotrope de l'adénohypophyse. Une légère remontée des anguilles chaque nuit rendrait le déblocage plus efficace encore, en modifiant périodiquement l'impact de la pression. Une action s'intégrant au niveau hypothalamique, avec libération de gonadolibérine, est très plausible. Après le frai, les anguilles meurent en principe.

3.5. Cas particulier des congres

Certains anguilliformes comme les congres sont seulement marins, mais leur cycle vital est très voisin de celui des anguilles. Ils fraient en mer des Sargasses et quelquefois en Méditerranée. Les leptocéphales se transforment en civelles qui s'approchent des côtes. Les animaux vont alors s'accroître et atteindre un à deux mètres de longueur. Le tube digestif s'atrophie et les gonades arrivent à maturité au cours d'une seconde métamorphose, qui précède le retour aux lieux de ponte.

3.6. Déterminisme endocrinien des migrations

Les métamorphoses des anguilles et les migrations associées sont soumises à un contrôle d'ordre endocrinien.

3.6.1. CONTRÔLE EXERCÉ PAR LA GLANDE INTERRÉNALE

3.6.1.1. Effets d'un traitement par le cortisol

Chez *Anguilla anguilla* comme chez *A. rostrata*, le traitement des anguilles jaunes par le cortisol leur fait acquérir une livrée argentée et les acclimate au milieu marin. Après une injection d'hormone, les animaux transférés dans un bassin d'eau de mer récupèrent davantage d'ions Na^+ et Cl^- par la voie intestinale, mais ils en excrètent plus encore par les ionocytes branchiaux. Ces cellules se sont alors multipliées, et la forte activité ATPasique qu'elles recèlent fournit l'énergie nécessaire aux transports d'ions contre un gradient de concentration.

Chez les animaux traités, l'eau est réabsorbée plus rapidement par l'intestin et tout spécialement par sa région postérieure. Les pertes hydriques par le tégument et les branchies sont en revanche freinées.

Ces diverses observations confirment l'effet hypo-osmorégulateur d'un traitement par le cortisol, au cours duquel les ions Na^+ et Cl^- sont dilués dans le milieu intérieur. Un tel effet acclimate les anguilles au milieu marin et à sa haute force ionique, en évitant toute élévation dangereuse de la pression osmotique dans les liquides corporels. Il peut expliquer aussi ce besoin de quitter les eaux douces, qui ne pourraient que diluer un peu plus le milieu intérieur.

3.6.1.2. Métabolisme du cortisol lors de la migration d'avalaison

Chez les anguilles argentées en migration vers la mer, la glande interrénale est plus active et ses cellules contiennent de nombreux grains de sécrétion. La cortisolémie demeure néanmoins stable et avoisine 2 µg/100 ml. On peut voir là la conséquence d'un catabolisme accéléré du cortisol dans les cellules-cibles (ionocytes branchiaux et épithéliocytes intestinaux). Grâce à l'activité d'une 11β-hydroxystéroïde déshydrogénase, le cortisol est activement converti en cortisone au niveau des récepteurs nucléaires. Cette dernière, qui est sans action sur l'osmorégulation, est à son tour facilement remplacée par le cortisol plasmatique. Ce renouvellement rapide du cortisol renforce son effet hypo-osmorégulateur, en prélude à une bonne adaptation au milieu marin. La suite des étapes métaboliques permettant au cortisol d'assurer cet effet reste néanmoins à préciser.

3.6.1.3. Action du milieu marin sur le métabolisme du cortisol

Si le cortisol contribue à mieux préparer les anguilles au milieu marin, celui-ci peut à son tour influer sur le métabolisme de l'hormone. La mise d'anguilles jaunes en eau de mer double la cortisolémie pendant quelques heures, tandis que les cellules interrénales deviennent plus actives et s'enrichissent en grains de sécrétion. L'axe hypophyso-interrénal est impliqué, puisqu'aucune variation de la cortisolémie n'est observée chez les anguilles hypophysectomisées.

Le transfert en eau de mer accélère aussi le catabolisme du cortisol et son renouvellement dans les ionocytes branchiaux ou les épithéliocytes intestinaux. Il en résulte un retour précoce à une cortisolémie normale, sans que l'effet hormonal hypo-osmorégulateur, favorable à la vie en milieu marin, ne soit atténué.

3.6.2. RÔLE DE LA THYROÏDE

3.6.2.1. Métamorphose des leptocéphales

Un traitement par la T4 ou par la T3, l'hormone thyroïdienne biologiquement active, accélère la métamorphose des leptocéphales en civelles, chez les anguilles comme chez les congres.

Au cours de leur métamorphose spontanée, la thyroïde des leptocéphales montre des signes évidents d'activation. L'épithélium folliculaire s'épaissit, l'iode est plus facilement intégré à la thyroglobuline, et la colloïde est rapidement réabsorbée. La concentration corporelle atteint un maximum en début de métamorphose, pour la T4 ; pour la T3, elle s'accroît de plus en plus vite durant le phénomène, suite à une désiodation périphérique de la T4.

Il ressort de ces observations que la thyroïde est impliquée dans la métamorphose des leptocéphales, comme cela se produit aussi chez les larves d'amphibiens ou de poissons-plats.

3.6.2.2. Acclimatation au milieu marin

L'introduction précoce d'anguilles argentées dans un bassin d'eau de mer active leur thyroïde. La T4, principale hormone sécrétée par la glande, est plus rapidement désiodée en T3 dans les ionocytes branchiaux et les hépatocytes, grâce à l'activité d'une monodésiodinase. Chez les anguilles comme chez les saumons, la T4 et plus encore la T3 possèdent une capacité hypo-osmorégulatrice, qui acclimate les animaux au milieu marin. Une telle capacité serait obtenue indirectement, via les effets hypo-osmorégulateurs du cortisol. D'une part, la T3 et la T4 stimulent l'activité de la glande interrénale (un traitement par la T4 hypertrophie l'organe, mais une thyroïdectomie le met au repos). D'autre part, elles accélèrent la conversion du cortisol en cortisone et son renouvellement à la fois dans les ionocytes branchiaux et les épithéliocytes intestinaux. Des récepteurs aux hormones thyroïdiennes ont à ce propos été détectés dans les ionocytes.

3.6.3. PARTICIPATION DE L'ADÉNOHYPOPHYSE

3.6.3.1. Hormone somatotrope

Si l'on place prématurément des anguilles jaunes ou de jeunes anguilles argentées en eau de mer, leurs cellules somatotropes se vident en quelques heures. La GH libérée pourrait stimuler la sécrétion de la T4 par la thyroïde, via une intervention de l'hormone thyréotrope (TSH), puis provoquer la conversion rapide de la T4 en T3 par voie enzymatique. Des résultats analogues ont été obtenus après traitement par de la GH exogène.

En synergie avec les hormones thyroïdiennes, la GH pourrait par conséquent activer le métabolisme du cortisol et déclencher sa capacité hypo-osmorégulatrice, par l'intermédiaire des branchies et de l'intestin.

3.6.3.2. Prolactine

Comme chez les autres téléostéens d'eau douce, la prolactine joue un rôle important dans le maintien de l'équilibre hydrominéral chez les anguilles jaunes. L'hormone est alors sécrétée en abondance par l'adénohypophyse, suite à une stimulation d'origine hypothalamique. La prolactine limite l'entrée osmotique d'eau par les épithéliums branchial et digestif. Elle accroît aussi le pouvoir de rétention sodique par un pompage plus intense des ions Na^+ et Cl^- par les ionocytes. Une hypophysectomie freine ce pompage, mais un traitement par l'hormone l'accélère. La prolactine tend donc à élever la pression osmotique des liquides corporels par un effet hyperosmorégulateur, qui ne peut que favoriser la vie en eau douce.

La mise d'anguilles jaunes en eau de mer entraîne une moindre stimulation des cellules à prolactine par l'hypothalamus, ce qui tarit la sécrétion de l'hormone pendant quelques semaines et abaisse sa concentration dans le plasma. Comme chez les saumons en cours de smoltification, un tel effet ne peut que renforcer la capacité hypo-osmorégulatrice des anguilles et, par conséquent, mieux les adapter à l'eau de mer.

3.6.4. CONCLUSION

Les migrations des anguilles, et tout particulièrement celles qui leur font quitter les eaux douces pour la mer, sont préparées par l'intervention d'un jeu d'hormones. Le cortisol préadapte les anguilles argentées au milieu marin par ses effets hypo-osmorégulateurs, que les hormones thyroïdiennes et la GH contribuent aussi à accentuer. L'effet hyperosmorégulateur de la prolactine est pour sa part évité par une très faible sécrétion de l'hormone. Le besoin d'échapper aux conséquences néfastes d'une dilution du milieu intérieur en eau douce, sous l'action de ces hormones, peut expliquer la migration des anguilles argentées vers la mer.

3.7. Influence des facteurs externes sur les migrations

Les migrations des anguilles vers la mer sont également contrôlées par une somme de stimuli extérieurs. En hiver, la diminution de la phase lumineuse accroît l'activité locomotrice des animaux. Les phases lunaires peuvent à ce propos intervenir en modulant l'éclairement nocturne. Une plus grande activité migratoire est signalée lorsque les rivières sont en crue. Le rôle de la température est discuté. Certains de ces stimuli, dont la photopériode, pourraient agir via l'hypothalamus sur les mécanismes endocriniens.

4. Conclusion

De longues migrations horizontales entre les eaux douces et la mer, assorties de métamorphoses, caractérisent certains cyclostomes (lamproies) et poissons téléostéens (saumons, anguilles). Une double migration est observée chez ces animaux. La première leur permet d'accéder à de bonnes conditions nutritives (migration trophique), favorisant ainsi leur croissance et l'accumulation de réserves. La seconde migration est à but reproducteur. Chez quelques lamproies, de tels déplacements peuvent demeurer strictement dulcicoles. Chez les congres, ils sont au contraire limités au milieu marin. Enfin, les métamorphoses peuvent être absentes chez quelques espèces.

Le passage réciproque des eaux douces à la mer confère sa spécificité au type de métamorphose que l'on rencontre chez les lamproies, les saumons et les anguilles, où les événements les plus singuliers sont d'ordre physiologique et concernent l'équilibre hydrominéral. De tels événements ont été plus particulièrement étudiés lors des déplacements vers le milieu marin. La fonction osmorégulatrice est modifiée dans différents organes, parmi lesquels il faut rappeler les branchies, le tégument, les reins, la vessie urinaire et le tube digestif. Un rôle important doit être accordé aux ionocytes branchiaux qui peuvent excréter des ions Na^+ et Cl^- dans l'eau de mer, contre un gradient de concentration, grâce à l'énergie libérée par l'hydrolyse enzymatique de l'ATP.

Chez les saumons et les anguilles du moins, un contrôle endocrinien de l'équilibre hydrominéral a été démontré. Des hormones telles que le cortisol, les hormones thyroïdiennes ou l'hormone somatotrope ont un effet hypo-osmorégulateur et tendent à diluer les liquides corporels, en accentuant essentiellement l'excrétion des ions par les ionocytes branchiaux. La prolactine a pour sa part un effet hyperosmorégulateur. Durant la smoltification du saumon ou la métamorphose des anguilles jaunes, les hormones précédentes ne sont plus utilisées dans les mêmes rapports et entraînent un effet global hypo-osmorégulateur. Un tel effet pourrait préadapter les smolts et les anguilles argentées au milieu marin, en limitant l'influence délétère d'une haute force ionique sur les liquides corporels.

Lors de leurs migrations, les animaux peuvent s'installer dans des biotopes plus obscurs. De tels changements sont associés à un remodelage de la rétine (acquisition de bâtonnets sensibles aux éclairements faibles, substitution de photopigments).

Dans un même phylum, le comportement migrateur peut représenter un stade ultime de l'évolution. Des espèces maintenant migratrices ne l'auraient pas été autrefois. Chez certains clupéidés du groupe des aloses, par exemple, les espèces actuelles se déplacent de la mer vers les eaux douces, alors que les espèces de l'ère tertiaire étaient seulement marines. De plus, des espèces migratrices et sédentaires peuvent coexister dans une même famille, chez les salmonidés notamment.

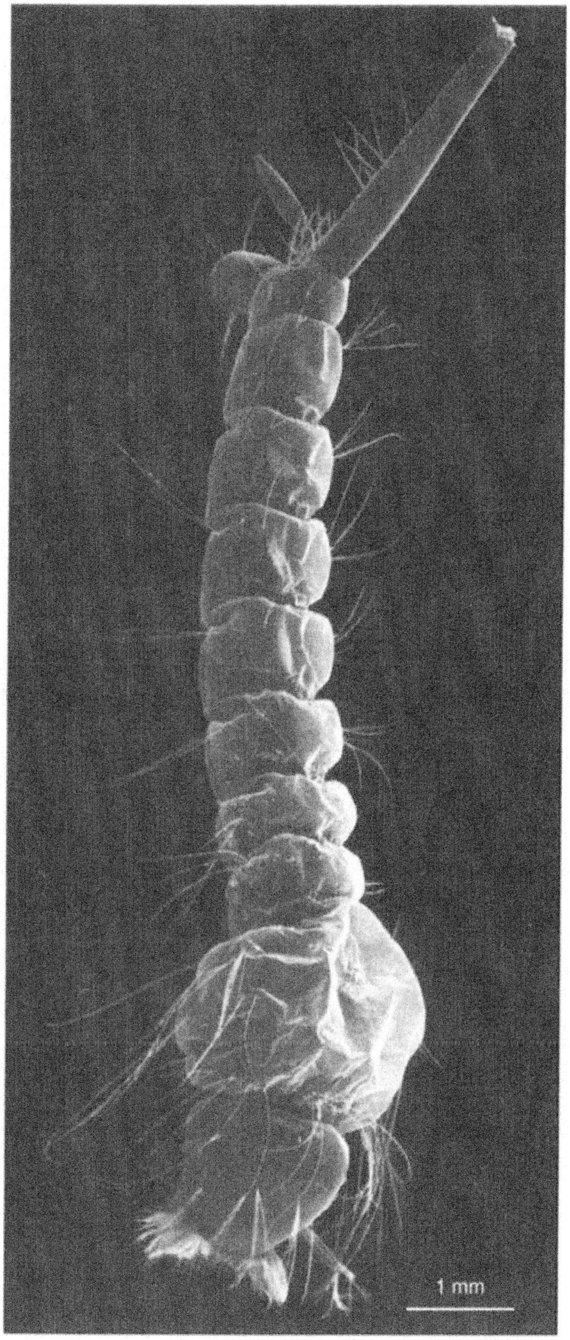

Larve de moustique *(Culex pipiens)* au dernier stade larvaire.
Vue latéro-dorsale, microscopie électronique à balayage.
(Grandissement x 60.)
(Cliché L. de Vos.)

CHAPITRE 3

Métamorphoses avec maintien en milieu terrestre, les insectes

1. Généralités

Envisagée d'un point de vue restrictif, la métamorphose associe à d'importantes modifications morphofonctionnelles (critère structural) réalisées dans un temps court, un changement de milieu (critère écologique) et/ou un changement de mode de vie (critère éthologique). Appliquée aux insectes, cette définition restreint la métamorphose au développement indirect des holométaboles et des hémimétaboles.

Dans le cas des paurométaboles, même si la tradition qualifie leur développement de développement à métamorphoses incomplètes, l'usage de cette terminologie est abusif et doit être abandonné. Chez ces insectes, le développement des ailes et des pièces génitales à la faveur de la mue imaginale, à partir d'ébauches visibles dès l'éclosion, n'est qu'un processus de croissance marqué par une allométrie majorante ; organisation générale, mode de vie et milieu de vie ne sont pas modifiés, de même que les proportions générales du corps, exception faite des organes précités. La mue imaginale est physiologiquement associée à l'acquisition de la puberté ; elle marque le passage d'un état juvénile à un état imaginal puis adulte. Le développement postembryonnaire n'est qu'une succession de stades juvéniles.

En revanche, le développement des holométaboles et des hémimétaboles est une période de croissance durant laquelle se succèdent des stades larvaires qui exploitent leur milieu de vie et préparent la morphogenèse imaginale, sans adjonction de nouveaux métamères.

Il y a donc lieu de distinguer une phase larvaire dominée par les phénomènes de croissance s.l. (croissance linéaire iso- ou allométrique, croissance pondérale), résultant de processus d'hyperplasie (mitoses, endomitoses, polyploïdisation), d'hypertrophie et d'accumulation de matériaux énergétiques et plastiques. La phase imaginale, de durée variable, mais souvent éphémère, est dévolue à la reproduction et, pour la femelle, au choix de l'habitat de la descendance ; les phénomènes de différenciation et de croissance y sont négligeables. Le passage de la phase larvaire à la phase imaginale est assuré par la métamorphose, processus qui se déroule pendant un stade particulier, dit nymphal*, dominé par des phénomènes de différenciation qui assurent la réalisation de la forme parfaite, imaginale.

Chronologiquement, il est aisé d'encadrer le stade nymphal par les exuviations qui, d'une part, marquent la fin du dernier stade larvaire et, d'autre part, consacrent l'émergence de l'imago. Physiologiquement, les limites sont plus subtiles et doivent être fixées aux phases d'apolyse qui précèdent ces deux exuviations.

La métamorphose, processus complexe, peut être envisagée à l'échelle morphologique, cytologique, biochimique et sous son aspect endocrinien.

2. Aspects morphologiques

2.1. Aptérygotes

Les aptérygotes (protoures, diploures, thysanoures et collemboles), insectes primitifs, sont dits sans métamorphose (amétaboles) car, dès l'éclosion, les jeunes, mise à part la taille, sont les copies des adultes. La croissance, par mues successives, a des incidences mineures sur l'organisation générale (adjonction de nouveaux articles antennaires), même si elle s'accompagne parfois de l'apparition de segments abdominaux supplémentaires. Lors d'une mue dite imaginale, en réalité pubertaire, l'insecte acquiert la maturité sexuelle tout en conservant l'aptitude à effectuer des mues postimaginales. Chez les femelles, cycles de mue et cycles de reproduction alternent. Le développement des aptérygotes est donc direct, sans métamorphose

2.2. Paurométaboles

Chez les paurométaboles (orthoptères, isoptères, dictyoptères, phasmoptères, dermaptères et hémiptères), l'éclosion donne naissance à un jeune qui ne se distingue de l'imago que par la taille, l'importance relative des ébauches alaires et des *genitalia*, mais dont l'écologie et l'éthologie sont identiques. La croissance par mues successives se traduit simplement par une augmentation de la taille générale des ébauches alaires (ptérothèques) visibles extérieurement (exoptérygotes) et des *genitalia* pour lesquelles la mue imaginale n'est qu'une phase d'allométrie majorante ; elle est accompagnée de l'acquisition des sclérites axillaires et du développement des muscles alaires, ce qui donne aux ailes leur caractère fonctionnel (fig. 3.1A).

2.3. Hémimétaboles

Les hémimétaboles (éphéméroptères, odonatoptères, plécoptères, certains hémiptères : cigale) sont des insectes exoptérygotes, car les ailes apparaissent sous la forme d'expansions latéro-dorsales des métamères

* Il est généralement convenu de parler de larves pour les stades dépourvus d'ébauches alaires visibles extérieurement, de nymphes dès que les ptérothèques apparaissent.

mésothoracique et métathoracique. L'éclosion libère une larve qui se distingue de l'imago par de nombreux points de son organisation, de sa physiologie, de son mode et de son milieu de vie. Elle est généralement aquatique, alors que l'imago est terrestre. La mue imaginale entraîne des transformations importantes, en rapport avec le changement de mode et de milieu de vie.

Ainsi, les larves de libellules sont aquatiques, respirent par l'intermédiaire de branchies différenciées au niveau d'une corbeille rectale, capturent leurs proies à l'aide d'un labium modifié, muni de crochets, ou masque. Les imagos aériens ont une respiration trachéenne, des pièces

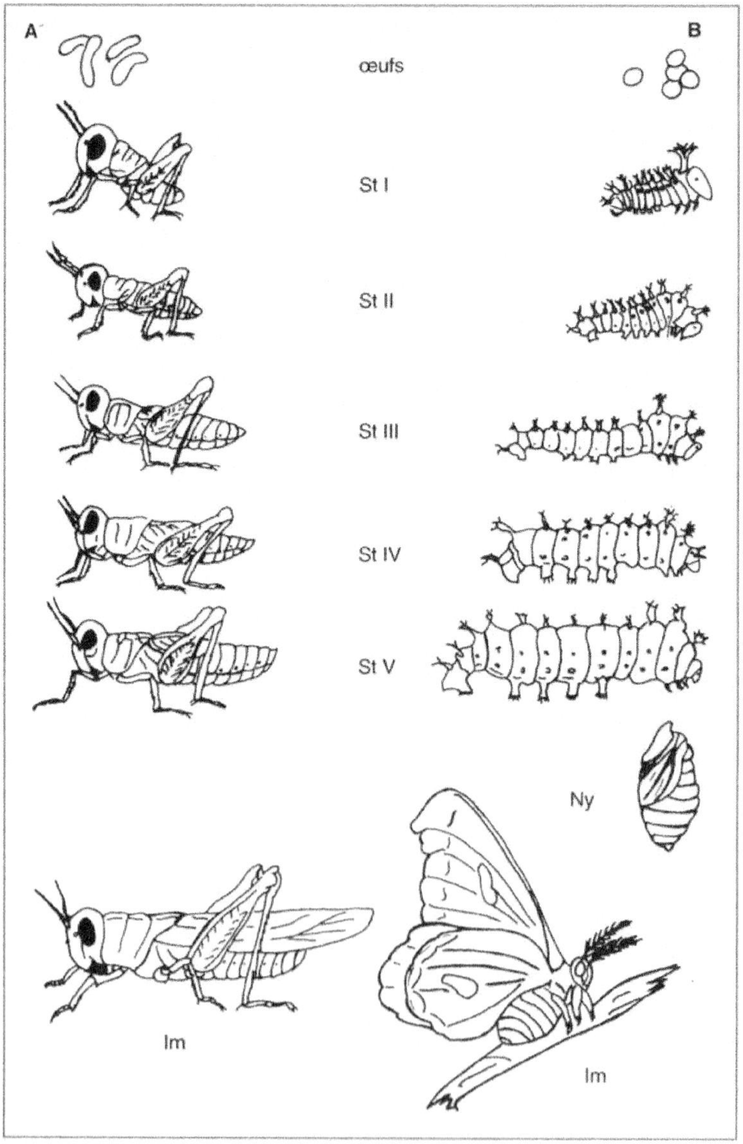

Figure 3.1 : Comparaison du développement postembryonnaire d'un insecte paurométabole (A) et d'un insecte holométabole (B). ST I...V, stades 1 à 5 ; Ny, nymphe ; Im, imago.

buccales broyeuses. Les ébauches alaires apparaissent au cours des derniers stades qui correspondent à des stades nymphaux. À la différence de la nymphe des holométaboles, celle des hémimétaboles est mobile et chasse activement ses proies.

	éclosion	mues larvaires successives			mue nymphale	mue imaginale
		1	2	3	4	5
embryon						
œuf ——>	stade I	stade II	stade III	stade IV	stade V (nymphe)	imago

2.4. Holométaboles

Chez les holométaboles (coléoptères, hyménoptères, lépidoptères, diptères, névroptères), l'éclosion libère une larve dont l'organisation, le mode de vie, l'habitat et les mœurs alimentaires diffèrent profondément de ceux de l'imago. La dernière mue*, qui donne naissance à l'imago, consacre l'achèvement de la métamorphose caractérisée par le changement de l'organisation, de la physiologie, du milieu de vie et du mode de vie. De plus, chez les larves, le développement des ailes est masqué, non visible extérieurement, car les ébauches invaginées se développent dans une cavité baignée par l'hémolymphe. Ce n'est qu'au stade nymphal que les ailes, et souvent les appendices de l'imago, apparaissent à l'extérieur ; ces insectes passent alors d'un état endoptérygote à un état exoptérygote (fig. 3.1B).

Le stade nymphal est généralement caractérisé par une immobilité totale ou partielle, l'absence d'échanges trophiques avec le milieu environnant, et c'est au cours de cette phase qu'organisation et physiologie sont remaniées.

	éclosion	mues larvaires successives			mue nymphale	mue imaginale
		1	2	3	4	5
embryon						
œuf ——>	stade I	stade II	stade III	stade IV	nymphe	imago

* Le nombre des stades larvaires est un caractère spécifique.

2.4.1. LARVES DES HOLOMÉTABOLES

Les larves des holométaboles se répartissent en cinq catégories correspondant chacune, en première approximation, à des modes de vie distincts : vie errante (larves campodéiformes), vie sédentaire (larves éruciformes), vie fouisseuse (larves mélolonthoïdes) et vie confinée au sein même du milieu nutritif (larves vermiformes). Si le critère écologique est en apparence d'une grande importance quant aux caractères adaptatifs majeurs des larves, des adaptations secondaires peuvent se surajouter à ce critère principal et correspondent à des conditions de vie plus ou moins étroitement définies. L'une des plus fréquentes est l'adaptation à la vie aquatique qui se rencontre dans chacun des types fondamentaux. Au plan phylétique, le type campodéiforme est considéré comme primitif ; sa morphologie rappelle plus ou moins celle d'insectes inférieurs. Les autres formes larvaires pourraient en dériver par spécialisation.

2.4.1.1. Larves campodéiformes

Les larves campodéiformes (fig. 3.2A) ressemblent à des diploures campodéidés et mènent, en principe, une vie errante, fréquemment prédatrice. Elles chassent à la course ou à l'affût. Elles sont fréquentes chez certains coléoptères (carabes, dytiques, lampyres, coccinelles, staphylins), mégaloptères, raphidioptères, planipennes, trichoptères et strepsiptères.

La forme générale de ces larves est vaguement cylindrique, aplatie dorso-ventralement.

La tête courte, aplatie, prognathe, porte deux groupes symétriques de six stemmates. Les antennes ne sont composées que de quatre articles. Les pièces buccales broyeuses présentent des marques nettes d'une spécialisation dans le sens prédateur (mandibules aiguës en forme de faucille ; mandibules en forme de crochets canaliculaires : Dytique).

Le thorax prolonge directement la tête. Le premier segment est un peu plus long que les deux autres. Les pattes terminées par deux griffes sont assez courtes et l'animal se déplace au ras du substrat.

L'abdomen fait suite au thorax, sans aucun étranglement. Il comporte neuf segments. Les huit premiers, à peu près semblables entre eux, portent chacun une paire de stigmates ; le neuvième, dépourvu de stigmate, porte des cerques (urogomorphes) et le pygopode (telson).

L'adaptation fréquente à la vie aquatique, que les larves nagent en pleine eau ou déambulent sur le fond (dytiscidés), se traduit par le développement de soies natatoires sur les pattes et en divers points du corps et par des modifications de l'appareil respiratoire (siphon respiratoire, trachéobranchies, branchies sanguines).

Beaucoup de groupes à larves en principe campodéiformes montrent des formes larvaires massives, aux pattes plus ou moins courtes, à la sclérification réduite, faisant la transition entre le type campodéiforme *s.s.* et les types mélolonthoïde, éruciforme ou même vermiforme. Ces séries morphologiques adaptatives ne sont, en aucun cas, phylogénétiques.

Les larves mélolonthoïdes ou scarabéiformes (fig. 3.2D) ont pour type la larve du hanneton, *Melolontha melolontha*, ou ver blanc. Elles se rencontrent chez les coléoptères (hannetons, bousiers) et chez divers hyménoptères. Elles sont caractérisées par leur corps mou ou replet, peu agile, leur tête dure et sclérifiée, nantie de pièces buccales broyeuses. Elles sont dépourvues d'yeux et d'ocelles. L'abdomen volumineux est replié sous la face ventrale et distendu car les excréments (amas stercoral) s'accumulent dans une poche rectale, en cul de sac, et ne seront évacués qu'à la faveur de la métamorphose. Ces larves se déplacent peu : elles ont une allure paresseuse, fouillent la terre, creusent des galeries dans le bois pourri, se nourrissent de tissus végétaux ou de matière organique en décomposition, ou minent les graines, les fruits et les tiges.

Les diverses variations du type mélolonthoïde offrent des formes de passage à tous les types larvaires. Les larves cylindriques, à pattes

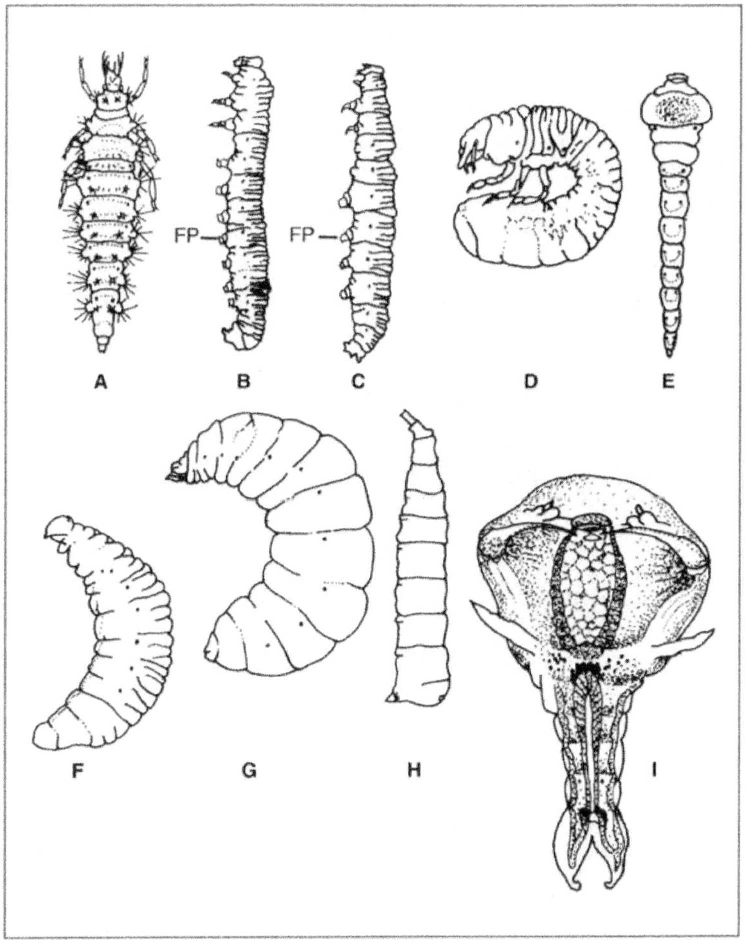

Figure 3.2 : Divers types de larves.
A, larve campodéiforme de *Chrysopa* (planipenne).
B et C, larves éruciformes. Fausse chenille de *Neodiprion* (tenthrède B) et chenille de *Pieris* (lépidoptère C).
D, larve mélolonthoïde de *Popilia* (coléoptère).
E, larve "marteau", apode, d'un bupreste.
F, G et H, larves vermiformes de *Hylobius* (F, charançon, coléoptère), d'*Apis mellifera* (G, abeille, hyménoptère) et de *Musca domestica* (H, mouche, diptère).
I, larve cyclopoïde de *Trichacis rosmulus* (hyménoptère).
FP, fausses pattes.
(D'après A. Beaumont & P. Cassier, 1983, *Biologie animale* (t. II), Dunod, Paris.)

courtes, des élatéridés et des ténébrionidés qui ne passent qu'une partie de leur vie dans des galeries, font transition avec les larves campodéiformes ; les larves des chrysomélides évoquent des larves éruciformes. Enfin, des larves xylophages de longicornes évoquent le type vermiforme.

Larves campodéiformes et mélolonthoïdes constituent l'ensemble des larves oligopodes.

2.4.1.3. Larves éruciformes

Les larves éruciformes, chenilles des lépidoptères (fig. 3.2C) et fausses-chenilles des hyménoptères tenthrèdes (fig. 3.2B), sont caractérisées par la présence, en plus des trois paires de pattes thoraciques, d'un certain nombre de paires de fausses pattes abdominales, simples saillies charnues, terminées par une couronne de griffes entourant une pelote adhésive (larves polypodes).

Chez les lépidoptères, les larves éruciformes possèdent au maximum cinq paires de fausses pattes (3e, 4e, 5e, 6e et 9-10e segments abdominaux), alors que celles des tenthrèdes peuvent en présenter jusqu'à huit paires. Le corps est massif, cylindrique, peu sclérifié et le plus souvent vivement coloré.

Les pièces buccales sont de type broyeur, les régimes alimentaires généralement phytophages de sorte que les chenilles figurent au premier rang des ravageurs des productions agro-alimentaires, des plantes industrielles (coton) et des forêts. Des glandes séricigènes débouchent à l'extérieur, au niveau du labium ou des maxilles (ver à soie de *Bombyx mori).*

Chez les larves éruciformes, l'adaptation secondaire la plus fréquente est la vie mineuse. Elle se rencontre chez beaucoup de lépidoptères (cossidés, aegeriidés, tortricidés, lithocolletidés), tenthredinés, mécoptères. Au plan morphologique, cette adaptation se traduit généralement par une forte réduction des pattes thoraciques et abdominales d'où une ressemblance avec certaines larves mélolonthoïdes, voire apodes. Les larves éruciformes ont aussi donné quelques types aquatiques dont la respiration est cutanée ou localisée au niveau de trachéobranchies digitiformes (trichoptères).

2.4.1.4. Larves vermiformes

Les larves vermiformes ou larves apodes, qui ont leur expression la plus caractéristique chez les diptères, sont essentiellement caractérisées par la disparition des appendices locomoteurs, par la réduction, voire la disparition, apparente de la tête et par leur corps cylindrique au tégument non sclérifié, souvent incolore. Les pièces buccales et les antennes sont rudimentaires ou absentes. Ces larves se nourrissent de substances liquides ou de matières en décomposition. Elles peuvent dépendre pour leur nourriture de l'apport des congénères (trophallaxie des insectes sociaux). Elles appartiennent à trois catégories.

1) *Larves eucéphales.* Les larves eucéphales (abeilles, culicides, chironomides, simulides – fig. 3.2G) sont les moins différenciées. Elles possèdent une tête réduite mais visible, portant des yeux, des antennes (5 articles). Les mandibules mobiles horizontalement sont robustes et pointues. Le premier segment thoracique et le neuvième segment abdominal portent chacun une paire de fausses pattes.

2) *Larves hémicéphales.* Chez les larves hémicéphales (diptères brachycères), la tête atrophiée est invaginée dans le premier segment thoracique et les mandibules sont remplacées par des crochets mobiles verticalement (cas des stratiomyides). En dehors des diptères, beaucoup de larves de curculionidés (fig. 3.2F), de cérambycidés, d'hyménoptères supérieurs sont de type hémicéphale.

3) *Larves acéphales.* Les larves acéphales ou asticots (diptères cyclorraphes – fig. 3.2H) sont dépourvues de tête et les ébauches imaginales correspondant à la région céphalique sont invaginées dans le thorax. Elles sont aveugles. Le tégument est mou et incolore. La bouche est armée d'une paire de crochets représentant les mandibules. Le cerveau est rejeté dans le troisième segment thoracique.

La plupart des larves vermiformes vivent au sein même de la substance dont elles se nourrissent : cadavres animaux ou végétaux, déchets organiques divers. Mais ce type larvaire est susceptible de présenter d'autres adaptations ; il existe notamment des formes prédatrices *(Culex, Chaoborus)* ou parasites (chalcidiens, tachinides – fig. 3.3C & D). Les formes prédatrices ont nécessairement des pièces buccales et des organes sensoriels développés ; elles sont proches des types eucéphale et hémicéphale. Parmi ces larves, beaucoup sont aquatiques et disposent d'organes natatoires (soies, vésicules hydrostatiques) et respiratoires (branchies anales des simulies, branchies tubuleuses des chironomides, etc.) spéciaux (fig. 3.3 A & B).

4) *Larves cyclopoïdes.* Les larves cyclopoïdes proviennent d'œufs peu riches en vitellus. Elles ont approximativement l'allure d'un crustacé copépode, le cyclops, et ne se rencontrent que chez certains hyménoptères parasites vivant dans le corps des *Cecidomyia* (diptères inférieurs). Elles peuvent être interprétées comme des formes embryonnaires écloses précocement. En effet, dès la première mue, elles engendrent des larves acéphales (asticots).

Remarque

Par suite de leur morphologie particulière, nombre de larves échappent à cette classification (larves "marteau" des coléoptères buprestidés, fig. 3.2E). La durée de la vie larvaire est très variable ; celles qui utilisent le bois ou qui disposent d'aliments pauvres en principes nutritifs (kératophages) peuvent vivre plusieurs années ; en revanche, celles utilisant des aliments riches se développent très rapidement, mais, en fait, aucune règle précise ne peut être énoncée.

Parvenue au terme de sa croissance, la larve des holométaboles ne s'alimente plus, vide son intestin et, le plus souvent, s'immobilise. Elle change généralement d'habitat, devient terrestre si elle était aquatique, sort de son hôte si elle était parasite, s'enfonce souvent dans le sol où elle construit une logette de terre ou de débris, ou sécrète un cocon soyeux (bombycidés, siphonaptères, trichoptères, hyménoptères). Chez les nymphalides et les piérides dont les chrysalides ne sont pas protégées par un cocon, la protection est réalisée par homochromie dans un site abrité. Une mue particulière, dite nymphale, transforme cette larve du dernier stade en nymphe qui ne s'alimente pas mais acquiert les caractères extérieurs de l'imago (yeux composés, antennes, pièces buccales, appendices, fourreaux alaires). Les organes génitaux, bien que réduits, sont présents.

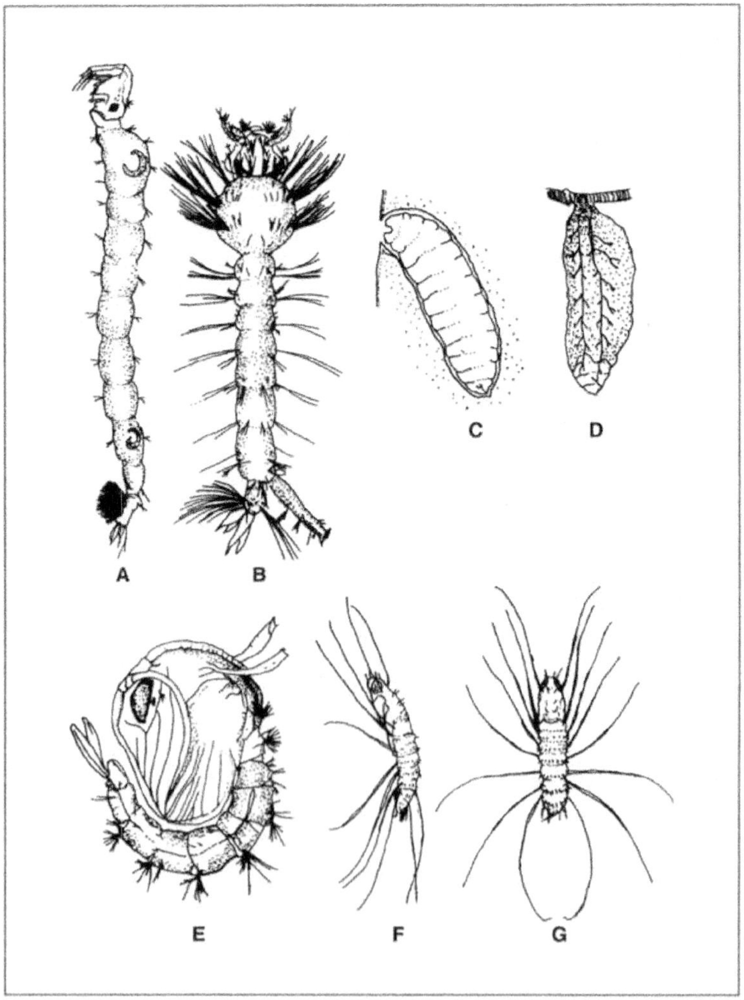

Figure 3.3 : Adaptations et formes secondaires.
A, B, larves vermiformes aquatiques de *Chaoborus albipes* (A) et de *Culex pipiens* (B). (D'après Johannsen.)
C,D, larves endoparasites de *Thriscion* (C) et d'un tachinide (D). (D'après Imms.)
E, F, G, nymphes aquatiques de *Culex pipiens* (E) et de *Hemeradronya* (F, G).

Après une évolution interne entraînant des modifications importantes, les nymphes subissent une dernière mue, la mue imaginale, qui libère l'insecte parfait ou imago.

La mue nymphale peut être précédée par une phase quiescente (2-3 j) correspondant à un stade libre ou emprisonné dans la dernière exuvie larvaire *(pharate stage)* qualifiée, dans les deux cas, de phase prénymphale. Cette phase correspond à un stade complet chez les thysanoptères et les mâles des coccidés.

2.4.2.1. Types de nymphes

Les nymphes des holométaboles se répartissent en trois catégories distinctes.

1) *Nymphes libres ou nues.* Les nymphes libres ou nymphes nues *(pupae liberae* – fig. 3.4 A, B & C) sont blanchâtres, immobiles et les appendices appliqués le long du corps sont libres, comme paralysés. Ce type se rencontre chez divers coléoptères *(Dytiscus, Tenebrio)*, névroptères, trichoptères, hyménoptères et quelques lépidoptères (microptérygidés, ériocraniidés). Les déplacements de ces nymphes, lorsqu'elles en accomplissent, sont le fait de flexions abdominales. Toutefois, il existe des exceptions ; par exemple, les nymphes aquatiques des trichoptères présentent, peu avant l'émergence de l'imago, une phase d'activité pendant laquelle elles nagent au moyen de leurs deux premières paires de pattes.

2) *Nymphes-momies.* Les nymphes-momies, emmaillotées, ou chrysalides *(pupae obtectae* – fig. 3.4F) sont caractéristiques des lépidoptères, diptères orthorraphes, staphylinides, coccinellides. Les ailes et les appendices adhèrent au corps. Ces nymphes peuvent être enfermées dans un cocon soyeux *(Bombyx mori)*. Leur corps est généralement plus sclérotinisé que celui des nymphes libres.

Les nymphes de ces deux catégories sont capables de mouvements ; la nymphe des moustiques peut même se déplacer dans l'eau (fig. 3.3E).

3) *Pupes.* Les pupes ou *pupae coarctatae* (fig. 3.4 D & E) sont totalement enfermées dans la dernière exuvie de la larve asticot et parfaitement immobiles (diptères cyclorraphes). La cuticule larvaire réalise une protection très efficace ; la procuticule décollée prend un aspect ovoïde ou globuleux, subit un tannage quinonique des assises périphériques et constitue le puparium, qui a le plus souvent la forme d'un tonnelet.

2.4.2.2. Écologie des nymphes

Les nymphes, représentant un stade clos, ont une écologie très monotone ; elles se distinguent surtout par leur mode de protection.

Les nymphes non abritées possèdent toujours un tégument résistant et appartiennent aux types obtecté ou pupal. Chez les rhopalocères, les nymphes, accrochées aux végétaux où ont vécu les larves, présentent souvent des teintes vives, claires, parfois métalliques.

Certaines nymphes vivent à l'abri d'un cocon qui acquiert son maximum de différenciation chez les lépidoptères, mais qui existe également chez des planipennes, des diptères, des siphonaptères et des hyménoptères.

Les nymphes vivant dans un terrier sont nombreuses, et comptent notamment la grande majorité des nymphes libres ; certaines tapissent leur terrier de soie ; d'autres vivent directement au fond de leur logette, mais présentent alors des phanères les isolant du contact de la terre (*Dytiscus*). De tels types de nymphes se rencontrent chez des mégaloptères, des mécoptères, des lépidoptères, des coléoptères et des hyménoptères.

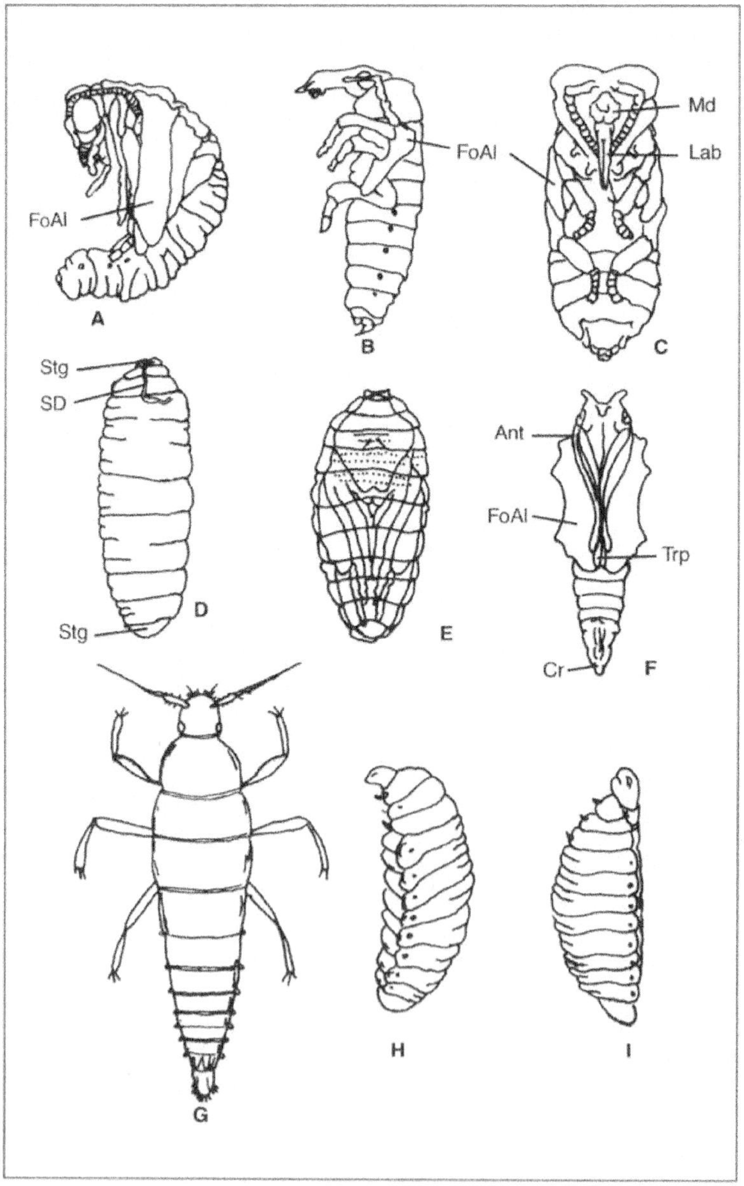

Figure 3.4 : Divers types de nymphes.
A, B, C, nymphes libres *(pupae liberae)* d'un fourmilion (A), d'un charançon (B) et de l'abeille (C). D,E, pupe *(pupae coarctatae)* d'un diptère cyclorraphe. ; vue externe (D) ; organisation interne (E). F, nymphe-momie *(pupae obtectae)* de *Pieris* (lépidoptère). G, H, I, hypermétamorphoses : triongulin (G), larve secondaire (H) et stade prénymphal (I) de *Sitaris muralis* (méloïdé). Ant, antenne ; Cr, cremaster ; Fo Al, fourreau alaire ; Lab, labium ; Md, mandibule ; SD, suture dorsale ; Stg, stigmate ; Trp, trompe.

Certaines nymphes vivent en milieu aquatique (fig. 3.3 E & F), tout comme les larves correspondantes, et disposent d'appareils respiratoires particuliers assurant une respiration en surface (culicidés) ou en pleine eau (trachéobranchies : trichoptères ; branchies cuticulaires : simulies).

Enfin, les nymphes peuvent quelques fois être parasites. Chez *Ginglymyia acrirostris* (tachinidés), la respiration se fait au moyen des stigmates postérieurs portés par deux tubes qui perforent la cuticule de l'hôte.

2.5. Hypermétamorphoses ou hétérométamorphoses

Chez la plupart des insectes, le développement larvaire est jalonné par une succession de formes larvaires d'un type unique. Chez certaines espèces d'insectes prédateurs ou parasites, au contraire, le développement larvaire est marqué par la succession de plusieurs types de larves présentant souvent des mœurs et un habitat très différents. Elles appartiennent, en réalité, à deux catégories.

2.5.1. PREMIÈRE CATÉGORIE (STREPSIPTÈRES)

Chez les larves de cette première catégorie, par exemple les strepsiptères (fig. 3.4 G, H & I), les œufs, pondus à l'air libre, donnent naissance à une larve active (campodéiforme), dite larve triongulin, qui recherche son hôte et s'y attache lorsque celui-ci vient, par exemple, visiter une fleur où elle est tapie. Elle pénètre dans le corps de l'hôte où, à ce stade de parasite interne, elle perd ses appendices et développe une série d'expansions dorsales qui accroissent sa surface d'absorption.

Un développement comparable caractérise également les mantispidés (neuroptères), les méloïdés, quelques staphylinidés (coléoptères), acrocéridés, bombylidés, némestrinidés (diptères), périlampidés et eucharidés (hyménoptères) et épipyropidés (lépidoptères).

2.5.2. DEUXIÈME CATÉGORIE (DIPTÈRES ET HYMÉNOPTÈRES ENDOPARASITES)

Chez les larves de deuxième catégorie, comme celle des diptères et des hyménoptères endoparasites, les œufs sont pondus directement sur ou dans l'hôte. Le premier stade larvaire de *Cryptochaetum* (diptère) possède une paire de processus terminaux digités qui, au dernier stade, constituent un long processus respiratoire et modifient totalement l'aspect de la larve.

Chez les hyménoptères, les modifications sont encore plus marquées ; la première larve est de type protopode.

2.6. Mue imaginale

La sortie de l'imago, hors de la cuticule nymphale, est appelée émergence ou éclosion. Une ou plusieurs lignes de déhiscence interviennent ; la rupture à ces niveaux résulte d'un gonflement (ingestion d'air ou d'eau) et d'une activité musculaire.

Lorsque la pupe est emprisonnée dans un cocon, celui-ci doit être perforé, ce qui est réalisé de diverses manières, mécaniques et/ou chimiques. Chez les cyclorraphes, la distension du ptilinum permet l'ouverture du puparium et, éventuellement, le cheminement des imagos dans le sol. Chez *Bombyx mori*, une protéase digère la séricine de la soie constituant le cocon. Certains coléoptères possèdent, sur la mandibule, une fausse mandibule, caduque, qui dilacère le cocon *(Polydrosus)*. Enfin, les puces possèdent un perforateur *(cocon cutter)* sur le devant de la tête *(Trichopsylla)*.

3. Aspects cytologiques

La métamorphose, processus complexe qui associe histolyse, histogenèse et remaniements, est encadrée par deux processus de mue, la mue nymphale et la mue imaginale. Ces mues se déroulent selon les mêmes modalités, comportent les mêmes étapes, que les insectes présentent ou non des métamorphoses.

3.1. Organisation générale du tégument des insectes

Le tégument recouvre l'ensemble des formations d'origine ectodermique ; il est la cible privilégiée des facteurs contrôlant les mues. Le tégument représente un organe essentiel du corps des insectes (25 à 40 % du poids total). Il en définit la morphologie générale, la couleur et constitue une barrière efficace aux agressions physiques et chimiques du milieu, notamment à la dessication liée au déficit hydrique du milieu terrestre. Le tégument participe à l'ensemble des fonctions vitales des insectes, qu'il s'agisse des fonctions de la vie de relation (perceptions et émissions sensorielles : sons, phéromones, odeurs, vision, tact ; ancrage des masses musculaires et locomotion), de la vie végétative (système trachéen, *stomodeum* et *proctodeum*), et de la vie de reproduction (reconnaissance des sexes, appariement, ponte).

Le tégument, indispensable à la pérennité des insectes, a largement contribué à leur diversification, à leur adaptation aux biotopes les plus variés, à la conquête du milieu terrestre, dont ils sont, par le nombre des espèces et des individus, les conquérants les plus importants.

Le tégument, comporte, de l'extérieur vers l'intérieur, une cuticule acellulaire, véritable exosquelette, et un épithélium sécréteur, l'épiderme (fig. 3.5).

3.1.1. CUTICULE

La cuticule, au niveau des sclérites, comporte cinq couches qualitativement et quantitativement distinctes, soit de l'extérieur vers l'intérieur : le cément, la couche cireuse, l'épicuticule externe, l'épicuticule interne, la procuticule.

3.1.1.1. Cément

Le cément (ou couche cémentaire) de 1 µm environ d'épaisseur est secrété, immédiatement après l'exuviation, par les glandes dermiques. Il constitue un vernis protecteur de la couche cireuse. Des lipoprotéines oxydées par voie enzymatique (laccase) entrent dans sa composition. La laque du commerce élaborée par la cochenille à laque *(Laccifer lacca)* en est le type.

3.1.1.2. Couche cireuse

La couche cireuse, mesurant moins de 1 µm d'épaisseur, confère au tégument des insectes une relative imperméabilité ; son abrasion ou sa dénaturation thermique entraînent une mort rapide des insectes par évaporation et dessiccation. Cette assise protectrice comporte deux couches :

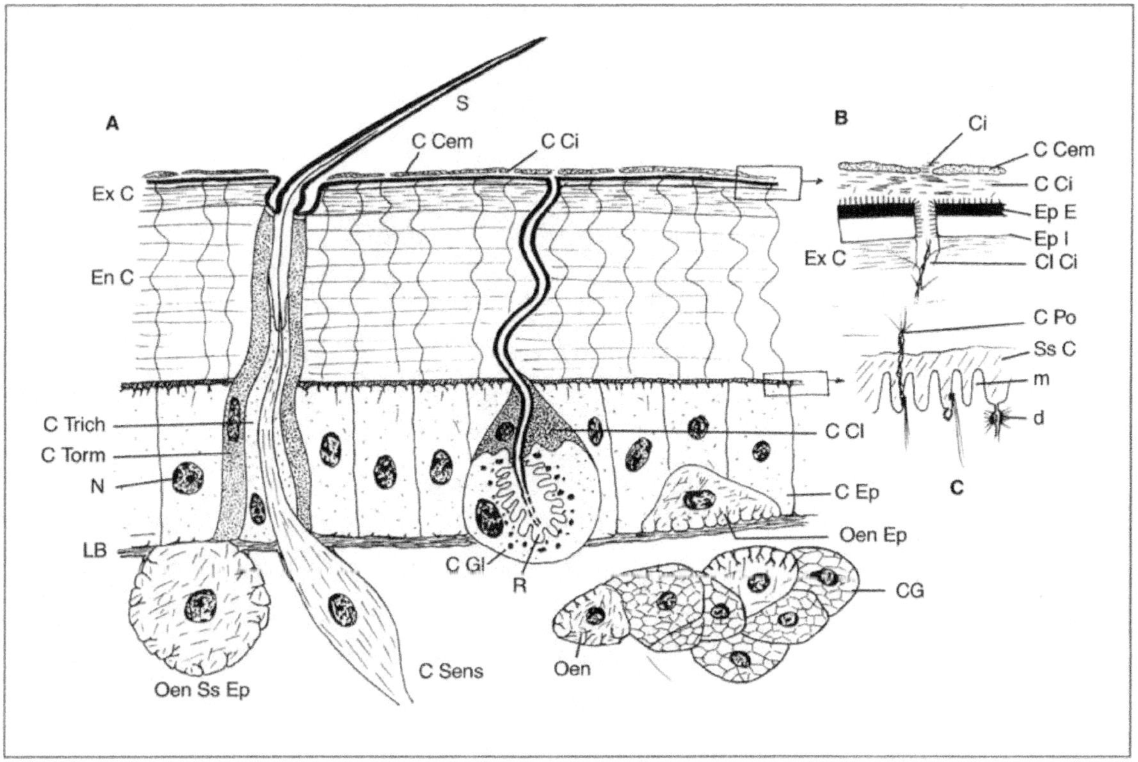

Figure 3.5 : Organisation générale du tégument des insectes (A). Détail des assises superficielles (B) et de la zone de contact épiderme-cuticule (C).
C Cem, couche cémentaire ; C Ci, couche de la cire ; C Cl, cellule à canalicule ; C Ep, cellule épidermique ; C G, corps gras ; C Gl, cellule glandulaire ; Ci, cire ; C Sens, cellule sensorielle ; C Torm, cellule tormogène ; C Trich, cellule trichogène ; Cl Ci, canal cirier ; Cl Po, canal poraire ; D, desmosome ; En C, endocuticule ; Ep E, épicuticule externe ; Ep I, épicuticule interne ; Ex C, exocuticule ; L B, lame basale ; m, microvillosité ; N, noyau ; Oen, œnocyte inclus dans un massif de corps gras ; Oen Ep, œnocyte épidermique ; Oen Ss Ep, œnocyte sous- épidermique ; R, réservoir ; S, soie ; Ss C, sous-cuticule.

– la couche externe, amorphe, isotrope, peut faire saillie à la surface du corps au niveau de pores de la couche cémentaire, sous l'aspect d'une efflorescence plus ou moins abondante (pucerons, cochenilles...). Elle est composée de feuillets empilés plus ou moins régulièrement, résultant de la compression de cylindres de cire ;

– la couche interne, anisotrope, pseudocristalline, est constituée de cylindres de cire (6 nm de long) liés à la surface de l'épicuticule externe et à la périphérie des canaux ciriers (mode hexagonal) qui la traversent (12-13 nm de diamètre environ).

La cire est riche en hydrocarbures saturés C27 à C31 (10 %), en acides gras (5 %), en alcools à longue chaîne (C35, 55 %), en esters d'alcools supérieurs (C24-C30) et en acides gras non saturés (C16 à C34). Elle est sécrétée, immédiatement après l'exuviation, par des cellules riches en réticulum endoplasmique agranulaire, les œnocytes (fig. 3.6). Les produits

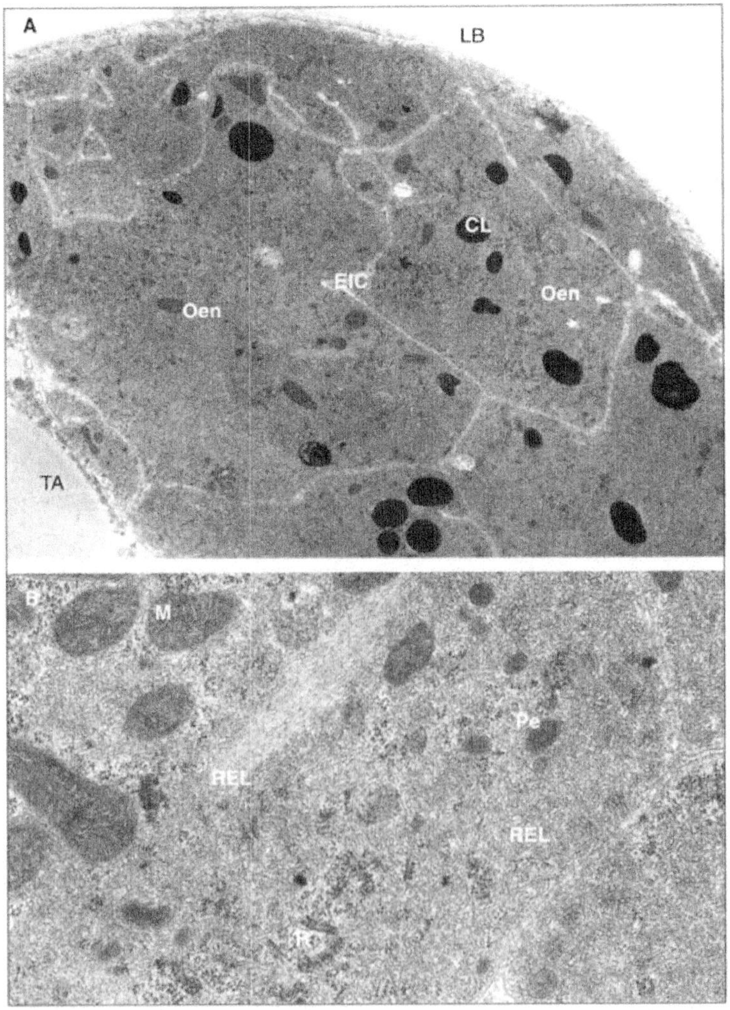

Figure 3.6 : Microscopie électronique à transmission. Les œnocytes. A, Vue générale d'un ilôt d'œnocytes inclus dans le tissu adipeux (T A). B, détail révélant le grand développement du réticulum endoplasmique lisse. CL, corps lytique ; EIC, espace intercellulaire ; LB, lame basale ; M, mitochondrie ; Oen, œnocyte ; Pe, peroxysome ; R, ribosome ; REL, réticulum endoplasmique lisse.

de secrétion, déversés au niveau de la sous-cuticule, cheminent à la surface du tégument par le biais des canaux poraires puis des canaux ciriers.

3.1.1.3. Épicuticule externe

L'épicuticule externe, parcourue par les canaux ciriers, est particulièrement mince (20 nm) mais très résistante aux réactifs chimiques, organiques ou minéraux, car constituée de lipoprotéines polymérisées, stabilisées par tannage quinonique. La disposition régulière des molécules constitutives, perpendiculairement à la surface, lui confère une biréfringence marquée et, à l'échelle de la microscopie électronique, une structure trilaminaire. Cette assise apparaît dès l'exuviation, sous la forme de plaques disjointes puis jointives, au niveau des villosités qui, à ce stade, hérissent l'apex des cellules épithéliales.

3.1.1.4. Épicuticule interne

L'épicuticule interne, extensible, est plus épaisse que la précédente (20 à 50 nm). Elle se forme immédiatement après l'épicuticule externe, à partir du contenu protéique fibrillaire de vésicules golgiennes issues des cellules épithéliales. Initialement stratifiée, cette assise perd rapidement cette texture et prend un aspect isotrope ; elle est riche en composés aromatiques et contient des stérols et des lipoprotéines.

Les couches cémentaire et cireuse et les épicuticules externe et interne représentent la partie non chitineuse de la cuticule des insectes.

3.1.1.5. Procuticule

La procuticule ou cuticule chitineuse est, quantitativement, la partie la plus importante (20 à 200 µm) de l'exosquelette des insectes. Elle est formée de strates d'épaisseur variable où des fibrilles (4-5 nm de diamètre) de chitine (30-40 % en masse : haut polymère de la N-acétyl-D-glucosamine) sont associées et noyées dans une matrice (60-70 % de protéines ou arthropodines). L'état physique de ces protéines permet de reconnaître l'exocuticule rigide, périphérique, dont les protéines constitutives ou sclérotines résultent du tannage quinonique des arthropodines, et l'endocuticule, souple et élastique, profonde, dépourvue de protéines tannées. La mésocuticule, comprise entre exocuticule et endocuticule, comporte des protéines partiellement tannées. La procuticule contient également des enzymes (polyphénols, oxydases, peroxydase), des acides aminés, des lipides et, à l'état de traces, des sels minéraux (urates, phosphates, carbonates). Dans les zones souples et déformables (sclérites axillaires, régions articulaires), les arthropodines sont associées à une protéine élastique, la résiline, dont les chaînes polypeptidiques sont unies en un réseau tridimensionnel (60 acides aminés entre deux ponts disulfures S = S).

Les protéines proviennent en partie des cellules épithéliales et en partie de l'hémolymphe, où elles sont déversées par les cellules du tissu adipeux. Les monomères de la N-acétyl-D-glucosamine, à l'origine des fibrilles de chitine, sont assemblés à l'apex des cellules épithéliales grâce à un système enzymatique, la chitine-synthase. Ces fibrilles sont diversement orientées (disposition préférentielle ou hélicoïdale).

La procuticule est, au niveau des sclérites, parcourue par les canaux poraires prolongés par les canaux ciriers. Outre les constituants habituels de la cuticule (chitine, protéines), ces canaux contiennent des filaments (20 nm) et des fibrilles (2,5 nm) protéiques qui, d'une part, se ramifient dans l'épaisseur de la cuticule et, d'autre part, associent cuticule et cellules épithéliales au niveau de zones épaissies de la membrane plasmique, à la base des microvillosités. Outre leur fonction d'ancrage de la cuticule à l'épiderme, les canaux poraires sont des voies de transit privilégiées (cires, enzymes de tannage).

Remarques

Les assises exocuticulaires, impliquées dans le tannage quinonique post-exuvial, sont élaborées avant l'exuviation, alors que les strates endocuticulaires le sont après la mue.

L'endocuticule peut être séparée de l'apex des cellules épithéliales par une sous-cuticule ou couche de Schmidt, amorphe, constituée de mucopolysaccharides acides qui, par leurs propriétés physiques (hygrophilie) et chimiques (polyanions), participent à l'équilibre hydrique et aux déformations tégumentaires. La sous-cuticule peut représenter l'endocuticule en cours de formation.

L'exocuticule n'est pas présente au niveau des membranes articulaires et des lignes exuviales. À ce niveau, les canaux poraires font défaut.

Il n'existe pas de relation entre la richesse d'une cuticule en chitine et sa résistance ou sa rigidité. Ainsi, les élytres particulièrement coriaces du dytique ne contiennent que 35 % de chitine, alors que les téguments souples de l'asticot en contiennent 50 %. Les valeurs chitine/protéines sont constantes pour une espèce donnée. La rigidité tégumentaire est fonction de la richesse en sclérotines.

Chez les holométaboles, la nature des protéines cuticulaires varie qualitativement et quantitativement au cours des mues larvaires, nymphale et imaginale.

3.1.2. ÉPIDERME

L'épiderme (fig. 3.7) est constitué, ainsi que chez tous les invertébrés, par une seule assise de cellules reposant sur la même lame basale. Il comporte une majorité de cellules épithéliales banales et des cellules spécialisées : glandes dermiques ou glandes à phéromones (avec cellules glandulaires et cellules à canalicule), cellules d'insertion musculaire, cellules accessoires des organes sensoriels (cellules trichogènes et cellules tormogènes), œnocytes. Ces derniers, uni- ou binucléés, polyploïdes, peuvent rester associés à l'épiderme ou, perdant tout rapport avec les cellules épidermiques originelles, gagner le corps gras où ils constituent des îlots (fig. 3.6). Certains ont une disposition métamérique, au voisinage des stigmates. Ils peuvent, selon les espèces, se différencier de manière continue ou apparaître à l'occasion des mues. Chez les holométaboles, il en existe deux générations, une génération larvaire et une génération imaginale qui se différencie au cours du stade nymphal, alors que la première disparaît.

Les cellules épidermiques ont la forme d'un cube ou d'un prisme plus ou moins haut. Leur taille varie beaucoup d'une espèce à l'autre et au cours du cycle vital. Ainsi, chez *Lucilia* (diptère), la croissance de l'asticot s'accompagne d'une augmentation de la taille des cellules qui passent de 10,4 µm de hauteur x 4,6 µm de largeur à 74 µm x 13 µm, et du diamètre des noyaux de 4,1 µm à 18,5 µm, sans intervention de mitoses. D'une manière générale, les cellules larvaires destinées à être histolysées grossissent sans se diviser ; elles deviennent polyploïdes par endomitose. Néanmoins, chez les culicidés, la croissance est associée à une multiplication cellulaire. Chez *Aedes*, mitoses et endomitoses coexistent.

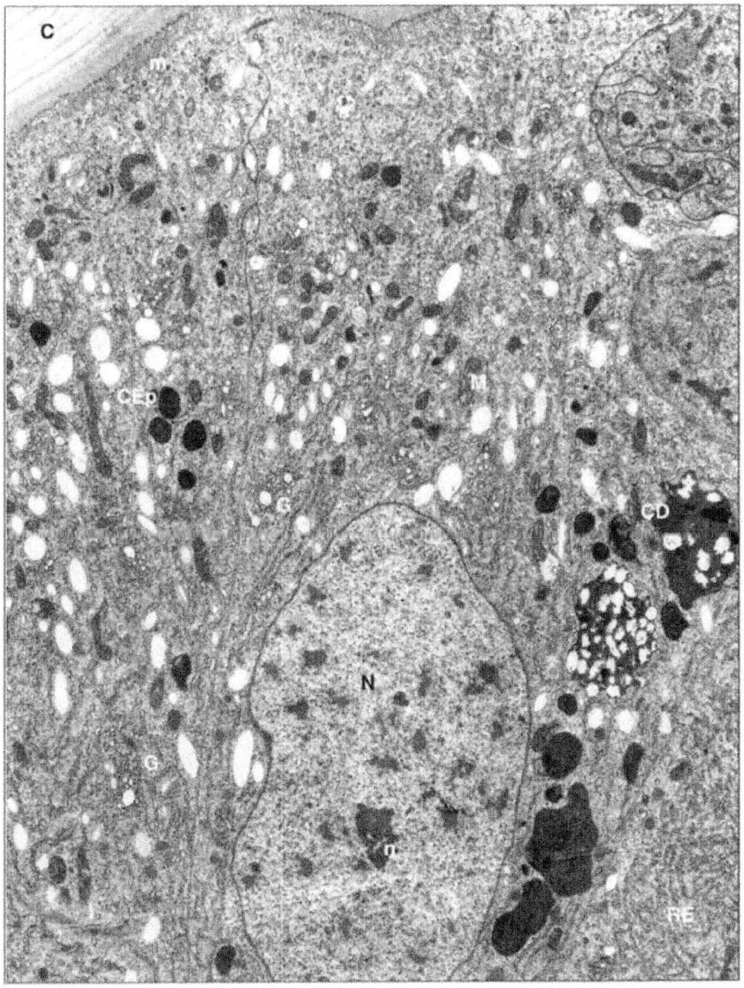

Figure 3.7 : Microscopie électronique à transmission. Structure du tégument au repos. C, cuticule stratifiée ; CD, corps dense (origine lytique) ; C Ep, cellule épidermique ; G, appareil de Golgi ; m, microvillosités apicales ; M, mitochondrie ; n, nucléole ; N, noyau ; RE, réticulum endoplasmique.

3.2. Modalités de la mue

La mue est un ensemble complexe de processus (fig. 3.8) assurant le renouvellement de la cuticule et qui s'étalent, le plus souvent, sur un laps de temps conséquent. L'animal prépare tout d'abord son changement cuticulaire à l'intérieur de la cuticule qu'il va abandonner ; c'est la période préexuviale. Puis il rejette sa vieille cuticule, ce qui constitue l'exuviation. Enfin, il achève l'édification de sa nouvelle cuticule pendant une période dite postexuviale.

La période préexuviale peut commencer assez longtemps avant l'exuviation, couramment 8 à 15 jours. Pendant cette période, l'animal résorbe une partie de sa vieille cuticule et en édifie une nouvelle de sorte que, à la dissection, deux cuticules superposées apparaissent. Très fréquemment, vers la fin de la période préexuviale, l'animal cesse de s'alimenter, cherche un lieu favorable à l'exuviation, se suspend tête vers le bas et s'immobilise plus ou moins complètement.

L'exuviation, ou rejet cuticulaire, est un acte relativement rapide qui ne dure que quelques minutes à quelques heures selon les espèces et le type de mue.

3.2.1. TÉGUMENT AU REPOS

Avant le déclenchement de la mue, alors que les diverses assises cuticulaires sont en place, la cellule épidermique a un aspect caractéristique (fig. 3.7). La membrane apicale est hérissée de villosités plus ou moins hautes, tronquées, pouvant simuler une bordure en brosse. Les mem-

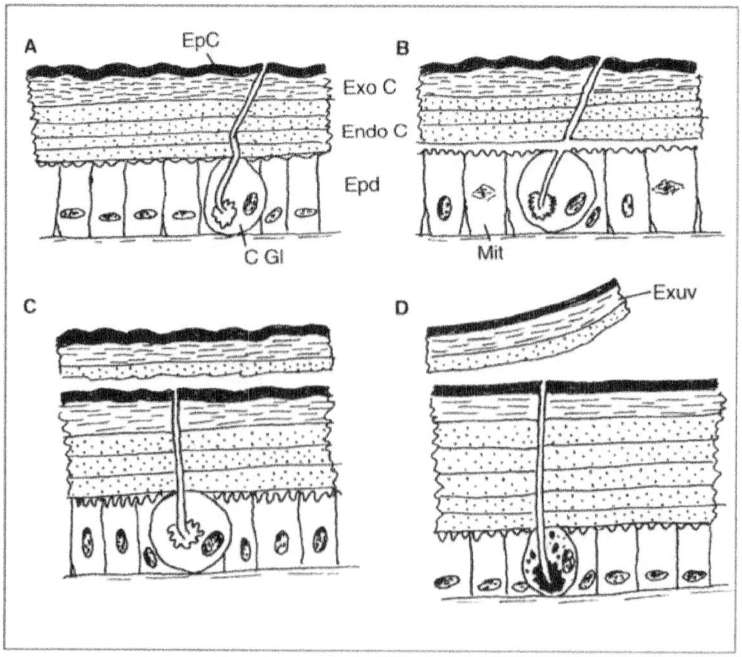

Figure 3.8 : Représentation schématique des étapes successives de la mue. A, tégument au repos ; B, apolyse et crise mitotique ; C, résorption de l'ancienne cuticule et sécrétion de la nouvelle ; D, exuviation et sécrétion des assises postexuviales (cément ; couche de la cire). CGl, cellule glandulaire ; Endo C, endocuticule ; EpC, épicuticule ; Epd, épiderme ; ExoC, exocuticule ; Exuv, exuvie ; Mit, mitose.

branes latérales des cellules adjacentes sont sinueuses, engrenées et renforcées, notamment dans les zones supranucléaires, de nombreuses jonctions, soit, successivement, de l'extérieur vers l'intérieur, un desmosome ou *zonula adhaerens*, une longue jonction septée et des "jonctions étroites" *(gap junctions)*.

Les organites cellulaires (mitochondries éparses, aires golgiennes restreintes, courtes citernes ergastoplasmiques) sont emprisonnés dans les mailles d'un cytosquelette important, constitué par des faisceaux de microtubules et de microfilaments. Le noyau ovoïde occupe une position basale ; son grand axe est disposé parallèlement à la cuticule.

Ces divers caractères structuraux ne révèlent pas, à ce stade, de polarité fonctionnelle des cellules épidermiques. Parallèlement, les œnocytes sont inactifs, de taille réduite (20 x 10 µm à 10 x 6 µm). Les glandes dermiques ne sont pas fonctionnelles et peuvent même dégénérer. Chez *Rhodnius prolixus* une nouvelle génération de glandes se forme à chaque mue.

3.2.2. APOLYSE

Tenebrio molitor (coléoptère), insecte holométabole, peut être choisi comme type (travaux de Delachambre). En effet, les cellules épidermiques, en majorité, persistent tout au long de la vie larvaire, nymphale et imaginale. Il y a simplement, au début de la vie nymphale, multiplication cellulaire (crise mitotique), différenciation en cellules imaginales et lyse des cellules excédentaires (fig. 3.9 & 3.10A).

L'apolyse est essentiellement caractérisée par la lyse des liaisons apicales (apo – lyse) entre les cellules épidermiques et la cuticule. Elle correspond, par exemple, à la rupture des structures filamenteuses et fibrillaires qui sont engagées dans les canaux poraires et qui assurent l'ancrage épiderme-cuticule. Elle détache la cuticule.

L'apolyse est précédée et accompagnée d'une augmentation de la hauteur de l'épiderme : la hauteur des cellules passe de 10 à 20 et même 50 µm, mais leur largeur est peu affectée (10 µm) dans les régions supranucléaires et nucléaires. En conséquence, les portions infranucléaires présentent un rétrécissement associé à une dilatation importante des espaces intercellulaires. L'apex des cellules porte de nombreuses microvillosités, plus ou moins régulièrement réparties.

Le fait saillant réside dans la polarisation fonctionnelle apicobasale des cellules épidermiques. Ainsi, la zone basale est caractérisée par l'apparition de larges plages de glycogène, souvent associées à des flaques lipidiques. La zone infranucléaire contient des corps denses d'origine lytique et des travées de réticulum endoplasmique granulaire qui entourent, en corbeille, la base du noyau. Les noyaux ovoïdes sont orientés selon le grand axe des cellules, ainsi que les microtubules. La zone supranucléaire, riche en mitochondries, comporte de nombreux lysosomes, souvent associés à des corps multivésiculaires. La zone apicale est remarquable par sa richesse en vésicules de toutes sortes, dont de nombreuses

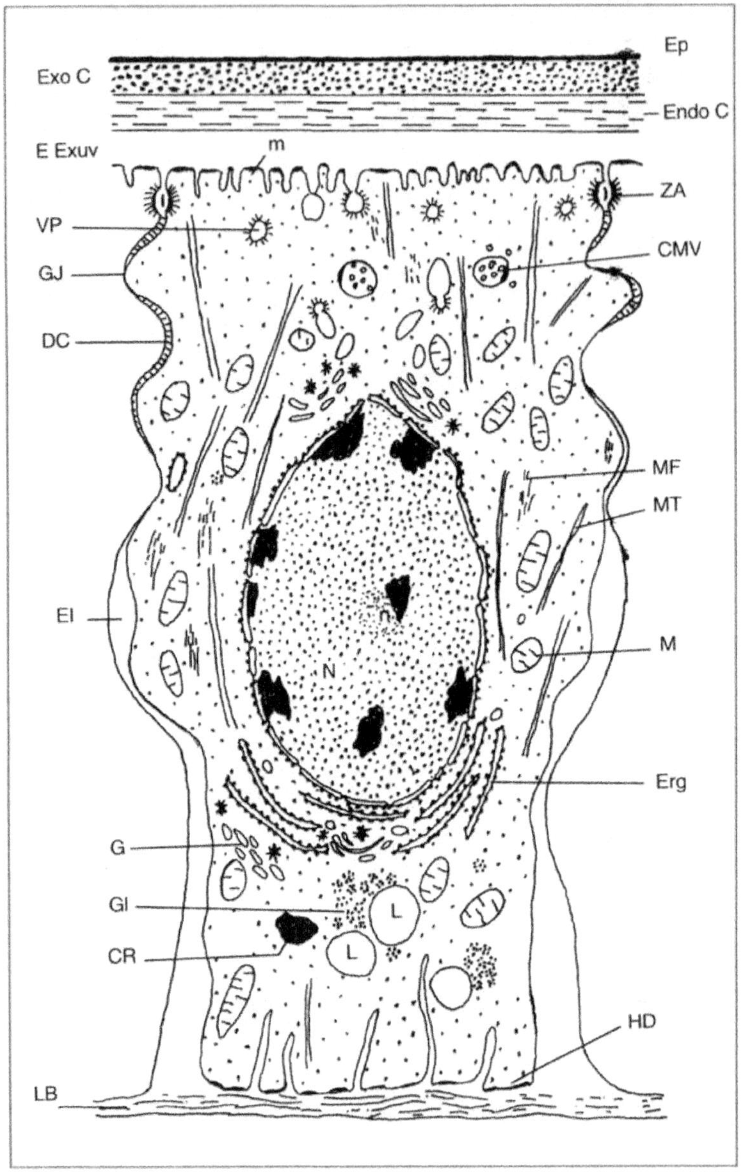

Figure 3.9 : Organisation des cellules épidermiques au cours de la mue. L'apolyse.
Les cellules actives présentent une polarité apico-basale matérialisée par l'orientation du grand axe du noyau dont le pôle inférieur est enchâssé dans une "corbeille" ergastoplasmique. On remarque l'accumulation basale des lipides et du glycogène, la dilatation des espaces intercellulaires, le développement des villosités apicales régulièrement disposées, l'orientation des microtubules et des microfilaments.
CMV, corps multivésiculaire ; CR, corps résiduel ; DC, desmosome cloisonné ; E Exuv, espace exuvial ; E I, espace intercellulaire ; Endo C, endocuticule ; Ep, épicuticule ; Erg, ergastoplasme ; Ex, exocuticule ; G, appareil de Golgi ; GJ, gap junction ; Gl, glycogène ; H D, hémidesmosome ; L, lipide ; LB, lame basale ; M, mitochondrie ; MF, microfilament ; MT, microtubule ; Mv, microvillosité ; N, noyau ; n, nucléole ; VP, vésicule de pinocytose ; ZA, *zonula adhaerens*.
(D'après A. Beaumont & P. Cassier, 1983, *Biologie animale* (t. II), Dunod, Paris.)

vésicules de pinocytose revêtues d'un cortex de clathrine. Cette polarité cellulaire persiste pendant toute la phase de sécrétion de la cuticule.

L'apolyse est associée à l'apparition de mitoses épidermiques (crise mitotique) qui accroissent le nombre des cellules ainsi que la surface de l'épiderme lequel, sous la cuticule, prend alors une disposition plissée. La densité cellulaire (nombre de cellules/μm^2) reste, en dépit de la croissance globale, relativement constante, car les mitoses cellulaires sont en partie compensées par des processus d'autolyse-cytolyse.

La durée de la crise mitotique est souvent courte (24 à 48 h chez *Locusta migratoria*). La proportion des cellules entrant en mitose, au cours de cette crise, varie de 5 à 50 % selon les espèces. La durée de la division cellulaire (30 mn environ) est toujours courte, comparée à la

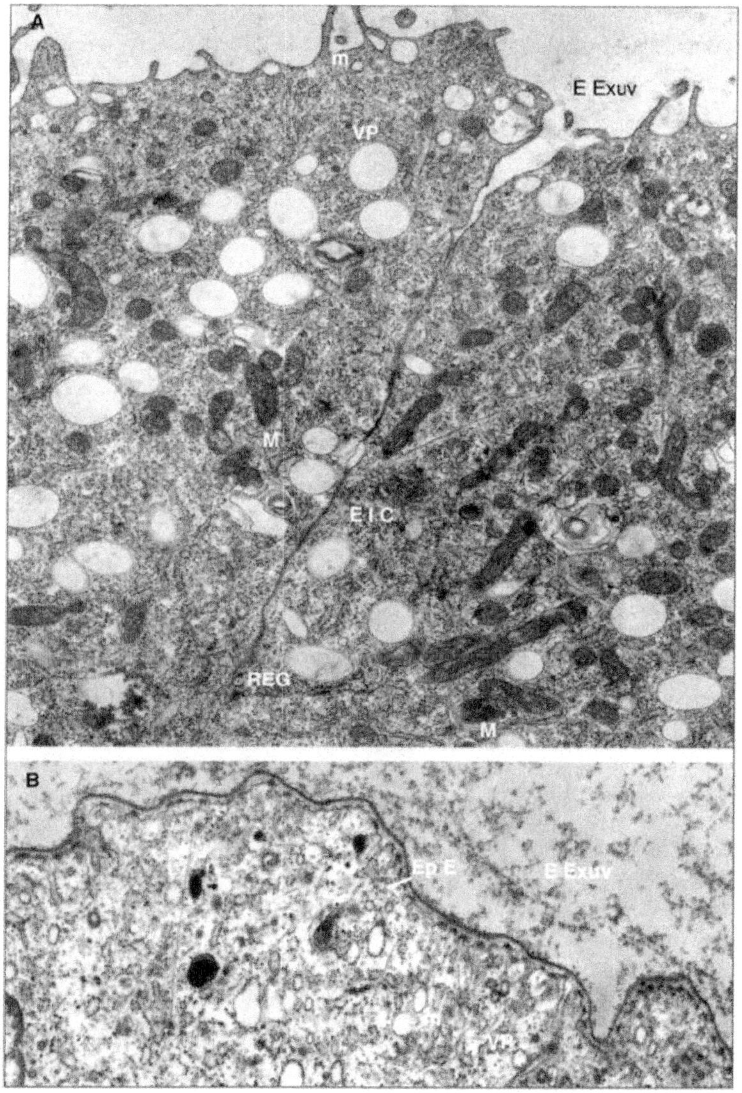

Figure 3.10 : Observation des portions apicales des cellules épidermiques lors de l'apolyse (A) et de la sécrétion de l'épicuticule externe (B) par microscopie électronique à transmission. EIC, espace intercellulaire ; EpE, épicuticule externe ; E Exuv, espace exuvial ; m, microvillosité ; M, mitochondrie ; REG, réticulum endoplasmique granulaire ; VP, vésicule de pinocytose. A, G x 20 000 ; B, G x 15 000.

durée de la crise mitotique, de sorte que la proportion des cellules simultanément en division reste toujours faible : moins de 1 sur 50 lors du maximum de l'activité mitotique.

3.2.3. RÉSORPTION ET SÉCRÉTIONS CUTICULAIRES

À l'apex des cellules épidermiques, libérées de leurs attaches avec l'ancienne cuticule, les microvillosités se disposent régulièrement (fig. 3.10B & 3.11). Elles sont associées à des amas de matériel granuleux où se différencient des plaques lamellaires, stratifiées, ébauches de la nouvelle épicuticule externe.

L'activité des dictyosomes se traduit par l'édification de deux catégories de vésicules : des vésicules claires (0,6 à 1 µm de diamètre) à contenu mucopolysaccharidique et des vésicules hérissées (20-40 nm), véritables lysosomes primaires. Ces deux types de vésicules fusionnent,

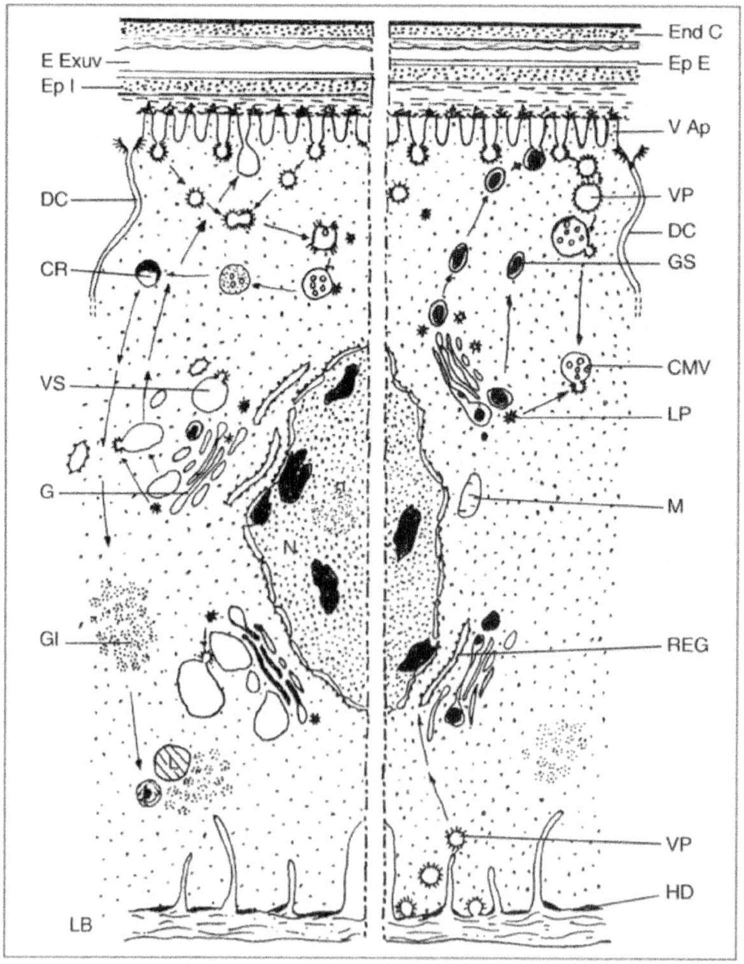

Figure 3.11 : Organisation des cellules épidermiques au cours de la mue. Sécrétion de l'épicuticule (à gauche) et des couches préexuviales de la procuticule (à droite). CMV, corps multivésiculaire ; CR, corps résiduel ; DC, desmosome cloisonné ; End C, endocuticule ; E Exuv, espace exuvial ; EpE, EpI, épicuticule externe ou interne ; G, appareil de Golgi ; Gl, glycogène ; GS, grain de sécrétion ; HD, hémidesmosome ; L, lipide ; LB, lame basale ; LP, lysosome primaire ; M, mitochondrie ; N, noyau ; n, nucléole ; REG, réticulum endoplasmique granulaire ; V Ap, villosité apicale ; VP, vésicule de pinocytose ; VS, vésicule de sécrétion (liquide de mue). (D'après A. Beaumont & P. Cassier, 1983, *Biologie animale* (t. II), Dunod, Paris.)

formant des lysosomes secondaires dont le contenu est déversé à la base des microvillosités, dans l'espace sous-cuticulaire, constituant le liquide de mue. Ce liquide est riche en enzymes (protéases, chitinase, chitobiase) dont l'activité détermine la digestion progressive des constituants de l'endocuticule (arthropodines, résiline et chitine). Les produits de la digestion (peptides, acides aminés, chitobiose, N-acétyl-D-glucosamine) sont absorbés à l'apex des cellules épidermiques, majoritairement au niveau des insertions musculaires, par diffusion et pinocytose. Les vésicules de pinocytose fusionnent avec des lysosomes primaires d'origine golgienne, formant des corps multivésiculaires où s'achève la dégradation des constituants cuticulaires. Les produits finaux de cette digestion extra- et intracellulaire sont soit utilisés pour l'édification de la nouvelle cuticule, soit stockés temporairement dans les cellules de l'épiderme ou du tissu adipeux.

Le liquide de mue est généralement sécrété sous la forme d'un gel inactif. Le passage gel-sol par exsudation d'un liquide riche en ions K^+ démasque l'activité des enzymes qui s'adsorbent à leur substrat, la vieille cuticule. Le liquide exuvial proprement dit possède une activité enzymatique réduite, ce qui, certainement, contribue à la protection de la cuticule en cours d'élaboration.

La résorption de l'ancienne cuticule constitue une réelle économie pour l'insecte puisque 15 à 20 % seulement de l'ancienne cuticule sont rejetés et constituent l'exuvie *s.s.* La résorption affecte l'ensemble de la cuticule et contribue à dégager des lignes de moindre résistance dépourvues d'exocuticule, les lignes d'exuviation. La résorption cuticulaire est un processus original, caractéristique des arthropodes. Chez les autres animaux, l'exosquelette ou les phanères sont des structures inertes et la perte est totale lors des mues.

Alors que se poursuit, par fusion des plaques, l'édification de l'épicuticule externe, l'activité de l'appareil de Golgi évolue (fig. 3.11). Dans un premier temps, elle conduit à l'élaboration de vésicules (100 nm de diamètre) dont le contenu dense déversé à l'apex des cellules assure la mise en place de l'épicuticule interne. Une partie de ce matériel épicuticulaire est recyclée (économie cellulaire). Ultérieurement, et pendant toute la période de sécrétion des assises procuticulaires préexuviales, les dictyosomes élaborent des vésicules riches en enzymes (diphénoloxydases) qui imprègnent les assises cuticulaires néoformées, préparant ainsi leur tannage ultérieur. Les lamelles de chitine et les complexes chitinoprotéiques se constituent à l'apex des microvillosités, dont la hauteur diminue progressivement.

Le déclenchement des processus de mue coïncide, notamment lors de la mise en place de l'épicuticule, avec une hypertrophie des œnocytes dont l'acidophilie et la richesse en lipides colorables par le Noir Soudan 3, voire en stérols, augmentent. Le réseau des tubules enchevêtrées et anastomosés du réticulum endoplasmique agranulaire prolifère ; le nombre des structures lytiques et des peroxysomes s'accroît.

3.2.4. EXUVIATION

Lorsque le liquide de mue et les produits de la digestion sont résorbés, la vieille cuticule est uniquement constituée par l'épicuticule (membranes articulaires, lignes d'exuviation) ou par l'épicuticule et l'exocuticule (sclérites). L'exuviation survient alors immédiatement. Dans certains cas, elle est différée et l'exuvie emprisonne temporairement l'insecte (*pharate stage* des auteurs anglo-saxons). La rupture de l'exuvie survient au niveau des lignes de moindre résistance que représentent les lignes d'exuviation, lesquelles occupent, pour chaque ordre ou chaque espèce, une position fixe pouvant avoir valeur taxonomique (diptères cyclorraphes ou orthorraphes).

Les forces de déhiscence, indipensables à la rupture de l'exuvie au niveau des lignes d'exuviation, résultent d'une augmentation de la pression des liquides internes. Cette augmentation dépend elle-même d'une distension du tube digestif car, en période de mue, les insectes absorbent de l'air (insectes aériens) ou de l'eau (insectes aquatiques). L'accumulation locale d'hémolymphe, au niveau des lignes d'exuviation, peut également mettre en jeu des muscles particuliers (muscles abdominaux ventraux, intersegmentaires des diptères et des lépidoptères, ptilinum ou sac nuccal exertile des diptères cyclorraphes).

La sortie ou émergence de l'insecte hors de l'exuvie est favorisée par la pesanteur (la majorité des insectes se suspend tête en bas lors de la mue) et par les mouvements péristaltiques "hormonodépendants" de l'abdomen.

3.2.5. ÉVOLUTION POSTEXUVIALE

Lors de l'émergence l'insecte incolore est mou et fripé ; sa cuticule est inachevée.

L'extension du tégument est, comme l'exuviation, favorisée par l'augmentation de la pression de l'hémolymphe, la distension du tube digestif gorgé d'air ou d'eau. L'activité d'organes pulsatiles peut assurer l'expansion des ailes.

Le tannage des assises procuticulaires préexuviales et, de ce fait, la constitution de l'exocuticule résultent du transfert, via les canaux poraires, d'un précurseur, la N-acétyl-dopamine. Soumise à l'action de diphénoloxydases, elle assure la production de quinones qui, par tannage, transforment les arthropodines en sclérotines. Ce tannage peut se faire sans brunissement, mais une partie des précurseurs issus de la tyrosine peut s'engager dans la voie de synthèse de mélanines qui assombrissent le tégument.

Immédiatement après la mue se mettent en place les assises postexuviales et notamment, en surface, la couche cireuse sécrétée par les œnocytes, la couche cémentaire issue des glandes dermiques. En profondeur, les cellules épidermiques élaborent les dernières strates chitino-protéiques à l'origine de l'endocuticule. Les œnocytes prennent à nouveau un aspect quiescent.

Chacune de ces étapes (exuviation, extension tégumentaire, tannage quinonique, sécrétion endocuticulaire) obéit à un mécanisme neuroendocrine distinct.

L'achèvement de la mue est associé à l'autolyse de certaines cellules épidermiques, à l'aplasie de l'épiderme (disparition des réserves glucidiques et lipidiques, régression des espaces intercellulaires), à la disparition de la polarité cellulaire et de la majorité des organites (dictyosomes, réticulum endoplasmique).

3.3. Morphogenèse imaginale

La métamorphose des insectes commence lors de l'apolyse qui conduit à la mue nymphale, se poursuit durant toute la période nymphale, et s'achève lors de l'apolyse qui aboutit à la mue imaginale. Elle est caractérisée par le déroulement de trois types de phénomènes complémentaires : phénomènes d'histogenèse ou d'édification qui assurent le développement des organes propres à l'adulte, phénomènes d'histolyse concernant les organes typiquement larvaires, remaniements qui affectent les organes communs à la larve, à la nymphe et à l'imago. L'importance relative de ces trois séries de phénomènes varie avec les espèces, les organes considérés, les ressemblances anatomo-morphologiques, écologiques qui existent entre la larve et l'imago correspondant. Ainsi, chez les neuroptères et les coléoptères, où la ressemblance larve-imago est évidente, l'histogenèse n'intervient que de manière secondaire, alors que chez les diptères, au contraire, elle joue un rôle primordial et concerne tous les appareils et organes.

3.3.1. HISTOGENÈSE OU ÉDIFICATION

La réalisation des structures imaginales peut se faire à partir d'organes préexistants ou au détriment de structures particulières, quiescentes tout au long de la vie larvaire, les disques imaginaux. Dans l'un et l'autre cas, l'histogenèse nécessite la présence de cellules-souches, de type embryonnaire qui, bien que déterminées, n'ont pas pris part à la constitution des organes larvaires. Ces cellules constituent la totalité des disques imaginaux ou sont disséminées sous la forme d'histoblastes dans le tégument, la cavité générale, l'intestin moyen, etc.

3.3.1.1. Organes préexistants

Le développement des appendices abdominaux, des pièces buccales et des antennes peut commencer dès les premiers stades larvaires et des rudiments sont même présents chez l'embryon. Si ces appendices diffèrent peu de ceux de l'imago, ils subiront une simple prolifération cellulaire, localisée à la base de l'organe.

Si l'on étudie, par exemple, les pattes de *Pieris* (fig. 3.12), peu après l'entrée dans le dernier stade, l'épiderme se sépare de la cuticule sauf au niveau des insertions musculaires, de sorte qu'il peut librement s'épaissir et se plisser. Le premier épaississement apparaît à la jonction des deuxième et troisième "phalanges" et il en part une onde de mitoses qui, par suite d'une augmentation de surface, détermine un plissement de l'épiderme ; en particulier, d'importants replis apparaissent à la base. Plus tard, lors de la mue nymphale, le repli basal est divisé par un septum longitudinal qui sépare tibia et fémur. Dans les régions proximales, l'épiderme forme coxa et trochanter, alors que, dans les régions distales, il engendre le tarse. La différenciation se poursuit au stade nymphal et conduit à l'appendice adulte.

3.3.1.2. Organes néoformés

Lorsque les différences entre organes larvaires et imaginaux sont très marquées, les organes définitifs se constituent à partir de zones épidermiques spécialisées, les disques imaginaux (fig. 3.13). De telles structures interviennent pour tous les organes des diptères. Les cellules embryonnaires qui les constituent échappent à la différenciation larvaire mais peuvent continuer à se diviser à tout moment, indépendamment ou en phase avec l'activité du système endocrine et les mues. Le corps d'une larve comporte ainsi deux populations cellulaires : une population de cellules larvaires de grande taille, généralement polyploïdes, et une population de petites cellules imaginales, diploïdes, non différenciées.

Un disque imaginal, notamment celui des ailes (fig. 3.14) ou des pattes (fig. 3.15), se présente comme une invagination du tégument larvaire, invagination constituant une cavité au fond de laquelle fait saillie l'ébauche imaginale.

Les disques imaginaux et les histoblastes sont à l'origine d'organes appartenant en propre à l'adulte (ailes, pattes, yeux, appendices copulateurs,

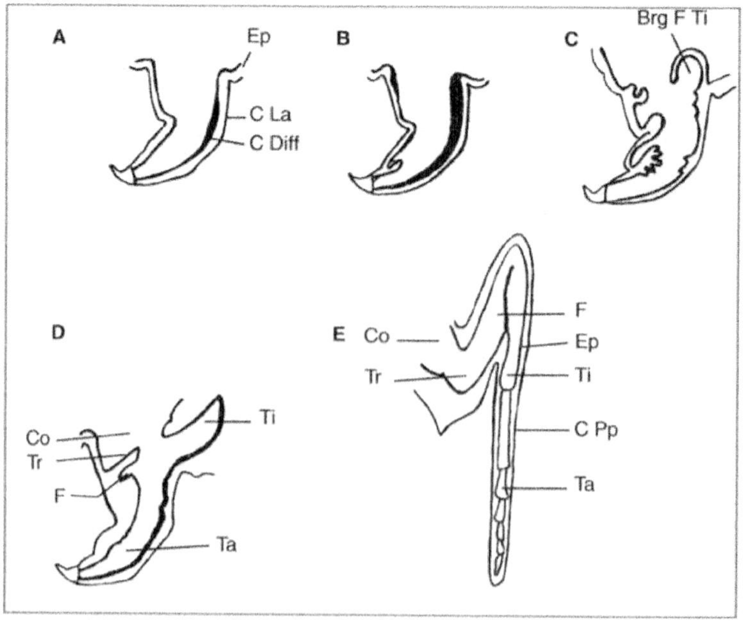

Figure 3.12 : Étapes du développement d'une patte au cours de la métamorphose de *Pieris brassicae*. Larve du dernier stade âgée de 3 h (A), de 24 h (B), de 3 j (C), juste avant la pupaison alors que peuvent être définies les zones présomptives imaginales (D). Patte de chrysalide (E). Brg F Ti, bourgeon fémoro-tibial ; C Diff, centre de différenciation ; Co, coxa ; C La, cuticule larvaire ; C Pp, cuticule pupale ; Ep, épiderme ; F, fémur ; Ta, tarse ; Ti, tibia ; Tr, trochanter.

Figure 3.13 : Localisation des disques imaginaux chez une larve vermiforme (asticot) d'un diptère cyclorraphe.
Chaque disque correspond, dans l'ordre, à : Abd, épiderme abdominal ; Al, ailes ; Ant, antennes ; AV, AR, Mes, portion antérieure, postérieure et moyenne du tube digestif ; Cr B, crochets buccaux ; Gen, organes génitaux ; Hal, haltère ; La, clypéolabre ; Lab, labium ; P1, P2, P3 pattes pro-, méso- et métathoraciques ; S Fr, sac frontal ; Sq C Ph, squelette céphalo-pharyngien ; Y, yeux.
(D'après J. Raccaud-Schoeller 1980.)
>

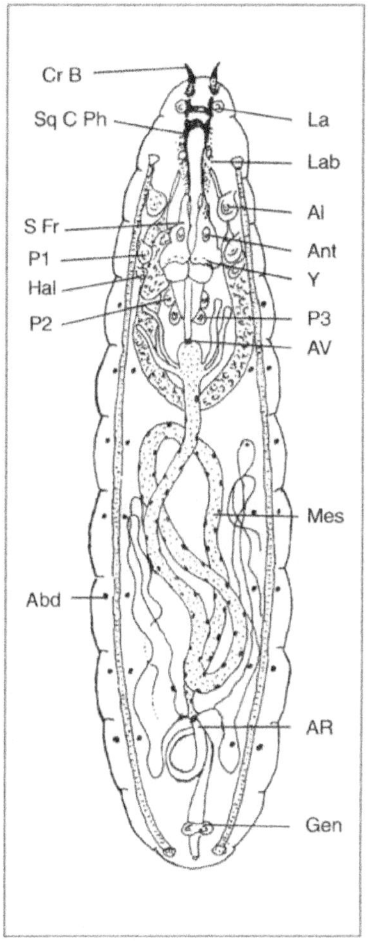

épiderme, etc. – fig. 3.16 & 3.17) Pendant la plus grande partie de la vie larvaire, les disques imaginaux croissent progressivement et se présentent le plus souvent sous la forme d'amas blanchâtres. À la mue nymphale, ils s'accroissent rapidement, ce qui provoque leur évagination hors de la cavité protectrice, dont l'épithélium limitant, partiellement détruit, participera à la constitution de membranes articulaires. Les ébauches des organes adultes font alors saillie à l'extérieur et réalisent la configuration générale de l'imago. Cette évagination marque le passage de l'état endoptérygote à

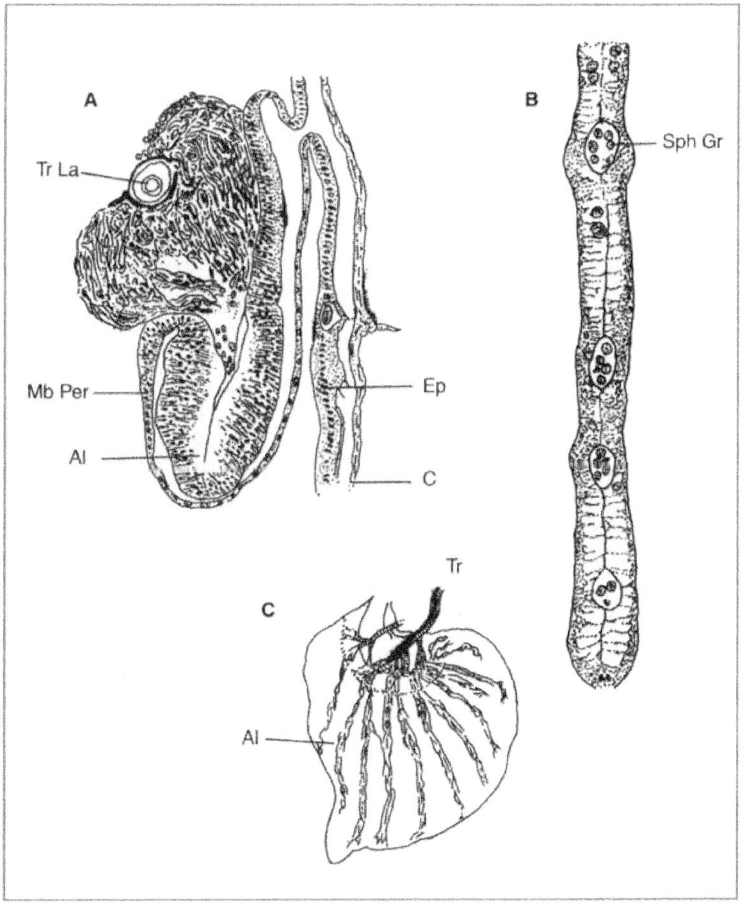

<
Figure 3.14. : Morphogenèse alaire au cours du développement d'insectes holométaboles.
A, disque imaginal alaire de *Pieris*. (D'après Henneguy.)
B, coupe transversale d'un disque imaginal alaire de *Calliphora* (pupe de 4 j).
C, ébauche alaire de *Pieris*.
Al, aile ; C, cuticule ; Ep, épiderme ; Mb Per, membrane péripodiale ; Sph Gr, sphère de granule ; Tr, trachée ; Tr La, trachée larvaire.

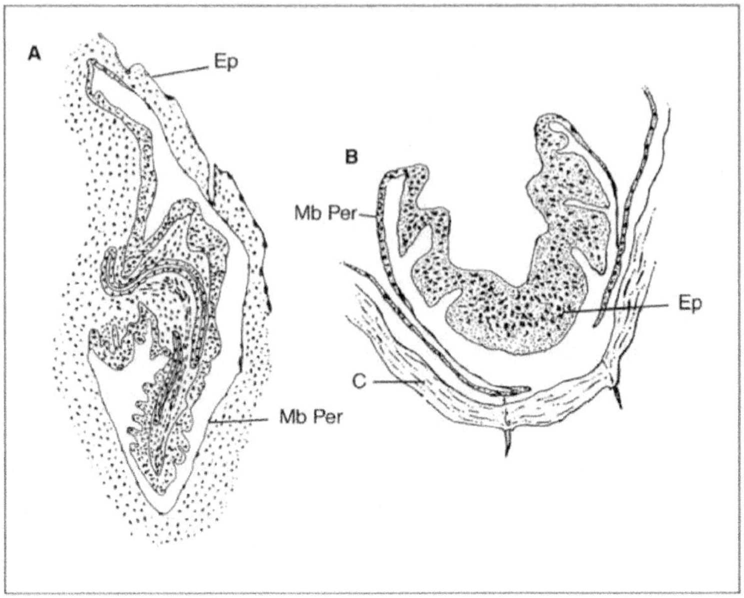

Figure 3.15 : Disque imaginal de patte chez une nymphe de *Calliphora* (A) et de *Phytonomus* (B). C, cuticule ; Ep, épiderme ; Mb Per, membrane péripodiale.

l'état exoptérygote. Durant la nymphose, ces ébauches terminent leur évolution et, à la mue imaginale, un simple étalement donnera aux organes qui en dérivent leur forme et leur taille adultes.

Les disques imaginaux des ailes (fig. 3.14) des endoptérygotes se forment au voisinage d'un tronc trachéen dont les ramifications, accompagnées d'éléments mésenchymateux, définissent et suivent les nervures alaires.

Le disque imaginal d'une patte (fig. 3.15) se forme et évolue de la même façon, mais il n'y pénètre que des éléments mésenchymateux (des histoblastes qui formeront les muscles) et pas de trachée.

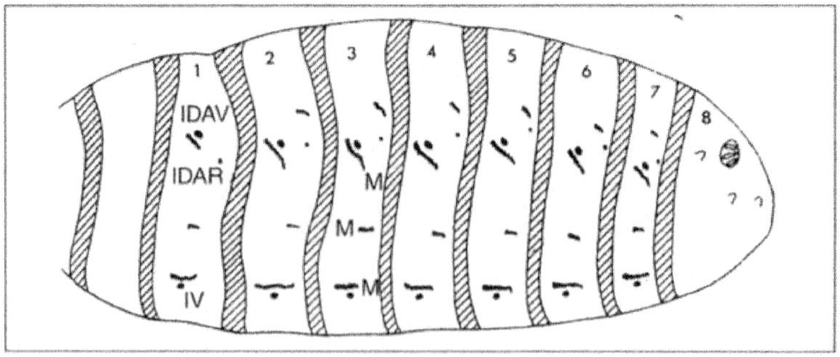

Figure 3.16 : Vue latérale gauche d'une pupe de *Calliphora* montrant la localisation des disques imaginaux épidermiques par rapport aux empreintes des insertions musculaires et aux zones intersegmentaires (hachures).
1, 2... 8, segments abdominaux 1 à 8 ; IDAV, îlot dorsal antérieur, IDAR, îlot dorsal postérieur ; IV, îlot ventral ; M, empreinte d'une insertion musculaire.
(D'après Bautz 1971.)

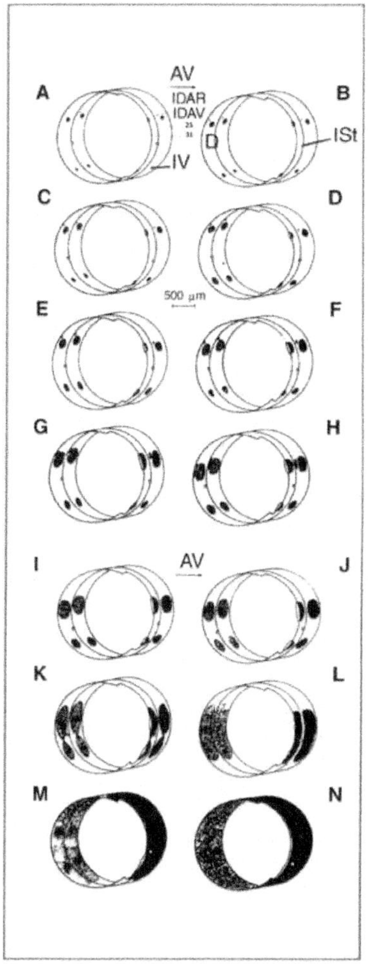

Figure 3.17 : Représentation schématique de la croissance des disques imaginaux épidermiques, au niveau de l'abdomen de *Calliphora erythrocephala*. L'animal est observé par l'arrière ; seuls les segments abdominaux 2 et 3 sont représentés. La face externe des îlots est dessinée en noir, la face interne en pointillés.
A, larve de stade 3 à jabot plein ; B, larve de stade 3 à jabot partiellement vide ; C, larve de stade 3 à jabot vide ; D, pupe blanche ; E, pupe de 6 h ; F, pupe de 12 h ; G, pupe de 18 h ; H, pupe de 24 h ; I, pupe de 30 h ; J, pupe de 36 h ; K, pupe de 42 h ; L, pupe de 48 h ; M, pupe de 54 h ; N, pupe de 66 h.
AV, partie antérieure ; IDAR, îlot dorsal postérieur ; IDAV, îlot dorsal antérieur ; ISt, îlot stigmatique ; IV, îlot ventral ; 2S, 3S, deuxième et troisième segments abdominaux.
(D'après Bautz 1971.)

En ce qui concerne le tube digestif, l'intestin moyen contient des nids de régénération (fig. 3.18), amas de cellules qui, au cours de la vie larvaire, remplacent les éléments usés (régénération physiologique). À la métamorphose, ces cellules prolifèrent et viennent former une couche continue à l'extérieur des cellules intestinales larvaires, qui sont, finalement,

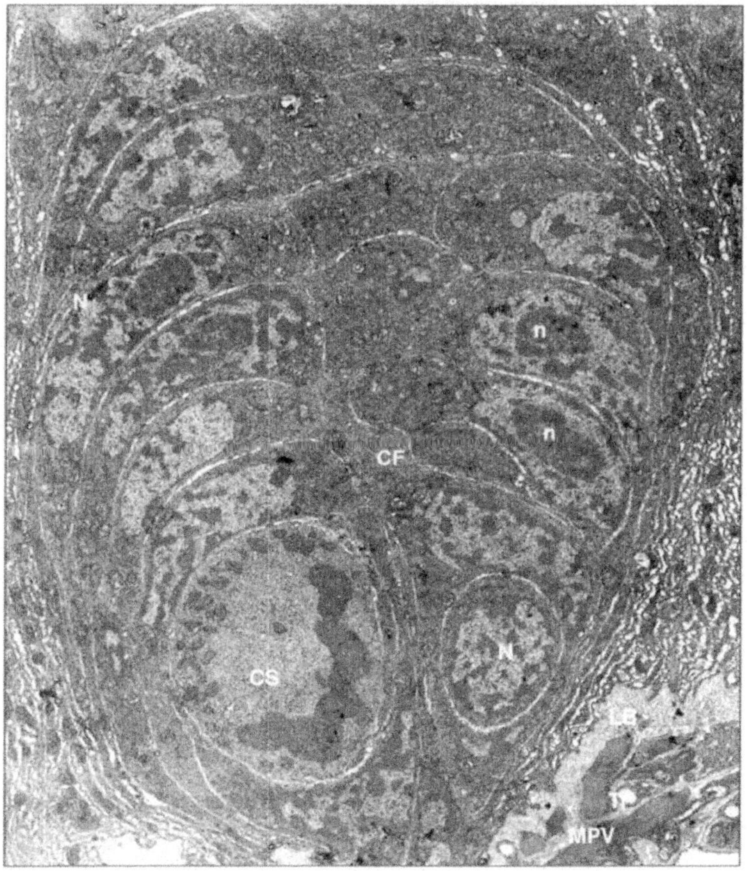

<
Figure. 3.18 : Microscopie électronique à transmission. Organisation générale d'un nid de régénération (G x 4 900).
CF, cellules filles ; CS, cellule souche en division (métaphase) ; LB, lame basale ; MPV, musculature périviscérale ; N, noyau ; n, nucléole ; Tr, trachéole.

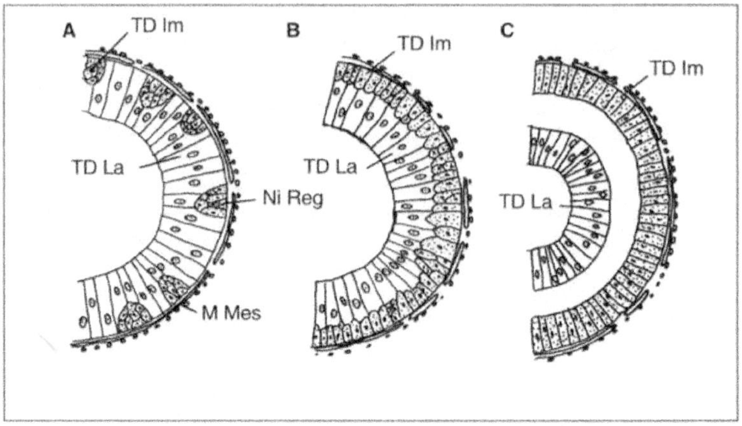

Figure 3.19 : Évolution de l'intestin moyen (mésentéron) au cours de la métamorphose d'un insecte holométabole.
MMes, musculature mésentérique et lame basale ; Ni Reg, nid de régénération (histoblastes) ; TDIm, tube digestif imaginal ; TDLa, tube digestif larvaire.
(D'après Boas.)

éliminées dans la lumière intestinale (fig. 3.19). Chez les odonates, entre l'épithélium larvaire et l'épithélium imaginal, se différencie un épithélium intermédiaire, transitoire.

À chaque extrémité de l'intestin moyen, il existe un anneau de cellules imaginales qui prolifèrent au moment de la métamorphose et reconstituent l'intestin antérieur et l'intestin postérieur. *Stomodeum* et *proctodeum* se raccordent au tégument externe grâce à l'activité de disques imaginaux annulaires, périphériques (fig. 3.20).

Chez les lépidoptères, les tubes de Malpighi cryptonéphridiés, caractéristiques des chenilles, sont remplacés par des tubes de Malpighi libres, formés à partir de disques imaginaux annulaires localisés au niveau de la portion proximale, vectrice, des tubes de Malpighi larvaires (fig. 3.21 & 3.22).

La différenciation morphologique et l'invagination des ébauches imaginales, sous forme de disques imaginaux, s'observent chez les lépidoptères, les diptères, les hyménoptères. Elle n'est cependant pas la règle chez les insectes holométaboles. Chez les coléoptères, par exemple, il

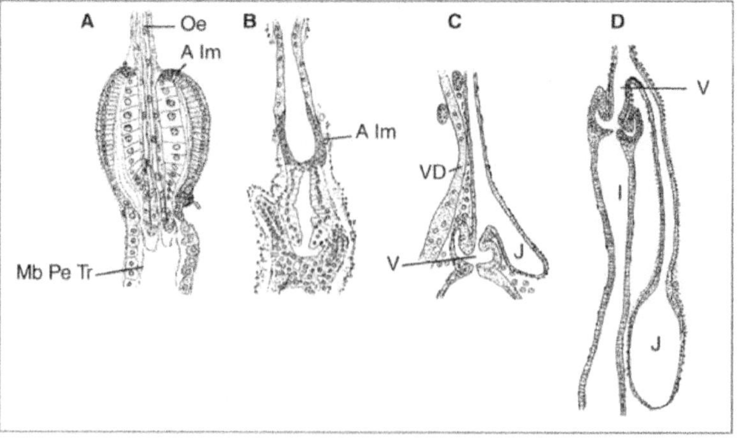

Figure 3.20 : Métamorphose de la valvule œsophagienne et développement du jabot imaginal chez *Calliphora*.
A, asticot de 4 mm ; B, pupe de 7 h ; C, pupe de 6 j ; D, pupe de 7 j. AIm, anneau imaginal ; I, intestin ; J, jabot ; Mb Pe Tr, membrane péritrophique ; Oe, œsophage ; V, nouvelle valvule ; VD, vaisseau dorsal.

Figure 3.21 : Anatomie interne d'une chenille de *Galleria mellonella* disséquée par la face dorsale.
ClC, canal collecteur ; Gl Ser, glandes séricigènes ; IA, intestin antérieur ; IM, intestin moyen ; IP, intestin postérieur ; R, rectum ; St stigmate ; STr, système trachéen ; TA, tissu adipeux ; TM, tubes de Malpighi ; Tr, trachées.
(Avec l'autorisation de Le Garff.)
>

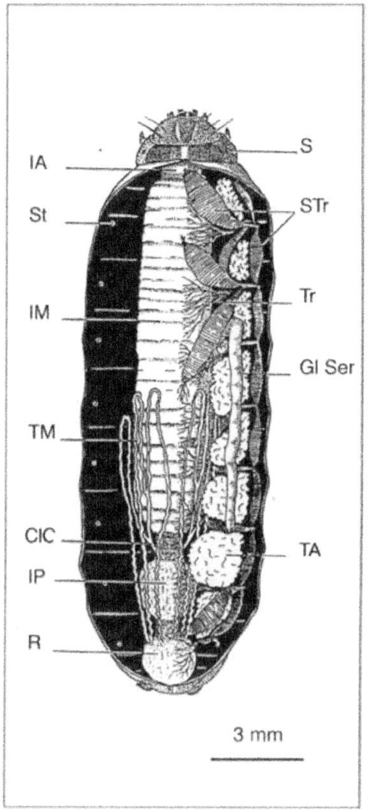

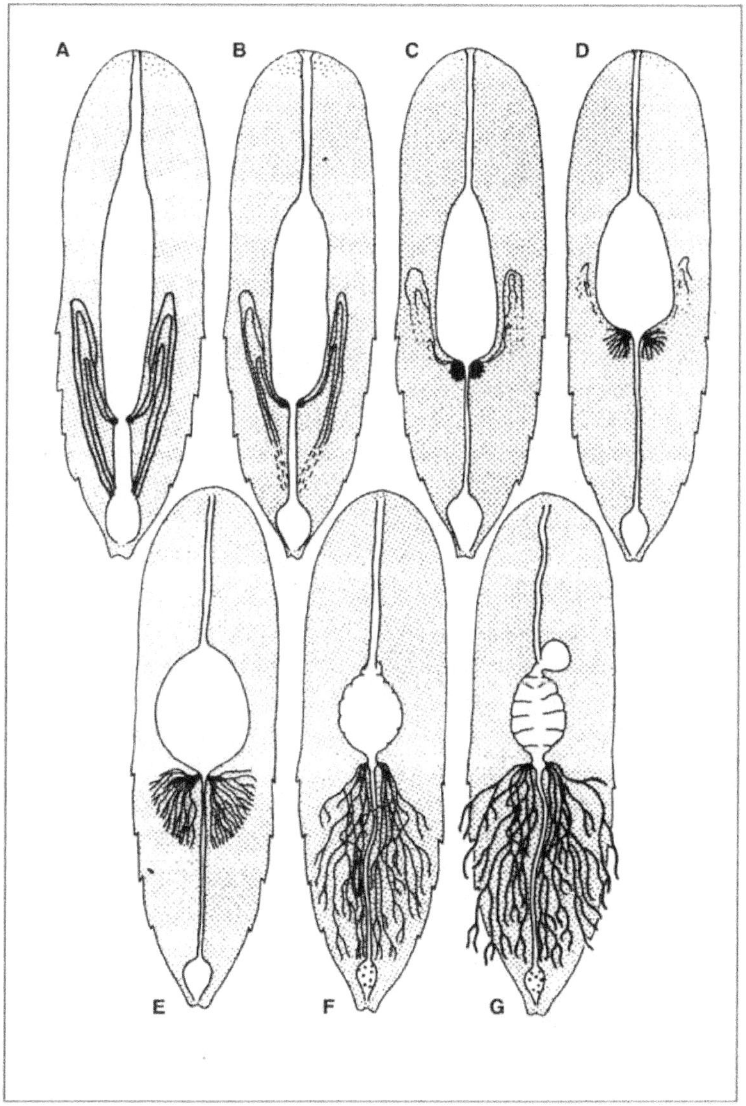

<
Figure. 3.22 : Représentation schématique des transformations du tube digestif et de l'appareil malpighien de *Galleria mellonella* (lépidoptère) au cours de la métamorphose.
A, nymphe 0 h ; B, idem, 15 h ; C, id. 30 h ; D, id. 40 h ; E, id. 50 h ; F, id. 75 h ; G, id. 100 h.
(Avec l'autorisation de Le Garff.)

n'apparaît jamais de disques imaginaux. Chez les larves de ces insectes, les ébauches imaginales des pattes, des ailes et des yeux sont de simples territoires tégumentaires larvaires, dotés de propriétés morphogénétiques qui ne se manifestent normalement qu'à la métamorphose mais qui peuvent être décelées expérimentalement. Si on supprime une ébauche imaginale (différenciée ou non en disque) au cours de la vie larvaire, elle n'est pas régénérée (absence de régulation) et l'organe correspondant manque chez l'imago.

3.3.2. HISTOLYSE OU DESTRUCTION

Des organes typiquement larvaires disparaissent par autolyse et phagocytose : tube digestif et organes annexes, muscles, trachées, épiderme, glandes séricigènes des chenilles et enfin glandes prothoraciques. Ce processus met en jeu des lysosomes, dont les hydrolases, actives à pH acide (phosphatase acide, cathepsines, etc.), libérées dans des compartiments cellulaires limités par une enveloppe issue du réticulum endoplasmique (cytoségrésomes), dégradent les organites. Les vestiges cellulaires sont ingérés par des phagocytes différenciés à partir d'hémocytes stimulés par l'hormone de mue.

Dans le cas des muscles (fig. 3.23), les phagocytes pénètrent dans la fibre, la désagrègent, absorbent des fragments fibrillaires, deviennent énormes puis tombent dans la cavité générale où ils forment des "sphères de granules". Ces cellules libèrent dans le sang les produits de la digestion intracellulaire des fragments tissulaires, qui seront utilisés pour le développement des organes en voie d'édification.

Les phénomènes de phagocytose dans les divers cas analysés sont l'étape finale, d'ailleurs non obligatoire, du processus involutif. Des phénomènes d'autolyse précèdent toujours l'intervention des phagocytes.

3.3.3. REMANIEMENTS

Les organes communs aux larves et aux adultes (muscles, tubes de Malpighi qui peuvent aussi être phagocytés et remplacés, tube cardiaque...) subissent des remaniements. Les cellules considérées se dédifférencient puis acquièrent les caractères imaginaux sans changer de destinée : des cellules musculaires larvaires engendrent des cellules musculaires imaginales.

Dans le cas des muscles, par exemple, les fibrilles fusionnent en une masse homogène. Des noyaux disparaissent, d'autres se divisent en plusieurs petits noyaux. De nouvelles fibres apparaissent, auxquelles s'incorporent les noyaux des histoblastes venus du mésenchyme. Par la suite, un clivage isole les fibres imaginales qui acquièrent rapidement les fibrilles et la striation caractéristique.

La redifférenciation d'une cellule d'un type larvaire vers un type imaginal implique l'élimination des organites à l'intérieur de cytoségrésomes délimités par une membrane issue du réticulum endoplasmique mais dépourvue d'activité lytique propre. Cette activité apparaît après fusion

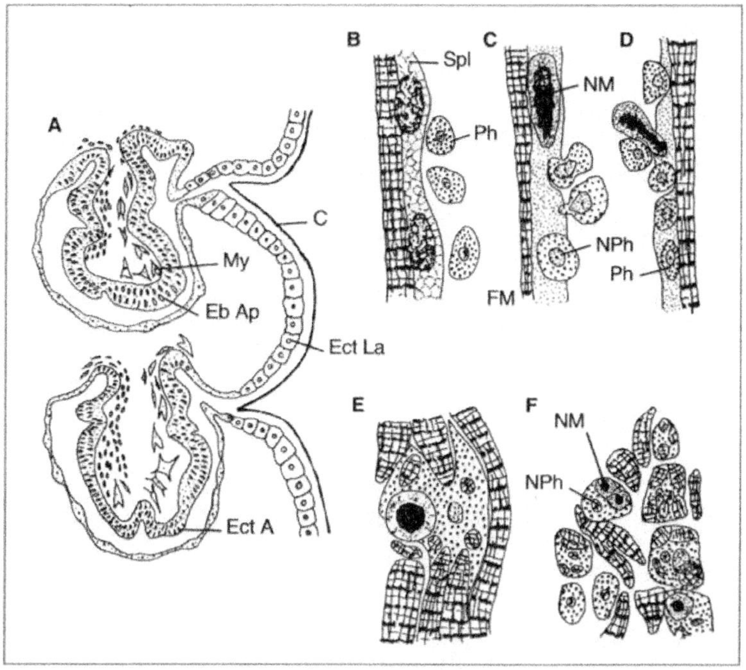

Figure 3.23 : Disques imaginaux.
A, détail de l'organisation de deux disques imaginaux de pattes chez une larve âgée de *Formica rufa*.
B, C, D, E, F, histolyse des muscles d'une larve de *Calliphora erythrocephala* : fibre intacte (B), pénétration des phagocytes (C), libération des noyaux musculaires (D), ingestion d'un noyau musculaire et de fibrilles par un phagocyte (E), histolyse presque achevée (F).
C, cuticule ; Eb Ap, ébauche d'un appendice ; Ect A, ectoderme adulte ; Ect La, ectoderme larvaire ; FM, fibre musculaire ; My, myoblaste ; NM, noyau musculaire ; NPh, noyau d'un phagocyte ; Ph, phagocyte ; Spl, sarcoplasme.
(D'après Pérez.)

avec des lysosomes primaires issus de la face de maturation des dictyosomes. Le résultat de cette autophagie est la réduction considérable de la masse cytoplasmique de cellules qui vont acquérir de nouveaux organites ; l'ordre de disparition puis de reconstitution est le suivant : peroxysomes, mitochondries, réticulum endoplasmique granulaire. Il y a préalablement disparition des matériaux de réserve : glycogène, lipides.

Remarque

La métamorphose des insectes diffère profondément de celle des vertébrés. En général, chez les vertébrés, la forme du corps est le résultat d'un équilibre harmonieux entre perte et remplacement (cytolyse, cytogenèse). Les cellules se différencient, meurent et sont remplacées. La métamorphose n'est qu'une exagération de ces processus, mais les cellules de remplacement ont une nouvelle forme. Ceci n'est pas vrai dans le cas des insectes ; à l'exception des diptères supérieurs, cytolyse et remplacement ne sont pas la règle ; les remaniements sont les plus fréquents et il est rare que les cellules perdent leur capacité mitotique, leurs potentialités. Le remodelage de la forme implique d'amples mouvements cellulaires.

4. Aspects biochimiques et moléculaires

Au cours de la métamorphose, la larve mature subit une série de modifications morphologiques qui aboutissent à la morphogenèse imaginale. Ces processus (histolyse, histogenèse) sont associés à des modifications physiologiques et biochimiques qui ont fait l'objet de nombreuses recherches, mais il est difficile de généraliser les résultats acquis. Seuls quelques problèmes spécifiques seront abordés.

4.1. Sclérotinisation et activation du système des phénoloxydases

La cuticule des insectes subit un processus de tannage ou sclérotinisation dont les étapes ont pu être précisées grâce aux recherches très poussées, consacrées au puparium de *Calliphora* (Karlson, Sekeris) (fig. 3.24).

Le tannage est placé sous le contrôle d'une neurohormone, le bursicon. Le dernier composé qui résulte de l'action du sytème phénoloxydase est oxydé en O-diquinone, qui réagit avec les amino-acides des protéines cuticulaires. Le système phénoloxydase existerait sous une forme inactive dans l'hémolymphe. Son activateur, localisé dans la cuticule, active le système enzymatique dès que le précurseur y pénètre.

Le taux de tyrosine augmente très rapidement dans l'hémolymphe des larves à l'approche de la mue nymphale puis diminue lors de cette mue, ou immédiatement après. Mais du fait de sa faible solubilité, les quantités de tyrosine disponibles sont bien inférieures aux besoins des mues nymphale et imaginale. Le problème est résolu grâce à un stockage de la tyrosine sous la forme d'un composé soluble, la tyrosine O-phosphate chez *Drosophila*, la sarcophagine (β-alanyl-L-tyrosine) chez *Sarcophaga*, composés qui sont environ 200 fois plus solubles que la tyrosine libre. Chez *Drosophila*, la tyrosine peut également être stockée sous une forme solide dans des hémocytes spécialisés ou *crystal cells*.

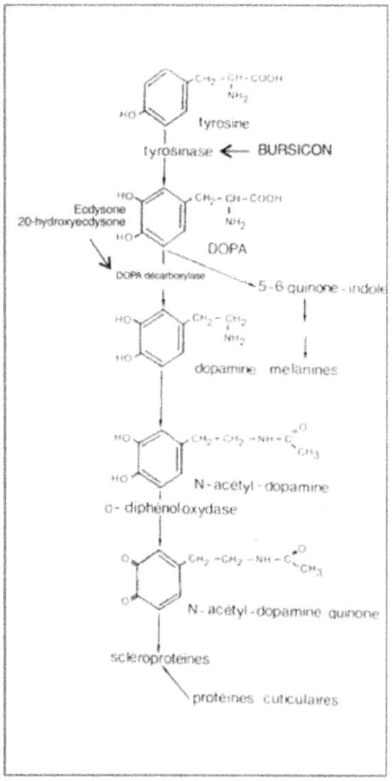

Figure 3.24 : Métabolisme de la tyrosine en rapport avec la sclérotinisation.

4.2. Intensité respiratoire

La consommation d'oxygène diminue au début de la période nymphale puis augmente (courbe en U). Les deux phases correspondent respectivement aux périodes d'histolyse-histogenèse et de différenciation. La corrélation précédente peut traduire une évolution des enzymes impliquées dans la respiration cellulaire ; celles-ci seraient progressivement détruites au cours de la première moitié du stade puis un nouveau système serait mis en place.

4.3. Utilisation de la réserve énergétique

En règle générale, le stade qui précède la métamorphose est plus long que les autres stades larvaires, en raison notamment de l'accumulation des matériaux énergétiques et plastiques (protéines, lipides, glucides) indispensables à la morphogenèse imaginale (fig. 3.25).

Les principales substances énergétiques de réserve sont représentées par les lipides et le glycogène stockés dans le corps gras.

Au cours de la métamorphose, le taux des hydrates de carbone est relativement constant, exception faite d'une faible consommation lors de la mue nymphale ; en revanche, lors de l'émergence, la synthèse de la chitine de la cuticule imaginale s'accompagne d'une chute de la quantité de glycogène. Les hydrates de carbone ne contribuent donc pas, ou seulement pour une part, à la couverture des besoins énergétiques de la nymphe. Ils sont pour l'essentiel impliqués dans la synthèse de chitine, qui bénéficie également des monomères libérés par la dégradation de la cuticule nymphale.

En revanche, les lipides neutres sont pour un tiers utilisés au cours de la vie nymphale, principalement au début et à la fin du stade. Vu le taux des enzymes (acides gras oxydases), il est clair qu'elles assurent la couverture des besoins énergétiques. Une augmentation temporaire des hydrates de carbone et des lipides au début du stade pourrait résulter de la conversion des acides aminés.

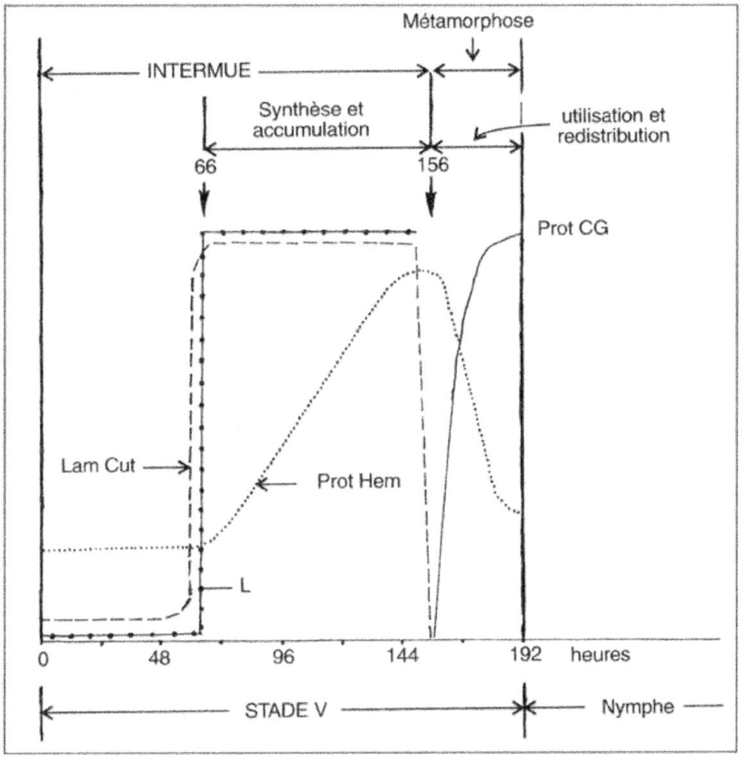

Figure 3.25 : Chez *Calpodes* (lépidoptère), au dernier stade larvaire, dès la transition larve-chrysalide (66 h), les synthèses de matériaux plastiques et énergétiques augmentent rapidement : lamelles cuticulaires (Lam Cut), lipides (L), protéines hémolymphatiques (Prot Hem) stockées dans le corps gras (Prot CG). L'utilisation et la redistribution de ces matériaux débutent avec la métamorphose (156 h).
(D'après Locke 1981.)

4.4. Acides aminés et dérivés

Chez la majorité des insectes qui ont fait l'objet d'études poussées, le taux des acides aminés se maintient à un niveau relativement constant au cours de la métamorphose (*Cerura virula, Formica polyctena, Dacus oleae*), ce qui peut paraître surprenant, compte tenu du déroulement des évènements morphogénétiques. Chez d'autres espèces (*Calliphora, Ephestia, Tenebrio, Culex, Prodenia, Lucilia*), des modifications mineures ont été observées : déclin lors de la pupaison, augmentation jusqu'au milieu du stade nymphal puis à nouveau chute à l'approche de l'émergence ; l'augmentation serait corrélée à l'histolyse, les diminutions à l'histogenèse, mais la démonstration reste à faire. De plus, certains acides aminés sont utilisés pour la glucogenèse et la lipogenèse. Il n'est pas invraisemblable d'imaginer que la dégradation des macromolécules larvaires est incomplète et que les peptides sont utilisés directement lors de la synthèse des protéines imaginales.

Si quantitativement les changements sont peu importants, il existe des modifications qualitatives. Elles concernent la tyrosine et ses conjugués et ont déjà été évoquées. D'autres s'appliquent à deux formes interchangeables, l'acide glutamique et la glutamine, dont les taux diminuent lors de la mue nymphale, retrouvent leur niveau initial, chutent à nouveau progressivement à l'approche de l'émergence. La méthionine sulfoxyde, acide aminé rare, augmente rapidement à la métamorphose ; elle s'accumule dans les tissus et l'hémolymphe.

L'évolution du tryptophane (précurseur) et de la kynurénine (intermédiaire dans la synthèse des ommochromes) a été particulièrement étudiée chez les lépidoptères, en relation avec la synthèse de pigments. Le taux de tryptophane augmente pendant la première moitié du stade nymphal puis diminue graduellement, alors qu'augmente la quantité de kynurénine qui sera transférée à l'imago.

4.5. Protéines tissulaires et hémolymphatiques

La majorité des travaux concernant les protéines ont été conduits avec l'idée que larves et adultes différaient quant à la composition de leurs protéines, ce qui résulterait d'une modification du pool des gènes actifs au cours de la métamorphose. Le stade nymphal "clos", sans échange avec le milieu extérieur, se prête bien à ce type d'études (électrophorèse, immunoélectrophorèse). En simplifiant à l'extrême, les stades larvaires et tout particulièrement le dernier, sont caractérisés par des phénomènes de croissance et de stockage de macromolécules qui seront utilisées ultérieurement pour l'élaboration de structures adultes dans le milieu clos que représente toute nymphe.

4.5.1. ALTÉRATIONS QUALITATIVES ET QUANTITATIVES

Lors du passage larve-nymphe, les modifications sont essentiellement d'ordre quantitatif et affectent la concentration de certaines protéines communes aux deux stades ; ces modifications sont très progressives. Il n'y a aucune preuve quant au passage d'un système génique à un nouveau système. Il n'est pas exclu que les larves puissent synthétiser des protéines qui seront utilisées ultérieurement par l'adulte. Chez certaines espèces, une chute importante des protéines hémolymphatiques a pu être décelée. Cette chute correspondrait à leur incorporation dans les tissus dont certains pourraient absorber des protéines spécifiques.

4.5.2. SYNTHÈSE, RENOUVELLEMENT ET ABSORPTION

Par injection d'amino-acides marqués (marquage isotopique), on a souvent constaté que leur incorporation dans les protéines hémolymphatiques était accrue (x 20 à 30 fois) au moment de l'émergence imaginale. La courbe générale traduisant cette incorporation a la forme d'un U et certains acides aminés ont un comportement particulier (cf. tyrosine).

Les protéines hémolymphatiques captées par les cellules pour la synthèse des protéines de l'adulte peuvent entrer par pinocytose mais sont, vraisemblablement, en partie dégradées, les acides aminés étant utilisés pour des synthèses *de novo*. Mais ce mécanisme est certainement peu actif (2 % des protéines). L'utilisation directe des protéines sanguines n'est d'ailleurs pas un phénomène exceptionnel, propre aux insectes.

Les protéines hémolymphatiques larvaires constituent le pool principal, la source pour la formation des protéines imaginales ; elles sont captées par les tissus en cours de différenciation. Le comportement de ces protéines a pu être précisé. Au cours du dernier stade, et en relation avec une prise alimentaire active, le corps gras de la larve synthétise et sécrète en abondance des protéines hémolymphatiques. Ultérieurement, après cette phase, ces mêmes protéines sont recaptées par les cellules du corps gras et stockées *(storage proteins)*. Le stockage peut concerner des protéines particulières riches en tyrosine et se présente sous la forme de granules ou de corps multivésiculaires (drosophiline, calliphorine, hyalophorine, etc.). D'autres tissus peuvent participer à la séquestration des protéines hémolymphatiques (mésentéron, muscle cardiaque, glandes accessoires, ovaires, testicules, glandes salivaires). Une part importante des synthèses correspond au développement des muscles alaires.

4.5.3. PROTÉINES CUTICULAIRES

Les protéines cuticulaires, en général, contiennent une forte proportion de proline, alors que la quantité d'aminoacides soufrés est très faible à nulle. Si des différences de composition entre larves, nymphes et imagos ont parfois été démontrées *(Tenebrio molitor)*, elles ne concernent qu'un nombre restreint de protéines. Au cours de la métamorphose et notamment des mues nymphale et imaginale, les protéines sont pour une part synthétisées par les cellules épidermiques et, pour une autre part, élaborées par le corps gras. Dans ce dernier cas, elles sont captées par les cellules épidermiques, au pôle basal hémolymphatique, et transférées au pôle apical. Les mécanismes de ce transit polarisé ne sont pas connus.

4.6. Équipement enzymatique

À côté des enzymes de la respiration et des phénoloxydases, d'autres enzymes sont affectées par les processus de métamorphose.

4.6.1. PROTÉASES

Les protéases sont, en particulier, impliquées dans les processus d'histolyse. L'activité de ces enzymes peut être affectée par l'évolution du pH tissulaire qui, durant le stade nymphal, présente une variation temporelle en U. Une chute du pH active les protéases et la protéolyse des tissus larvaires, alors qu'une augmentation les inhibe, permettant la synthèse des protéines imaginales. Cette variation concerne, chez *Calliphora*, une protéase acide (pH 4,7-4,9) pendant toute la vie nymphale, alors que les protéases alcalines sont pratiquement indétectables. Chez les diptères, animaux de petite taille, les mesures concernent la totalité de l'organisme, ce qui ne permet pas de connaître la source des enzymes et leur cible.

Chez les saturnidés, animaux de grande taille, une étude plus fine a été consacrée à la désintégration des muscles abdominaux intersegmentaires, 48 h après l'émergence (ils sont intacts tout au long de la vie nymphale) ; en augmentant la pression sanguine, ils assurent l'exuviation et l'expansion des ailes. Leur dégénérescence résulte de la rupture de la paroi des lysosomes qui contiennent une cathepsine (pH 3,9) et une phosphatase acide (pH 4,5). Les enzymes sont synthétisées en réponse aux conditions endocrines qui contrôlent la morphogenèse imaginale ; après la mue, il y a cessation de l'activité motrice et dégénérescence des muscles abominaux.

4.6.2. PHOSPHATASES

Chez *Drosophila*, la pupaison est accompagnée par une augmentation significative de l'activité phosphatasique alcaline, qui persiste pendant 24 h après l'éversion des disques imaginaux puis décline jusqu'à l'émergence. Cette activité résulterait d'une succession de sécrétions par l'épiderme (pupaison) et le mésentéron (morphogenèse).

Au cours de la métamorphose, de nombreux organes larvaires disparaissent, ce qui coïncide avec un accroissement de l'activité lysosomale, notamment chez les diptères, au niveau du corps gras et des glandes salivaires. Cet accroissement du titre des hydrolases (phosphatases acides, cathepsines, etc.) est certes placé sous le contrôle de la 20-hydroxyecdysone, mais il est souvent difficile de préciser s'il correspond à une libération d'enzymes préexistantes ou s'il résulte d'une néosynthèse.

Chez *Lucilia*, diptère qui a fait l'objet de recherches approfondies, il existe en réalité deux systèmes hydrolasiques qui se distinguent par leur pH optimal d'activité. Le premier (pH 2,8) est présent tout au long du développement à un taux élevé. Le second (pH 4,1) montre deux pics d'activité : l'un coïncide avec l'empupement, l'autre se manifeste à la fin de la période pupale et culmine lors de l'émergence de l'imago.

Ces résultats ne peuvent être généralisés : ils dépendent du type de tissu, du type de phosphatase et de l'espèce prise en compte.

4.7. Métabolisme des acides nucléiques

Chez *Tenebrio*, lors de la nymphose et de l'émergence, les teneurs en ARN et ADN sont élevées (synthèses cuticulaires et tissulaires). D'une manière générale, la quantité d'ARN augmente au début du dernier stade larvaire puis diminue lors de la nymphose ; il en est de même de la synthèse protéique, qui diminue lors de la nymphose (fig. 3.26).

En ce qui concerne l'ADN, chez *Lucilia*, la quantité diminue un jour avant la nymphose puis augmente jusqu'à l'émergence. Ces deux phases correspondent respectivement à la désintégration des tissus larvaires suivie de la prolifération des cellules imaginales. Il en est de même chez *Drosophila*. En relation avec la désintégration des tissus larvaires, on peut noter une multiplication des lysosomes et une augmentation de l'activité DNAsique.

Les modifications du métabolisme nucléique sont, comme le développement, sous le contrôle de facteurs endocriniens. Sous l'effet de l'ecdysone, il y a augmentation de la quantité d'ARN dans le cytoplasme et le nucléole des cellules de divers tissus et organes (épiderme, système nerveux, tubes de Malpighi, disques imaginaux), et augmentation de la teneur en ADN.

Les travaux les plus importants ont été réalisés par Karlson. Chez *Calliphora*, lors de la pupaison, en présence d'ecdysone, il y a augmentation de la synthèse d'ARN (visualisable également avec des noyaux épidermiques isolés, en présence d'uracile marqué) et augmentation de la

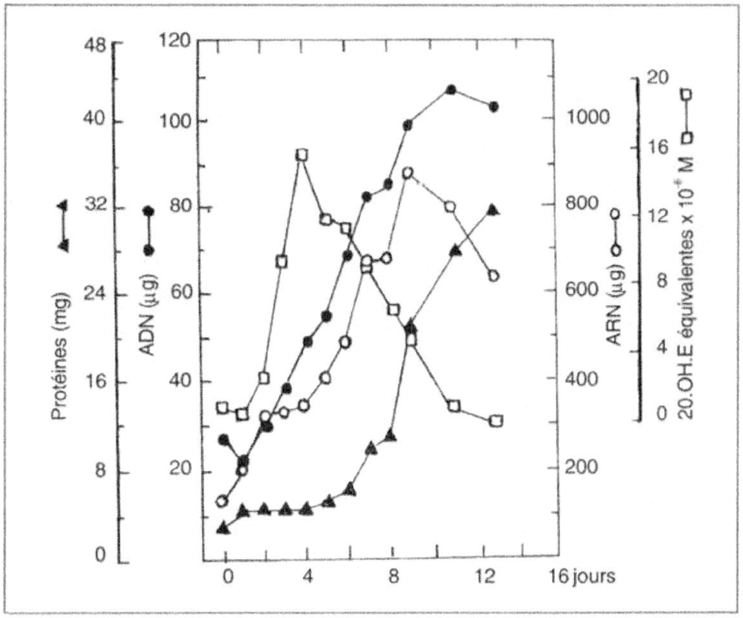

Figure 3.26 : Évolution du taux des protéines, de l'ADN et de l'ARN dans les ailes d'*Antheraea pernyi*, en fonction du titre hémolymphatique des ecdystéroïdes (20.OH.E) au cours du stade nymphal.
(D'après Nowock *et al.* 1978.)

synthèse protéique ; il s'agit donc d'ARNm et en particulier d'ARNm contrôlant la synthèse de la DOPA-décarboxylase impliquée dans le tannage cuticulaire.

Il y a une relation directe entre la richesse en ribosomes, la croissance et la synthèse protéique. La teneur en ARN et en ribosomes est toujours très élevée chez la larve mature, notamment dans le corps gras. Elle diminue au cours de la métamorphose à un niveau constant (45 %/larve). Les ribosomes larvaires dégradés au cours de la phase d'errance *(wandering stage)* seront remplacés par des ribosomes imaginaux.

5. Données endocrines

5.1. Rappel anatomique

Chez les insectes, le système endocrine s.l. est très complexe et comporte des centres neurosécréteurs associés à des organes neurohémaux et des glandes endocrines.

5.1.1. CENTRES NEUROSÉCRÉTEURS ASSOCIÉS À DES ORGANES NEUROHÉMAUX

Les cellules neurosécrétrices médianes de la *pars intercerebralis* (PI) forment deux groupes symétriques, d'importance variable selon les espèces (fig. 3.27). Les axones aboutissent, après décussation de la majorité d'entre eux (chiasma), aux *corpora cardiaca* (CC) par le biais des nerfs des *corpora cardiaca* (NCC) internes ou NCC I. La taille des cellules et leurs affinités tinctoriales permettent de reconnaître quatre catégories, dites A (basophiles), B (acidophiles), C (azanophiles) et D, auxquelles il est relativement difficile d'attribuer une fonction précise.

Les cellules neurosécrétrices latérales sont en relation directe avec les CC par le biais de NCC II ou NCC externes. Les axones de ces cellules forment très souvent une boucle au voisinage de la PI ou y envoient des collatérales. NCCI et NCCII sont fréquemment fusionnés. Outre leur fonction neurohémale (fig. 3.28), les CC ont une fonction endocrine intrinsèque grâce à des cellules endocrines dispersées entre les terminaisons axonales ou regroupées *(Locusta)* au niveau d'un lobe glandulaire. Dans ce dernier cas, les CC sont comparables au plan structural à l'hypophyse des vertébrés puisque coexistent une région neurohémale (cf. neurohypophyse) et une région glandulaire (cf. adénohypophyse).

Les cellules neurosécrétrices du deutocérébron aboutissent aux CC par le biais des NCC IV, alors que les axones des cellules neurosécrétrices du tritocérébron empruntent la voie des NCC III.

Les cellules neurosécrétrices de la chaîne nerveuse ventrale ont fondamentalement une disposition métamérique qui peut être plus ou moins profondément altérée par la coalescence des neuromères. Les axones de ces cellules neurosécrétrices aboutissent aux *corpora allata* ou aux organes neurohémaux périsympathiques (fig. 3.29).

Les organes neurohémaux qui permettent la libération des neurosécrétions sont toujours en relation avec le système nerveux sympathique. Les organes périsympathiques sont placés sur le système nerveux sympathique impair ; les *corpora cardiaca* sont associés au système stomatogastrique. L'intégration des informations sensorielles extéroceptives et intéroceptives, facteur d'adaptation, et la régulation des activités endocrines qui contrôlent le développement (croissance et différenciation) sont le fait des cellules neurosécrétrices, qui contractent avec les prolongements des cellules nerveuses avoisinantes de très nombreuses relations synaptiques. Les cellules neurosécrétrices, qui associent des caractères de cellules nerveuses (prolongements, neurotubules, corps de Nissl, excitabilité, conductibilité) et de cellules glandulaires (réticulum endoplasmique

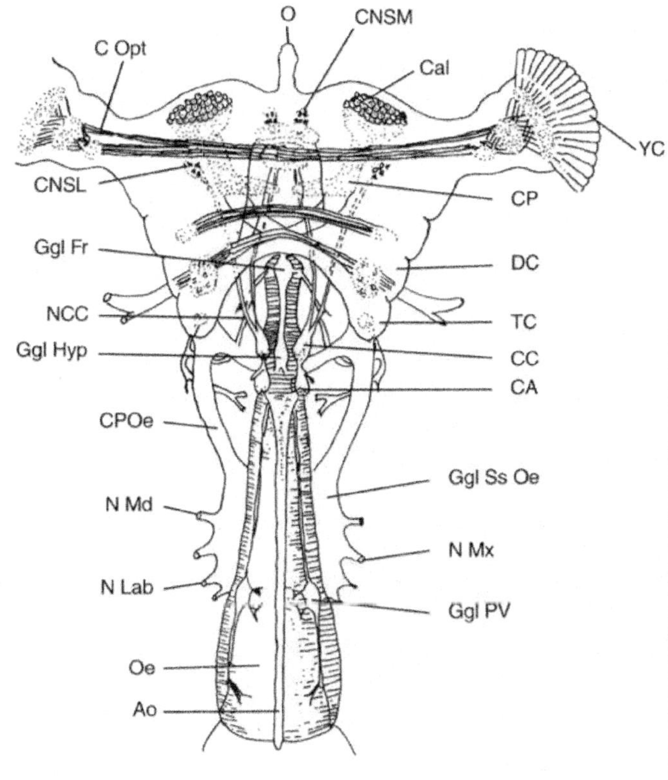

Figure 3.27 : Organisation générale du système neuro-endocrine des insectes.
Ao, aorte ; CA, *corpora allata* ; Cal, calice ; CC, *corpora cardiaca* ; CNSM, CNSL, cellules neurosécrétrices médianes ou latérales ; C Opt, commissure optique ; CP, corps pédonculé ; CPOe, collier péri-œsophagien ; DC, deutocérébron ; Ggl Fr, ganglion frontal ; Ggl Hyp, ganglion hypocérébral ; Ggl PV, ganglion paraventriculaire ; Ggl Ss Oe, ganglion sous-œsophagien ; NCC, nerf des *corpora cardiaca* ; N Lab, nerf du labium ; N Md, nerf mandibulaire ; N Mx, nerf maxillaire ; O, ocelle ; Oe, œsophage ; TC, tritocérébron ; YC, yeux composés.
(D'après A. Beaumont & P. Cassier, 1983, *Biologie animale* (t. II), Dunod, Paris.)

granulaire, dictyosomes), élaborent des vésicules riches en neurotransmetteurs (acétylcholine, amines biogènes, peptides) et/ou en neurohormones peptidiques. À la différence des cellules nerveuses, elles n'ont pas de relation de contiguïté avec leur cible ; leur produit de sécrétion est en général véhiculé par l'hémolymphe.

5.1.2. GLANDES ENDOCRINES

Les glandes prothoraciques contrôlent le déroulement des processus de la mue par le biais des hormones de mue. Ces glandes d'origine ectodermique, issues du métamère labial, ont une position variable. Elles sont, selon les espèces, localisées dans la tête des polynéoptères (glandes ventrales des acridiens), le prothorax des oligonéoptères et des paranéoptères (glandes prothoraciques de *Rhodnius*, glandes péritrachéennes des lépidoptères), ou incluses dans un complexe glandulaire ou anneau de

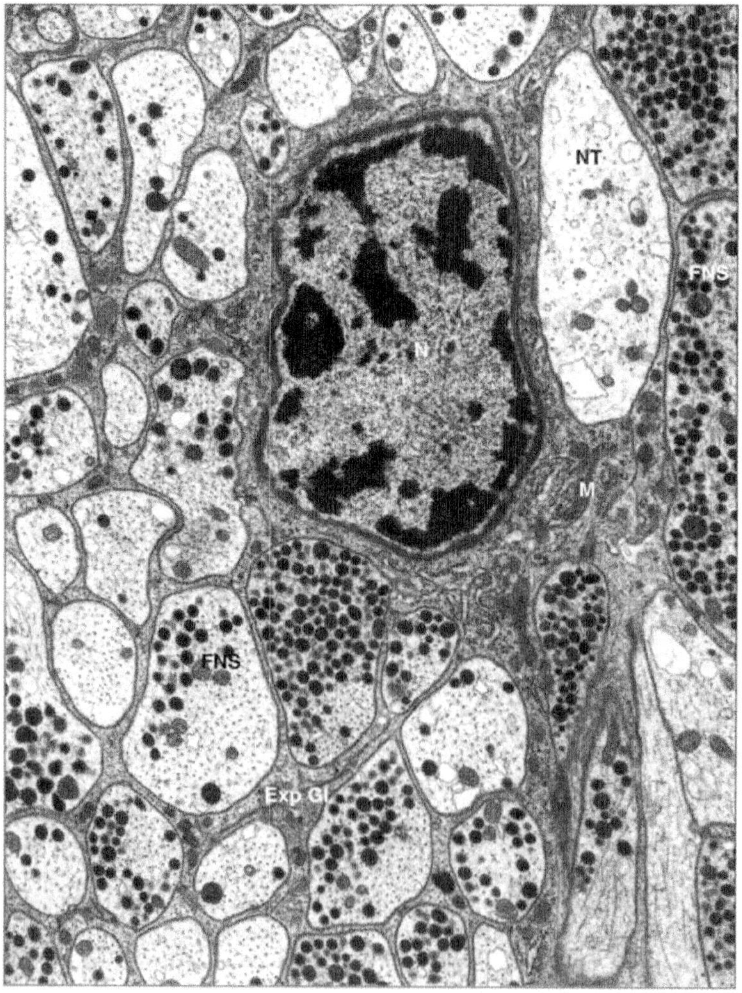

Figure 3.28 : Microscopie électronique à transmission. La portion neurohémale des *corpora cardiaca* est uniquement constituée de fibres neurosécrétrices (FNS) isolées ou entourées par les expansions de cellules gliales (Exp Gl). M, mitochondrie ; N, noyau d'une cellule gliale ; NT, neurotubules. (G x 15 000).

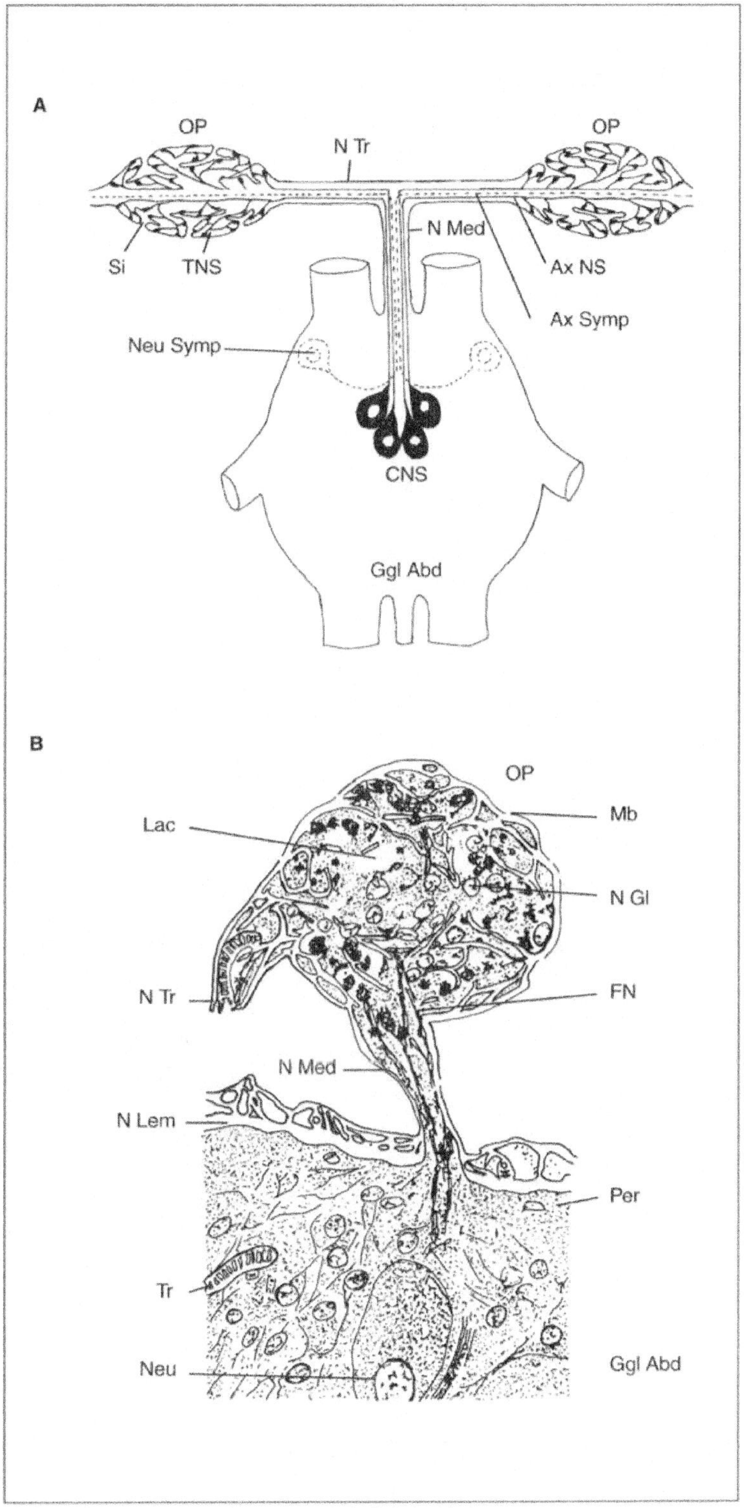

Figure 3.29 : Organes périsympathiques.
A, représentation schématique ;
B, structure.
Ax NS, axone neurosécréteur ; Ax Symp, axone sympathique ; CNS, cellules neurosécrétrices ; FN, fibre nerveuse ; Ggl Abd, ganglion abdominal ; Lac, lacune ; Mb, membrane ; NLem, neurilemme ; N Med, nerf médian ; N Tr, nerf transverse ; Neu, neurone ; Neu Symp, neurone sympathique ; NGl, noyau glial ; OP, organe périsympathique ; Per, périlemne ; Si, sinus ; TNS, terminaison neurosécrétrice ; Tr, trachée.
(D'après M. Raabe.)

Weismann qui, chez les diptères supérieurs (fig. 3.30), associe *corpora allata* dorsaux, glandes péritrachéennes latérales et *corpora cardiaca* ventraux. Chez les aptérygotes thysanoures, ces glandes conservent leur position originelle et restent accolées à l'épiderme, au niveau du segment labial. En règle générale, les glandes prothoraciques dégénèrent (fig. 3.31) lors de la mue imaginale. Chez *Dermestes, Tenebrio, Leptinotarsa*, elles dégénèrent lors de la mue nymphale, ce qui pose le problème de l'origine des ecdystéroïdes indispensables à l'accomplissement des mues nymphale et imaginale.

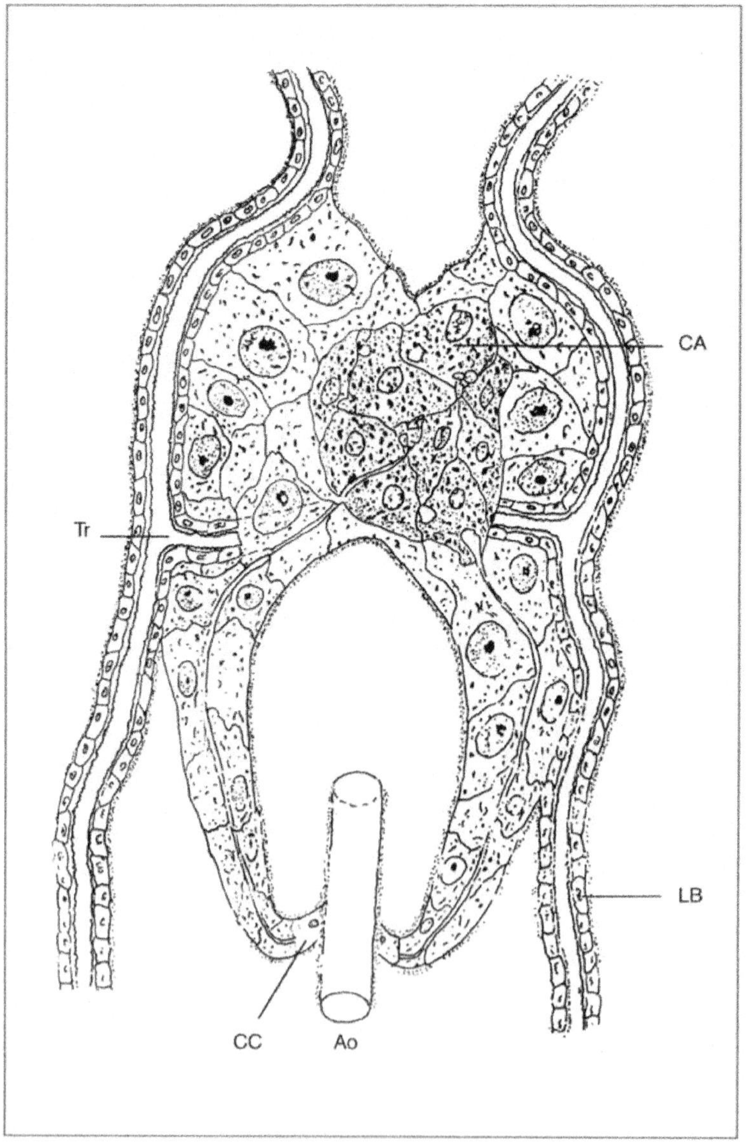

Figure 3.30 : Structure de l'anneau de Weismann au troisième stade larvaire de *Drosophila melanogaster* Ao, aorte ; CA, *corpora allata* ; CC, *corpora cardiaca* ; LB, lame basale ; Tr, trachée.
(D'après King *et al.* 1966.)

Les *corpora allata* (CA) (fig. 3.32) sont à l'origine des hormones juvéniles qui contrôlent le type de mue et, chez l'adulte, la vitellogenèse. Ces glandes épithéliales, d'origine ectodermique, apparaissent entre les segments mandibulaire et maxillaire, s'isolent et migrent en direction méso-dorsale. Elles occupent une position ventrale chez les aptérygotes (corps jugaux) et les odonates où elles sont reliées au ganglion sous-œsophagien par les nerfs inférieurs des *corpora allata* (NCA II). Chez les acridiens, elles flanquent le stomodeum et sont reliées au ganglion sous-œsophagien (NCA II) et aux *corpora cardiaca* (NCA I). Chez les hémiptères, les CA se réunissent au-dessus de l'œsophage, fusionnent et ne sont desservis que par

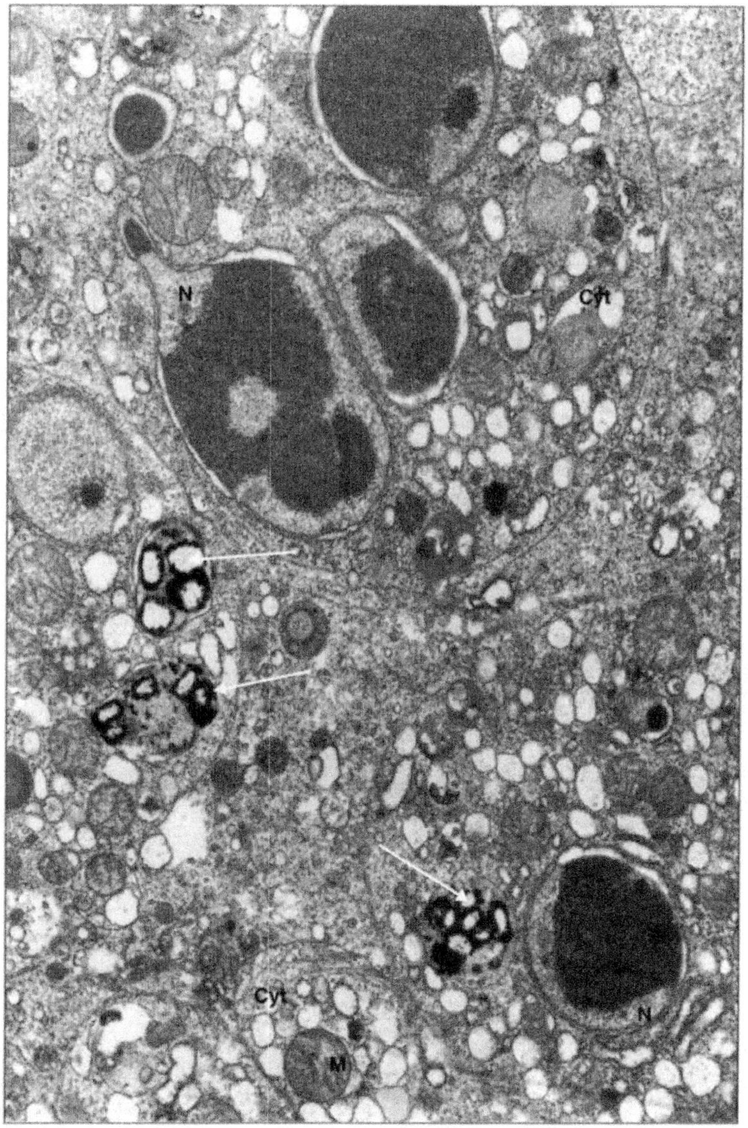

Figure 3.31 : Glande prothoracique en cours de dégénérescence. Localisation des activités phosphatasiques acides (flèche) dans des cellules fragmentées. Cyt, cytoségrésome ; M, mitochondrie ; N, portions nucléaires pycnotiques. (G x 30 000).

les NCA I. Enfin, chez les diptères supérieurs, les CA fusionnent au-dessus de l'aorte et participent à la constitution de l'anneau de Weismann.

Les cellules endocrines du mésentéron sont localisées au niveau des nids de régénération. Elles sont exclusivement ovoïdes et basales ou se prolongent vers la lumière intestinale par un long col garni de microvillosités. Ces cellules sont à l'origine de facteurs variés sécrétagogues (CCK, sérotonine), insuliniques, etc.

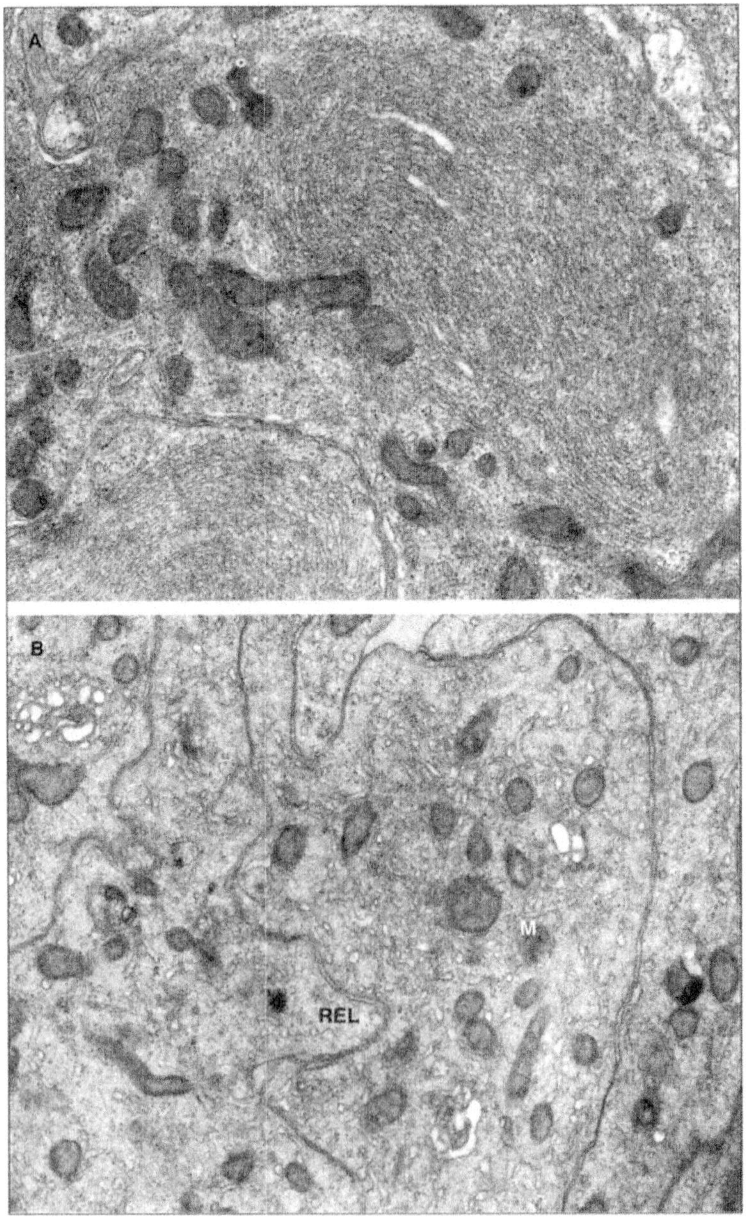

Figure 3.32 : Structure fine de *corpora allata* inactif (A) et actif (B). On remarque le développement du réticulum endoplasmique lisse et l'augmentation du nombre des mitochondries. Ces organites coopèrent dans la synthèse de l'hormone juvénile (cf. texte). G, appareil de Golgi ; M, mitochondrie ; REL, réticulum endoplasmique lisse. A, G x 25 000 ; B, G x 32 000.

Les cellules folliculaires, à l'issue de chaque phase de vitellogenèse, acquièrent une fonction endocrine et élaborent des ecdystéroïdes qui, en majorité, sont stockés dans les ovules. Les ecdystéroïdes contrôlent le dépôt des diverses assises du chorion, la réinitiation méiotique, la sécrétion des cuticules embryonnaires, etc.

5.2. Déterminisme de la métamorphose

L'acquisition de données complètes, expérimentales, physiologiques, biochimiques et moléculaires nécessite l'utilisation d'un insecte vigoureux, de grande taille, fournissant un matériel biologique abondant. Le ver à soie, qui fait l'objet d'élevages industriels, répond à de tels critères et peut servir de modèle.

5.2.1. CONTRÔLE DE LA MUE *S.S.*, EXPÉRIENCES DE FUKUDA (1940)

Fukuda réalise (fig. 3.33), chez une variété à quatre stades larvaires de *Bombyx mori*, au quatrième et dernier stade larvaire, diverses ligatures, soit immédiatement en arrière de la tête (ligatures céphaliques), soit entre le deuxième et le troisième segment thoracique (ligatures thoraciques). Au cours de cette intermue de sept jours, la chenille passe successivement par une période d'alimentation obligatoire indispensable à la vie de l'animal (1,5 j), une période d'alimentation facultative au cours de laquelle elle recherche un site de nymphose (*wandering stage*, 4 j), puis une phase de jeûne (1,5 j) au cours de laquelle elle tisse son cocon.

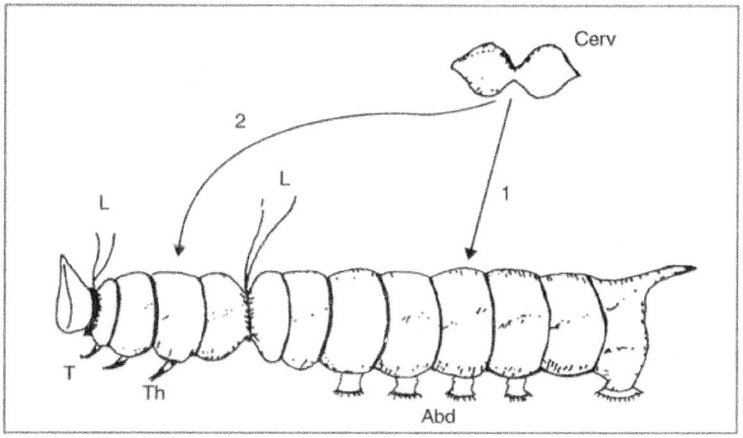

Figure 3.33 : Endocrinologie. *Bombyx mori*. Expériences d'implantation de cerveaux (Cerv) dans les compartiments thoracique (Th) et abdominal (Abd) isolés par des ligatures (L). La tête (T) et plus précisément les cellules neurosécrétrices protocérébrales sont indispensables à la mue.
1, l'implantation du cerveau en position abdominale ne rétablit pas la mue ; le cerveau est nécessaire mais non suffisant.
2, en revanche, l'implantation du cerveau au niveau thoracique rétablit la mue dans ce compartiment où la *brain hormone* (PTTH ou hormone prothoracotrope) stimule un organe relai, la glande prothoracique (glande péritrachéenne des lépidoptères).

5.2.1.1. Ligatures céphaliques

Ces ligatures permettent de définir une période critique située vers la 80e heure qui suit la reprise alimentaire. Avant cette période, les ligatures inhibent la mue nymphale (larves permanentes), alors que celles placées après cette période sont inefficaces : les chenilles effectuent une mue nymphale.

La région céphalique est donc à l'origine d'un facteur indispensable à la mue. L'ablation du cerveau ou de la *pars intercerebralis* pratiquée dans les mêmes conditions temporelles que les ligatures céphaliques a les mêmes incidences. Le facteur indispensable à la mue a donc une origine céphalique, cérébrale *(brain hormone)* ; il s'agit d'une neurohormone élaborée par les cellules neurosécrétrices protocérébrales.

5.2.1.2. Ligatures thoraciques

Ce type de ligatures permet d'observer, séparément, le comportement des régions antérieure, céphalothoracique et postérieure, thoracoabdominale. Il met en évidence une période critique située vers la 95e heure du stade. Les ligatures posées avant la 95e heure inhibent la mue nymphale de la région postérieure, alors que la région antérieure forme une hémi-chrysalide. Après la période critique, les ligatures sont sans effet : régions antérieure et postérieure muent de manière synchrone et se transforment en chrysalide.

L'implantation du cerveau dans l'abdomen isolé par ligature avant la période critique ne restaure pas le processus de mue. Implanté dans la région thoracique isolée par ligature, il en déclenche la mue. S'il est nécessaire à la mue *(brain hormone)*, le cerveau n'est pas suffisant mais doit certainement agir par le biais d'un organe-relais qu'il active pendant une période de 15 heures (95 – 80 h) dans la région antérieure du thorax. Cet organe-relais est la glande péritrachéenne. L'implantation de cette glande activée dans un abdomen isolé avant la période critique suffit à induire une mue de type nymphal (fig. 3.34). Les glandes prothoraciques sont à l'origine de l'hormone de mue ou ecdysone.

5.2.2. MODALITÉS DE LA MUE, EXPÉRIENCES DE BOUNHIOL (1940)

5.2.2.1. Allatectomie

L'ablation des *corpora allata* au début du troisième stade larvaire provoque une métamorphose anticipée ; la chenille se transforme dès la mue suivante en une chrysalide de petite taille, d'où émergera un papillon nain.

5.2.2.2. Implantation de corpora allata

L'implantation de *corpora allata* au début du dernier stade larvaire inhibe la mue nymphale. La chenille accomplit une, voire deux mues larvaires supplémentaires, puis cette chenille de grande taille se transforme en chrysalide d'où émergera un papillon géant.

Les *corpora allata* sont donc indispensables au maintien des caractères larvaires ; ils sont à l'origine de l'hormone juvénile. En leur absence,

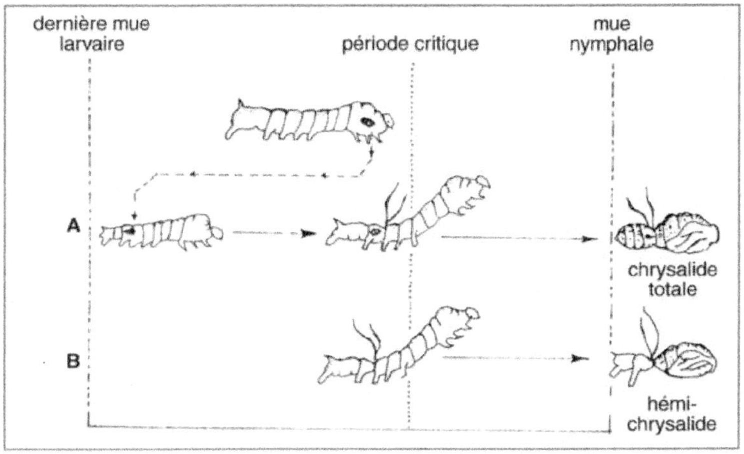

Figure 3.34 : Implantation de glandes prothoraciques chez une larve du dernier stade de *Bombyx mori* (expérience de Fukuda).
A, lorsque l'implantation est pratiquée dans l'abdomen, en dépit de la ligature, les deux compartiments muent (stade chrysalide) de manière synchrone. B, la même ligature, en l'absence d'implant, restreint la mue au compartiment antérieur (hémi-chrysalide).

la métamorphose s'accomplit indépendamment du taux de croissance sous le seul contrôle des glandes prothoraciques (péritrachéennes) stimulées par une hormone cérébrale, désormais dénommée hormone prothoracotrope (PTTH).

5.2.3. EXUVIATION ET PHÉNOMÈNES POSTEXUVIAUX

Par ligature, il a été démontré que, successivement, l'exuviation, le tannage cuticulaire et la sécrétion des assises endocuticulaires postexuviales nécessitaient l'intervention du cerveau chez des animaux aussi variés que *Calliphora, Phormia, Sarcophaga* ou *Bombyx*.

L'exuviation implique une gymnastique très particulière, la contraction de nombreux muscles et le péristaltisme abdominal. Elle est placée sous le contrôle d'une neurohormone cérébrale dénommée hormone d'éclosion.

Le tannage cuticulaire, qu'il soit ou non associé à une pigmentation des téguments, est placé sous le contrôle d'une neurohormone cérébrale, le bursicon (fig. 3.35), comparable au facteur qui contrôle le tannage de l'oothèque (bourse) des blattes ovipares.

Le dépôt des assises cuticulaires postexuviales, endocuticulaires, est un processus particulièrement long, soumis à un rythme nycthéméral. Au cours d'un stade, il se prolonge souvent jusqu'au début de la mue suivante. Il dépend d'une neurohormone de cuticulogenèse (CNH) cérébrale, particulièrement abondante dans les *corpora cardiaca*.

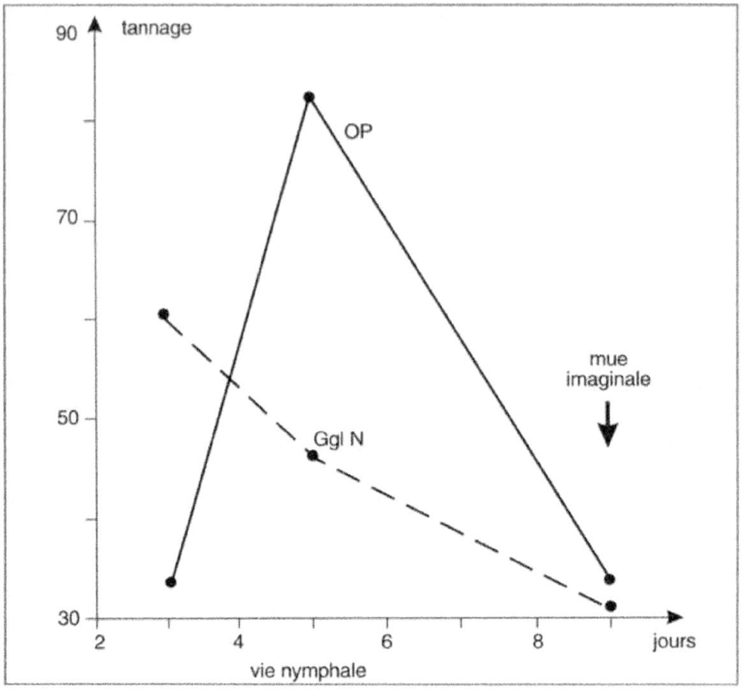

Figure 3.35 : Tannage cuticulaire et bursicon. Variations temporelles de la richesse en bursicon et des capacités de tannage (en unités arbitraires) des organes périsympathiques (OP) et des ganglions nerveux (GglN) au cours de la vie nymphale de *Tenebrio molitor*.
(D'après Delachambre, Provansal & Grillot.)

5.2.4. GÉNÉRALISATION

Le schéma du contrôle des mues et notamment des mues nymphale et imaginale, tel qu'il découle des expériences princeps de Fukuda et de Bounhiol, s'applique pratiquement, sans exception notable, à l'ensemble des insectes hétérométaboles et holométaboles (fig. 3.36). Les *corpora allata* sont indispensables au maintien des caractères juvéniles et larvaires. L'hormone de mue élaborée par les glandes prothoraciques est une hormone de croissance et de différenciation ; agissant seule, elle permet l'expression des caractères imaginaux.

L'inhibition de l'activité des glandes de mue, d'une part, des *corpora allata*, d'autre part, provoque respectivement un arrêt du développement (diapause larvaire ou nymphale) ou de la reproduction (diapause imaginale), réponses adaptatives aux conditions défavorables du milieu.

Le modèle proposé a été vérifié chez de nombreux insectes holométaboles et hémimétaboles : *Aeschna cyanea, Dytiscus marginalis, Leptinotarsa decemlineata, Manduca sexta, Hyalophora cecropia, Musca domestica, Calliphora vicina* (fig. 3.37), etc.

5.3. Neurohormones

Le développement des insectes et notamment leur métamorphose prend en compte un ensemble d'informations sensorielles extéro- et intéroceptives, perçues par des organes des sens appropriés. Le flux sensoriel, analysé et intégré par les centres nerveux supérieurs, est à l'origine de messages, ex-

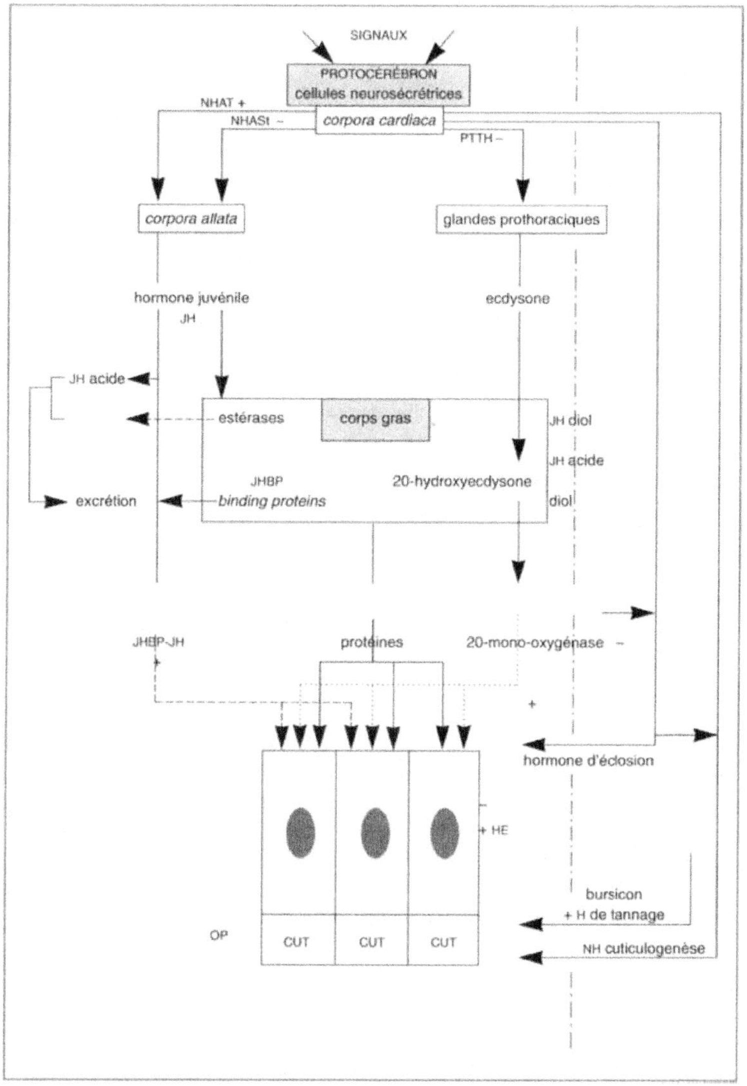

Figure 3.36 : Schéma du contrôle de la mue.
CUT, cuticule ; HE, hormone d'éclosion ; NHAT, neurohormone allatotrope ; NHASt, neurohormone allatostatique ; JH, hormone juvénile ; PTTH, hormone prothoracotrope ; OP, organes périsympathiques ; JHBP, protéine liant l'hormone juvénile.

citateurs ou inhibiteurs, qui affectent l'activité des effecteurs ou des glandes endocrines par le biais de cellules particulières, les cellules neurosécrétrices. En règle générale, le message chimique délivré par ces cellules est déversé dans l'hémolymphe, au niveau d'organes neurohémaux, et agit à distance, à la différence des neurotransmetteurs ou neuromédiateurs délivrés au contact immédiat des effecteurs. Il a valeur de signal hormonal et est désigné sous le vocable général de neurohormone.

Les neurohormones traditionnelles sont des peptides de faible masse moléculaire qui, au niveau de leur cible, se lient à un récepteur membranaire et en modulent l'activité par le biais de seconds messagers, nucléotides du type AMPc ou GMPc, ou inositol triphosphate (IP3).

L'isolement, la caractérisation et l'identification des neurohormones, même s'ils ont bénéficié de la "miniaturisation" des méthodes analytiques et de l'aide des méthodes de la biologie moléculaire, requièrent néanmoins un matériel biologique abondant. Les acquis concernent donc des insectes de grande taille, pouvant, pour des raisons pratiques, voire industrielles *(Bombyx mori)*, être élevés en grand nombre. De plus, au cours du fractionnement des extraits, les biochimistes doivent pouvoir disposer de tests biologiques *in vivo* ou *in vitro* permettant de caractériser, de localiser la ou les fractions actives. Enfin, une molécule active doit répondre aux critères suivants : activité à dose biologique, réversible, dose-dépendante, spécifique. Compte tenu de variations liées aux difficultés d'obtenir des lots expérimentaux parfaitement identiques, aux méthodes analytiques, il est généralement indispensable de comparer des séries expérimentales et des contrôles et d'apprécier non pas un effet absolu, mais un effet relatif (production hormonale...).

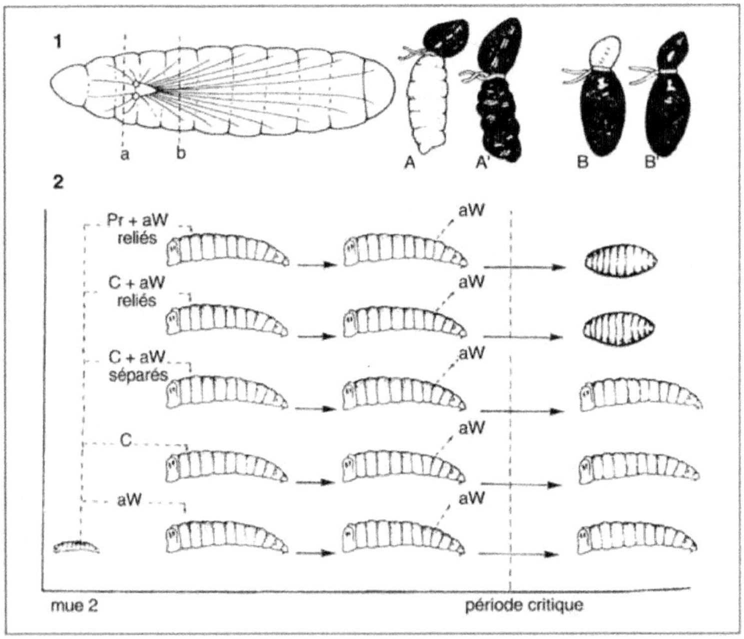

Figure 3.37 : *Calliphora erythrocephala*.
1, expériences de ligatures en a et b.
a, lorsque les ligatures sont effectuées avant la période critique en a ou b, le puparium se forme au niveau du compartiment qui contient le complexe cérébro-endocrine (A-B) ;
b, lorsqu'elles sont posées après la période critique, le puparium se forme dans les deux compartiments (A'-B').
(D'après G. Fraenkel.)
2, implantation d'anneaux de Weismann (aW), de cerveau (C) ou de protocérébron (Pr) chez des larves du troisième stade. Les greffons sont prélevés sur des larves très jeunes et implantés dans des larves dépourvues d'anneau de Weismann. Seule l'implantation d'anneaux de Weismann dont les connexions nerveuses avec le cerveau ou le protocérébron sont intactes permet la formation du puparium.
(D'après B. Possompès.)

$$\frac{E\text{ (expérimentaux)} - C\text{ (contrôles)}}{C} \times 100 = R$$

R = 0 pas d'effet   R < 0 effet inhibiteur   R > 0 effet excitateur

5.3.1. HORMONE PROTHORACOTROPE OU PTTH

La caractérisation de la PTTH a bénéficié de l'usage possible de tests *in vivo* puis de tests *in vitro*. *In vivo*, l'implantation de cerveaux, l'injection d'extraits bruts ou de fractions actives permettent de déclencher la mue de larves ou de nymphes décapitées avant la période critique, qu'elles appartiennent (tests homospécifiques) ou non (tests hétérospécifiques) à la même espèce *(Bombyx mori, Manduca sexta, Hyalophora cecropia, Samia cynthia, Calliphora vicina)*. *In vitro*, les extraits cérébraux bruts ou fractionnés doivent activer la sécrétion d'ecdysone par des glandes prothoraciques cultivées dans un milieu approprié (milieu de Grâce, TC.199, etc.). Dans ce système, une des deux glandes prothoraciques sert de contrôle (culture dans un milieu normal), l'autre, dite expérimentale, est cultivée en présence de l'extrait ou de la fraction étudiés.

La production d'ecdysone est appréciée à l'aide d'un test radio-immunologique (RIA) ou immuno-enzymatique (EIA).

5.3.1.1. Bombyx mori

Chez *Bombyx mori*, grâce à un test *in vivo* homospécifique, Ishizaki *et al.* ont obtenu 226 µg de PTTH à partir de 3 millions de têtes d'adultes (22,5 kg provenant de 1,5 tonnes de papillons), à l'issue d'une méthode de fractionnement-purification en seize étapes. La PTTH, peptide de 22 kDa, est active à la dose de 0,1 ng/nymphe de *Bombyx* ; un cerveau contiendrait 1 ng de PTTH. Elle est formée de deux chaînes identiques (homodimère) de 109 acides aminés, liées par des ponts disulfure (S=S). L'analyse de l'ADNc (fig. 3.38) correspondant révèle que la PTTH est initialement sécrétée sous la forme d'une préprohormone de 224 acides aminés, trois sites de clivage permettant de séparer un peptide signal (29 acides aminés) de la prohormone, puis deux peptides subterminaux (21 acides aminés et 57 acides aminés) et une sous-unité PTTH de 109 acides aminés. La maturation de l'hormone implique également la dimérisation des sous-unités PTTH (2 x 109 acides aminés). La PTTH ne présente aucune homologie avec des peptides connus et répertoriés.

Deux gènes alléliques de la PTTH ont été clonés à partir d'une banque génomique de *Bombyx*. Chaque gène comporte cinq exons séparés par quatre introns. Les exons 2 à 5 contiennent les régions codant pour la sous-unité PTTH.

En réalité, les analyses ont révélé une certaine hétérogénéité due à des variations de la partie N terminale des sous-unités PTTH. De plus, la PTTH contiendrait une chaîne "carbohydrate" liée à un résidu asparagine

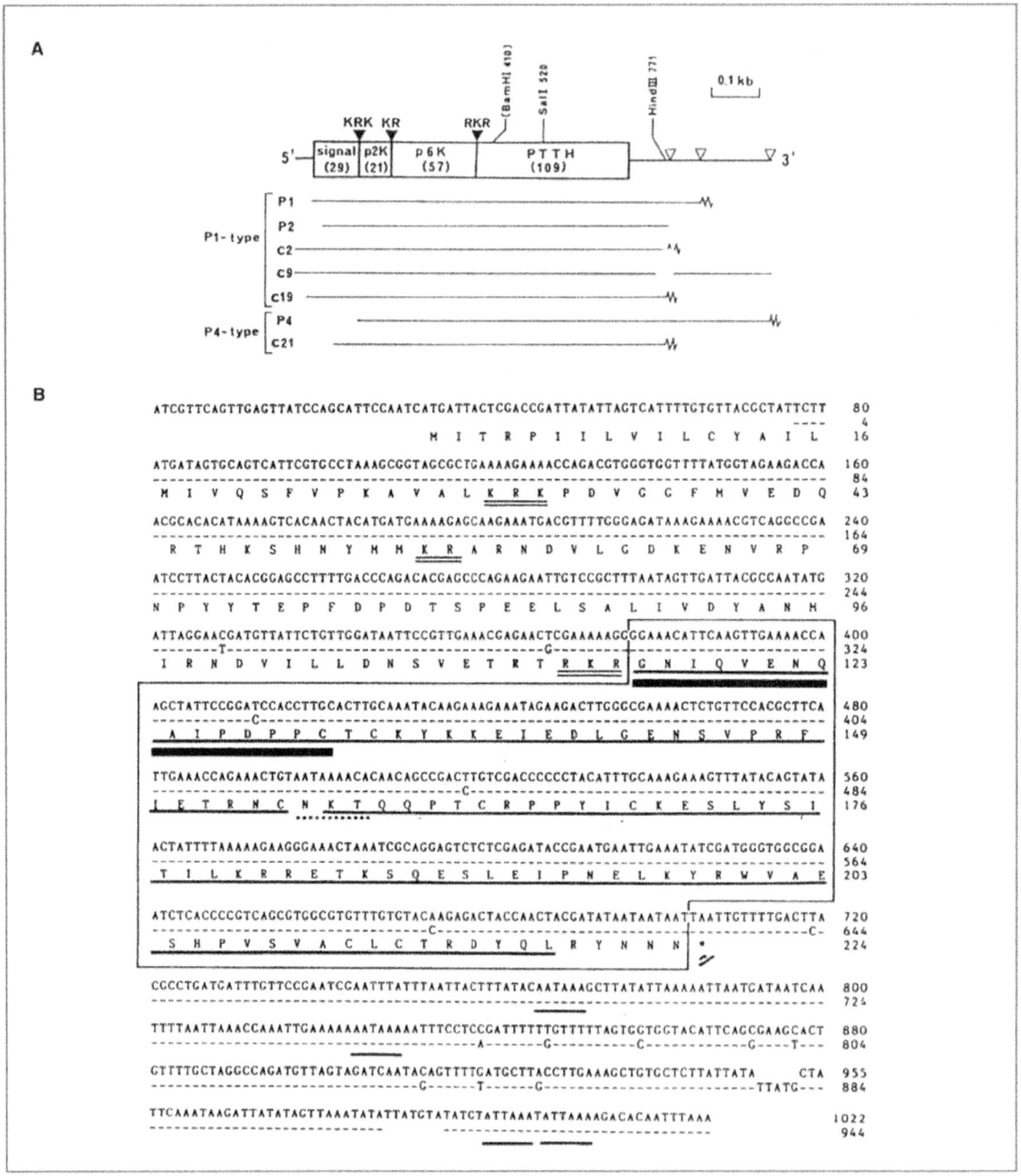

Figure 3.38 : Hormone prothoracotrope de *Bombyx mori*.
A, structure de l'ADNc de la préprohormone prothoracotrope. La région codante est encadrée ; elle comporte un peptide signal (29 acides aminés), deux constituants peptidiques 2K (21 acides aminés) et 6K (57 acides aminés) et une sous unité PTTH (109 acides aminés). KRK, KR, RKR, sites de clivages ; Bam H1, Sal I, sites de restriction.
B, séquence de la préprohormone avec sites de clivages ; *, codon stop ; - - -, site de glycosylation.
Signification des lettres, voir annexe.

en position 41, conférant à la molécule un poids moléculaire final de 30 kDa. Chez *Escherichia coli*, le cDNA dirige l'expression d'une substance active, fonctionnellement comparable à la PTTH naturelle, ce qui prouve que la glycosylation n'est pas essentielle pour l'activité biologique. Au cours du dernier stade larvaire, la PTTH serait libérée à cinq reprises.

Par immunocytochimie et hybridation *in situ*, les auteurs ont démontré que la synthèse du précurseur de la PTTH avait lieu dans deux paires symétriques de cellules neurosécrétrices dorso-latérales du cerveau de *Bombyx*. La PTTH est transportée dans les *corpora allata* où elle est libérée par des axones contralatéraux.

Remarques

Antérieurement à la caractérisation de la PTTH, les auteurs utilisant un test *in vivo* hétérospécifique (*Bombyx/Samia*) ont extrait de *Bombyx mori* (648 000 mâles ; 4,86 kg de têtes) 50 µg d'une molécule dite bombyxine de 4,4 kDa, pourvue d'une activité PTTH chez *Samia cynthia* (3×10^{-11} M), inactive de ce point de vue chez *Bombyx*, où elle pourrait avoir une simple fonction métabolique. Par sa structure hétérodimérique, la bombyxine est apparentée à l'insuline.

Agissant sur les glandes prothoraciques, la PTTH se lie à un récepteur membranaire, provoque un accroissement du taux de l'AMPc en présence de Ca^{2+} et stimule la production d'ecdysone. Chez *Calliphora*, en plus de sa fonction prothoracotrope, la PTTH a une action directe sur les tissus cibles de l'ecdysone lorsqu'elle agit en synergie avec l'hormone de mue (Kobayashi & Burdette 1961).

5.3.1.2. Blattes

Chez les blattes, deux facteurs prothoracotropes ont été isolés à partir du cerveau et des *corpora cardiaca* (Gersch *et al.* 1973). Le facteur I (50 kDa) provoque la synthèse d'ARN dans les glandes prothoraciques et augmente, *in vitro*, la synthèse d'ecdysone. Le facteur II (10 à 20 kDa) accroît la perméabilité des glandes prothoraciques mais est sans effet sur la synthèse d'ecdysone.

Chez *Periplaneta americana*, au dernier stade larvaire, l'activité PTTH appréciée *in vitro* à l'aide de cerveaux entiers ou d'extraits cérébraux, augmente avant le premier pic puis le deuxième pic majeur d'ecdysone. L'activité PTTH persiste au moins jusqu'au dixième jour de la vie imaginale, mais à un niveau moindre (2/3) que celui apprécié au dernier stade larvaire.

5.3.1.3. Manduca sexta

Chez *Manduca sexta*, deux formes moléculaires de PTTH ont été décelées *in vitro* et caractérisées, l'une de 28 kDa (*big PTTH*, PI = 5,4) et l'autre de 7 kDa (*small PTTH*, PI = 5,2). La *big PTTH* est un homodimère de deux chaînes de 16,5 kDa et ne présente aucune homologie avec l'hormone prothoracotrope de *Bombyx*. D'ailleurs, la PTTH de *Bombyx* est inactive chez *Manduca sexta*. Cette PTTH est sécrétée par un groupe de deux cellules neurosécrétrices latérales (L.NSC III).

En résumé, la mue des insectes, qu'elle soit ou non associée à la métamorphose, est déclenchée par la libération de PTTH cérébrale dans l'hémolymphe, ce qui induit la biosynthèse et la libération d'hormone de mue par les glandes prothoraciques. Les informations actuellement disponibles révèlent qu'il n'y a apparemment aucune uniformité des PTTH dans les différents groupes d'insectes. Chez les lépidoptères, les molécules de PTTH présentent des différences de taille. Chez *Manduca sexta*, la *small-PTTH* a un poids moléculaire de 7 kDa, la *big-PTTH* de 28 kDa. Chez *Lymantria dispar*, les PTTH *big* et *small* ont des masses moléculaires respectives de 15-20 kDa et de 4-6 kDa. Les expériences de réactivité suggèrent différentes sensibilités et spécificités des glandes prothoraciques des trois espèces.

Remarque

Un peptide de petite taille (500-1500 Da), à activité prothoracotrope, AMPc-dépendant, a été récemment localisé au niveau du *proctodeum* (Gelman *et al.* 1993) chez *Ostrinia nubilalis* et *Lymantria dispar*. Il agirait en synergie avec la PTTH.

5.3.2. HORMONE D'ÉCLOSION

5.3.2.1. Manduca sexta

Dès 1973, Truman, chez *Manduca sexta* (lépidoptère), démontre que l'exuviation nécessite l'intégrité cérébrale et la sécrétion d'une neurohormone improprement appelée hormone d'éclosion. Cette neurohormone agit directement sur les ganglions de la chaîne nerveuse ventrale où est programmé le comportement moteur de pré-“éclosion” et d'“éclosion” du papillon. Elle déclenche l'ensemble des mouvements spécifiques et stéréotypés qui permettent à l'animal de s'extraire de son exuvie nymphale.

Des extraits purifiés de l'hormone d'éclosion ont été préparés à partir de complexes cerveau-*corpora cardiaca*. L'agent actif est un peptide de 6 700 Da de masse moléculaire, comportant 62 acides aminés. La présence de six résidus cystéine, donc de trois ponts disulfure, confère à l'hormone d'éclosion de *Manduca sexta* une configuration globulaire (fig. 3.39).

1 10 20
Asn-Pro-Ala-Ile-Ala-Thr-Gly-Tyr-Asp-Pro-Met-Glu-Ile-**Cys**-Ile-Glu-Asn-**Cys**-Ala-Gln-
21 30 40
Cys-Lys-Lys-Met-Leu-Gly-Ala-Trp-Phe-Glu-Gly-Pro-Leu-**Cys**-Ala-Glu-Ser-**Cys**-Ile-Lys-
41 50 60
Phe-Lys-Gly-Lys-Leu-Ile-Pro-Glu-**Cys**-Glu-Asp-Phe-Ala-Ser-Ile-Ala-Pro-Phe-Leu-Asn-
61 62
Lys-Leu-OH

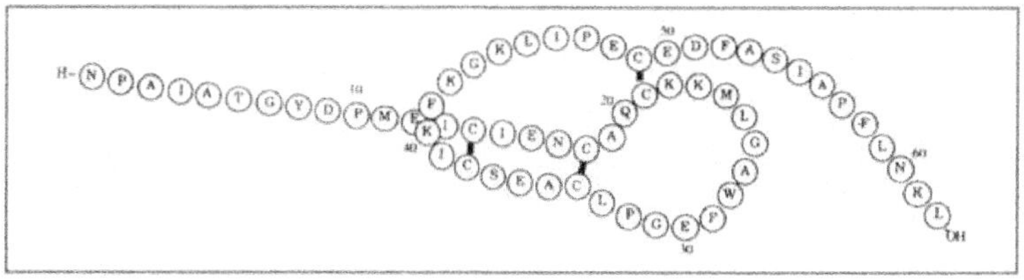

Figure 3.39 : Structure covalente de l'hormone d'éclosion de *Manduca sexta* (une lettre par acide aminé ; voir annexe).
(D'après H. Kataoka *et al.*, 1992, *Int. J. Peptide Protein Res. 39*, 29-35.)

À partir de 10 000 têtes, il est possible d'extraire 1,7 nmol d'hormone d'éclosion active à la dose de 0,1 ng/nymphe. Elle est synthétisée par deux paires de cellules neurosécrétrices ventro-médianes dont les axones se prolongent de manière ipsilatérale dans les *corpora cardiaca* puis les *corpora allata*.

5.3.2.2. Bombyx mori

Chez *Bombyx mori*, l'hormone d'éclosion (30 mg pour 770 000 têtes) a la même masse moléculaire (6700 Da) que celle de *Manduca sexta* mais ne comporte que 61 acides aminés. Elle présente 80 % d'homologie avec l'hormone d'éclosion de ce dernier.

1 5 10 15 20
H-Ser-Pro-Ala-Ile-Ala-Ser-Ser-Tyr-Asp-Ala-Met-Glu-Ile-**Cys**-Ile-Glu-Asn-**Cys**-Ala-Gln-
21 25 30 35 40
Cys-Lys-Lys-Met-Phe-Gly-Pro-Trp-Phe-Glu-Gly-Ser-Leu-**Cys**-Ala-Glu-Ser-**Cys**-Ile-Lys-
41 45 50 55 60
Ala-Arg-Gly-Lys-Asp-Ile-Pro-Glu-**Cys**-Glu-Ser-Phe-Ala-Ser-Ile-Ser-Pro-Phe-Leu-Asn-
61
Lys-

L'étude de l'ADNc codant pour l'hormone d'éclosion montre qu'elle est sécrétée sous la forme d'une préhormone contenant un peptide signal de 26 acides aminés et une unité "hormone d'éclosion" de 62 acides aminés. Un acide aminé disparaît lors de la maturation de l'hormone. Quatre molécules d'hormone d'éclosion (EH) ont été isolées (EH I à EH IV)

L'hormone d'éclosion est libérée à la fin de chaque mue et autorégulée. Son injection stoppe sa propre sécrétion dans l'hôte. De même, des doses élevées d'ecdystéroïdes bloquent la libération d'hormone d'éclosion. La chute naturelle du taux des ecdystéroïdes appréciée à proximité de la mue permet sa libération. Chez *Bombyx mori*, *in vitro*, l'hormone d'éclosion stimule l'hydrolyse du phosphatidylinositol dans les ganglions nerveux abdominaux, d'où une augmentation de l'inositol 1,4,5-triphosphate. Cette transition, dose-dépendante, survient 30 secondes après l'adjonction de l'hormone ; elle est abolie par les inhibiteurs de la phosphorylase C, la néomycine et le composé 40/80. L'hydrolyse du phosphatidylinositol, tout comme la formation du GMPc, jouent donc un rôle important dans la transduction du message dû à l'hormone d'éclosion.

5.3.3. BURSICON

Le tannage postexuvial (sclérotinisation avec ou sans mélanisation) des insectes hémimétaboles et holométaboles est contrôlé par une neurohormone appelé bursicon (Fraenkel & Hsiao 1965). Élaborée au niveau de cellules neurosécrétrices de type A de la *pars intercerebralis*, voire des ganglions céphalothoraciques, elle chemine le long de la chaîne nerveuse ventrale et est libérée dans l'hémolymphe, essentiellement au niveau des organes périsympathiques abdominaux.

La libération du bursicon obéit certainement à un contrôle plurifactoriel. Elle semble dépendre, d'une part, du gonflement qui accompagne l'exuviation comme chez la mouche et, d'autre part, de la libération de l'hormone d'éclosion comme chez le papillon *Manduca sexta*. Chez *Tenebrio molitor*, le passage du bursicon dans l'hémolymphe commence deux jours avant l'exuviation imaginale.

Le bursicon, polypeptide de 40 kDa environ de masse moléculaire, agit selon le schéma classique, par le biais de l'AMPc. Il favorise la pénétration de la tyrosine dans les cellules épidermiques et les hémocytes, permettant ainsi sa transformation en précurseurs de tannage selon le schéma suivant :

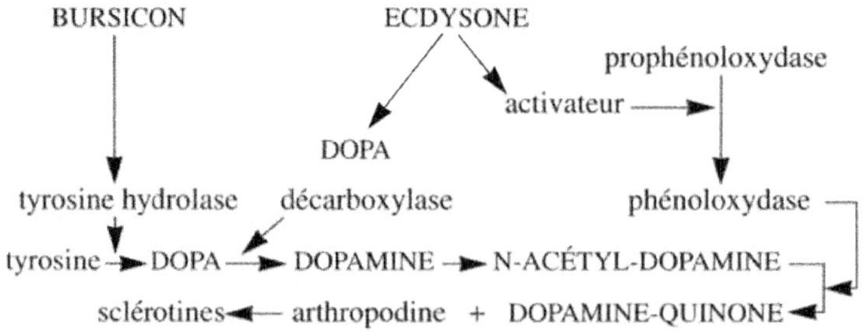

5.3.4. NEUROHORMONE ET CUTICULOGENÈSE

Le dépôt postexuvial des assises profondes (endocuticule) de la procuticule survient alors que le titre hémolymphatique des ecdystéroïdes est réduit. Il se produit d'ailleurs en l'absence des glandes prothoraciques, et les larves permanentes ont, comparativement aux témoins, une cuticule particulièrement épaisse. *In vitro*, la sécrétion postexuviale nécessite la présence d'un facteur hémolymphatique, d'un extrait cérébral, voire d'un extrait des *corpora cardiaca* qui agit de manière dose-dépendante, alors que, dans les mêmes conditions, la 20 hydroxyecdysone déclenche un nouveau cycle cuticulaire.

Chez *Locusta migratoria*, la neurohormone de cuticulogenèse (LomCNH) est un peptide de faible masse moléculaire (1600-1700 Da) dont l'identification est en cours. La LomCNH ne saurait être confondue avec le bursicon (40 kDa). Chez *Manduca sexta*, le facteur cérébral de cuticulogenèse contrôlerait la synthèse, dans le corps gras, d'une ou de plusieurs substances indispensables à la cuticulogenèse postexuviale. Une action directe au niveau des cellules épidermiques peut également être envisagée.

5.3.5. NEUROHORMONE ALLATOTROPE

La cautérisation de la *pars intercebralis* de nombreux insectes, larves et adultes, détermine l'inactivité des *corpora allata*, suggérant que les cellules neurosécrétrices produisent une neurohormone allatotrope. Ce mécanisme a particulièrement retenu l'attention des chercheurs concernés par les problèmes de diapause imaginale, où le repos ovarien est associé à la chute de l'hormone juvénile du fait de l'inactivité des *corpora allata*.

Chez *Manduca sexta*, divers auteurs, grâce à un test *in vitro*, ont démontré :

– que l'hormone allatotrope est abondante au début du dernier stade larvaire et chez les pupes néoformées. Les extraits cérébraux ajoutés au milieu contenant des *corpora allata* stimulent la production d'hormone juvénile (JH III) selon un processus dose-effet (A50 = 0,05 cerveau) ;

– que l'hormone allatotrope est une protéine (pI 5,5) stable au froid, détruite par la chaleur en 15 s à 100 °C, précipitable par $SO_4(NH_4)_2$ à 40-60 %, sensible à la chaleur ;

– qu'elle comporte treize acides aminés (H-Gly-Phe-Lys-Asn-Val-Glu-Met-Met-Thr-Ala-Arg-Gly-Phe$CONH_2$) pour une masse moléculaire de 1 100-1 500 Da. La séquence des acides aminés de cette molécule est originale ; elle ne montre aucune homologie avec les peptides connus. L'hormone synthétique et des fragments de la molécule présentent la même activité que la neurohormone naturelle, même si les cinq acides aminés terminaux sont absents. Cette allatotropine qui stimule la synthèse de l'hormone juvénile est présente dans le cerveau (100), les *corpora cardiaca* (1,4), les trois premiers ganglions abdominaux (23). Dans le cerveau, elle est synthétisée au niveau des cellules neurosécrétrices latérales.

Une activité allatotropique a été décelée chez *Galleria mellonella* au niveau de cellules neurosécrétrices médianes.

5.3.6. NEUROHORMONES ALLATOSTATIQUES (ALLATO-INHIBINES OU ALLATOHIBINES)

L'inactivité temporaire des *corpora allata*, dans la seconde moitié du dernier stade larvaire ou en période de diapause imaginale, est associée à la sécrétion de neurohormones inhibitrices dites allatostatiques. En pratique, la mise en évidence d'une allatostatine est délicate et dépend de manière conjointe du choix du donneur et de l'âge du receveur.

Une action inhibitrice a été démontrée chez *Manduca sexta* où elle est due à la sécrétion d'un peptide comportant quinze acides aminés : pGlu-Val-Arg-Phe-Arg-Gln-Cys-Tyr-Phe-Asn-Pro-Ile-Ser-Cys-Phe-OH.

Cette substance inhibitrice, à l'action réversible, agit également sur les *corpora allata* d'*Heliothis virescens* mais est sans effet sur ceux de *Tenebrio molitor, Melanoplus sanguinipes, Periplaneta americana.*

La situation est plus complexe chez une blatte, *Diploptera punctata*, où cinq neurohormones allato-inhibitrices (allatostatiques) ont été isolées et identifiées.

* 1. H-Ala-Tyr-Ser-Tyr-Val-Ser-Glu-Tyr-Lys-Arg-Leu-Pro-Val-Tyr-Asn-Phe-Gly-Leu-$CONH_2$

2. H- Ala-Pro-Ser-Gly-Ala-Gln-Arg-Leu-Tyr-Gly-Phe-Gly-Leu-$CONH_2$

3. H - Gly-Asp-Gly-Arg-Leu-Tyr-Ala-Phe-Gly-Leu-$CONH_2$

4. H - Gly-Gly-Ser-Leu-Tyr-Ser-Phe-Gly-Leu-$CONH_2$

5. H -Asp-Arg-Leu-Tyr-Ser-Phe-Gly-Leu-$CONH_2$

In vitro, des allatostatines de synthèse inhibent la production d'hormone juvénile (> 40 %) par les *corpora allata* de femelles vierges à la dose de 10^{-9} M (allatostatine 2), 10^{-8} M (allatostatines 3 et 5) et 7 x 10^{-7} M (allatostatine 4). L'inhibition par les allatostatines 2 à 5 est réversible. De plus, l'allatostatine 2 inhibe la production d'hormone juvénile par les *corpora allata* de larves du dernier stade et de femelles accouplées de *Diploptera punctata* et par les *corpora allata* d'adultes femelles de *Periplaneta americana*. Cinq neuropeptides ou callatostatines présentant la même séquence C terminale que les allatostatines des blattes ont été identifiées chez le diptère *Calliphora vomitoria*. Les callatostatines inhibent la production d'hormone juvénile par les *corpora allata* de *Diploptera punctata*. En revanche, tout comme les allatostatines de blatte, elles sont sans effet sur l'activité des *corpora allata* de *Calliphora vomitoria*. La fonction de ces molécules conservées est donc énigmatique.

Remarques

Le contrôle de l'activité des *corpora allata* ne dépend certainement pas exclusivement de l'activité antagoniste de neurohormones allatotropes et allatostatiques. Il est également soumis à un contrôle inhibiteur nerveux qui se manifeste essentiellement au cours de la diapause et, chez les adultes, au cours de la gestation, de la période de soins aux œufs, etc. Par ailleurs, un mécanisme d'autorégulation (*feed-back* négatif) a été mis en évidence.

Enfin, outre ce contrôle, le titre hémolymphatique de l'hormone juvénile circulante, est un équilibre entre la synthèse (cf. contrôle évoqué précédemment), la dégradation sous l'effet d'hydrolases aspécifiques et spécifiques, et la liaison de l'hormone à des transporteurs protéiques (cf. § 5.4.4)

* Ces neurohormones présentent la même séquence terminale, soulignée.

5.4. Ecdysone et ecdystéroïdes

5.4.1. ORIGINE ET NATURE

Les glandes prothoraciques, à l'origine de l'hormone de mue ou ecdysone, sont innervées par des neurones conventionnels et d'autres neurosécréteurs issus du ganglion sous-œsophagien et des deux premiers ganglions de la chaîne nerveuse ventrale, thoracique. L'activité stimulante du ganglion sous-œsophagien, inhibitrice des ganglions thoraciques, définit une "activité de base" relativement constante. L'activation périodique des glandes prothoraciques par la PTTH est indispensable à la stimulation des cellules épidermiques et à la réalisation des mues, quel qu'en soit le type (larvaire, nymphal, imaginal).

L'activation des glandes prothoraciques, associée à une augmentation du taux de l'AMPc, se traduit morphologiquement par une augmentation du nombre et de la taille des mitochondries mais aussi par une prolifération du réticulum endoplasmique granulaire et/ou lisse. Ces organites subissent, entre les mues, un renouvellement périodique.

La première hormone de mue ou ecdysone a été isolée en 1954 (Butenandt & Karlson) chez *Calliphora erythrocephala (= vicina)* et caractérisée en 1965 (Karlson *et al.*, Huber & Hoppe). Bientôt de nombreuses substances apparentées, ou "ecdystéroïdes", ont été isolées et caractérisées.

L'ecdysone (fig. 3.40) est une hormone stéroïde dont l'organisation est proche de celle du cholestérol, dont elle conserve la chaîne latérale. Il faut noter la présence d'un radical cétone en C6, d'une double liaison Δ7 dans le noyau B et de cinq groupements hydroxyles (C2, C3,

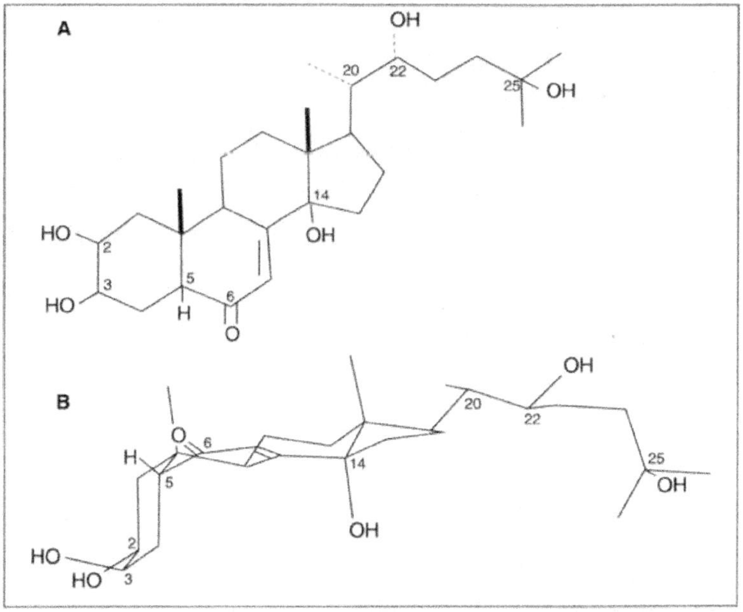

Figure 3.40 : Structure de l'ecdysone.
A, représentation classique ;
B, configuration spatiale.

C14, C22, C25) qui confèrent à la molécule, comparativement au cholestérol, une certaine polarité.

La structure du noyau stéroïde est plutôt rigide ; la chaîne latérale peut en revanche, en fonction de l'environnement, acquérir différentes conformations, ce qui joue certainement un rôle important quant à la liaison de cette molécule avec les récepteurs et diverses macromolécules.

L'ecdysone est assimilée à une prohormone, bien qu'elle puisse activer les cellules épidermiques. Une hydroxylation en C20, contrôlée par une C20-mono-oxygénase à P_{450} du corps gras, génère une forme active, la 20-hydroxyecdysone (anciennes appellations : β-ecdysone, crustecdysone). Cette règle souffre quelques exceptions. Chez certains hémiptères et hyménoptères, voire certains diptères, la 20-hydroxyecdysone coexiste ou est remplacée par une autre forme active, la makistérone A. Chez divers crabes, elle coexiste avec la ponastérone A (fig. 3.41).

Des ecdystéroïdes ou phytoecdystéroïdes sont également présents chez les végétaux (fougères, gymnospermes et angiospermes), notamment sous la forme d'ecdysone, de 20-hydroxyecdysone, de ponastérone A, de campestérol, de sitostérol, de fucostérol, etc. Leur concentration peut y être très élevée (plus de 1 % du poids sec) ; leur signification biologique reste spéculative : métabolites secondaires ? produits de défense ? La majorité des phytostérols possèdent le plus souvent 28 et 29 carbones (fig. 3.42), alors que les zoostérols n'en possèdent que 27. L'utilisation des phytostérols par les herbivores nécessite préalablement des réactions de déalkylation conduisant au cholestérol (fig. 3.43).

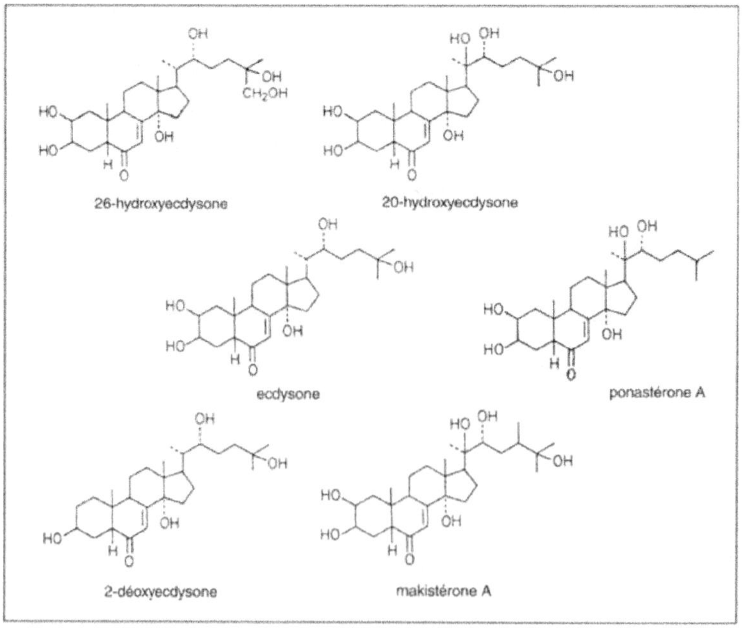

Figure 3.41 : Quelques molécules apparentées à l'ecdysone.

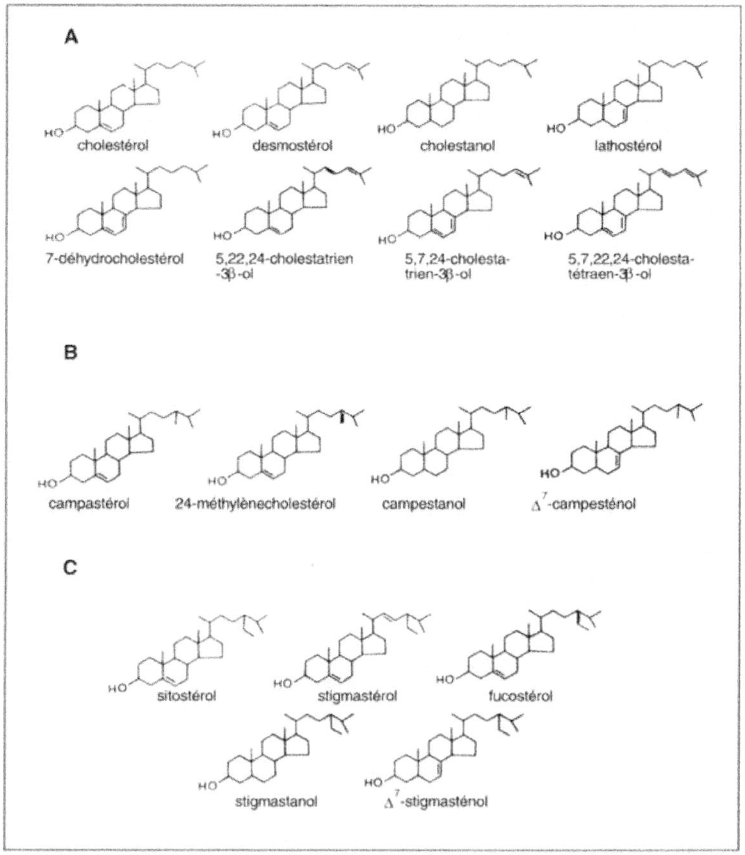

Figure 3.42 : Quelques phytostérols classés en fonction du nombre de leurs carbones constitutifs.
A, 27 carbones ;
B, 28 carbones ;
C, 29 carbones.

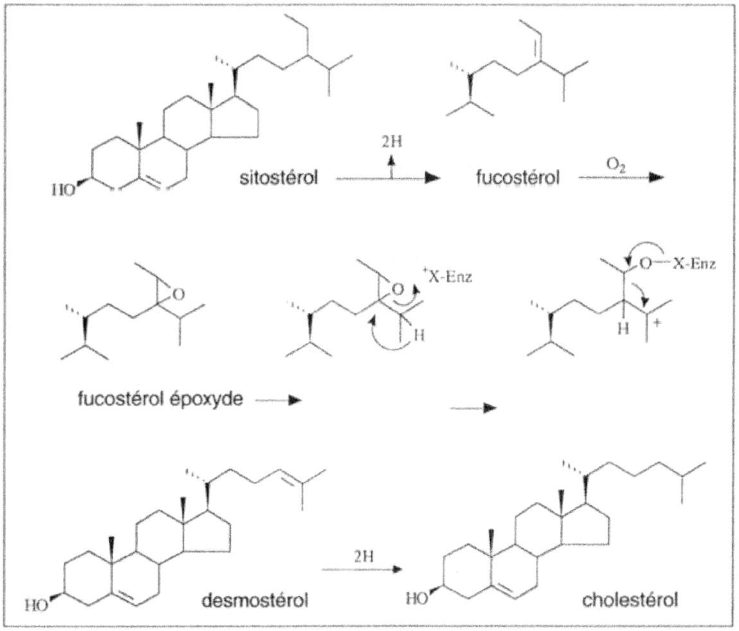

Figure 3.43 : Étapes de la désalkylation des phytostérols, processus spécifique des arthropodes.

La biosynthèse des ecdystéroïdes (fig. 3.44) débute avec le cholestérol issu de l'alimentation des insectes carnivores ou provenant de la désalkylation des phytostéroïdes ingérés par les insectes phytophages. En effet, les insectes sont incapables de synthétiser *de novo* le cholestérol. Les étapes de la biosynthèse ne sont pas connues avec toute la précision souhaitable, bien que nombre de précurseurs radioactifs à haute activité spécifique aient été synthétisés. Elles comportent :

– une modification du noyau cholestérol. La première étape est l'introduction d'une nouvelle double liaison dans le cycle B ; le cholestérol est alors converti en 7-déshydrocholestérol. Ultérieurement, les structures caractéristiques des ecdystéroïdes apparaissent : jonction A/B en cis, fonction cétone en C6, groupement hydroxyle en C14, double liaison Δ7, mais les modalités doivent encore en être précisées ;

– une série d'hydroxylations. Le 5β-kétodiol (2,22,25-tridésoxyecdysone) est certainement un précurseur de biosynthèse de l'ecdysone. Il subit trois hydroxylations successives en C25 (2,22-didésoxyecdysone), en C22 (2-désoxyecdysone) puis en C2 (ecdysone), voire en C20 (20-hydroxyecdysone) ou en C26 (26-hydroxyecdysone) ou en C20 et C26 (20,26-dihydroxyecdysone), selon les espèces. D'autres séquences peuvent se réaliser, ce qui suggère que les voies de biosynthèse peuvent

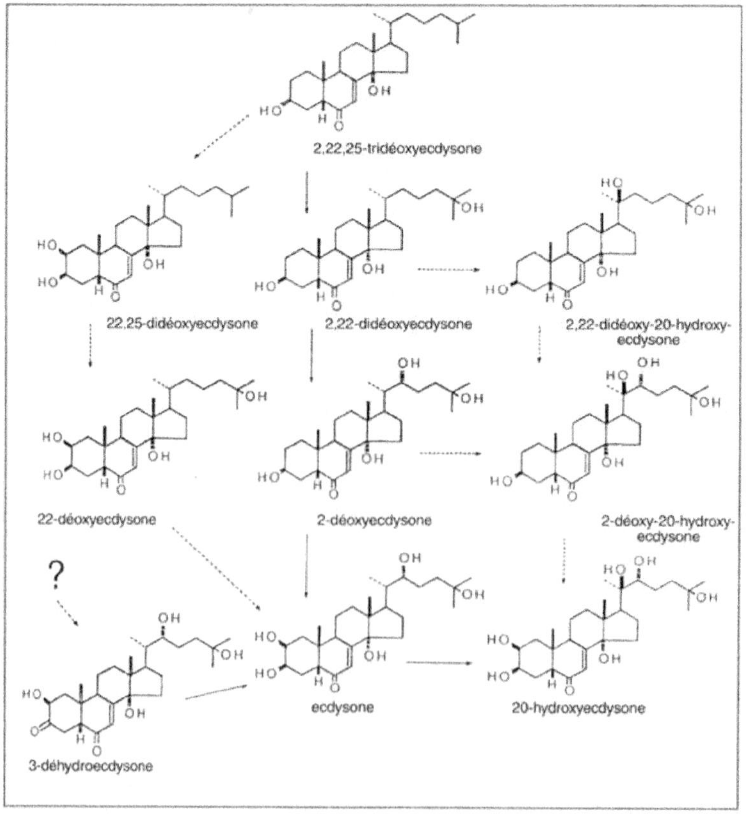

Figure 3.44 : Voies de biosynthèse des ecdystéroïdes.

varier selon les espèces. Certaines espèces utilisent des ecdystéroïdes présentant un alkyl supplémentaire en C24 ; elles sont incapables de réaliser la désalkylation de leurs phytostéroïdes alimentaires. Ainsi, chez certains hyménoptères et hétéroptères, la 20-hydroxyecdysone est remplacée par la makistérone A.

Les sites d'hydroxylation et les enzymes correspondantes ont été caractérisés (fig. 3.45).

Chez *Manduca sexta*, les glandes prothoraciques produisent essentiellement un mélange de 2-déshydroecdysone et de 3-déshydroecdysone ; il en serait de même chez d'autres lépidoptères et chez certains crustacés. Le précurseur de la 3-déshydroecdysone est donc situé en amont du kétodiol et pourrait être représenté par le 3-déshydrokétodiol (2,3,22,25-tétradésoxyecdysone – fig. 3.46). Chez *Manduca sexta*, la 3-déshydroecdysone est rapidement convertie en ecdysone par une réductase hémolymphatique.

5.4.2 SITES DE PRODUCTION

Des ecdystéroïdes peuvent être décelés à tous les stades du développement (embryons, larves, pupes, imagos/adultes), ce qui permet de penser qu'ils jouent alors des rôles distincts et proviennent de tissus différents.

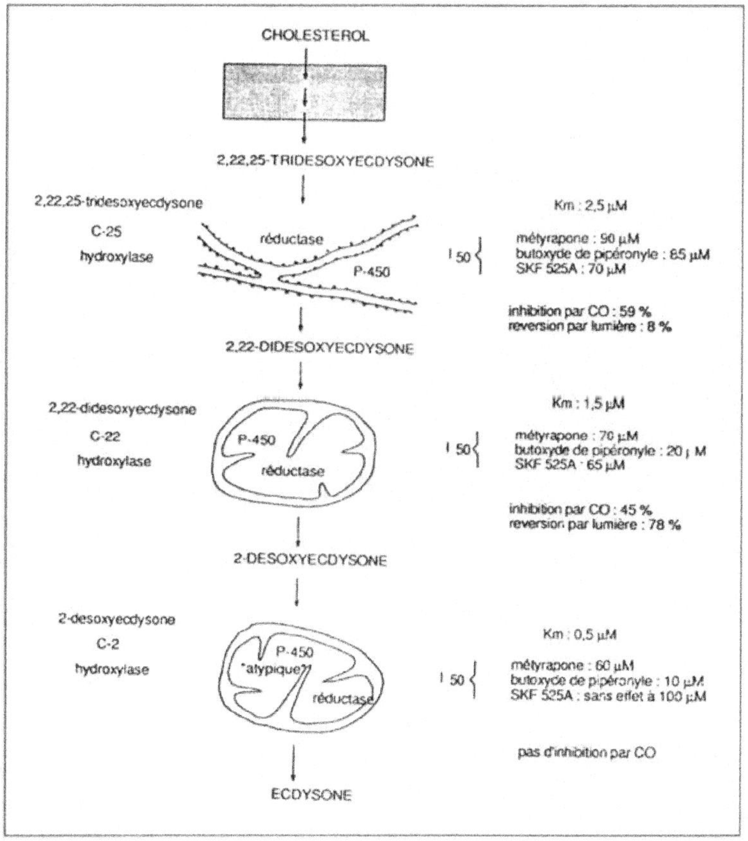

Figure 3.45 : Sites d'hydroxylation des précurseurs de l'ecdysone et caractéristiques des systèmes enzymatiques correspondants.

Au cours du développement postembryonnaire, les ecdystéroïdes sont synthétisés par les glandes prothoraciques qui sécrètent de l'ecdysone liée à une protéine, certainement par exocytose. Il n'y a pas de stockage hormonal dans les glandes.

Les glandes prothoraciques dégénèrent lors de la dernière mue. Les ecdystéroïdes décelés chez les adultes sont synthétisés par les gonades

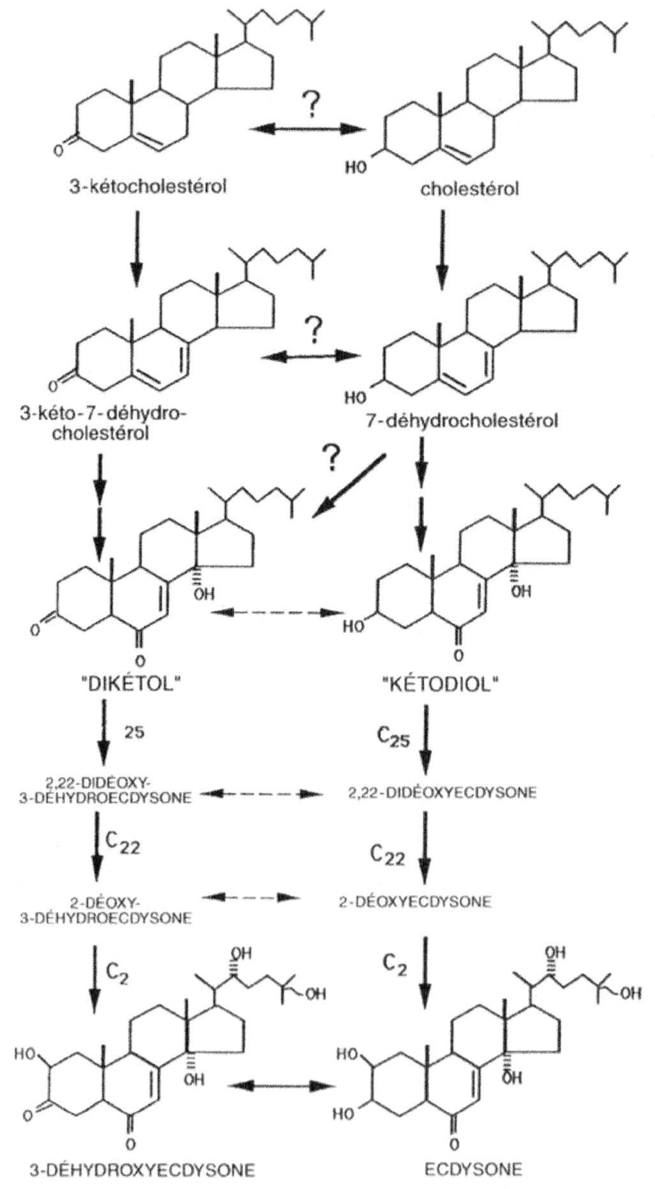

Figure 3.46 : Les deux voies potentielles de biosynthèse des ecdystéroïdes. Le site où se produit l'oxydation et/ou la réduction du groupement 3-hydroxyl du cholestérol dans la voie conduisant à la 3-hydroxyecdysone n'est pas clairement établi. Kétodiol : 2, 22, 25-tridésoxy-ecdysone = 5β-kétodiol ; dikétol : 5β-dikétol = 3-déshydrokétodiol. (D'après M.L. Grieneisen *et al.*, 1993, *Insect Biochem. Molec. Biol. 23*, 13-23.)

(testicules et cellules folliculaires). Chez certains insectes *(Tenebrio molitor, Leptinotarsa decemlineata, Dermestes)*, les glandes prothoraciques dégénèrent lors de la dernière mue larvaire ; les ecdystéroïdes indispensables à l'accomplissement des mues nymphale et imaginale sont sécrétés par les cellules épidermiques.

5.4.3. TITRE HORMONAL

Le taux hémolymphatique des ecdystéroïdes (fig. 3.47) est fonction de l'activité synthétique des glandes prothoraciques, du catabolisme et de l'excrétion des ecdystéroïdes (cf. § 5.4.3). Les concentrations varient de 10^{-8} à 10^{-5} M et montrent des cycles de variations caractéristiques. Chaque stade présente un ou plusieurs pics hormonaux, mais toujours un pic majeur avant l'exuviation. De nombreux insectes holométaboles présentent un pic précoce, mineur, qui déclencherait des comportements caractéristiques (recherche d'un support), activerait les cellules épidermiques, permettrait le passage d'un programme génétique larvaire à un programme génétique nymphal, pré-imaginal.

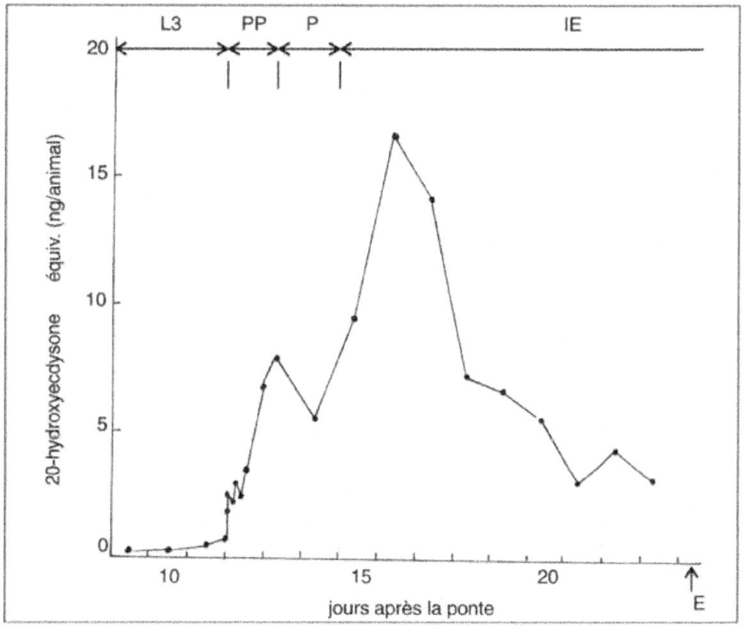

Figure 3.47 : Évolution du titre des ecdystéroïdes dans le corps de *Ceratitis capitata* au cours de la métamorphose.
En ordonnée : ecdystéroïdes (équivalents 20-hydroxyecdysone en ng/animal).
Ligne supérieure, stades du développement ; E, éclosion ; L3, larve de la fin du troisième stade ; PP, période de pupaison ; P, pupe ; IE, imago emprisonné dans le puparium *(pharate stage)*.
(D'après X. Vafopoulou *et al.*, 1993, *Physiol. Entomol. 18*, 87-92).

5.4.4. TRANSPORT DES ECDYSTÉROÏDES

Les ecdystéroïdes circulent sous deux formes dans l'hémolymphe des insectes, une forme libre, active, et une forme liée à des protéines jouant le rôle de réserve. Les ecdystéroïdes libres pénètrent dans les cellules-cibles par diffusion et/ou par mise en œuvre de transporteurs spécifiques.

5.4.5. MÉTABOLISME DES ECDYSTÉROÏDES

Les ecdystéroïdes sont métabolisés dans la plupart des cellules (fig. 3.48), mais le corps gras et les tubes de Malpighi, voire le tube digestif, sont particulièrement efficients. Selon les espèces, leur stade de développement, six réactions enzymatiques peuvent se réaliser : hydroxylation (C20-C26), oxydation (C2, C3, C26), épimérisation/réduction (C3), clivage de la chaîne latérale (C20/C22), formation de conjugués (C2-3,24,25,26) et hydrolyse des conjugués (C22-26).

5.4.6. MODE D'ACTION

Les ecdystéroïdes, tout comme les hormones stéroïdes, agissent en modifiant la transcription de gènes spécifiques. Ainsi, l'injection d'ecdysone dans les larves de *Chironomus tentans* provoque la formation de *puffs* au niveau des chromosomes polyténiques des glandes salivaires. Cette activation résulte d'une liaison à l'ADN de complexes récepteur-ecdysone. L'accumulation nucléaire d'hormone ou d'analogues hormonaux a été décelée par autoradiographie et immunocytochimie dans de nombreux organes (glandes salivaires, *corpora allata*, glandes prothoraciques, corps gras, système nerveux central, cellules épithéliales de l'œsophage, cellules musculaires pharyngiennes et mandibulaires ; par exemple de *Drosophila*). Ces données révèlent la diversité des tissus-cibles et montrent que

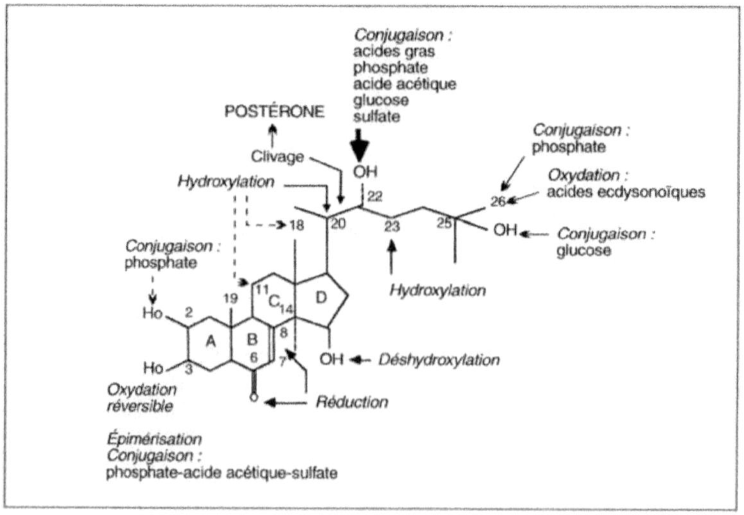

Figure 3.48 : Présentation des réactions métaboliques pouvant affecter et inactiver la molécule de 20-hydroxyecdysone.

les ecdystéroïdes jouent certainement un rôle important dans la régulation de l'activité de biosynthèse de l'hormone juvénile par les *corpora allata*.

Les récepteurs ont une masse moléculaire d'environ 100 kDa (105 kDa *Calliphora vicina* ; 150 kDa *Drosophila*) et existent à faible concentration dans les cellules-cibles (1000/cellule). Ces récepteurs ont certainement trois domaines : un domaine de liaison à l'hormone, un domaine de liaison à l'ADN et un domaine régulateur. La liaison à l'hormone est caractérisée par ses hautes spécificité et affinité (KD 30 nM chez *Calliphora* pour la 20-hydroxyecdysone). Un de ces récepteurs serait, chez *Drosophila*, codé par le gène *74 F* et pourrait se lier à l'ADN par quatre motifs à "doigts à zinc". L'élévation du titre de 20-hydroxyecdysone stimulerait la production des récepteurs.

5.5. Hormones juvéniles

Le maintien des caractères larvaires au cours du développement post-embryonnaire dépend de la présence d'hormone juvénile (JH) sécrétée par les *corpora allata* soumis au triple contrôle neuroexcitateur (allatotropine), neuro-inhibiteur (allatostatine) et nerveux ; l'octopamine aurait un rôle inhibiteur. L'activité biosynthétique des *corpora allata* est associée à une augmentation de la taille et du nombre des mitochondries et à la prolifération du réticulum endoplasmique lisse et/ou granulaire. Ces organites qui agissent en synergie sont soumis, à la faveur des mues, à un renouvellement périodique.

5.5.1 NATURE CHIMIQUE

À ce jour, cinq hormones juvéniles (fig. 3.49) ont été isolées et caractérisées : ce sont toutes des sesquiterpènes apolaires apparentés à l'isoprène C5. La première hormone juvénile (JH) isolée ou JH1 (Röller 1967) est une molécule à 18 carbones, dont 13 constituent une chaîne aliphatique. Les autres JH s'en distinguent par le nombre et la nature des chaînes latérales. Toutes les JH ont en commun une fonction epoxy (10-11) et une fonction méthyl-ester terminale (CO_2-CH_3).

La JH1 (C18-JH1) est caractéristique de nombreux lépidoptères ; la JH3 (C16-JH3) est la forme la plus répandue tant chez les hétérométaboles que chez les holométaboles. Cette hormone a également été détectée chez une plante, *Cyperus iria*. Les JH 0 et Iso-JH 0 n'ont, à ce jour, été isolées que dans les œufs d'holométaboles, notamment de *Manduca sexta* (lépidoptère) ; elles constitueraient une réserve hormonale d'origine maternelle (?) utilisée par l'embryon au cours de son développement. La JH2 (C17 JH2) est connue chez *Hyalophora cecropia*.

5.5.2. BIOSYNTHÈSE DE L'HORMONE JUVÉNILE

L'utilisation de divers précurseurs (acétate C2, propionate C3, butyrate C4, mévalonate C6) ainsi que la recherche des métabolites intermédiaires et des enzymes ont permis de préciser les étapes et les sites de la biosynthèse.

5.5.2.1. Biosynthèse de la JH

Le radical CH_3 de la méthionine s'incorpore uniquement dans la fonction méthyl-ester terminale (fig. 3.50 & 3.51).

L'originalité de la voie de biosynthèse tient surtout à la production de farnésyl-pyrophosphate et à la constitution de la chaîne carbonée en fonction du type d'hormone juvénile et surtout des homologues supérieurs de la JH3 (méthylation des chaînes latérales). Le farnésyl-pyrophosphate est une molécule-clé du métabolisme. Outre les hormones juvéniles, elle est à la base de la synthèse des caroténoïdes et de leurs dérivés (vitamines A ou K), des cytochromes, voire du cholestérol, des phytostérols et de divers stéroïdes.

Chez *Manduca sexta*, à la fin du dernier stade larvaire (phase prépupale), la production des *corpora allata* passe de l'hormone juvénile à la forme acide qui pourrait être séquestrée par les disques imaginaux, méthylée, puis libérée sous forme d'hormone juvénile.

5.5.2.2. Schéma général de biosynthèse des différentes JH

Données biochimiques et ultrastructurales concordent et démontrent, par la localisation des enzymes, la coopération fonctionnelle des mitochondries et du réticulum endoplasmique, organites qui, en période d'activité, prolifèrent dans les cellules glandulaires des *corpora allata* (fig. 3.52).

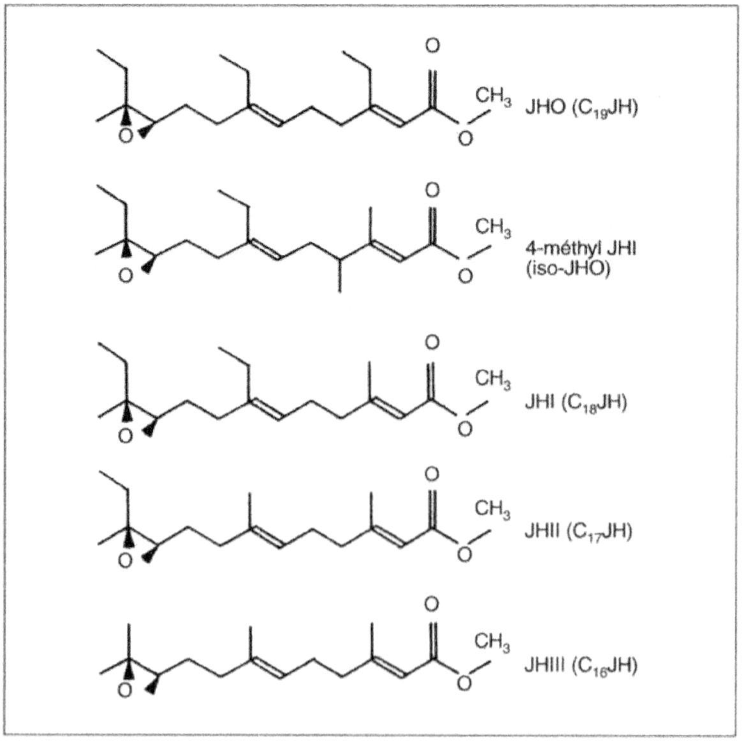

Figure 3.49 : Représentation des cinq formes de l'hormone juvénile.

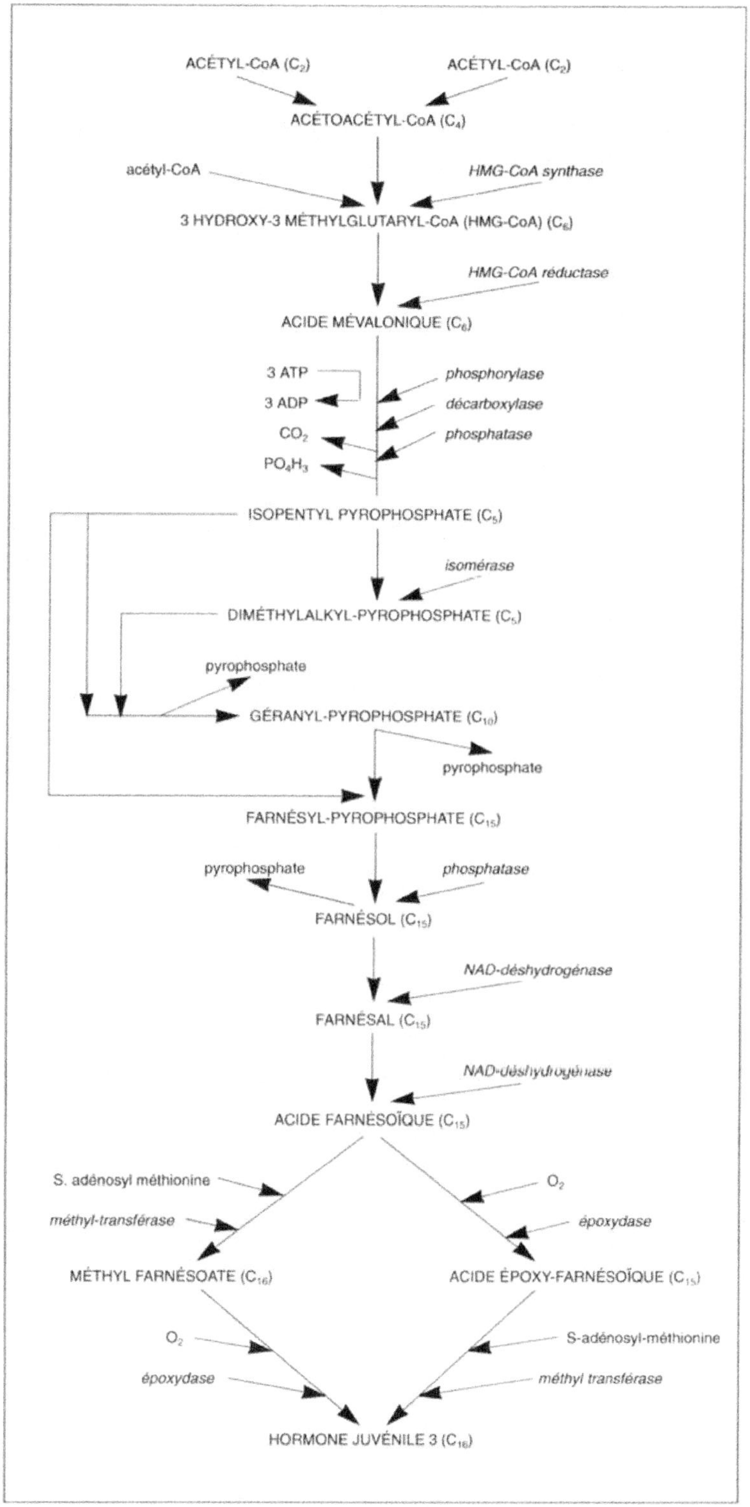

Figure 3.50 : Étapes successives de la biosynthèse de l'hormone juvénile 3.

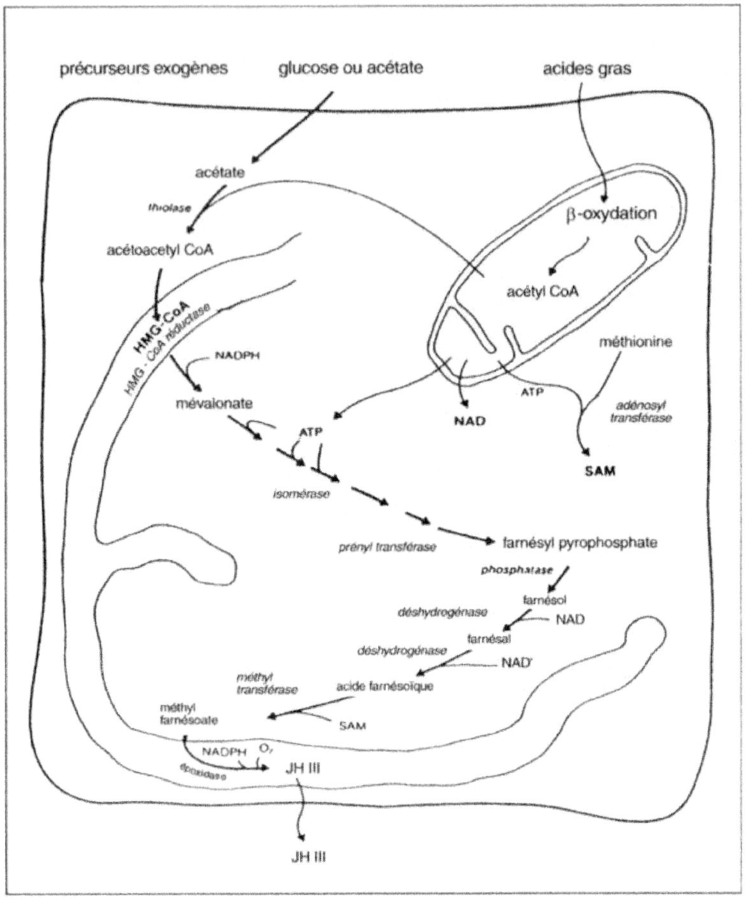

Figure 3.51 : Localisation intracellulaire des diverses étapes de la biosynthèse de l'hormone juvénile 3.

La biosynthèse de l'hormone juvénile nécessite la présence de Ca^{2+}. Les ionophores (A 23187) ou la caféine l'activent ; les inhibiteurs de la calmoduline la restreignent. Elle est associée à une chute de l'AMPc dans les cellules glandulaires des *corpora allata*.

A priori, toute étape comportant l'utilisation d'un substrat et une activité enzymatique peut participer à la régulation de la production de l'hormone juvénile. Si tous les mécanismes ne sont pas à ce jour connus, il semble que la régulation soit antérieure à la production de mévalonate et concerne le HMG-CoA réductase. Expérimentalement, l'inhibition de la biosynthèse de l'hormone juvénile et ses incidences sur le développement et la reproduction ouvre un champ prometteur quant à la mise au point de nouvelles molécules insecticides.

Les précocènes (agératochromes extraits d'*Ageratum houstanium* – fig. 3.53) et leurs dérivés ont une puissante action allatocide chez divers insectes. Appliqués aux stades larvaires, ils déterminent, par destruction spécifique des *corporata allata*, une métamorphose précoce, anticipée, chez divers hémiptères et orthoptères. La compactine (mévastine) ainsi que la mévinoline (fig. 3.54), métabolites fongiques inhibent la HMG-

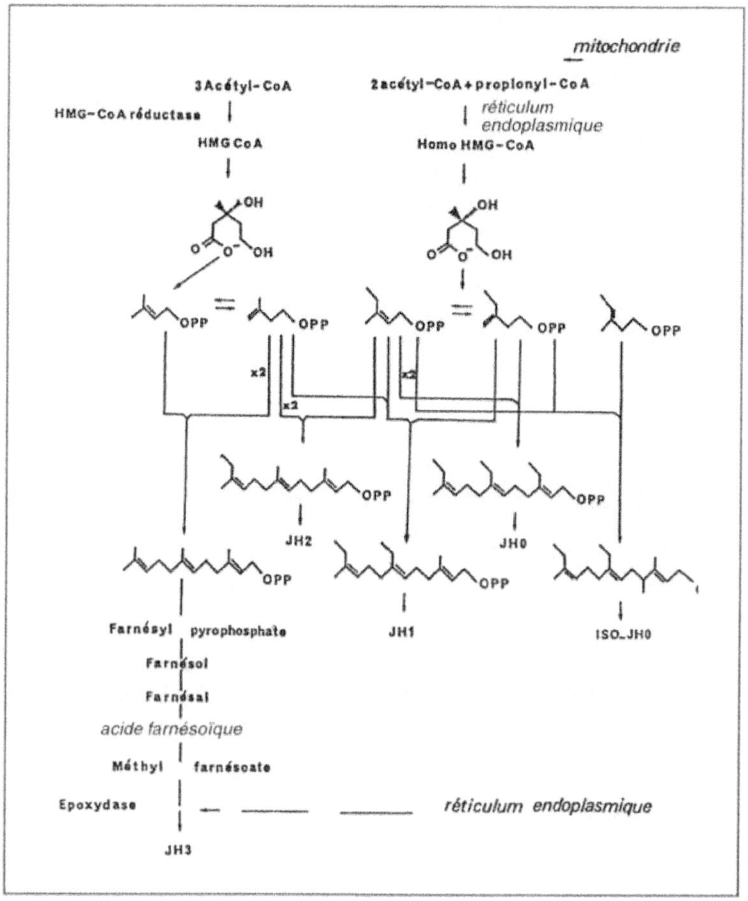

Figure 3.52 : Modalités de la biosynthèse des diverses hormones juvéniles.

CoA réductase. Le fluoromévalonate, agissant par compétition, bloque les réactions de biosynthèse.

5.5.3. DÉGRADATION DES HORMONES JUVÉNILES

La dégradation de l'hormone juvénile circulante (fig. 3.55) est le fait d'hydrolases non spécifiques qui peuvent agir soit au niveau de la fonction méthyl-ester* (production de JH acide), soit à celui du pont époxy** (production de JH diol), soit au niveau de ces deux fonctions (production de JH diol-acide). Ces trois catabolites ont une activité biologique réduite ou nulle. Ils peuvent se lier à des sulfates, des glycuronates et sont excrétés.

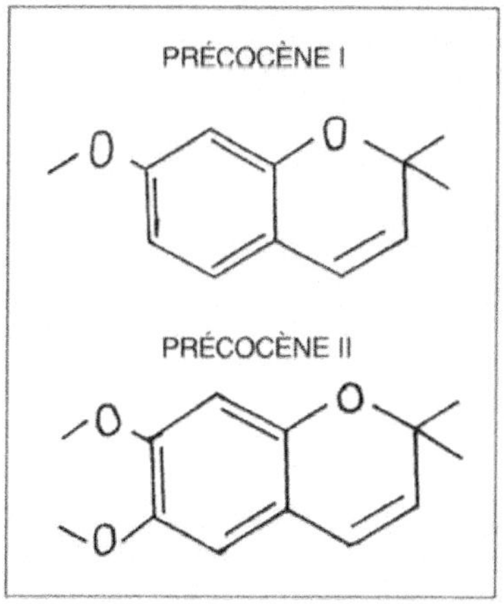

Figure 3.53 : Précocènes I et II.

* Carboxy-méthyl-estérases E.C.3.1.1. ** Époxy-hydratase E.C.33.23.

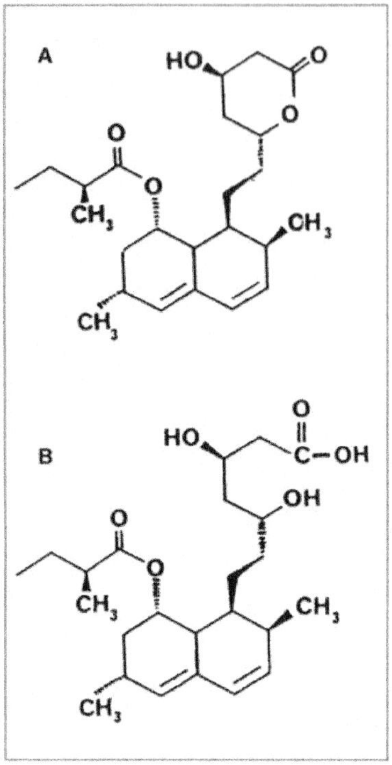

<
Figure 3.54 : Représentation schématique de la compactine (A) et de la mévinoline (B).

Les hydrolases jouent donc un rôle essentiel quant à la régulation du titre de l'hormone circulante. Leur inhibition perturbe la métamorphose ou la retarde.

L'apport de JH ou d'analogues accroît l'activité des JH-hydrolases (dose-réponse). L'activité des JH-hydrolases varie au cours du développement et de la reproduction.

Dans les conditions naturelles, l'hormone juvénile peut échapper à l'activité des hydrolases grâce à une liaison avec des lipoprotéines transporteurs (JH-BP) à forte spécificité et forte affinité, qui possèdent des sites hydrophobes permettant l'association avec le squelette hydrocarboné de l'hormone juvénile.

Les hormones juvéniles liées aux JH-BP sont *in fine* dégradées grâce à l'action d'hydrolases spécifiques. L'apport de JH ou d'analogues accroît l'activité des hydrolases (dose réponse), laquelle varie au cours du développement et de la reproduction. La synthèse de ces hydrolases serait sous la dépendance de cellules neurosécrétrices médianes de la *pars intercerebralis*. Leur destruction empêche la synthèse des estérases et perturbe ou supprime la métamorphose.

5.5.4. RÉCEPTEURS À L'HORMONE JUVÉNILE

Les problèmes de liaison de l'hormone juvénile à d'éventuels récepteurs et de mode d'action nécessitent des recherches approfondies.

Chez *Manduca sexta*, par photo-affinité, il a été mis en évidence dans les cellules épithéliales (sauf à la fin du dernier stade larvaire, *wandering stage*) un récepteur cytosolique (38 kDa) qui transporterait l'hormone vers le noyau et deux récepteurs nucléaires (29 kDa ; pI 5,8 et 6,0), capables de se lier à l'ADN et certainement d'agir au niveau génique. Chez *Chironomus thummi*, l'hormone juvénile induit l'apparition de *puffs* au niveau des chromosomes IV polyténiques des glandes salivaires. L'actinomycine inhibe la synthèse d'ARNm et l'apparition de puffs. Des récepteurs cytosoliques ont été decelés dans le corps gras et les ovaires de blattes *(Leucophaea maderae)* et de *Melanoplus bivittatus*.

5.5.5. HORMONE JUVÉNILE CIRCULANTE

Le titre de l'hormone juvénile circulante (fig. 3.56), active, est un état dynamique, véritable bilan des activités biosynthétiques des *corpora allata* et des activités cataboliques des divers types d'hydrolases. Ce titre peut être apprécié de manière indirecte par essais biologiques (tests *Galleria*, *Tenebrio*...) ou de manière directe en utilisant des méthodes physico-chimiques (HPLC ; GC, chromatographie en phase gazeuse / MS, spectrométrie de

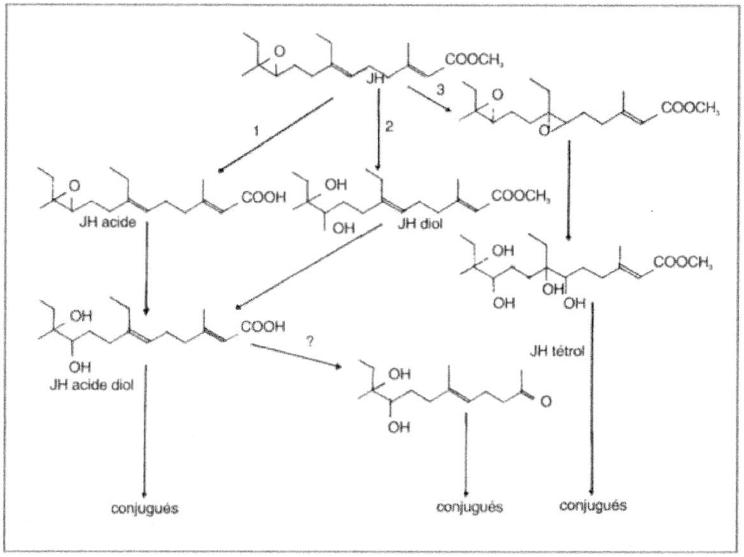

<
Figure 3.55 : Modalités de la dégradation des hormones juvéniles. Exemple de l'hormone juvénile 3.

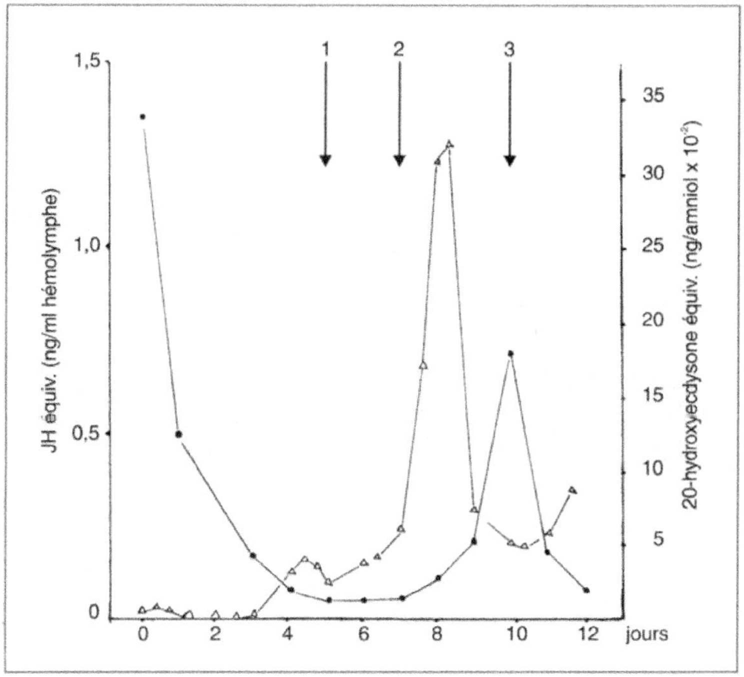

Figure 3.56 : Titre hémolymphatique des ecdystéroïdes (Δ – Δ) et de l'hormone juvénile (• – •) lors du dernier stade larvaire de *Manduca sexta*. 1, début de la phase d'errance ; 2, début de la phase prépupale ; 3, exuviation.
(D'après Sridhara *et al.* 1978.)

masse), immunologiques (RIA, *radio-immunological assay*, dosage radio-immunologique ; EIA, *enzyme immuno-assay*, dosage immuno-enzymatique) ou isotopiques (RCA, *radiochemical assay*, dosage radiochimique).

6. Codes des acides aminés

Acides aminés	Code 3 lettres	Code 1 lettre
Acide aspartique	Asp	D
Alanine	Ala	A
Acide glutamique	Glu	E
Arginine	Arg	R
Asparagine	Asn	N
Cystéine	Cys	C
Glutamine	Gln	Q
Glycine	Gly	G
Histidine	His	H
Isoleucine	Ile	I
Leucine	Leu	L
Lysine	Lys	K
Méthionine	Met	M
Phénylalanine	Phe	F
Proline	Pro	P
Sérine	Ser	S
Thréonine	Thr	T
Tryptophane	Trp	W
Tyrosine	Tyr	Y
Valine	Val	V

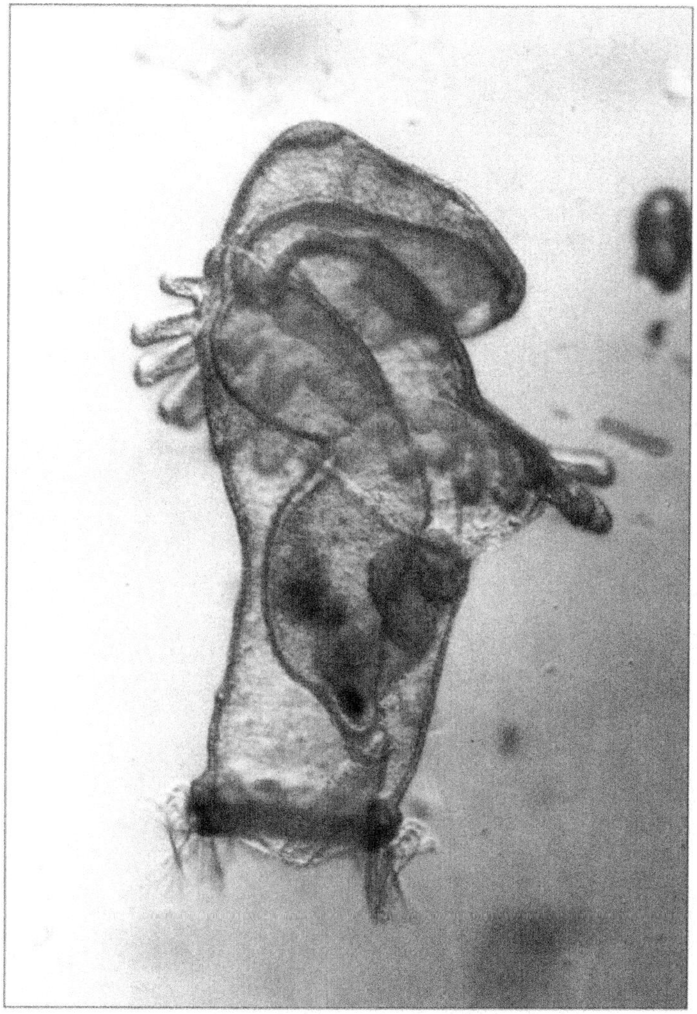

Larve actinotroque de phoronidien.
(Grandissement x 160.)
(Cliché P. Emschermann, Freiburg Universität.)

CHAPITRE 4

De la vie pélagique à la vie benthique en milieu marin

En milieu marin, de nombreux invertébrés subissent une métamorphose. Les larves méroplanctoniques assurent la dissémination. Les juvéniles issus de la métamorphose gagnent le milieu benthique et entretiennent avec le substrat des relations variées, avec installation de faunes diverses (fixée, vagile, hypogée). La reproduction sexuée, garant de la pérennité des espèces, est acquise à l'issue d'une phase de croissance végétative ou d'un cycle biologique de durée variable selon les groupes zoologiques.

1. Spongiaires

Les spongiaires sont des métazoaires diploblastiques benthiques, fixés sur un substrat dur, après métamorphose d'une larve mobile. Ils sont caractérisés par un système aquifère, fait d'un double ensemble de canaux inhalants et exhalants, que séparent des chambres vibratiles. Celles-ci sont limitées par des choanocytes assurant les mouvements de l'eau et la capture des particules alimentaires. Les canaux sont bordés par une strate de pinacocytes, qui couvrent aussi la surface de l'éponge. La matrice intercellulaire (mésoglée ou mésohile), riche en collagène, contient des cellules de motilité différente : archaeocytes, collencytes, scléroblastes. De nombreuses populations de bactéries symbiotes sont présentes.

Le développement embryonnaire s'effectue librement dans l'eau de mer, dans une cavité parentale ou dans la mésoglée. Ponte et éclosion larvaire dépendent des facteurs externes (température de l'eau, photopériode, stimuli chimiques...). Les larves ovoïdes, flagellées et nageuses, vivent de quelques heures à plusieurs jours selon les espèces. Toutes possèdent un axe antéro-postérieur matérialisé par le sens du déplacement. Ces larves permettent une dispersion des espèces et une exploration des milieux. Durant la métamorphose, elles se fixent au substrat et acquièrent un système aquifère ; les différentes catégories cellulaires de l'adulte se différencient.

Les larves de spongiaires appartiennent à deux catégories principales, l'une creuse (larve *amphiblastula*), l'autre pleine (larve *parenchymella* ou *parenchymula)*. L'*amphiblastula* caractérise diverses éponges calcaires *(Sycon, Esperia, Scypha...* – fig. 4.1) et certaines éponges cornées (démosponges homoscléromorphes – *Oscarella)*, mais la *parenchymella* est la plus fréquemment rencontrée. Chez les éponges siliceuses (hexactinellides), les larves *trichimella* constituent une variante du type *parenchymella*.

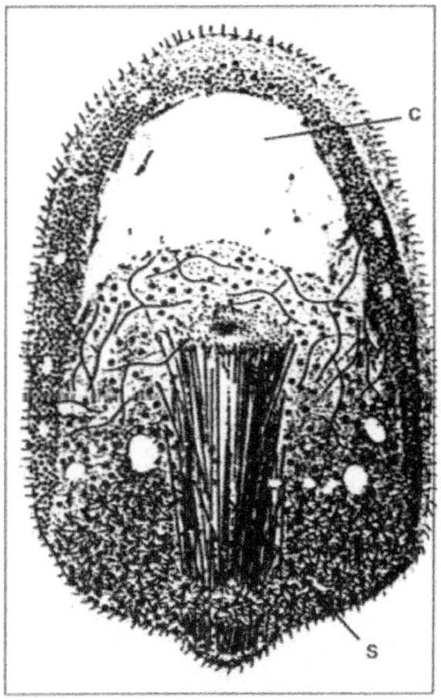

Figure 4.1 : Larve d'une éponge calcaire *Calcaronea (Esperia lorenzi)*.
c, cavité ; s, spicules.
(D'après Maas 1892.)

1.1. Larve *amphiblastula*

Cette larve est observée chez les éponges calcaires de la lignée évolutive des calcaronea et chez les éponges cornées homoscléromorphes.

Chez *Scypha ciliata (Calcaronea)*, la fécondation est indirecte. Elle est caractérisée par le transfert du spermatozoïde dans le mésohyle, au voisinage de l'ovocyte, par l'intermédiaire d'un choanocyte dédifférencié ("cellule charriante"). La segmentation de l'œuf aboutit à la formation d'une morula, puis d'une stomoblastula. Celle-ci est incubée dans une cavité parentale, dont elle est séparée par une fine membrane placentaire. La stomoblastula est creuse et limitée par une assise unistratifiée, faite de micromères à flagelles internes et de macromères (fig. 4.2A). Elle se retourne en "doigt de gant" et se transforme en larve *amphiblastula* (fig. 4.2 B-E & 4.3A).

L'*amphiblastula* comporte antérieurement de longues cellules flagellées issues des micromères et, postérieurement, de grosses cellules

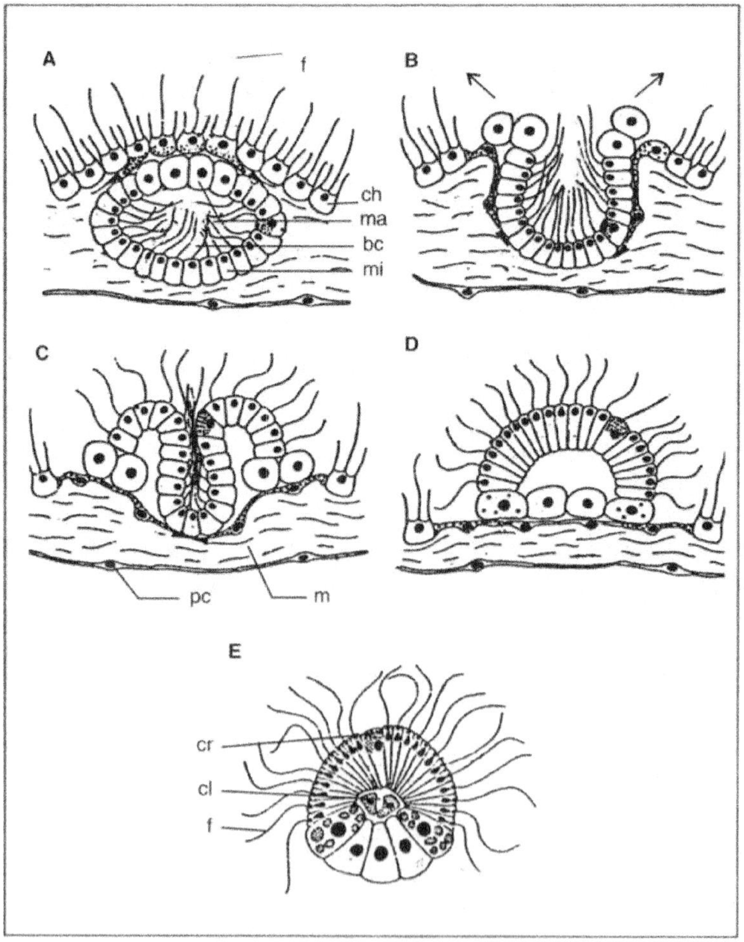

Figure 4.2 : Phénomène du retournement chez une larve de *Calcaronea (Scypha ciliata)*. A, *stomoblastula*. B et C, deux phases successives du retournement. D, *amphiblastula*. E, larve libre. Les flèches indiquent les mouvements morphogénétiques. bc, blastocoele ; ch, choanocyte ; cl, cavité larvaire ; cr, cellule cruciforme ; f, flagelle ; m, mésenchyme ; ma, macromère ; mi, micromère ; pc, pinacocyte. (D'après Franzen 1988.)

granuleuses dérivant des macromères. Quatre cellules présumées sensorielles, disposées en croix, se différencient (fig. 4.4). L'*amphiblastula* quitte la cavité parentale et nage, les flagelles disposés vers l'avant.

1.2. Larve *coeloblastula*

Elle caractérise une autre lignée évolutive d'éponges calcaires, les *Calcinea (Clathrina, Ascandra)*. Cette larve est flagellée, pourvue d'un vaste blastocoele qui contient, près du pôle postérieur, un nombre variable de cellules granuleuses, des cellules nourricières et des blastomères issus de la paroi (fig. 4.5).

1.3. Larve *parenchymella*

Chez la plupart des éponges, la segmentation de l'œuf conduit à la formation d'une blastula pleine qui se transforme en une larve *parenchymella* rejetée par les canaux exhalants et les oscules. La *parenchymella* ovoïde (0,2 x 1 mm – fig. 4.3B & 4.6) comporte un épithélium fait de cellules flagellées, à rôle locomoteur, entourant un massif où tous les types cellulaires de l'adulte sont représentés ; seuls manquent les choanocytes. La larve peut élaborer des spicules *(Halichondria)*, parfois très précocement *(Haliclona)*, notamment vers l'arrière du corps. [Chez plusieurs spongiaires d'eau douce *(Ephydatia, Spongilla)*, la larve s'édifie dans le mésohyle parental et acquiert précocement les différents types cellulaires (collencytes, pinacocytes, archaeocytes...), ainsi que des spicules. Contrairement aux larves des autres démosponges, une vaste cavité se forme secondairement chez la larve âgée de *Spongilla* ; cette cavité est bordée de pinacocytes (fig. 4.7) formés aux dépens d'archaeocytes.] Des cellules sécrétrices peuvent se différencier au pôle antérieur. Chez de nombreuses larves, la couverture de cellules flagellées est interrompue au pôle postérieur.

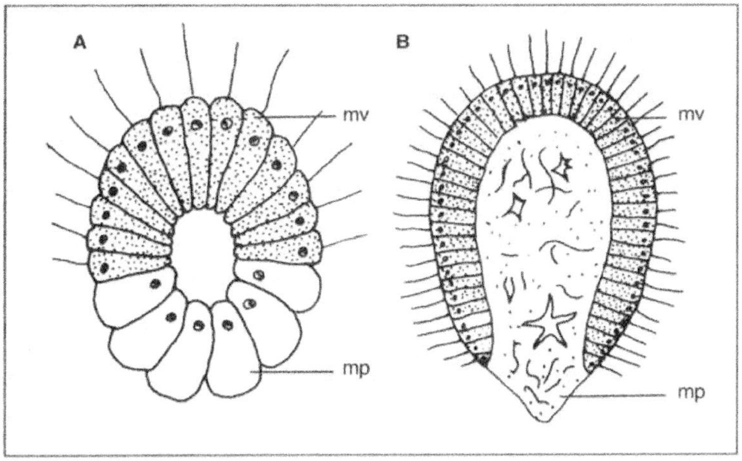

Figure 4.3 : Formes larvaires de spongiaires.
A, *amphiblastula* de *Sycon*.
B, *parenchymella* (ou *parenchymula*) de *Myxilla*.
mp, matériel polaire ; mv, matériel végétatif.
(D'après A. Beaumont & P. Cassier, 1991, *Biologie animale* (T.I), Dunod, Paris.)

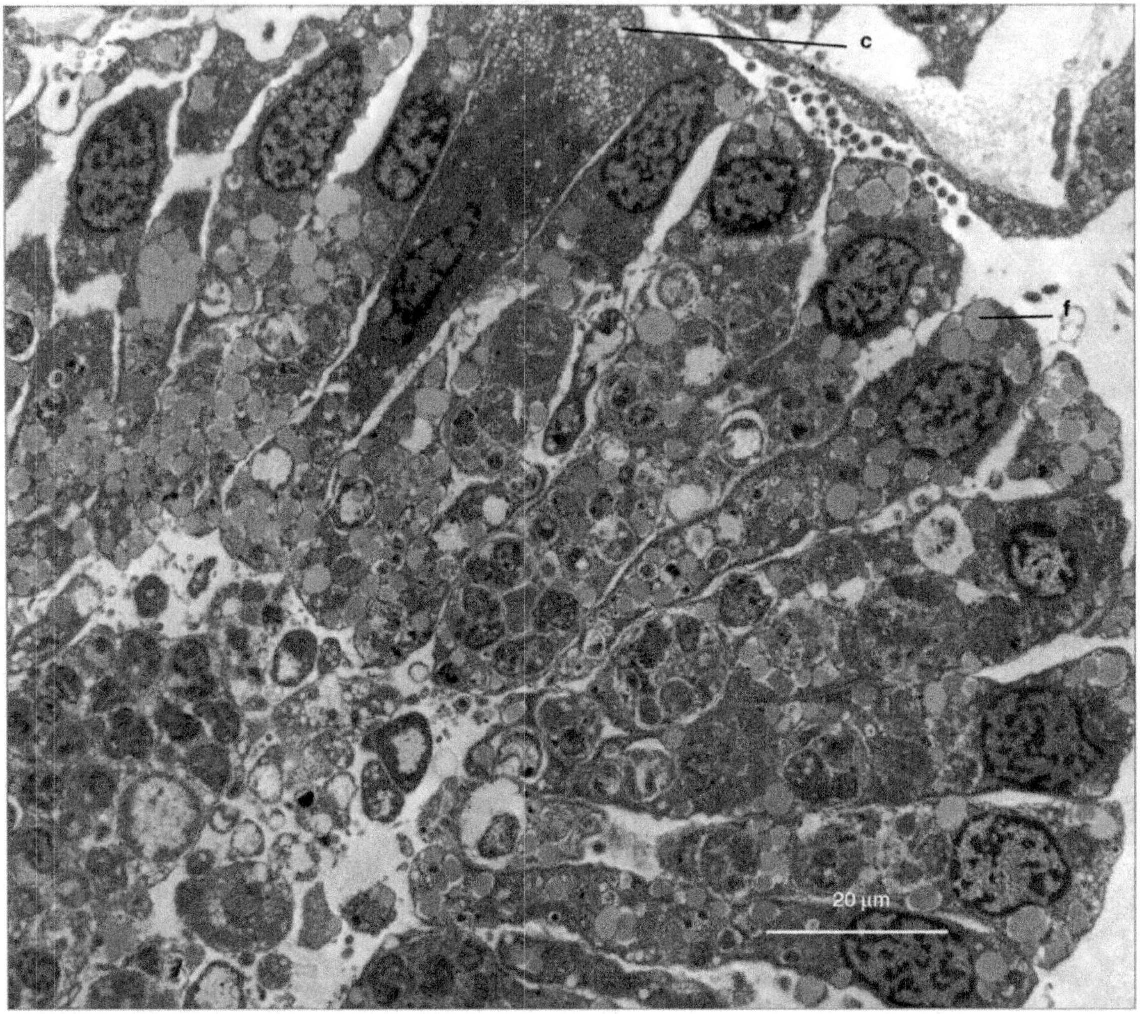

Figure 4.4 : Cellules flagellées (f) et cellule cruciforme (c) chez une *amphiblastula* de *Sycon sp.* (éponge calcaire *Calcaronea*).
(Cliché M.-F. Gallisian, avec l'autorisation de J. Vacelet).

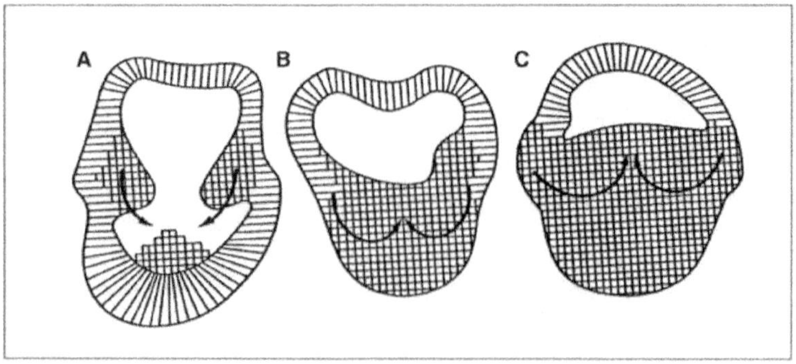

Figure 4.5 : Métamorphose d'une éponge calcaire *Calcinea (Clathrina reticulum).* Immigration de blastomères dans le blastocoele.
(D'après Borojevic 1969.)

Chez *Halichondria moorei*, la *parenchymella* est recouverte de flagelles renflés à leur extrémité, en forme de club de golf. La larve mène une existence démersale durant 20 à 60 heures et se déplace au contact du substrat en tournant autour de son axe longitudinal.

Chez *Halisarca dujardini*, les œufs amiboïdes migrent dans le mésohyle où ils se nourrissent des cellules voisines. La région postérieure de la *parenchymella*, peu différenciée, est reconnaissable à la grande longueur de ses flagelles. Les blastomères pariétaux finissent par coloniser le blastocoele. La larve tourne sur elle-même dans son enveloppe, avant d'être libérée hors des tissus parentaux puis rejetée par les canaux exhalants et les oscules. Les cellules sécrétrices, en forme d'urnes, de la larve libre, disparaissent après la fixation au substrat.

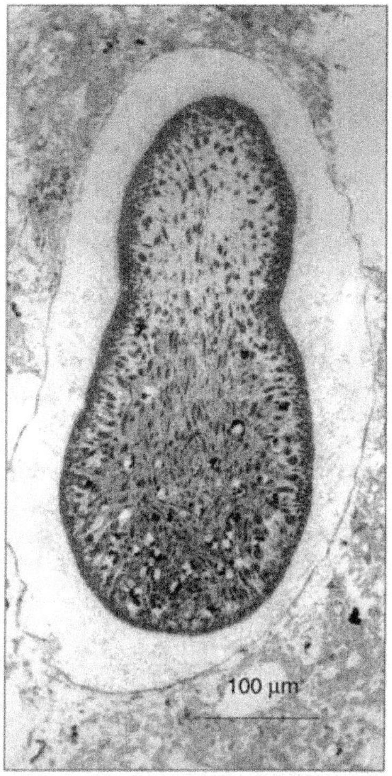

Figure 4.6 : *Parenchymella* d'une démosponge, *Vaceletia crypta*.
(D'après J. Vacelet, 1979, *in* Biologie des Spongiaires, C. Lévi & N. Boury-Esnault eds., *Colloques du C.N.R.S. 291*, 95-101.)

1.4. Larve *trichimella*

Cette larve est spécifique des éponges siliceuses, connues pour leur structure syncytiale. Le développement de ces éponges a été plus particulièrement étudié chez deux espèces : *Oopsacas minuta* en mer Méditerranée et *Farrea sollasii* en baie de Sagami, au Japon. La morula se transforme en une larve *parenchymella* qui nage en tournant dans le sens des aiguilles d'une montre, son extrémité arrondie vers l'avant. La larve d'*Oopsacas*, appelée *trichimella*, mesure environ 170 µm de longueur ; elle est fragile et nécessite des conditions thermiques et photiques précises pour sa survie. Les cellules périphériques sont multiflagellées dans la région équatoriale, les flagelles traversant une très mince enveloppe de cellules analogues aux pinacocytes, mais les deux extrémités de la larve sont nues (fig. 4.8 A & B). Les cellules de la région antérieure renferment de nombreuses vacuoles lipidiques, tandis que la région postérieure est faite de larges cellules granulaires. Les larves âgées contiennent déjà des chambres choanocytaires. Des spicules temporaires, sécrétés par une population de scléroblastes, définissent la morphologie de la larve. D'autres spicules les remplaceront chez l'adulte. Les jonctions intrasyncytiales denses aux électrons, qui relient les différents "territoires" cytoplasmiques, sont identiques à celles de l'adulte.

1.5. Étude de développements particuliers

Chez le genre *Tetilla*, il n'existe pas de larve libre ; l'œuf adhère au substrat et engendre directement une éponge adulte. Chez *Polymastia*, les œufs sont groupés dans une enveloppe muqueuse où des cellules parentales sont également présentes. Les larves se déplacent sur le substrat. Elles possèdent un nombre limité de cellules indifférenciées et monoflagellées, entourant une cavité réduite.

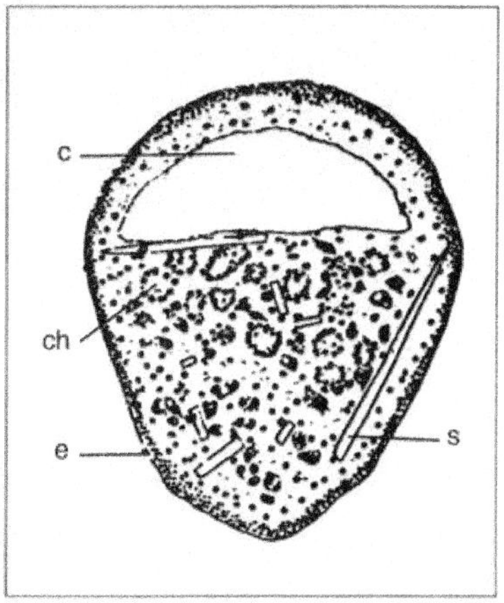

Figure 4.7 : Structure de la larve des spongillidés *(Ephydatia fluviatilis)*. Larve immature. On remarque la cavité interne (c) bordée d'archaeocytes. ch, chambre choanocytaire ; e, épithélium cilié ; s, spicule.
(D'après Brien & Meewis 1938.)

1.6. Biologie des larves

La ponte et l'éclosion dépendent en principe de la température. Chez *Microciona prolifera*, par exemple, ces événements surviennent entre 15 et 25 °C à Long Island, mais ils sont ralentis à 15 °C et inhibés à 10 °C. Dans l'hémisphère nord, les larves de la plupart des espèces éclosent entre juin et septembre, avec une période optimale pour chaque population. Les larves qui ne peuvent éclore dégénèrent. L'éclosion des larves peut aussi être induite par un stress (collecte récente des individus parentaux, altération de la photopériode, interruption du courant d'eau alimentant un bac d'élevage...).

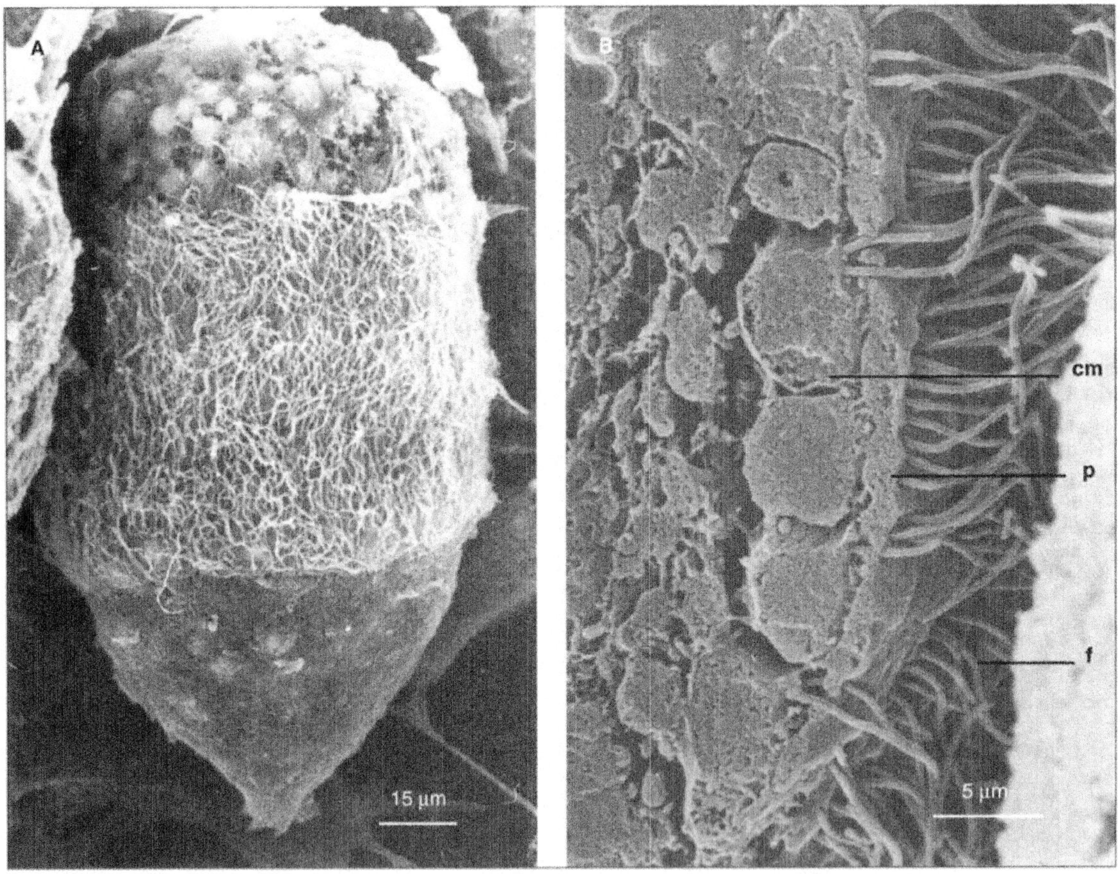

Figure 4.8 : *Trichimella* d'*Oopsacas minuta* (hexactinellides).
A, vue d'ensemble
(D'après N. Boury-Esnault & J. Vacelet (1993). *Preliminary studies on the organization and development of a hexactinellid sponge from a mediterranean cave*, Oopsacas minuta. In *Sponges in time and space*, R.W.M. van Soest ed. Proceedings of the 4th international Porifera congress, Amsterdam, 1994, A.A. Balkema, Rotterdam.)
B, détail observé en cryofracture. Les cellules multiflagellées (cm) sont couvertes par le fin pinacoderme (p) que traversent les flagelles (f).
(Document J. Vacelet, N. Boury-Esnault et J.-G. Harmelin, *Hexactinellid cave, a unique deep-sea habitat in the scuba zone* – soumis à publication).

La larve nage selon une direction constante. Selon les espèces, elle tourne sur elle-même dans le sens des aiguilles d'une montre ou se déplace en ligne droite. Le plus souvent, la larve manifeste un phototropisme positif *(Haliclona)* ou indifférent *(Microciona, Halichondria)*. Ce phototropisme est exceptionnellement négatif *(Mycale malicenta)*. En phase planctonique, la réponse à la lumière est plus accentuée qu'en phase démersale. Le géotactisme est négatif au début de la vie larvaire puis positif. Les déplacements verticaux ne semblent pas influencés par des gradients chimiques ou thermiques. La vitesse de locomotion moyenne des larves est de 1 cm/s, mais elle varie avec l'espèce : lente chez *Myxilla*, elle est rapide chez *Halisarca* et *Haliclona*.

1.7. Métamorphose de fixation

La durée de la métamorphose est généralement comprise entre un et deux jours ; elle peut atteindre 20 jours chez les larves démersales, alors que chez d'autres espèces, elle ne dépasse pas quelques minutes. Le phénomène se produit après une période d'exploration du fond qui dure quelques heures. Il commence par la sécrétion, entre la larve et le substrat, d'une lame basale formée de fibres de collagène noyées dans une matrice amorphe.

Chez les éponges calcaires *Calcaronea*, la larve se fixe par son pôle antérieur et s'aplatit. Les cellules flagellées s'enfoncent dans le massif de cellules granuleuses et ménagent une nouvelle cavité s'ouvrant à l'extérieur par un blastopore. Les cellules sensorielles disparaissent. L'*amphiblastula* se transforme ainsi en une jeune éponge (stade olynthus), dont le système aquifère comporte une seule chambre vibratile. Ce système se ramifie ultérieurement et acquiert un réseau de canaux inhalants et exhalants. Les cellules granuleuses sont à l'origine des pinacocytes, des porocytes et des scléroblastes. Les cellules flagellées forment les choanocytes, les amoebocytes et les archaeocytes. Les scléroblastes ne sécrètent leurs premiers spicules qu'après la fixation.

Aux approches de la métamorphose et sur la totalité du corps, la larve *parenchymella* de certaines éponges cornées *(Halichondria moorei)* sécrète un épais glycocalyx, qui renforce la cohésion cellulaire mais disparaîtra peu après la fixation. Suite à une inversion des feuillets, les cellules flagellées externes de la larve *parenchymella* et de sa variante *trichimella* deviennent internes et constituent les futurs choanaocytes. Un organisme juvénile de forme conique reposant sur le substrat par sa base ("rhagon") se différencie, tandis que se développe un réseau de cavités de plus en plus complexes (chambres choanocytaires, canaux, pores inhalants). Dans quelques cas *(Polymastia)*, le choanoderme peut dériver de cellules parentales.

Une tendance au grégarisme apparaît lors de la fixation des larves de nombreuses espèces. Elle provoque des métamorphoses conjointes, voire des fusions d'individus. Cette perte d'individualité peut conférer un avantage trophique en favorisant les mouvements des particules alimentaires.

Chez les espèces hermaphrodites, elle ne peut qu'accroître la diversité génétique. Un courant d'eau d'une vitesse supérieure à 3 km/h déporte suffisamment les larves pour interdire toute fixation, comme cela a été montré chez *Adocia*. La configuration du substrat est probablement un facteur essentiel. Beaucoup de larves préfèrent se fixer sur des surfaces planes, au fond de l'eau. D'autres recherchent les faces internes des substrats (phototropisme négatif ?). Selon les espèces, le support peut être spécifique ou non (pierres, algues, coquilles...). Dans une aire géographique donnée, les modalités du développement ne sont pas les mêmes d'une espèce à l'autre. Ainsi, au voisinage de la Nouvelle-Zélande, on distingue des espèces d'eaux profondes et d'affinités australes, dont la fixation des larves s'effectue exclusivement en hiver, et des espèces d'eaux peu profondes et plus chaudes, qui se reproduisent toute l'année ou seulement en été.

En bref, la biologie des éponges change radicalement lors de leur métamorphose : la larve libre, démersale et lécithotrophe, devient un adulte fixé que le grand nombre de chambres choanocytaires adapte à la microphagie.

2. Cnidaires

Les cnidaires sont des métazoaires diploblastiques essentiellement marins, solitaires ou coloniaux, pélagiques ou benthiques. Leur corps présente une symétrie radiaire qui peut, surtout chez les formes coloniales, être altérée par l'apparition d'une symétrie bilatérale. La cavité gastro-vasculaire (ou coelentéron) est indivise chez les hydrozoaires *(Obelia, Hydra)*, mais cloisonnée chez les scyphozoaires *(Aurelia)* ou les anthozoaires *(Corallium, Actinia)*. L'orifice unique est entouré de tentacules creux. Leur larve est une *planula*, le plus souvent pélagique, dont la mise en place des deux feuillets procède d'une gastrulation par délamination.

2.1. Larve *planula*

2.1.1. *PLANULA* DES ANTHOZOAIRES

2.1.1.1. Hexacoralliaires

La différenciation de la *planula* se déroule par stades successifs. La gastrulation conduit à la formation d'une *parenchymula*. Cet organisme diploblastique est délimité par un épithélium simple, constitué de cellules prismatiques, monociliées. Le blastocoele est occupé par un massif d'abord compact, puis creux, de cellules syncytiales endodermiques, les plus internes pouvant présenter des signes de dégénérescence. Une mésoglée anhiste limite ce massif. La *parenchymula* peut être incubée dans la cavité gastro-vasculaire de l'individu parental.

Une période de croissance continue sépare le stade *parenchymula* du stade *edwardsia*, caractérisé par un allongement du corps, une ciliature épidermique plus fournie, la différenciation de cnidoblastes, l'apparition du système sensoriel aboral et la mise en place des huit premiers mésentères dans la future cavité gastro-vasculaire. Ce stade est le siège d'une prolifération cellulaire affectant principalement la région postérieure. Deux gradients de synthèse d'ADN ont été observés, l'un dans le gastroderme et l'autre dans l'épiderme. L'organe sensoriel aboral comporte des cellules réceptrices columnaires, pourvues de longs cils, en connexion synaptique avec un réseau de neurones bipolaires. Des cellules neurosensorielles ectodermiques se différencient sur toute la longueur de la jeune larve. La région qui entoure le blastopore s'invagine, engendre un stomodeum cylindrique et un pharynx antérieur en relation avec les premiers mésentères formés. Deux cloisons parasagittales apparaissent de part et d'autre du plan de symétrie (stade *actinella*), auxquelles s'ajoutent deux cloisons latérales. Les cinquième et sixième paires de mésentères s'installent dans la concavité des mésentères latéraux, et de manière symétrique. L'apparition des mésentères 7 et 8 définit le stade *edwardsia*, qui peut persister plusieurs jours, voire quelques semaines. L'épithélium digestif est alors formé de cellules cubiques, dont certaines à vocation glandulaire. Cette larve (fig. 4.9) est rejetée par l'orifice buccal ; elle est libre et vagile.

Des champs musculaires longitudinaux et symétriques se différencient au niveau des mésentères. Le stade *edwarsia* peut être suivi par un stade *halcampa* jeune puis par un stade *halcampa* âgé, caractérisés respectivement par la présence de douze puis de vingt-quatre mésentères, loges et interloges. L'organogenèse larvaire de l'actinie s'achève par la différenciation de tentacules autour de l'invagination stomodéale, au niveau des loges et interloges.

Chez les cérianthes, la larve passe par un stade caractéristique à six mésentères primitifs *(cerinula)*, les cloisons suivantes apparaissant dans l'intervalle délimité par les deux cloisons les plus ventrales ("loge de multiplication"). La *cerinula* peut avoir des tentacules bien développés et une longue durée de vie (4 mois). Dans quelques cas, la *cerinula* acquiert son organisation et devient pélagique après une phase benthique semi-sessile.

2.1.1.2. Octocoralliaires

Leurs larves rejetées par la bouche sont de grande taille (700 µm de longueur sur 300 µm de largeur), claviformes, élargies vers l'avant (fig. 4.10). Les mésentères se forment tardivement. La musculature et la mésoglée se différencieront plus tard encore. Chez la vérétille, quatre puis six bourgeons tentaculaires apparaissent et s'allongent autour du stomodeum. La durée de la vie larvaire varie avec les espèces : elle est de 3 jours chez *Renilla reniformis* et de 3 semaines chez *Veretilla cynomorium*. Les déplacements sont généralement lents (3 mm/s pour la *planula* d'*Eunicella*). Chez plusieurs espèces *(Alcyonium digitatum)*, la larve tourne autour de son axe dans le sens des aiguilles d'une montre. Chez *Eunicella*, elle se déplace par une série de contractions et d'étirements dont chaque séquence dure environ 2 minutes.

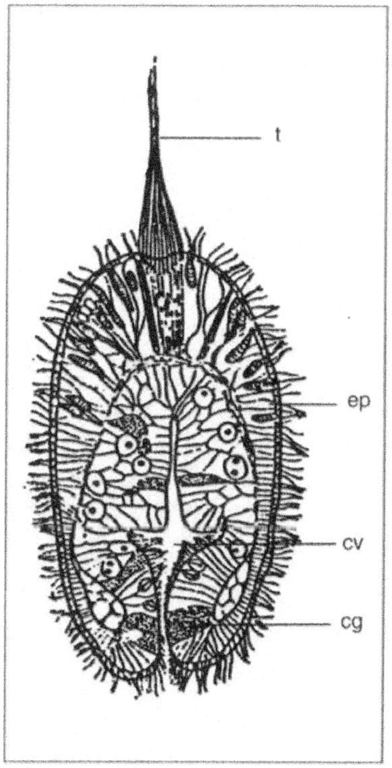

Figure 4.9 : Coupe transversale d'une *planula* d'*Aiptasia* (actiniaires). cg, cellule glandulaire ; cv, cavité gastro-vasculaire ; ep, épiderme ; t, touffe apicale.
(D'après Widerstein 1935.)

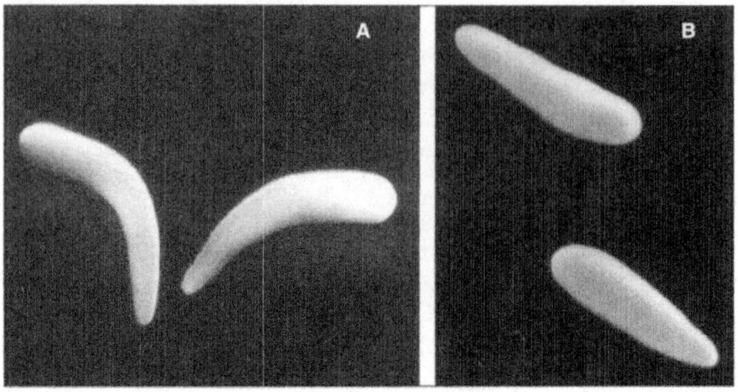

Figure 4.10 : ***Planulas* de *Heteroxenia fuscescens* (A) et de *Clavularia hamra* (B) (octocoralliaires) photographiées *in vivo*.**
(Clichés Amikan Shoob & Benayahu.)

2.1.2. *PLANULA* DES HYDROZOAIRES ET DES SCYPHOZOAIRES

L'organisation de la larve *planula* est plus simple chez les hydrozoaires et les scyphozoaires que chez les anthozoaires. L'exemple d'*Obelia geniculata*, hydrozoaire colonial fréquent sur les laminaires de nos côtes, est particulièrement démonstratif (fig. 4.11). Sa larve possède un ectoderme cilié et un massif de cellules endodermiques séparés par une fine couche de mésoglée. Cnidoblastes, cellules musculaires, nerveuses, sensorielles et sécrétrices sont présents. La cavité gastro-vasculaire qui sera délimitée par les cellules endodermiques reste simple ; elle ne s'ouvre pas encore par une bouche. De plus, les tentacules sont absents. La *planula*, généralement pélagique, est ovoïde et ne dépasse pas 200 µm de longueur.

2.2. Diversité éco-éthologique des types larvaires

Les gamètes sont émis par l'orifice buccal chez divers cnidaires. La fécondation est alors externe et conduit à un développement ovipare (colonies unisexuées de gorgones, etc.). Chez d'autres, elle est interne et fréquemment assortie d'une incubation plus ou moins longue dans une cavité parentale.

L'émission des larves est continue chez de nombreux coraux tropicaux. Pour d'autres, elle est périodique et se déroule au moment de la pleine lune. Durant l'été austral, on peut alors observer une ou deux "planulations" par mois lunaire, compte-tenu de la quantité de lumière réfléchie et du cycle des marées. Dans la zone tempérée européenne, le moment où les larves sont libérées varie selon l'espèce. Elle se produit essentiellement au début de l'été chez *Eunicella*, en septembre chez certaines actinies *(Metridium senile)* et chez *Alcyonium glomeratum*, mais plutôt en hiver chez *Alcyonium digitatum*. Une telle émission peut être favorisée par divers stimuli (température, ions...). Chez de nombreux anthozoaires, les jeunes larves manifestent un phototropisme positif et un géotropisme négatif qui s'atténuent avec l'âge. Plusieurs types larvaires peuvent être décrits.

2.2.1. ESPÈCES OVIPARES À LARVES PÉLAGIQUES

Un tel mode de développement est le plus fréquemment rencontré. Chez divers actiniaires *(Sagartia, Metridium senile)*, les *planulas* sont issues d'œufs de petite taille et ne dépassent pas 250 µm de longueur. Ces larves planctonotrophes mènent une vie pélagique qui peut se prolonger plusieurs semaines, ce qui facilite leur dispersion, mais elles sont plus facilement les victimes de prédateurs.

Pour d'autres espèces *(Urticina lofotensis)*, les larves pélagiques sont lécithotrophes et proviennent d'œufs de grande taille (0,3 à 1 mm de diamètre). Elles se dispersent avec facilité mais restent soumises à une forte pression de prédation.

2.2.2. ESPÈCES OVIPARES À LARVES ENDOPARASITES *(PEACHIA, PHIALIDIUM)*

Ces larves sont issues d'œufs de petite taille. Elles parasitent de manière obligatoire les hydroméduses ou les cténaires en s'installant notamment dans les canaux radiaires. Un tel cycle accroît incontestablement la mortalité larvaire.

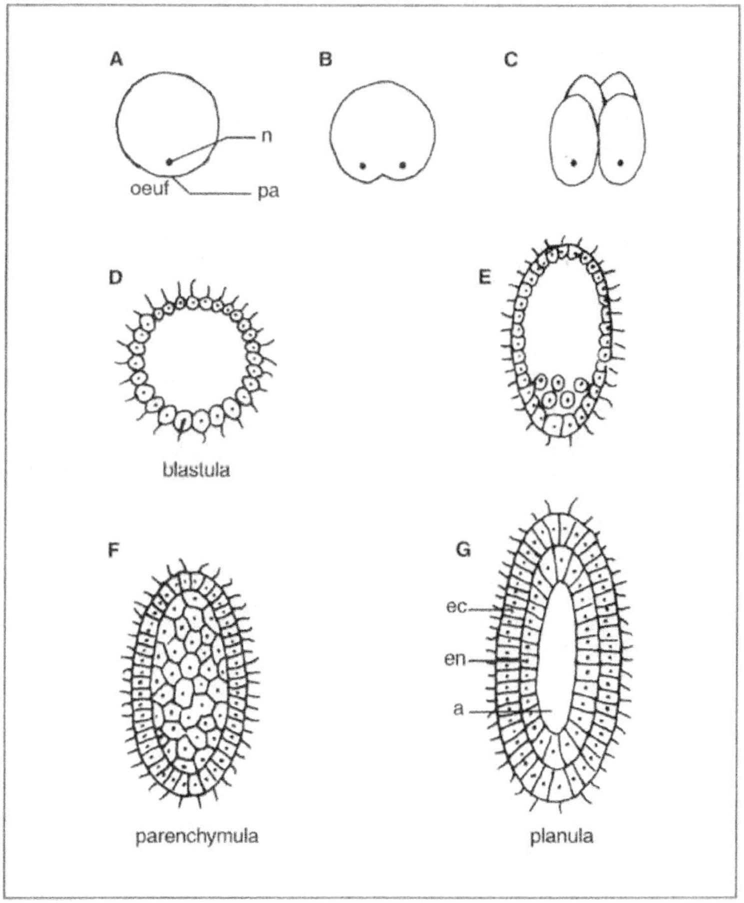

Figure 4.11 : Cycle évolutif d'*Obelia geniculata*. Développement embryonnaire.
a, archentéron ; ec, ectoderme ; en, endoderme ; n, noyau ; pa, pôle animal.
(D'après A. Beaumont & P. Cassier, 1991, *Biologie animale* (T.I), Dunod, Paris.)

2.2.3. ESPÈCES OVIPARES À LARVES BENTHIQUES

Quelques actiniaires *(Halcampa duocecimcirrata)* possèdent de grandes *planulas* en forme de tonnelet, pouvant dépasser 1 mm de longueur. Après une courte phase pélagique, qui limite les capacités de dispersion de l'espèce et atténue la pression de prédation, ces larves mènent une longue vie benthique, assortie d'un régime détritivore. De même, la minuscule larve (moins de 100 µm de longueur) du scyphozoaire *Haliclystus* mène une vie rampante après une phase libre de moins de 3 jours.

2.2.4. ESPÈCES OVIPARES À LARVES INCUBÉES *(EPIACTIS)*

De telles larves ne sont pas ciliées. Elles proviennent d'œufs de grande taille et sont lécithotrophes. Peu fréquentes, elles présentent une faible mortalité mais limitent la dispersion de l'espèce.

2.2.5. ESPÈCES PARTIELLEMENT INCUBANTES

Les *planula* issues d'œufs de grande taille sont lécithotrophes et commencent leur développement dans une cavité parentale. Chez un octocoralliaire de Mer Rouge, *Heteroxenia fuscescens*, les larves sont incubées dans la cavité gastro-vasculaire de certains polypes, les siphonozoïdes, avant d'être expulsées à un stade immature. Attachées quelque temps par du mucus à la base des polypes, elles seront définitivement libérées et dispersées à maturité, de préférence la nuit et indépendemment du cycle lunaire. Elles mesurent alors près de 4 mm de longueur et mènent une brève vie libre. Cette espèce vit en symbiose avec des zoochlorelles ingérées par les larves, 3 jours après leur libération, et qui envahissent en premier lieu des cellules de la base de la cavité gastro-vasculaire. Lors de son rejet, la *planula* d'autres octocoralliaires est déjà colonisée par des zoochlorelles reçues de l'organisme parental.

Chez certains hydrozoaires *(Tubularia)*, la *planula* développe bouche et tentacules alors qu'elle est encore dans le sporosac (cf. § 2.3.2.3). Des massifs de cnidoblastes et de cellules interstitielles apparaissent d'emblée dans l'ectoblaste. Cette larve, dite *actinula*, a une brève existence libre.

2.2.6. ESPÈCES STRICTEMENT INCUBANTES *(STRYGIOMEDUSA FABULOSA)*

Les œufs sont de grande taille. Peu mobiles, les larves écloses ont ici aussi une faible capacité de dispersion.

Plusieurs types larvaires peuvent coexister dans un même genre. Ainsi, chez l'hydraire *Stylacteria*, certaines larves sont sédentaires et vivent au contact d'un substrat spécifique, mobile (coquilles de gastéropodes...) ou non. D'autres sont arpenteuses et s'accommodent d'un substrat généraliste.

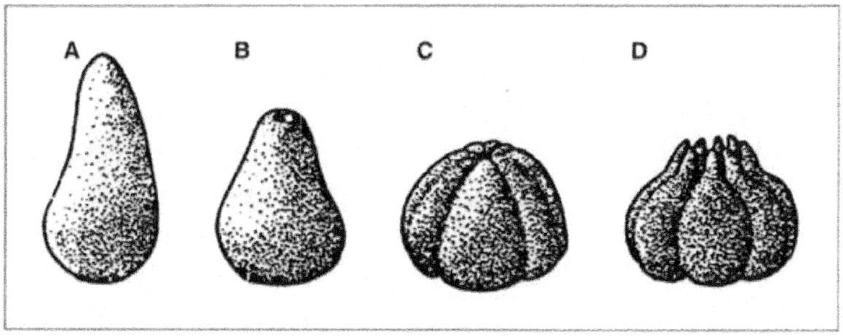

Figure 4.12 : Métamorphose d'une *planula* d'*Eunicella singularis* (octocoralliaires, gorgonacées).
A, fixation ; B, stade de l'invagination apicale ; C, septation ; D, début de la différenciation des tentacules.
(D'après Weinberg & Weinberg 1979.)

2.3. Modalités du développement

Ces modalités varient selon les classes de cnidaires mais elles passent toujours par une phase de fixation de la larve, assortie de sa métamorphose*.

2.3.1. UNE SEULE MÉTAMORPHOSE CARACTÉRISE LES ANTHOZOAIRES ET AFFECTE LA *PLANULA*

Cette métamorphose survient après une phase pélagique plus ou moins longue, allant de quelques jours à plusieurs semaines. L'organisme se fixe au substrat par son pôle antérieur, aboral, normalement dirigé vers l'avant lors du déplacement, et s'oriente verticalement. Des cellules à sécrétion adhésive favorisent le processus. La zone de fixation s'élargit alors en disque, tandis que le corps s'aplatit, devient piriforme et perd ses cils (fig. 4.12A). Le pôle oral continue de s'invaginer pour donner le pharynx (fig. 4.12B). La partition longitudinale de la cavité gastro-vasculaire, liée à la différenciation des mésentères, se confirme et peut être reconnaissable extérieurement dès la fixation (fig. 4.12C). Les tentacules s'allongent de plus en plus (fig. 4.12D). Des cellules interstitielles et des cnidoblastes d'origine endodermique migrent vers l'ectoderme. Enfin, un hydrosquelette incompressible, constitué par la mésoglée, se différencie.

Chez les anthozoaires, la métamorphose de la *planula* supporte quelques variantes selon les groupes taxonomiques, mais elle est toujours très progressive. Elle aboutit à la formation d'un zoïde fixé, le polype, qui restera solitaire (actinies, cérianthes...) ou créera une colonie par reproduction asexuée (gorgones... – fig. 4.13). Ces polypes deviendront sexués et présenteront des gonades à la partie inférieure des cloisons.

2.3.2. DEUX MÉTAMORPHOSES CHEZ LES HYDROZOAIRES ET LES SCYPHOZOAIRES

2.3.2.1. Métamorphose de la planula

Après quelques heures de vie libre qui assure la dispersion de l'espèce et la sélection de l'habitat, la *planula* des hydrozoaires *(Obelia geniculata...)* perd ses cils et se fixe par son pôle antérieur (ou aboral), grâce à la sécrétion de substances adhésives et à ses cnidoblastes. Elle s'étale sur le substrat et prend l'allure d'une étoile, dont les branches constituent les

* Chez les cténophores, un embranchement voisin de celui des cnidaires, la larve nageuse a sensiblement la structure de l'adulte. Tentacules, palettes natatoires et système gastro-vasculaire se mettent progressivement en place, sans qu'il y ait de réelle métamorphose. Les adultes sont pélagiques.

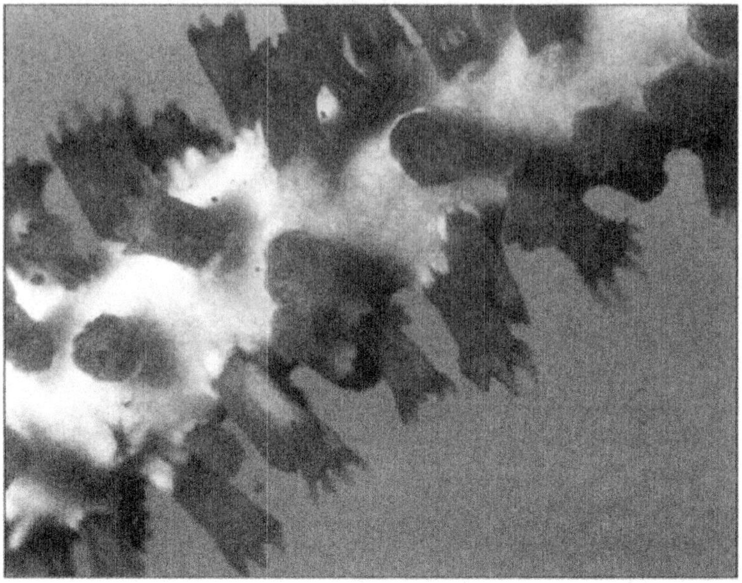

Figure 4.13 : Très jeunes polypes d'octocoralliaires peu après la fixation larvaire. (Cliché S. Weinberg.)

ébauches des premiers hydrorhizes (racines). Les tentacules, évaginations digitiformes de la cavité gastro-vasculaire, et la bouche se forment au niveau de ce qui fût le pôle postérieur de la larve. Il en résulte l'apparition d'un premier hydranthe ou polype qui, par bourgeonnement, conduira à la mise en place d'une colonie* (fig. 4.14).

La larve *planula* des scyphozoaires *(Aurelia aurita)* se modifie de manière analogue lors de sa fixation (fig. 4.15A-E). Elle perd ses cils et se transforme en un polype de 1 cm de hauteur *(scyphistome)*, dont la partie supérieure élargie porte la bouche et seize tentacules. De plus, quatre cloisons (ténioles) partagent la cavité gastro-vasculaire. Une musculature leur est associée et confère une certaine contractibilité au polype. Ces scyphistomes peuvent vivre plusieurs années.

Il ressort de tels événements que la morphologie de la *planula* en métamorphose est plus nettement modifiée chez les hydrozoaires et les scyphozoaires que chez les anthozoaires.

2.3.2.2. Conditions de métamorphose chez la planula

L'aptitude (ou compétence) à la métamorphose nécessite une *planula* âgée de quelques jours, ce délai variant avec la température. La reconnaissance du substrat de fixation optimal, plus ou moins spécifique, est déterminée par ses caractères physico-chimiques. Un contact des larves avec ce substrat est nécessaire à la métamorphose. Non fixées, elles peuvent en effet survivre plusieurs semaines mais ne se transforment pas, et leur cavité gastro-vasculaire est encombrée de cellules glandulaires et de cnidoblastes. Ce contact n'est toutefois pas suffisant. Une agrégation des larves les unes contre les autres peut être un préalable à la métamor-

* Chez les siphonophores, hydrozoaires coloniaux et toujours pélagiques, un nodule médusaire apparaît au pôle antérieur de la *planula* (ou *siphonula*) et formera le flotteur (pneumatophore). La région postérieure édifiera le premier polype (gastrozoïde) armé de son filament pêcheur.

phose. Des substances issues de la microflore bactérienne recouvrant le substrat, des vibrations émises par un support mobile (cas d'*Hydractinia echinata* se développant sur des coquilles), divers ions (Ca^{2+}, NH_4^+...), le pH ou une élévation du taux d'oxygène dissous peuvent aussi intervenir. L'augmentation de la température n'accroît pas la fréquence des métamorphoses mais induit la synthèse de protéines de stress. Chez *Hydractinia,* un bref choc ionique appliqué à des larves en reptation suffit à les faire se métamorphoser. Le développement des tentacules semble programmé génétiquement.

2.3.2.3. Métamorphose pubertaire

Chez les hydrozoaires et les scyphozoaires, les organismes sexués ne sont pas les polypes mais des méduses issues d'une deuxième métamorphose (métamorphose pubertaire).

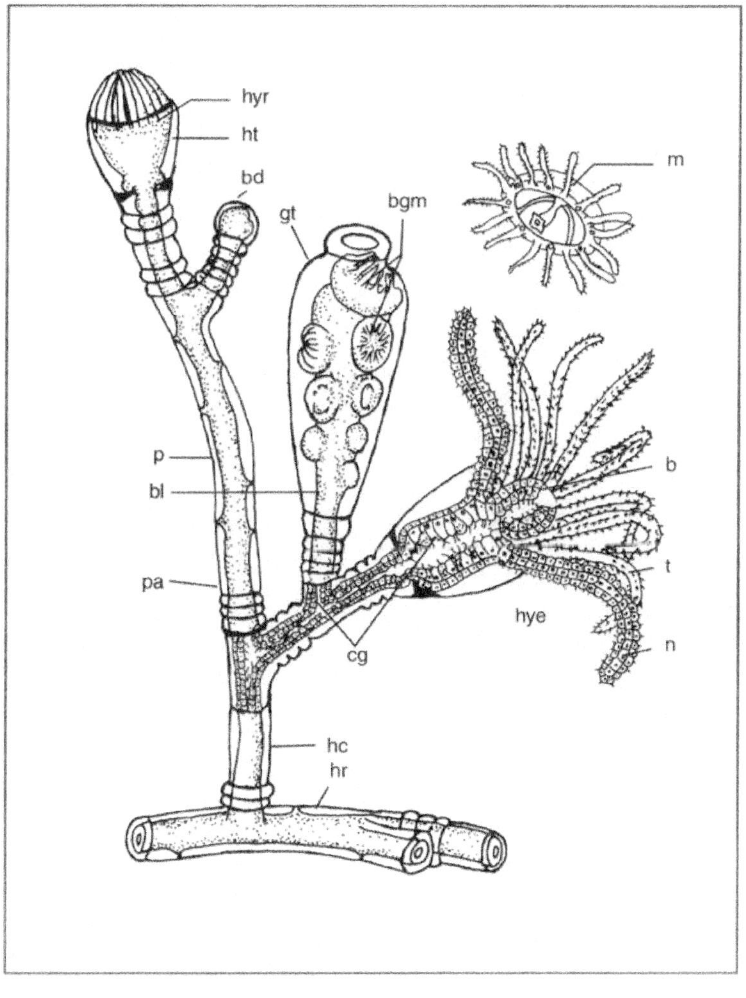

Figure 4.14 : *Obelia geniculata*. Portion agrandie de la colonie. b, bouche ; bg, bourgeon ; bgm, bourgeon médusaire ; bl, blastostyle ; cg, cavité gastro-vasculaire ; gt, gonothèque ; hc, hydrocaule ; hr, hydrorhize ; ht, hydrothèque ; hye, hydranthe épanoui ; hyr, hydranthe rétracté ; m, méduse ; n, nématoblaste ; p, périsarc ; pa, périsarc annelé ; t, tentacule. (D'après A. Beaumont & P. Cassier, 1991, Biologie animale (T.I), Dunod, Paris.)

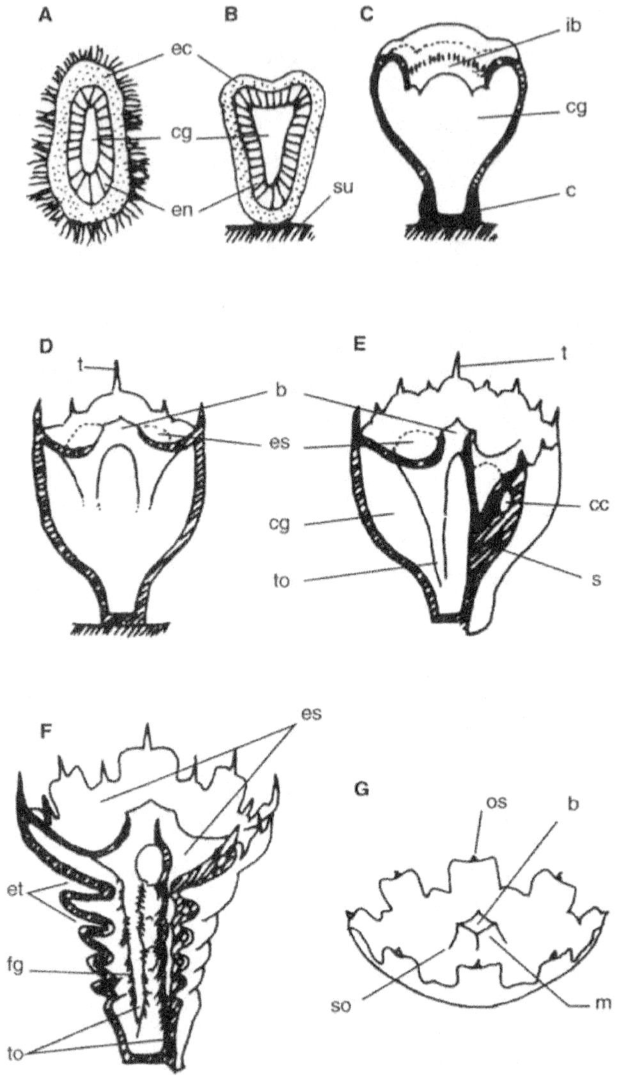

Figure 4.15 : ***Aurelia aurita*. Phase polype.**
A et B, *planula* et sa fixation ; C et D, jeune scyphistome ; E, scyphistome mûr (coupe selon deux demi-plans axiaux à 45°) ; F, strobilisation ; G, *Ephyra*.
b, bouche ; c, collerette chitinoïde ; cc, canal circulaire ; cg, cavité gastro-vasculaire ; ec, ectoderme ; en, endoderme ; es, entonnoirs septaux ; et, étranglement annulaire ; fg, filament gastrique ; ib, invagination buccale ; m, manubrium ; os, ébauches des organes des sens ; s, septum ; so, sous-ombrelle ; su, support ; t, tentacule ; to, toeniole.
(D'après A. Beaumont & P. Cassier, 1991, Biologie animale (T.I), Dunod, Paris.)

Chez les hydrozoaires (cas d'*Obelia geniculata*), la colonie à maturité porte des polypes abortifs dépourvus de bouche et de tentacules, dont l'axe fertile (blastostyle) engendre des méduses par bourgeonnement (fig. 4.14). À l'apex de chaque bourgeon, les cellules ectodermiques prolifèrent et forment un nodule médusaire aux dépens duquel se différencie la future méduse. Les gonocytes émigrent au niveau du blastostyle. De telles méduses gardent certains caractères de polypes et possèdent une symétrie radiaire. Néanmoins, leur morphologie est très différente. Chez *Obelia geniculata*, ces méduses sont aplaties, circulaires et ont moins de 2 mm de diamètre (leptoméduses). Elles sont par ailleurs libérées dans l'eau et contribuent à disséminer l'espèce. De telles méduses sont gonochoriques ; les produits génitaux sont localisés dans le plancher de la cavité gastro-vasculaire.

Des variantes existent selon les hydrozoaires. Chez les syncorines, les méduses libérées sont hautes, et non pas aplaties (anthoméduses), et les produits génitaux sont portés par le manubrium. Les méduses peuvent présenter un plan d'organisation plus simple et ne plus se détacher (médusoïdes ou sporosacs de *Tubularia*, de *Clava* et de certaines sertulaires). Elles ne pourraient d'ailleurs se nourrir de manière autonome, puisque dépourvues de bouche. De plus, le stade polype disparaît chez les hydrozoaires trachylides. La *planula* mobile se différencie en une *actinula* qui se métamorphose directement en une méduse adulte.

Chez beaucoup de scyphozoaires, une trentaine de constrictions transversales apparaissent le long du scyphistome, tandis que les tentacules régressent (fig. 4.15F & G). Le polype (ou strobile) ressemble alors à une pile d'assiettes dont le contour présente huit lobes échancrés. Ces disques sont libérés (strobilisation), se retournent et engendrent de petites méduses *(ephyra)* de quelques millimètres de diamètre. Leur organisation générale est déjà celle de l'adulte*. Chez *Haliclystus*, néanmoins, la *planula* rampante se métamorphose directement en une méduse.

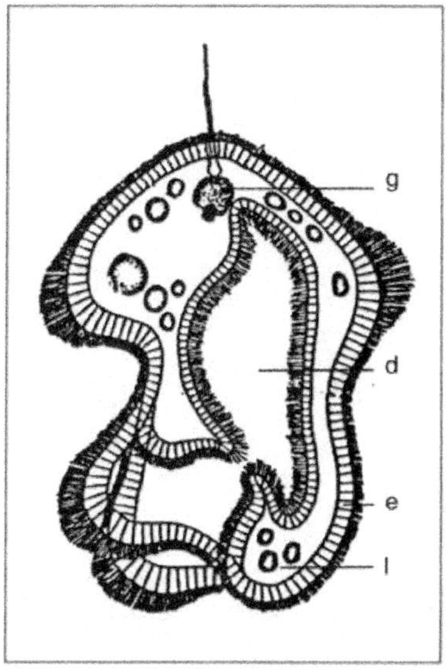

Figure 4.16 : Coupe transversale d'une larve de Götte (*Stylochus*, polyclades).
d, cavité digestive ; e, épiderme ; g, ganglion nerveux ; l, lobe.
(D'après Kato 1940.)

3. Plathelminthes

Les plathelminthes ou vers-plats sont des métazoaires acoelomates, libres (la plupart des turbellariés) ou parasites (trématodes, cestodes). Les turbellariés ont en majorité un développement direct, et seuls certains taxons présentent une phase larvaire caractéristique. Chez les trématodes et les cestodes, les adaptations au parasitisme ont profondément modifié les cycles de développement (cf. chap. 5).

3.1. Larves des turbellariés

À l'issue d'une segmentation de type spiral et d'une gastrulation par épibolie, l'embryon éclôt sous la forme d'une larve ciliée. Trois types larvaires lécithotrophes sont décrits chez les polyclades. La larve de Götte (fig. 4.16) caractérise certaines espèces estuariennes du sous-ordre des acotylés** *(Stylochus)*. La larve de Luther est inféodée aux caténulidés

* Contrairement aux anthoméduses et aux leptoméduses des hydrozoaires (méduses craspédotes), les méduses de scyphozoaires ne possèdent pas de diaphragme musculeux (ou vélum) à la face inférieure de l'ombrelle (méduses acraspèdes). Elles sont d'autre part plus grandes et dépassent 10 cm de diamètre chez *Aurelia aurita*.

** Les larves de certaines espèces du genre *Stylochus* peuvent passer graduellement par deux stades larvaires, celui de Götte puis celui de Müller.

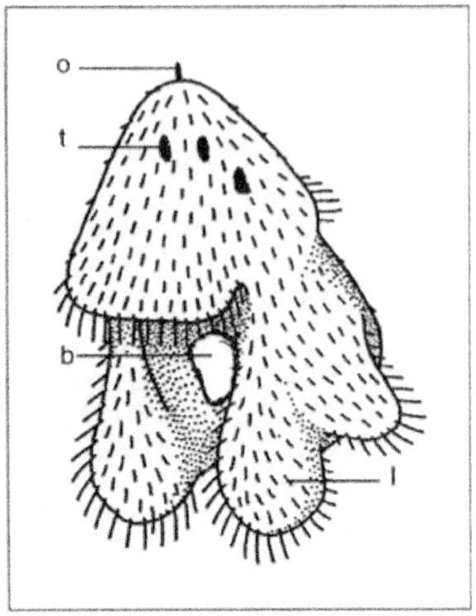

Figure 4.17 : Larve de Müller (*Pseudoceros*, polyclades).
b, bouche ; l, lobe ; o, organe apical ; t, tache oculaire.
(D'après Lacalli 1982.)

(Rhynchoscolex). La larve de Müller (fig. 4.17) est rencontrée chez certains acotylés et cotylés marins et estuariens *(Planocera, Yungia, Thysanozoon)*.

Les larves de Götte mesurent 100 µm, celles de Müller 1 200 µm en moyenne ; elles sont trapues, pyramidales et ciliées. La larve de Müller possède huit lobes allongés vers l'arrière, musculeux et bordés de longs cils. La larve de Götte n'en présente que quatre, spatuliformes. Les uns et les autres interviennent dans la capture de la nourriture à la manière de tentacules. Toutes ces larves présentent une touffe sensorielle apicale associée à un organe frontal cilio-glandulaire, et une touffe sensorielle basale. Outre des cellules ciliées, leur épiderme comporte aussi des cellules sensorielles, muqueuses et pigmentaires. Des cellules photoréceptrices sont groupées au niveau de taches oculaires. Des nerfs intraépithéliaux, constitués de neurones bipolaires, sont reliés à quatre nerfs longitudinaux issus d'une commissure antérieure. Le tube digestif en cul-de-sac communique avec l'extérieur par une bouche circulaire, située à mi-hauteur. L'excrétion est réalisée par des protonéphridies. Un mésenchyme remplit l'espace compris entre l'épiderme et le tube digestif.

Les larves de Luther sont pélagiques et vermiformes (800 µm de longueur). Contrairement aux précédentes, elles sont plutôt dulcicoles ou estuariennes. Elles possèdent un rostre antérieur, cilié à son extrémité, garni de plusieurs couronnes ciliaires. Un statocyste frontal est localisé à l'avant du ganglion nerveux. Le tube digestif est aveugle.

3.2. Métamorphose chez les turbellariés

Toutes ces larves vivent quelques jours et nagent en tournant dans le sens des aiguilles d'une montre. Le phototropisme positif qui se manifeste au début de leur vie libre disparaît lorsqu'elles commencent à explorer le substrat, en prélude à la métamorphose. Chez la larve de Müller, ce phénomène débute une ou deux semaines après la ponte. L'animal s'aplatit progressivement. Les lobes ciliés et les muscles associés disparaissent, ainsi que les touffes sensorielles. L'organe frontal régresse. Le nombre des yeux latéraux s'accroît, tandis que des organes adhésifs s'installent en arrière de la bouche, quelques fois dans la région caudale. Le pharynx adulte s'édifie par évagination sur le bord interne du stomodeum larvaire qui, éversé, s'incorporera à la paroi du corps. Les diverticules digestifs se développent au même moment. Les muscles larvaires autres que ceux des lobes persistent chez l'adulte. La métamorphose de la larve de Müller illustre bien l'existence de structures larvaires, dont les unes sont conservées mais d'autres initient des structures indispensables à la vie de l'adulte.

La métamorphose des larves de Götte se caractérise également par la réduction des bras et la mise en place des structures internes. Durant la métamorphose, la larve de Luther s'allonge encore, perd son statocyste et acquiert une distribution plus uniforme de sa ciliature.

Chez *Planocera reticulata*, la larve de Müller se développe à l'intérieur de l'œuf pendant les 15 jours qui suivent la ponte (développement

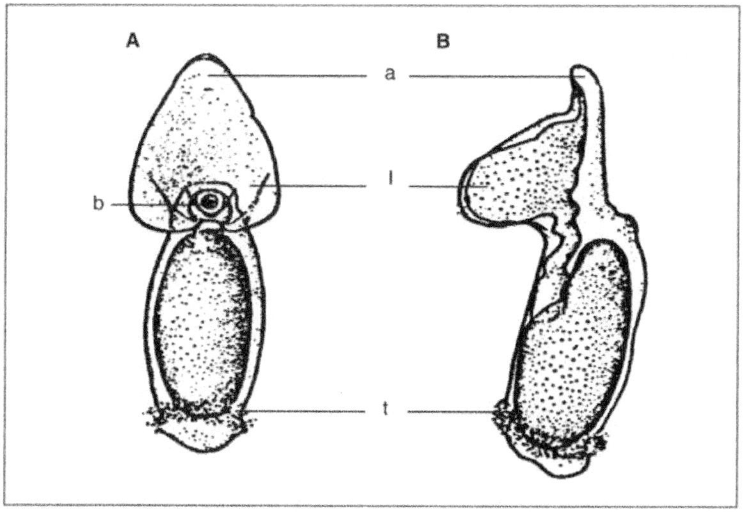

Figure 4.18 : Larve *pilidium*.
A, vue ventrale ; B, vue latérale.
a, lobes antérieurs ; b, bouche ; l, lobes latéraux ; t, troque.
(D'après Cantell 1966.)

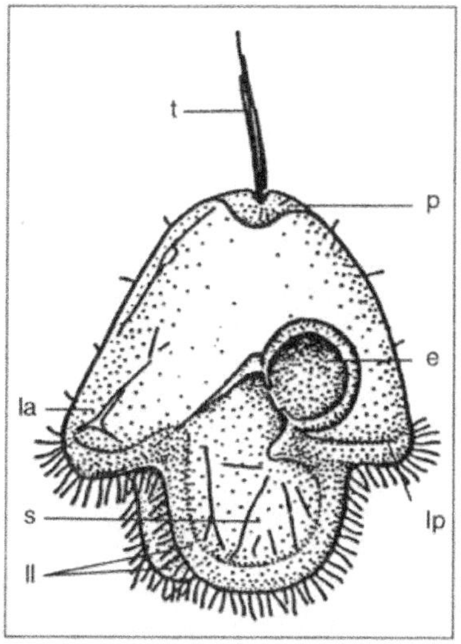

Figure 4.19 : Vue latérale d'un *pilidium*.
e, estomac ; la, lobe antérieur ;
ll, lobes latéraux ; lp, lobe postérieur ;
p, plaque apicale ; s, stomodeum ;
t, touffe apicale.
(D'après Lacalli & West 1982.)

encapsulé). Les touffes ciliaires sont ici absentes. Les lobes régressent avant l'éclosion et sont progressivement intégrés au corps. La métamorphose est achevée au vingtième jour.

4. Némertes

Les némertes sont des métazoaires acoelomates, vermiformes, presqu'exclusivement marins et fouisseurs à l'état adulte. Ils sont caractérisés par la présence d'une trompe dévaginable (proboscis) qui, au repos, est située dans une cavité (rhyncocoele) dorsale par rapport au tube digestif. Leurs glandes génitales sont métamérisées. Les némertes sont remarquables par leurs grandes capacités de régénération.

4.1. Larve *pilidium*

Si de nombreux némertes vivipares ont un développement direct, quelques hétéronémertes ont un développement indirect, de type spiral, et possèdent une larve pélagique et ciliée, dite *pilidium* (fig. 4.18 à 4.20), apparentée aux larves trochophores (cf. § 5.1). La larve *pilidium* appartient au plancton d'automne. Libérée au stade *gastrula*, 6 à 8 jours après la fécondation, elle n'acquiert sa taille (1 mm) et sa forme définitive en casque romain que 8 à 10 jours plus tard. Sa partie supérieure en forme de cloche porte un épaississement ectodermique apical, pourvu d'une touffe de longues soies sensorielles agglutinées. Deux lobes latéraux ciliés encadrent une

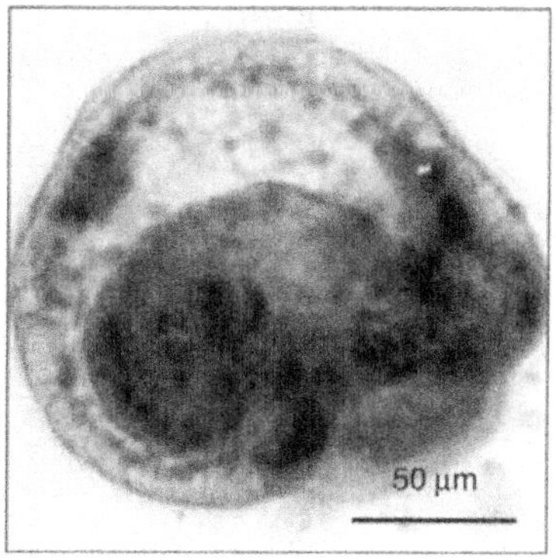

Figure 4.20 : *Pilidium* de *Cerebratulus sp*.
(Cliché Vernet)

large bouche logée au fond d'une dépression ventrale. Des cellules pigmentaires, de plus en plus nombreuses avec l'âge, sont disséminées à la surface du corps, avec des photorécepteurs. Le système nerveux s'organise et comporte un ganglion frontal bilobé. Entre l'ectoderme et le tube digestif aveugle, sans anus, des cellules mésenchymateuses différencient une bande musculaire qui traverse la larve. La larve *pilidium* est planctonotrophe, et les particules alimentaires (algues unicellulaires...) en suspension dans l'eau sont guidées vers la bouche par le battement des cils.

4.2. Métamorphose de la larve *pilidium*

Cette métamorphose survient environ 50 jours après la libération des larves. Les cirres sensoriels interviennent probablement dans le choix du substrat. De plus, des cellules épidermiques postérieures peuvent émettre des faisceaux de filaments adhésifs qui permettront l'amarrage de la larve à son support.

Au moment de la métamorphose, des disques ectodermiques pairs (céphaliques antérieurs, latéraux-cérébraux et postéro-ventraux), et parfois un disque du proboscis et un disque dorsal, s'invaginent et forment de petits sacs (fig. 4.21). Les parties profondes de ces disques s'accroissent, s'étalent et fusionnent, au point d'installer une gaine continue autour du tube digestif et du mésenchyme. Les parois latérales s'aplatissent et se séparent de l'épiderme larvaire pour constituer l'amnios de chaque disque pair. Les amnions fusionnent à leur tour et constituent une fine gaine amniotique autour de l'enveloppe ectodermique issue des disques.

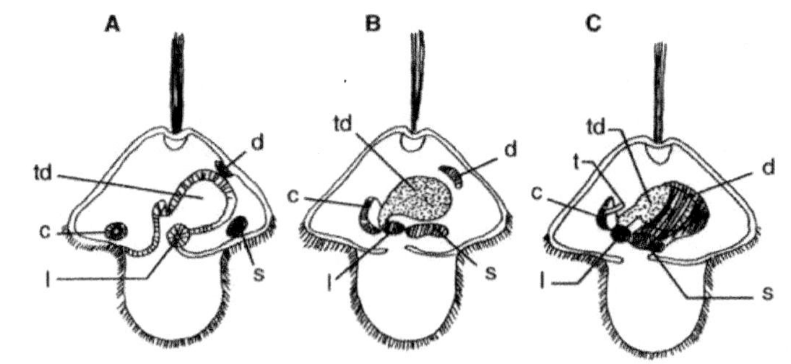

Figure 4.21 : Développement des némertes.
Schéma de la formation de la némerte dans le *pilidium* aux dépens de disques imaginaux qui forment des vésicules enveloppant le tube digestif et donnent la paroi du corps et les organes.
c, disque céphalique ; d, disque dorsal ; l, disque latéral ; s, disque somatique ; t, trompe ; td, tube digestif.
(D'après A. Beaumont & P. Cassier, 1991, Biologie animale (T.I), Dunod, Paris.)

Les disques ectodermiques ont valeur de disques imaginaux. Ils permettent en effet la phase d'histogenèse associée à la métamorphose, en prélude à l'organisation du juvénile. Les disques céphaliques forment l'épiderme de la région antérieure du ver ; des invaginations secondaires sont à l'origine du ganglion cérébral, d'où se développeront les cordons nerveux. Les disques latéraux-cérébraux forment les canaux des organes cérébraux. Les disques postéro-ventraux et dorsal constituent l'épiderme du reste du corps. Le disque du proboscis, lorsqu'il existe, génère le proboscis qui, sinon, a pour origine la partie médiane, fusionnée, des disques céphaliques.

Le tube digestif de la larve est conservé, mais la bouche migre vers la face ventrale, à la suite d'un reploiement plus ou moins accentué de l'œsophage. Ce reploiement est particulièrement important chez *Lineus*, où il atteint 145°. Les cellules riches en inclusions vitellogéniques sont remplacées par de nouvelles cellules. L'anus se différencie au niveau d'une invagination proctodéale qui se réunit à l'intestin. Les cellules mésenchymateuses sont à l'origine des muscles.

Une phase d'histolyse concerne aussi le *pilidium* ; elle affecte l'épiderme, la plaque apicale et l'amnios. La métamorphose du *pilidium* est complexe. Il en résulte la formation d'un juvénile que de fortes contractions de la larve aident à sortir. Chez certains hétéronémertes, le juvénile libéré dévore en quelques minutes l'enveloppe amniotique larvaire, dont il n'était plus solidaire que dans la région péribuccale. Chez d'autres hétéronémertes, il se contente de s'en éloigner. Le juvénile a déjà l'aspect vermiforme de l'adulte. Il achèvera son organogenèse au fur et à mesure de son allongement.

4.3. Autres types de développement chez les némertes

Chez certaines espèces du genre *Micrura (M. akkeshiensis)*, la larve libre comporte une plaque apicale mais est dépourvue de lobes (larve d'Iwata), contrairement à d'autres espèces qui passent par le stade *pilidium*. Divers némertes présentent un développement direct, réalisé dans un cocon. La "larve" encapsulée ne possède ni lobes ni plaque apicale ("larve" de Desor). Sa ciliature est absente ou se limite à deux touffes ciliaires *(Cephalothrix, Tubulanus)*. Chez *Lineus* et selon l'espèce, on observe tantôt une "larve" de Desor et tantôt un *pilidium*. Un type larvaire ne peut donc constituer un critère suffisant de classification.

5. Annélides

Les annélides sont des métazoaires triploblastiques coelomates, dont le développement embryonnaire est caractérisé par une segmentation spirale. Les détails de ce développement ont été précisés par ailleurs (cf. Dawydoff *in* Grassé 1959 & Anderson 1973). Leur corps comporte une tête (ou prosome) qui porte les organes sensoriels et la bouche, un corps (ou métasome) fait d'une succession de segments ou métamères et le pygidium ou telson. Oligochètes (lombrics) et hirudinées (sangsues) ont un

Tableau 4.I : Différents types de larves chez les polychètes.

LARVES I		
Protrochophore	*Trochophore*	*Métatrochophore*
prototroque stade *gastrula*	prototroque touffe ciliaire apicale + différentes zones ciliées – protonéphridie	même ciliature que la trochophore mais hyposphère allongée

LARVES II			
Nectochète	*Nectosome*	*Aulophora*	*Erpochète*
pélagique parapodes fonctionnels	pélagique non ciliée, nage par mouvements du corps	pélagique troque dorsale métamérisée	benthique
ex. : néreidés	ex. : *Magelona*	ex. : *Lanice conchilega*	ex. : *Scoloplos*

développement direct, mais les polychètes *(Nereis...)* possèdent une larve libre caractéristique : la larve trochophore.

Le cycle de développement des annélides polychètes est plus ou moins long et la larve trochophore en constitue le point de départ. Cette larve peut être libre, planctonique et se nourrir activement. Elle peut aussi vivre de ses réserves et rester prisonnière des enveloppes de ponte, l'émergence se faisant alors à l'état de larve avancée (par exemple, nectochète) ou même après la métamorphose.

La nomenclature des différents types larvaires varie quelque peu suivant les auteurs et est résumée tableau 4.I. On distingue les larves primaires (trochophores et larves assimilées) et les larves secondaires, chez lesquelles on peut éventuellement reconnaître encore des caractères larvaires. Dans le cadre de cette classification, la larve *mitraria (Owenia)* et l'endolarve de *Polygordius* représentent des métatrochophores modifiées.

Au cours de cette étude, on se référera cependant à une terminologie plus large, basée sur des périodes de la vie larvaire (émergence, croissance, métamorphose) ou sur la richesse en vitellus de l'embryon, plutôt que sur la morphologie.

5.1. Trochophores

5.1.1. TROCHOPHORE PLANCTONOTROPHE

La trochophore type, sans réserves vitellines et menant une vie planctonique durant laquelle elle se nourrit activement (trochophore planctonotrophe), servira de base de description. Cette larve est rencontrée par exemple chez le serpulidé *Pomatoceros triqueter* (fig. 4.22A et B). Elle n'est pas segmentée et a l'aspect d'une petite toupie biconique, ceinturée de deux bandelettes ciliées entourant la bouche ventrale : la prototroque

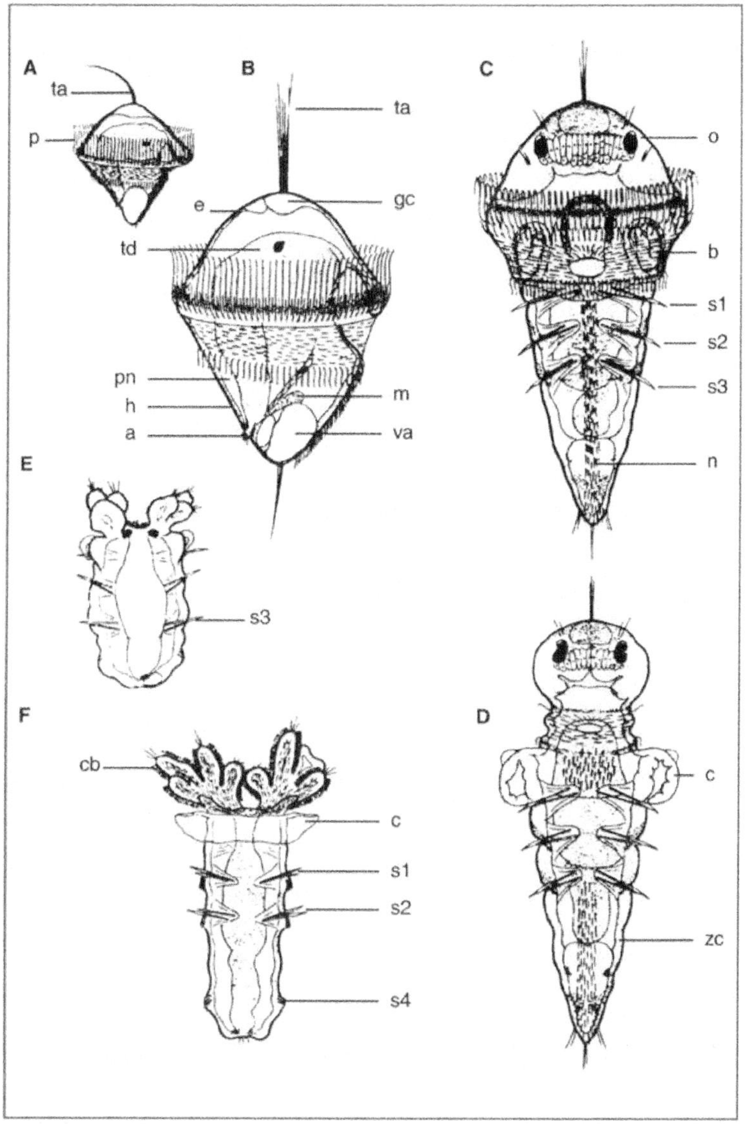

Figure 4.22 : Développement de *Pomatoceros triqueter*
A, trochophore d'environ 2,5 j (80 µm) ; vue latérale.
B, trochophore d'environ 6 j (200 µm) ; vue latérale.
C, larve d'environ 3 semaines (320 µm de long) ; vue ventrale.
D, larve en cours de métamorphose. La constriction au niveau de la tête est due à la résorption de la prototroque ; vue ventrale.
E, fin de métamorphose ; vue dorsale.
F, jeune *Pomatoceros* sorti du tube ; vue ventrale.
a, anus ; b, bouche ; c, collier ; cb, couronne branchiale ; e, épisphère ; gc, ganglion cérébroïde ; h, hyposphère ; m, mésoderme ; n, neurotroque ; o, œil ; p, prototroque ; pn, protonéphridie ; s1-s4, sétigère 1-4 ; ta, touffe apicale ; td, tube digestif ; va, vésicule anale ; zc, zone de croissance.
(D'après Segrove 1941.)

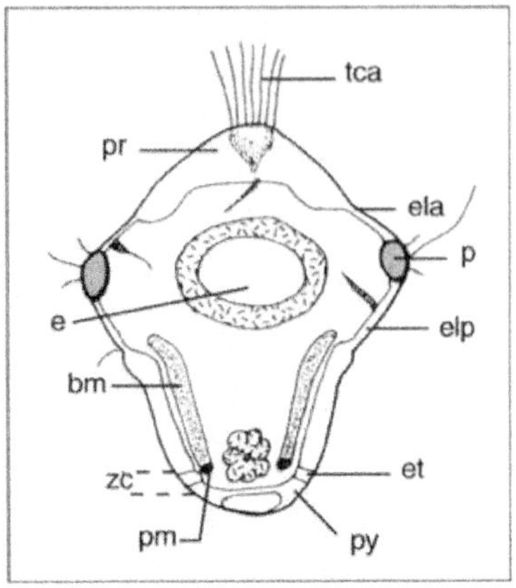

Figure 4.23 : Coupe frontale schématique dans une trochophore de serpulidé.
bm, bandelette mésodermique ; e, estomac ; ela, ectoderme larvaire antérieur ; elp, ectoderme larvaire postérieur ; et, ectotéloblaste ; p, prototroque ; pm, primordiales mésodermiques ; pr, prostomium ; py, pygidium ; tca, touffe ciliaire apicale ; zc, zone de croissance.

(préorale) et la métatroque (postorale). Entre la touffe de soies apicales qui surmonte une zone sensorielle, la plaque syncypitale, et la prototroque s'étend l'épisphère ; l'hyposphère correspond à toute la partie postérieure.

Dans ce type de trochophore (fig. 4.23), les différenciations larvaires sont très poussées. La touffe apicale, le ganglion cérébroïde sous-jacent (structure impaire ou paire suivant les cas), l'épithélium de la trochophore, quelques cellules glandulaires et les troques peuvent être définis comme des organes larvaires d'origine ectodermique. L'endoderme s'est lui aussi différencié selon un programme larvaire. Le tube digestif comprend alors un stomodeum fait d'un épithélium cilié, un estomac plus ou moins renflé et un intestin qui s'ouvre par un anus postérieur. Les cellules dérivées de l'ectomésoderme fournissent des muscles, alors que les cellules spécifiquement mésodermiques s'organisent en une paire de bandelettes latéro-ventrales très discrètes. Une paire de protonéphridies caractérise ce type de trochophore, et un mésenchyme s'installe entre les différents organes. Postérieurement, l'ectotéloblaste constitue un anneau où les cellules conservent néanmoins des caractères embryonnaires. Suivant les espèces, des variations interviennent dans le nombre et la répartition des troques. En outre, des soies provisoires se développent parfois sur les segments antérieurs larvaires.

5.1.2. TROCHOPHORE LÉCITHOTROPHE

Les trochophores peuvent être plus ou moins chargées en vitellus, ce qui les affranchit partiellement ou complètement de la vie planctonique. Ainsi, chez *Scoloplos armiger* (fig. 4.24), espèce dont l'embryon est très riche en vitellus, l'éclosion survient après la métamorphose. Chez ce type lécithotrophe de trochophore, les différenciations larvaires sont peu poussées (fig. 4.25). L'ectoderme antérieur engendre seulement les troques, ainsi que les ébauches du ganglion cérébroïde et du prostomium adulte. Pour sa part, l'ectoderme postérieur demeure indifférencié, tout comme l'ectotéloblaste. Les dérivés endodermiques, également indifférenciés, forment deux amas cellulaires distincts. L'un est le stomodeum dont la lumière reste virtuelle ; l'autre est à l'origine de l'intestin proprement dit, qui ne possède généralement pas non plus de lumière. L'anus n'est jamais percé à ce stade.

De grandes cellules ectomésodermiques indifférenciées persistent en avant du stomodeum. Le mésoderme proprement dit est plus développé que dans la trochophore planctonotrophe, et il s'ordonne en deux gros cordons de cellules indifférenciées qui longent le stomodeum. Les protonéphridies sont absentes.

Les degrés de différenciation cellulaire sont donc très différents d'une trochophore à l'autre. Cependant, si l'on s'en tient aux grandes lignes de l'organisation larvaire, trois zones peuvent être définies (fig. 4.23 & 4.25) : la région antérieure à la zone de croissance, la zone de croissance proprement dite (ectotéloblaste et initiales mésodermiques) et le pygidium.

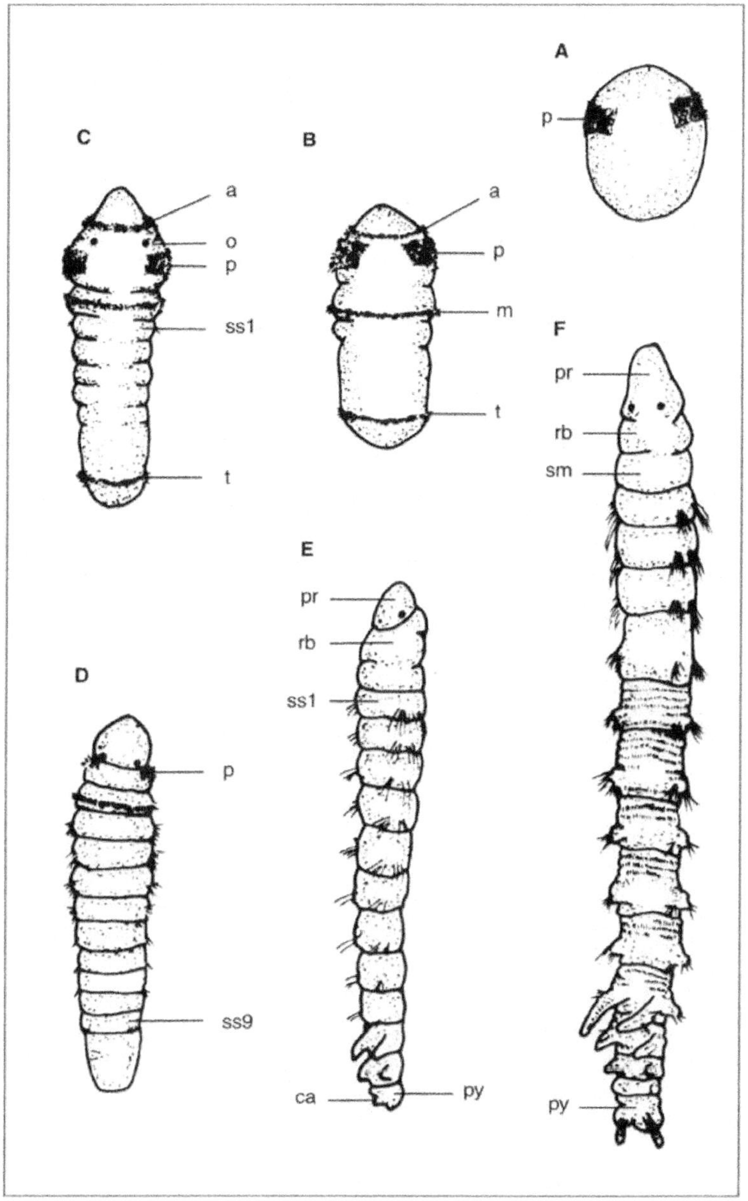

Figure 4.24 : Développement de *Scoloplos armiger*
A, embryon de 3 j (trochophore) ; vue dorsale. B, embryon de 5 j (post-trochophore) ; vue dorsale. C, embryon de 7 j ; vue dorsale. D, embryon de 10 j ; vue dorsale. E, embryon de 14 j ; vue dorsale. La sortie du cocon se fait entre les stades D et E. F, pré-adulte de 25 j.
a, acrotroque ; ca, cirre anal ; m, métatroque ; o, œil ; p, prototroque ; pr, prostomium ; py, pygidium ; rb, région buccale ; sm, segment métatrochal ; ss1-9, segment sétigère 1-9 ; t, télotroque.
(D'après Anderson 1959.)

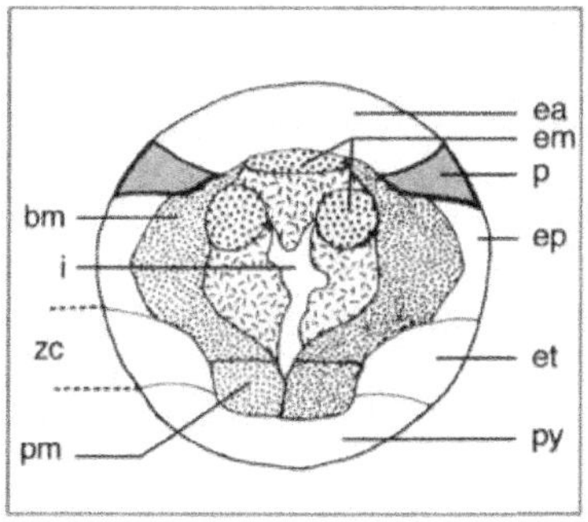

Figure 4.25 : Coupe frontale schématique dans une trochophore de *Scoloplos armiger*.
bm, bandelette mésodermique ; ea, ectoderme antérieur ; em, ectomésoderme ; ep, ectoderme postérieur ; et, ectotéloblaste ; i, intestin ; p, prototroque ; pm, primordiales mésodermiques ; py, pygidium ; zc, zone de croissance.
(D'après Anderson 1959.)

5.2. Croissance de la larve

Les trochophores, du moins celles qui sont planctonotrophes, s'accroissent avant de subir la métamorphose. La zone de croissance devient active et génère au moins trois segments troncaux. Dans certaines familles (serpulidés, néréidés, eunicidés, tomoptéridés), ces segments apparaissent brusquement, parfois simultanément, tandis que se différencient les sacs sétigères et les soies larvaires correspondantes (fig. 4.22C-F). À ce stade, la délimitation des segments reste cependant purement ectodermique, le mésoderme sous-jacent n'étant pas encore segmenté. Chez ces espèces, les segments qui apparaîtront après la métamorphose se formeront plus lentement. Un tel type de développement, avec apparition brutale des segments larvaires puis formation progressive de segments de type adulte, est dit hétéronome.

5.3. Métamorphose

On a vu précédemment que les cellules des trochophores planctonotrophes étaient en majorité différenciées selon un programme larvaire. Toutes seront détruites et leurs débris résorbés durant la métamorphose.

Les organes de l'adulte vont s'édifier au même moment, mais tout ce qui précède la zone de croissance participera très peu à ce processus histogénétique.

Pour leur part, les cellules qui constituent le ganglion cérébroïde et le tube digestif persisteront et subiront différents degrés de redifférenciation au cours de la métamorphose.

5.3.1. ÉVOLUTION DU MÉSODERME

Tout le mésoderme larvaire différencié est histolysé au cours de la métamorphose. Le massif de cellules ectomésodermiques présent chez les larves riches en vitellus participe à l'élaboration de la trompe *(Scoloplos)* ou contribue, chez les polychètes errants, à la formation du mésoderme prostomial.

Quel que soit le cas envisagé, les somites formés dérivent de l'activité du télomésoblaste (primodiales mésodermiques) et, donc, d'un massif cellulaire pair. Ces somites s'individualisent un peu avant la métamorphose proprement dite. Leur genèse s'arrête cependant durant celle-ci pour reprendre ultérieurement.

Le mode de formation des somites dépend de la taille du blastocèle. Lorsque cette cavité est spacieuse, dans une trochophore planctonotrophe par exemple *(Pomatoceros)*, les bandelettes mésodermiques subissent une phase de prolifération cellulaire puis se fragmentent de l'avant vers l'arrière. Une cavité coelomique se creusera ultérieurement dans chacun des blocs apparus (somites). En revanche, chez les larves riches en vitellus, où le blastocoele est virtuel, les cavités cœlomiques apparaissent d'abord dans les bandelettes mésodermiques. Ensuite seulement, les cellules mésodermiques s'organiseront autour de ces cavités (fig. 4.26A et B). À la métamorphose, chez *Scoloplos*, les cellules mésodermiques formeront un anneau autour de la partie postérieure de l'intestin (fig. 4.26B). Les traces de la délinéation des segments sur l'ectoderme sus-jacent apparaissent avant la formation des sacs coelomiques pour les espèces hétéronomes, mais après pour celles qui ne le sont pas *(Scoloplos, Owenia, Polygordius)*. Dans tous les cas, comme pour les somites, cette segmentation se fait de l'avant vers l'arrière.

Pour ce qui concerne la région antérieure, le mésoderme peut pénétrer un peu (serpulidés, *Polygordius*) ou pas du tout *(Owenia)* dans la région prototrochale. Chez *Scoloplos*, en revanche, les bandelettes mésodermiques pénètrent précocement dans la région antérieure de la larve. Plusieurs cavités cœlomiques s'y creusent, qui participent ensuite à la formation de la cavité cœlomique de la tête. Chez d'autres espèces (polychètes errants), le mésoderme colonise la tête mais le cœlome ne s'y creuse que secondairement et de façon discrète.

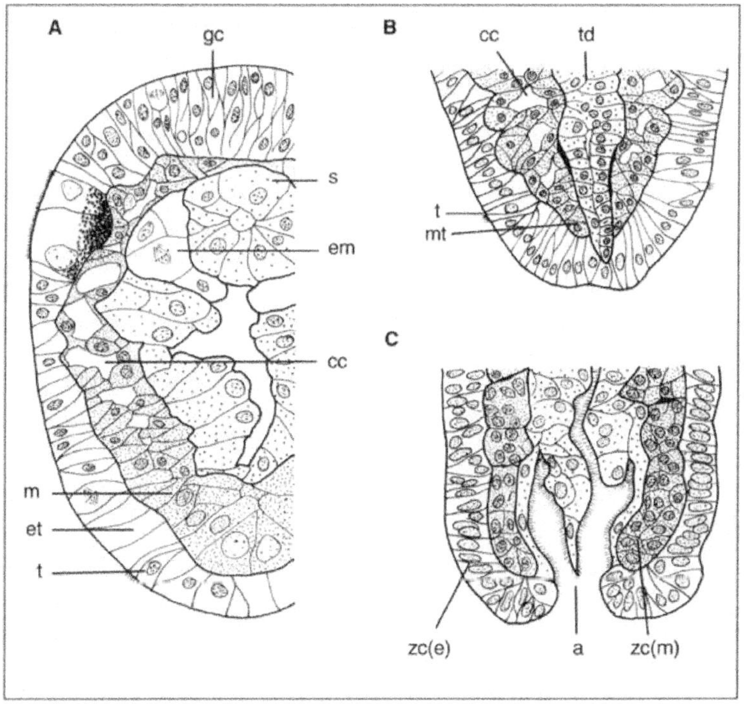

Figure 4.26 : Développement de *Scoloplos armiger*. Sections frontales semi-schématiques.
A, jeune post-trochophore ; B, zone de formation des segments, peu de temps avant la métamorphose ; C, même zone qu'en B, mais après la métamorphose.
a, anus ; cc, cavité coelomique ; em, ectomésoderme ; et, ectotéloblaste ; gc, ganglion cérébroïde ; m, mésoderme ; mt ; mésotéloblaste ; s, stomodeum ; t, télotroque ; td, tube digestif ; zc(e), zone de croissance (ectoderme) ; zc(m), zone de croissance (mésoderme).
(D'après Anderson 1959.)

5.3.2. ÉVOLUTION DE L'ECTODERME

Le développement de l'ectoderme est en principe synchrone de celui des somites. Le feuillet ectodermique, qui se développe à partir de l'ectotéloblaste, donne naissance à l'épiderme de surface, aux sacs sétigères et aux ganglions nerveux ventraux. Dans chaque segment, les néphridies se différencient à partir d'une paire de néphridioblastes symétriques, grandes cellules logées dans l'ectoderme intersegmentaire. Chaque néphridioblaste engendre une chaîne de cellules dans laquelle se creuse une lumière. Une extrémité du tube s'ouvre à l'extérieur, tandis que l'autre traverse le dissépiment, s'évase en entonnoir dans le cœlome ou se termine par un bouquet de solénocytes.

Le prostomium résulte partiellement de la différenciation de l'ectoderme qui précède la prototroque. Chez *Pomatoceros*, seule la partie la plus apicale de ce feuillet intervient. D'autres espèces, telle *Harmothoe*, montrent un développement plus complexe (fig. 4.27) : deux territoires ventro-latéraux précèdent l'ébauche cérébrale et plusieurs massifs cellulaires sont à l'origine des palpes ou des tentacules. Chez *Scoloplos*, tout l'ectoderme antérieur à l'exception d'une frange postérieure contribue à la formation du prostomium.

Chez les trochophores pauvres en vitellus, l'ectoderme qui s'étend de la prototroque à la zone de croissance est en grande partie différencié et participe peu à l'édification de l'épiderme péribuccal de l'adulte. En revanche, si les trochophores sont riches en vitellus, cet ectoderme encore peu différencié fournit l'épiderme péribuccal. Pour sa part, l'ectoderme troncal donne naissance aux sacs sétigères et aux ganglions nerveux ventraux, en plus de l'épiderme de recouvrement.

Chez les serpulidés et les eunicidés, l'épiderme péribuccal forme la totalité de l'épiderme péristomial. Mais, chez la plupart des polychètes, il n'en constitue que la partie antérieure. Le reste provient alors du premier voire du second segment troncal, qui subissent corrélativement une céphalisation.

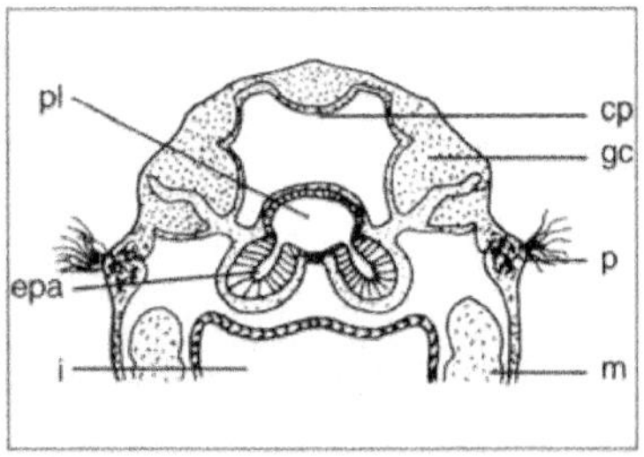

Figure 4.27 : Représentation schématique d'une coupe frontale dans la partie antérieure d'une métatrochophore d'*Harmothoe*. cp, coelome prostomial ; epa, ébauche du pharynx adulte ; gc, ganglion cérébroïde ; i, intestin ; m, mésoderme ; p, prototroque ; pl, pharynx larvaire.
(D'après Akesson 1963.)

5.3.3. ÉVOLUTION DE L'ENDODERME

Comme le corps, le tube digestif s'allonge à la métamorphose. Quand la trochophore mène une vie indépendante, l'estomac et l'intestin se transforment en organes adultes. Chez *Polygordius*, cependant, l'estomac très développé subit une histolyse. Pour ce qui concerne le stomodeum, le pharynx larvaire se transforme directement en pharynx adulte chez certaines espèces *(Pomatoceros, Owenia)*, mais chez beaucoup d'autres, il bourgeonne des évaginations (fig. 4.27). Celles-ci sont de véritables disques imaginaux, qui engendreront l'épithélium pharyngien adulte lors de la métamorphose.

Si les larves sont riches en vitellus, le stomodeum donne directement l'épithélium pharyngien adulte. Le développement est également direct pour la partie postérieure du tube digestif. Celui-ci s'allonge au fur et à mesure que le vitellus se résorbe et vient s'ouvrir par un anus en position pygidiale (fig. 4.26C).

La formation des segments troncaux est résumée figure 4.28 pour le spionidé *Scoloplos*.

5.4. Autres modalités de développement

La métamorphose offre de nombreuses variations, liées au nombre de bandes ciliaires de la larve ou à l'état de la segmentation, à l'éclosion. Certaines modalités de développement incluent des stades larvaires particuliers, la larve *mitraria* d'*Owenia* par exemple (fig. 4.29). Plusieurs sont caractérisées par une genèse originale des premiers segments, dans une invagination de la larve entre autre (*Owenia* – fig. 4.29E ; *Polygordius*). Dans de tels cas, la métamorphose se prépare de façon masquée et on a parfois parlé d'endolarve, terme semble-t-il impropre puisqu'il marque en fait un début de métamorphose.

Jusqu'à présent, aucune étude n'a permis d'appréhender le déterminisme de la métamorphose de la trochophore. Chez les polychètes néréidés où l'endocrinologie est bien étudiée, il est très difficile d'obtenir tous les stades en laboratoire, la pause ontogénétique liée à la métamorphose étant particulièrement longue et n'assurant pas un taux de survie suffisant.

Le type de larve est-il lié au mode de vie de l'adulte ? La réponse semble négative si l'on considère le tableau 4.II, où cinq modes de vie différents ont été considérés ainsi que le stade de l'éclosion.

Par ailleurs, la charge en vitellus de l'œuf est directement liée à la stratégie de reproduction. Dans la majorité des cas, les choix opérés par les processus évolutifs évitent une concurrence entre adultes et larves et, donc, favorisent une meilleure exploitation des milieux.

5.5. Métamorphose larvaire et colonisation du substratum

La métamorphose est une étape cruciale et dangereuse pour la larve, car celle-ci doit changer d'habitat, de style de vie, et subir des adaptations impératives d'ordre anatomique et physiologique.

Après une phase de "préparation», la larve pélagique subit une métamorphose qui est corrélée à la colonisation d'un substrat. Le phénomène peut se produire après le contact avec le fond marin ou le précéder. Des compléments d'information concernant ce développement indirect, chez les polychètes, sont regroupés tableau 4.III.

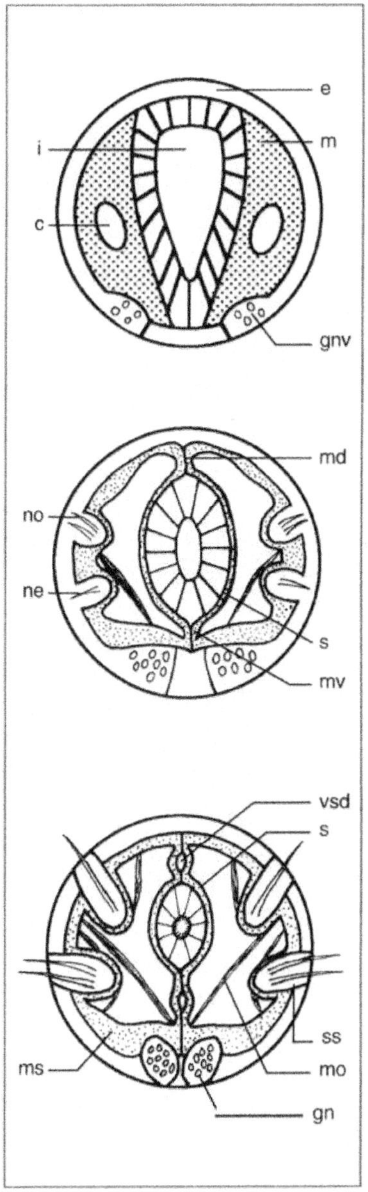

Figure 4.28 : Évolution des segments troncaux chez *Scoloplos*.
c, coelome ; e, ectoderme ; gn ; ganglion nerveux ; gnv, ganglion nerveux ventral ; i, intestin ; m, mésoderme ; md, mésentère dorsal ; mo, muscle oblique ; ms, mésoderme somatique ; mv, mésentère ventral ; ne, neuropode ; no, notopode ; s, splanchnopleure ; ss, sac sétigère ; vsd, vaisseau sanguin dorsal.
(D'après Anderson 1966.)

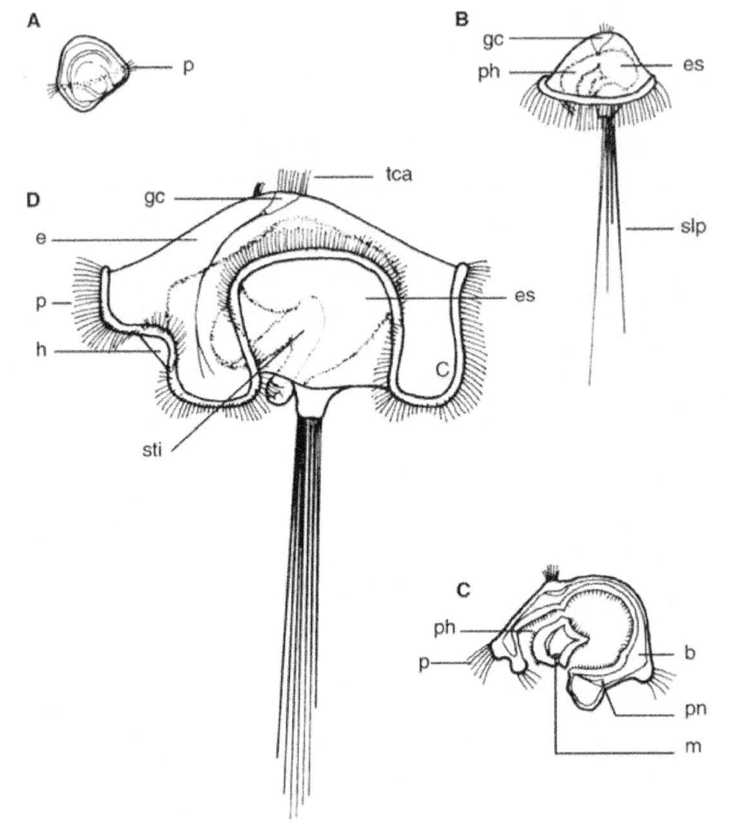

Figure 4.29 : Cycle de développement d'*Owenia fusiformis*.
A, trochophore planctonotrophe. B, jeune *mitraria*. C, coupe sagittale schématique dans une jeune *mitraria*. D, *mitraria* complètement développée, peu avant la métamorphose. E, formation des segments troncaux (section parasagittale). F, métamorphose de la *mitraria* (15 s après le début de la métamorphose). G, premier stade benthique (erpochète), 15 à 20 mn après le début de la métamorphose.
b, blastocoele ; bo, bouche ; e, épisphère ; es, estomac ; gc, ganglion cérébroïde ; h, hyposphère ; i, intestin ; m, mésoderme ; p, prototroque ; ph ; pharynx ; pn, protonéphridie ; pr, prostomium ; pra, prostomium de l'adulte ; s, somite ; sa, soie adulte ; slp, soies larvaires provisoires ; sti, segments troncaux invaginés ; tca, touffe ciliaire apicale ; zc, zone de croissance ; zce, zone de croissance de l'ectoderme ; zcm, zone de croissance du mésoderme.
(D'après Wilson 1932.)

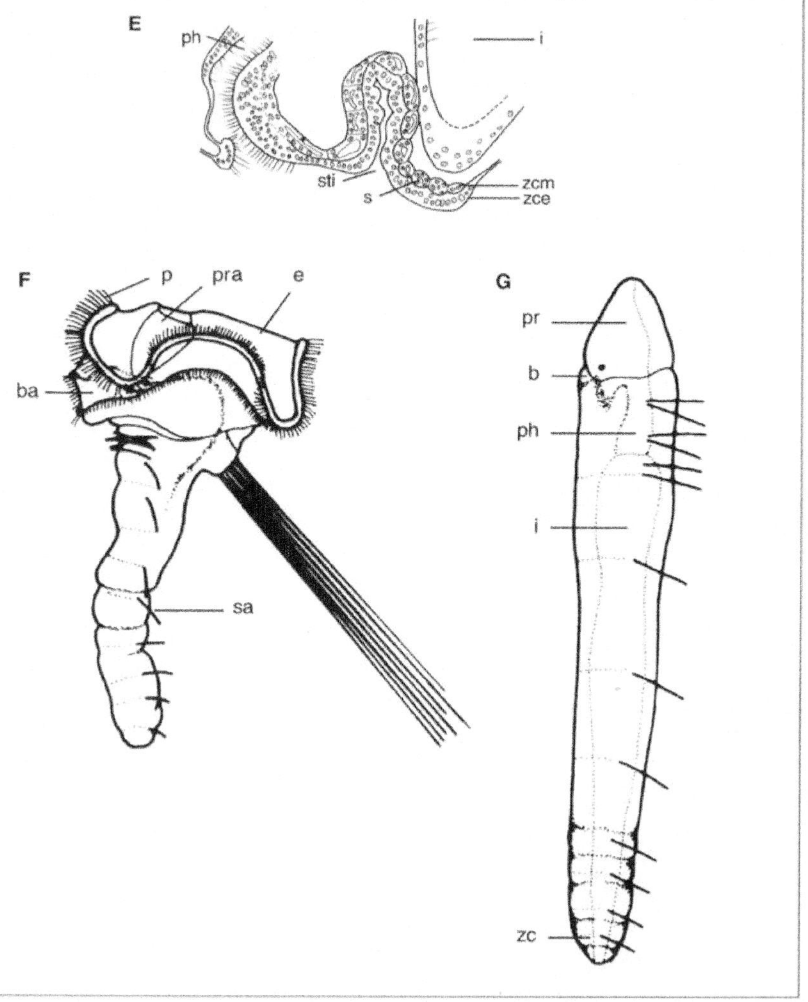

La larve en métamorphose devient photofuge ou géotactile (attraction par le substrat). Elle nage alors vers le fond, mais le contact avec celui-ci est aléatoire. Le *substratum* sélectionne en effet la larve par des facteurs du biotope (texture, composition et taille des particules ; nature des courants, turbulence) et des facteurs biotiques (présence d'animaux de la même espèce, d'un type de nourriture adaptée). Le contact avec le *substratum* accélère la métamorphose.

Le type larvaire (planctonotrophe ou lécithotrophe) influe sur la colonisation des milieux marins. Les larves planctonotrophes sont fréquentes dans les zones littorales, particulièrement riches en aliments. Les larves lécithotrophes sont moins dépendantes du milieu pour leur nourriture. Bien qu'importante encore, leur mortalité devient plus faible que celle des larves planctonotrophes. Ces propriétés préparent la colonisation de fonds plus profonds, où les apports alimentaires deviennent plus précaires.

Tableau 4.II : Stade d'éclosion en fonction du mode de vie chez les polychètes.

	Trochophore planctonotrophe	Trochophore lécithotrophe	Post-trochophore planctonique	Post-trochophore non planctonique
Erratiques (aphroditidés, pisionidés...)	x			
Habitants des galeries (néréidés, syllidés...)		x	x	x
Fouisseurs sédentaires *(Arenicola, Audouinia ...)*	x	x		
Tubicoles à tubes construits *(Chaetopterus, Owenia,* serpulidés...)	x	x		x
Pélagiques *(Tomopteris...)*			x	

Tableau 4.III : Caractéristiques générales du développement indirect chez les polychètes.

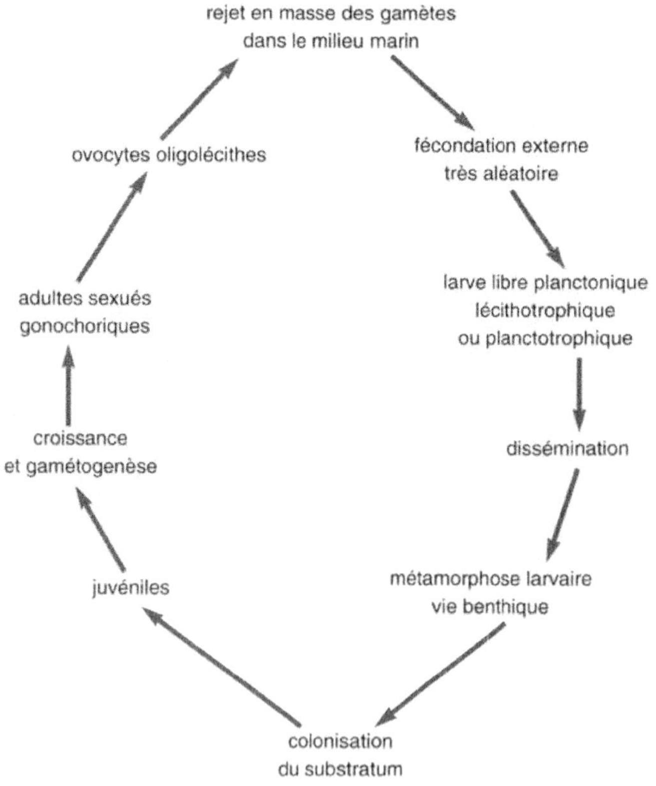

Caractéristiques générales :
- Adultes marins benthiques et larves planctoniques
- Adultes et larves se situent à deux niveaux trophiques différents (aucune compétition intraspécifique)
- Stratégie de reproduction de type r avec parfois sémelparité
- Survie d'une espèce assurée par une énorme quantité d'œufs et une synchronisation des pontes par des facteurs climatiques et des phéromones
- Grande dispersion de l'espèce
- Colonisation rapide d'un substrat favorable

En milieu particulièrement profond, le vitellus est très abondant dans l'œuf. Le développement est direct et la femelle tend à contrôler sa progéniture.

5.6. L'épitoquie, exemple de métamorphose pubertaire

5.6.1. DÉROULEMENT

L'épitoquie est un phénomène biologique affectant quelques polychètes errants et de rares sédentaires. Les exemples les plus célèbres concernent les néréidés, les syllidés et un eunicidé de l'Océan Pacifique : *Eunice viridis* (le palolo des îles Samoa). Les transformations qui affectent la plupart des *Nereis* parvenues à maturité sexuelle sont telles que les premiers auteurs avaient créé le genre *Heteronereis* pour caractériser ces stades. Ehlers, en 1864, nomma épitoquie le passage de la forme néréidienne ou atoque à la forme hétéronéréidienne ou épitoque.

Les modifications somatiques sont profondes et concernent à la fois l'anatomie et la physiologie (tabl. 4.IV). Formes atoques et épitoques ont des conditionnements endocriniens radicalement différents, bien qu'à ce jour aucune "hormone de mue" n'ait été identifiée chez les polychètes. Chez les néréidés, les transformations s'effectuent lentement, durent environ un à deux mois, et préludent inéluctablement à la reproduction des animaux.

L'épitoquie est une forme très efficace de dissémination de l'espèce. Les vers marins qui menaient une vie sédentaire, enfouis dans des sédiments ou des fentes de rochers, deviennent alors d'excellents nageurs grâce à une musculature fortement réorganisée (fig. 4.30 & 4.31). Chez *Nereis*, l'animal entier devient pélagique alors que, chez le palolo, seule la partie postérieure (stolon) remonte à la surface. L'essaimage se produit huit heures après la rupture des stolons. Des populations entières sont attirées vers la surface, stimulées par des phéromones sexuelles (la 5-méthyl-3-heptanone) émises par les individus du sexe opposé. Cette molécule relativement simple existe sous deux formes isomériques. La forme dextrogyre est produite par les femelles et active les mâles ; la forme lévogyre fait l'inverse. Les récepteurs des phéromones apparaissent pendant l'épitoquie et sont localisés sur les cirres crénelés des lamelles parapodiales (fig. 4.32 & 4.33). L'ensemble du système nerveux central est alors stimulé et les animaux se mettent à nager en cercles concentriques ("danse nuptiale"). Cette reproduction par essaimage est des plus spectaculaires lorsqu'elle affecte des milliers d'individus, voire des millions dans le cas du palolo : mâles et femelles expulsent leurs produits génitaux dans l'eau de mer qui change alors véritablement de couleur. Une étroite corrélation existe entre le cycle lunaire et la date de l'essaimage (dernier quartier en octobre et en novembre, dans le Pacifique sud), mais on ne sait expliquer comment la faible luminosité lunaire peut agir sur ces animaux, au demeurant cachés dans le corail. Sous nos climats, le printemps est une période propice pour la reproduction.

Tableau 4.IV : Caractères généraux de l'épitoquie chez les néréidés (annélides polychètes).

Caractéristiques	Forme atoque néréidienne	Forme épitoque hétéronéréidienne
Période du cycle vital	phase juvénile et adulte (1 à 3 ans)	derniers jours de la vie de l'animal
Forme de vie et habitat occupé par l'animal	benthique (rochers, sédiments) vie sédentaire	pélagique nage très active en surface (danse nuptiale)
Événements biologiques majeurs	croissance somatique et gamétogenèse	reproduction par essaimage sémelparité fécondation externe
Modifications anatomiques		
Tête (prostomium)	2 paires d'yeux	yeux hypertrophiés par augmentation du volume des cellules
Parapodes	atoques avec soies néréidiennes simples	parapodes modifiés : – soies hétéronéréidiennes complexes servant de rames – cirres dorsaux crénelés (récepteurs des phéromones) – lamelles parapodiales richement vascularisées
Muscles	fibres simples à contraction lente	différenciation et réorganisation des fibres avec développement du sarcoplasme et multiplication des mitochondries
Tube digestif	fonctionnel	histolyse
Appareil excréteur	néphridies normales	parfois hypertrophie (évacuation des produits génitaux)
Pygidium		rosette pygidiale servant à l'évacuation du sperme
Conditionnement hormonal	inhibition endocrine par les ganglions cérébroïdes chez les néréidés	arrêt de l'inhibition endocrine rétroaction génitale rôle des ecdystéroïdes ?
Réactions de défense	forte résistance aux parasites internes et aux polluants	levée des défenses immunitaires
Composition du liquide cœlomique	hyperosmotique	se rapproche de celle de l'eau de mer

Cependant, certaines espèces comme *Nereis pelagica* se reproduisent sur les côtes de la Manche, en plein hiver.

Les transformations somatiques de l'épitoquie correspondent à une véritable métamorphose. Les métamères modifiés sont plus larges et plus courts. Des languettes richement vascularisées se différencient et augmentent la surface natatoire du parapode (fig. 4.33). Les soies atoques tombent et sont remplacées par des faisceaux de soies hétéronéréidiennes, véritables

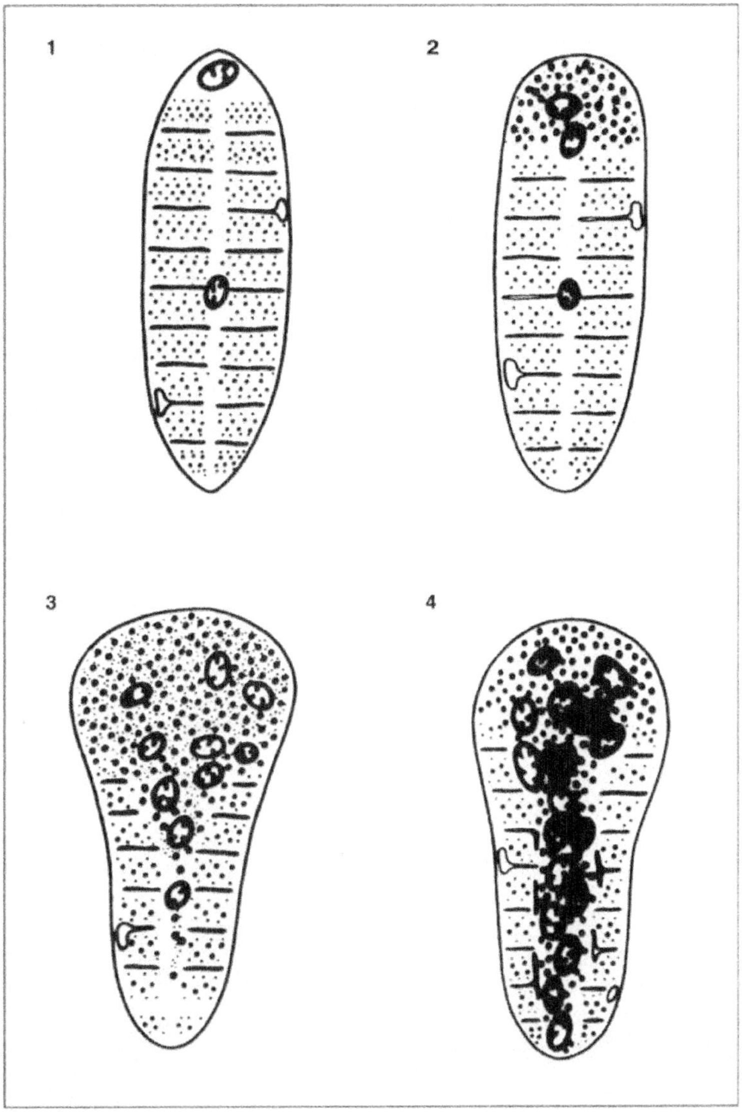

Figure 4.30 : Évolution structurale (de 1 à 4) de la fibre musculaire atoque (1) vers la fibre épitoque (4).
Coupes transversales schématiques. Au moment de l'épitoquie, les deux demi-lamelles myoplasmiques s'écartent progressivement, tandis qu'apparaît un sarcoplasme interlamellaire riche en mitochondries et en glycogène. Ces modifications structurales sont corrélatives d'un changement dans la physiologie des animaux. Le catabolisme respiratoire s'accélère en effet dans les fibres épitoques et accroît la quantité d'énergie chimique disponible sous forme d'ATP. Ce surplus d'énergie est utilisé lors des contractions musculaires plus fréquentes, liées aux facultés locomotrices exacerbées des vers métamorphosés. Attirés par des phéromones sexuelles, ceux-ci deviennent alors d'excellents nageurs, alors qu'ils avaient une vie sédentaire à l'état atoque.

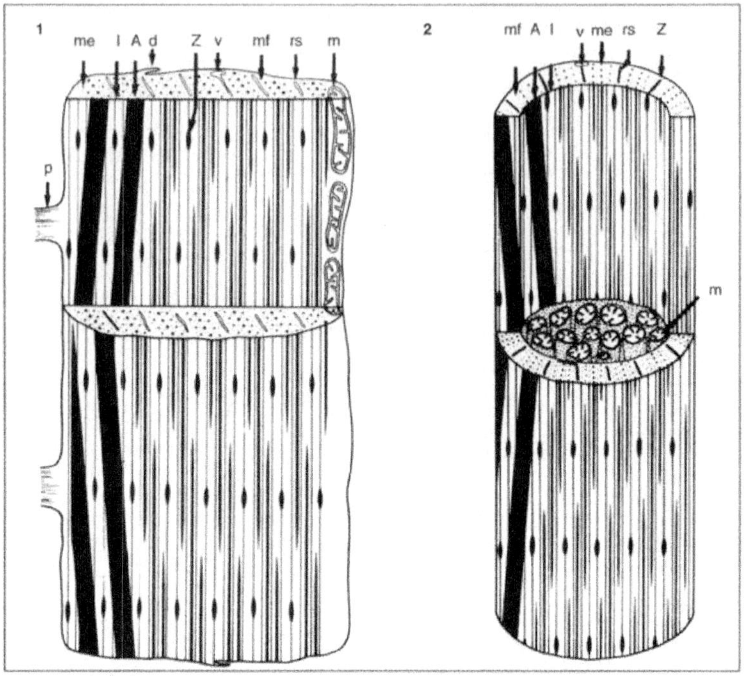

Figure 4.31 : Schémas d'une portion de fibre musculaire atoque (1) et épitoque (2) d'annélide polychète (*Nereis* ou *Syllis*).
Deux bandes A ont été colorées en gris afin de mettre en évidence leur obliquité inverse.
A, bande A ; d, évagination en doigt de gant ; I, bande I ; m, mitochondrie ; me, myofilament épais ; mf, myofilament fin ; p, prolongement du bord interne (coelomique) de la fibre ; rs, réticulum sarcoplasmique ; v, vésicule sous-sarcolemmique ; Z, élément Z.
(D'après Wissocq 1970.)

palettes natatoires (fig. 4.34). Au niveau de la tête, les yeux s'hypertrophient, les antennes et les palpes migrent vers la face ventrale. Tout le corps n'est pas affecté par ces transformations. La zone antérieure (15 à 20 métamères) n'est pas modifiée, mais la région moyenne l'est toujours et la région postérieure parfois. D'une manière générale, les mâles sont plus touchés par la métamorphose que les femelles.

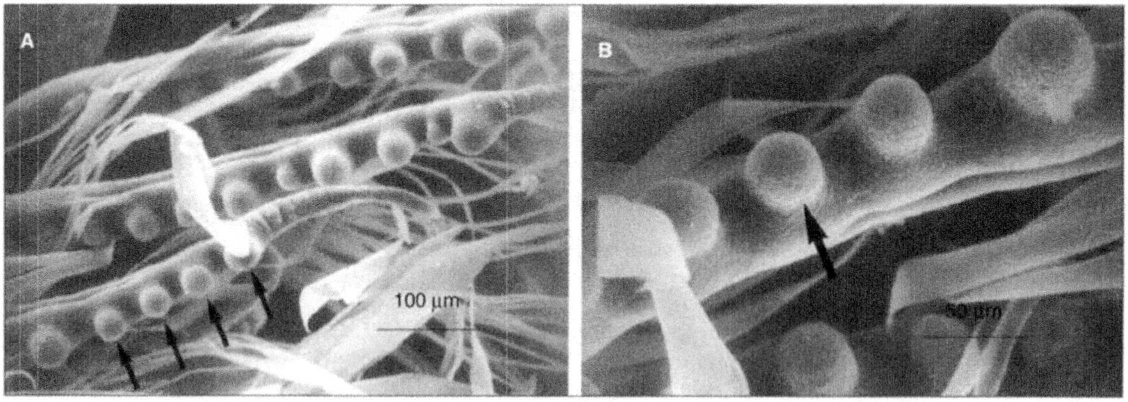

Figure 4.32 : Transformation hétéronéréidienne des cirres parapodiaux chez *Nereis pelagica*.
A, cirres parapodiaux dorsaux de la région postérieure. *Heteronereis* mâle. Des crénelures (flèches) apparaissent dans la zone moyenne du cirre et correspondent aux récepteurs des phéromones sexuelles. Les zones apicale et basale en sont dépourvues.
B, détail. Les crénelures ont un diamètre moyen d'environ 50 à 60 µm.
(Document Y. Boilly-Marer.)

L'épitoquie est strictement corrélée à la maturité génitale. Les gamètes sont rejetés en quantité énorme et généralement par destruction du tégument de l'animal, dans la mesure où les néphridies ne peuvent fonctionner comme des gonoductes. Chez les néréidés, la masse des gamètes correspondrait à plus de 40 % de l'énergie totale accumulée. On comprend aisément que les vers comme *Nereis* ne survivent pas à l'essaimage et n'ont qu'un seul cycle de reproduction (sémelparité). D'autres polychètes possèdent néanmoins une succession de cycles (itéroparité). Comme l'imago des insectes, la durée de vie du ver épitoque est particulièrement brève et limitée à quelques jours.

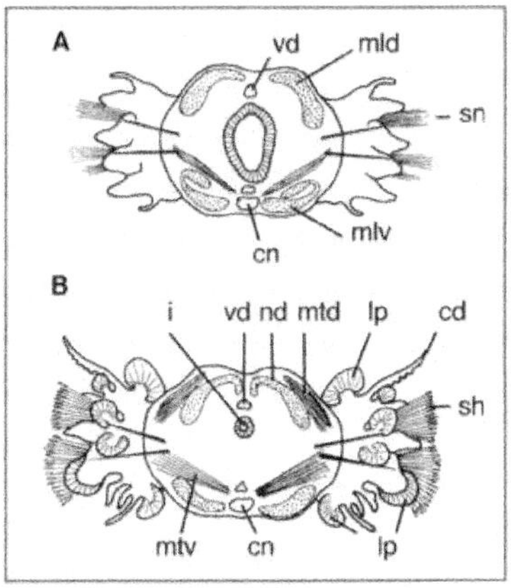

Figure 4.33 : Modifications morphologiques des parapodes de *Nereis* au cours de l'épitoquie.
A, animal atoque ;
B, animal épitoque.
cd, cirre dorsal crénelé ;
cn, chaîne nerveuse ventrale ;
i, intestin en histolyse ;
lp, lamelle parapodiale ;
mld, muscle longitudinal dorsal ;
mlv, muscle longitudinal ventral ;
mtd, muscle transverse dorsal ;
mtv, muscle transverse ventral ;
nd, néoformation musculaire dorsale ;
sh, soies hétéronéréidiennes ;
sn, soies néréidiennes ;
vd, vaisseau dorsal.

5.6.2. DÉTERMINISME DE L'ÉPITOQUIE

Chez *Platynereis*, la détermination des segments subissant la métamorphose est fixée très tôt pendant la vie larvaire, dès le stade de formation des parapodes. Le déclenchement de l'épitoquie est contrôlé par des neurohormones cérébrales, des changements métaboliques du milieu cœlomique et des facteurs de l'environnement (température, photopériode).

Chez les polychètes, il n'est pas possible de définir un modèle unique de contrôle endocrinien de la métamorphose. Chez *Nereis*, une neurohormone (néréidine) issue de cellules neurosécrétrices inhibe les transformations somatiques ainsi que les gamétogenèses. Au contraire, chez les eunicidés, les ganglions cérébroïdes sécrètent des hormones gonadotropes. Chez les syllidés, le système endocrine est mixte.

Des séquences peptidiques partielles de la néréidine ont été proposées mais la structure complète de la neurohormone reste indéterminée. On sait seulement qu'elle n'a pas une structure classique de neuropeptide et que son effet inhibiteur est particulièrement actif à très faible dose. À l'approche de la phase de reproduction du ver, sa sécrétion s'arrête totalement, ce qui déclenche la métamorphose.

Selon plusieurs auteurs, les facteurs de l'environnement contrôleraient la croissance somatique qui, à son tour, déclencherait les phases de reproduction. Le milieu cœlomique d'un animal submature renfermerait alors des substances (peptidiques et ecdystéroïdiques) capables de bloquer la sécrétion de néréidine. En revanche, le métabolisme ovocytaire (synthèse et dégradation des vitellogénines et des autres réserves ovulaires) se déroulerait d'une manière “autonome», sans conditionnement endocrinien précis, et serait essentiellement influencé par les facteurs du milieu (concentrations ioniques, température...).

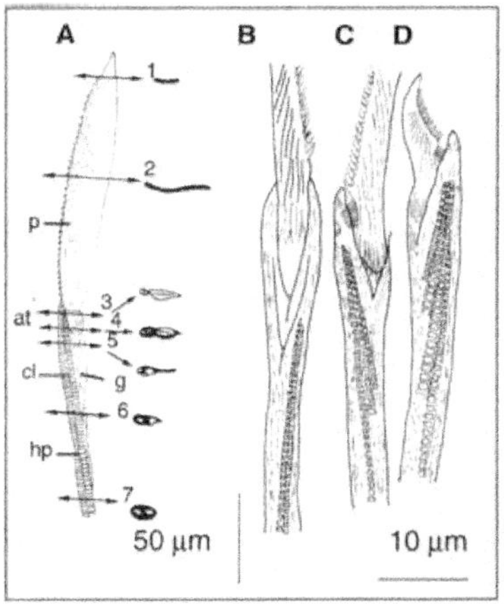

Figure 4.34 : Soies néréidienne et hétéronéréidiennes de *Perinereis cultrifera*.
Soie néréidienne en arête homogomphe (A) et coupes transversales (1 à 7).
Soies hétéronéréidiennes en arête hétérogomphe (B) et (C) et en serpe hétérogomphe (D).
at, articulation ; cl, colonnette cloisonnée ; g, gaine striée ; hp, hampe ; p, article en palette
(D'après G. Bobin & M. Durchon)

Les polychètes ne possèdent aucun système endocrine différencié, en dehors des cellules neurosécrétrices. Leur archaïsme dans ce domaine est, à l'évidence, un handicap pour l'étude du déterminisme de l'épitoquie.

5.7. Modes de croissance chez les annélides

Les annélides ont colonisé tous les milieux marins et se sont adaptées aux milieux terrestres, bien que recherchant des taux d'humidité importants. Au cours de cette évolution qui s'est échelonnée sur des millions d'années, ces animaux ont développé deux types de croissance :

– la croissance continue, qui reste la plus fréquente ;

– la croissance discontinue, spécifique des hirudinées les plus évoluées.

5.7.1. CROISSANCE CONTINUE

Cette croissance, qui caractérise les polychètes et les oligochètes, est la plus simple et la plus primitive. Aucune rupture de croissance marquée par des mues n'existe alors au cours de l'ontogenèse. La sexualité et la gamétogenèse se développent progressivement, en principe sans crise pubertaire, et l'adulte ressemble au jeune. Il n'y a pas de véritable limite à la croissance de l'organisme (fig. 4.35).

5.7.2. CROISSANCE DISCONTINUE

Observée chez les hirudinées (sangsues), ce mode de croissance est lié au comportement alimentaire. Le facteur déterminant est en effet la quantité de sang ingérée à chaque prise de nourriture.Certaines sangsues primitives (*Erpobdella* et *Piscicola*) absorbent une quantité de sang n'excédant pas la moitié de leur poids. La digestion est rapide, de sorte que la prise de sang doit se renouveler chaque semaine. La croissance reste ici continue (fig. 4.36).

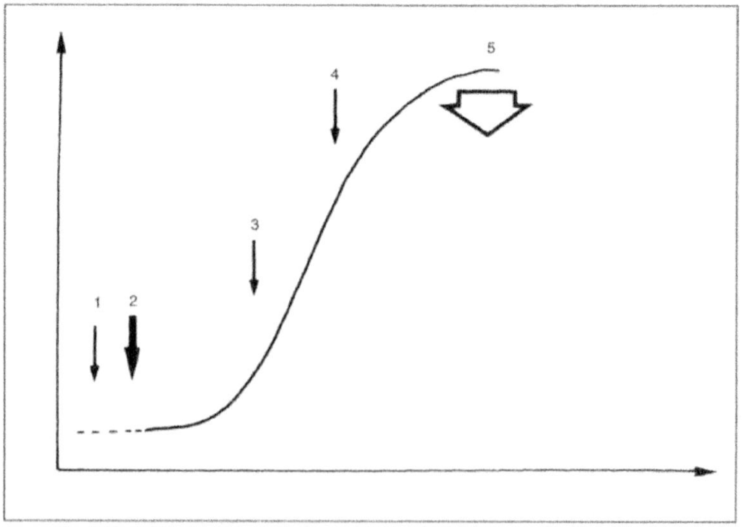

Figure 4.35 : Croissance continue chez la majorité des annélides, exemple des polychètes. 1, développement larvaire. 2, métamorphose et colonisation des substrats. 3, développement des métamères. 4, gamétogenèse. 5, reproduction avec parfois métamorphose de l'adulte dans le cas de l'épitoquie.

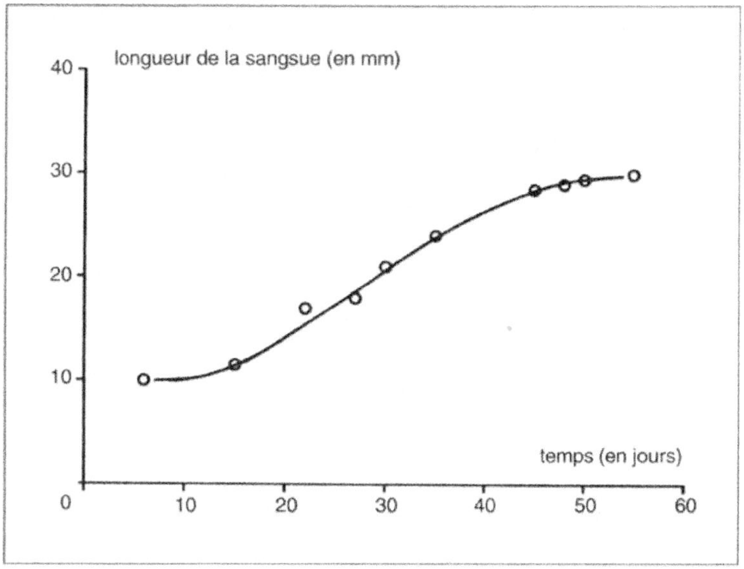

Figure 4.36 : Croissance continue chez les sangsues primitives.
Cas d'*Erpobdella octoculata* (d'après Calow & Riley 1980) **ou de *Piscicola geometra*** (d'après Malecha 1979). **Ordonnée, longueur de la sangsue (mm) ; abscisse, temps (j).**

Chez les sangsues de grande taille, qui absorbent d'énormes quantités de sang à chaque repas (4 à 10 fois leur propre volume), une croissance discontinue apparaît, faite d'une succession de stades postembryonnaires séparant deux repas et définis par des critères physiologiques (fig. 4.37). Les repas sont en nombre limité et espacés de quelques semaines, voire de plusieurs mois.

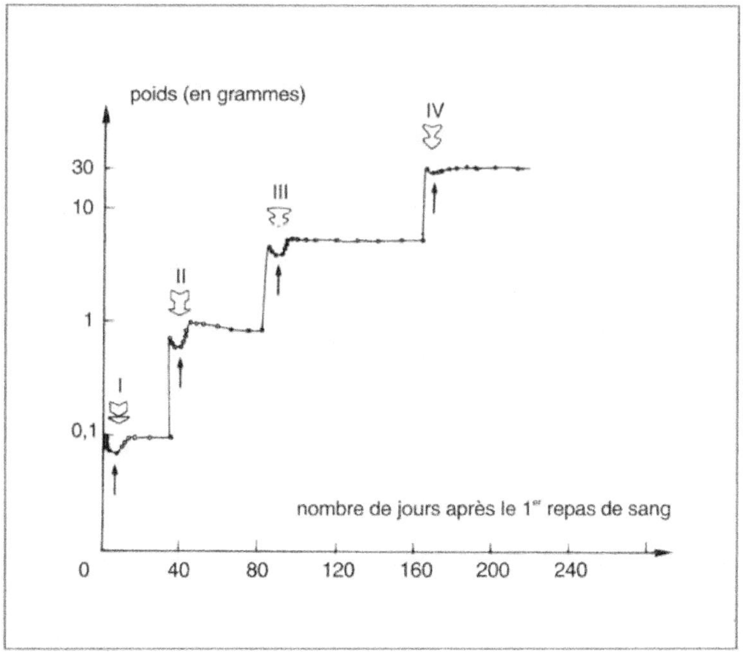

Figure 4.37 : Apparition de la croissance discontinue chez les sangsues évoluées (*Haementeria gliilianii*, glossiphoniidé). L'énorme accumulation de sang induit une croissance par étapes successives nettement marquées. Après chaque repas (I, II, III, IV), le volume corporel augmente considérablement. La légère perte de poids observée juste après la prise de nourriture (flèche en trait plein) est due à l'élimination de l'urine. Ordonnée, poids (g) ; abscisse, nombre de jours après les repas. (D'après Sawyer *et al.* 1981).

Chez *Haementeria* (glossiphoniidé), quatre ou cinq stades sont décrits avant que l'animal ne ponde ses œufs. La maturation mâle est achevée au troisième stade, la maturation femelle au quatrième. Ces observations suggèrent l'existence d'une spécialisation hormonale lors des stades postembryonnaires. La lignée mâle ne serait pas régie par le même conditionnement endocrinien que la lignée femelle, alors que chez les néréidés (polychètes), on ne connaît pas de véritables hormones sexuelles.

Une apparition de stades conditionnée par le comportement alimentaire a également été démontrée chez *Theromyzon tessulatum*, un glossiphoniidé rhynchobdelle. L'importance du volume sanguin ingéré lors du troisième repas (normalement le dernier) détermine le nombre de stades. Si le repas de sang est suffisant, on assiste à une cascade d'événements : dégénérescence des glandes salivaires, devenues inutiles ; sécrétion de neuropeptides impliqués dans la rétention du sang ingéré et l'accumulation de la vitellogénine au niveau du cœlome. Si le volume sanguin absorbé est trop faible, aucun de ces mécanismes physiologiques n'apparaît. Le comportement alimentaire contrôlerait l'activation ou l'inhibition de gènes impliqués dans l'osmorégulation et l'ovogenèse. Un octopeptide à fonction antidiurétique a été isolé du cerveau de *Theromyzon*, juste après le troisième repas. La séquence d'aminoacides de ce neuropeptide est homologue à 75 % avec la partie N-terminale d'une vitellogénine. Deux gènes à structure voisine pourraient par conséquent contrôler deux fonctions à priori très dissemblables, l'équilibre hydrique et la vitellogenèse.

En définitive, la croissance discontinue permet de mieux compartimenter les grands cycles biologiques de l'organisme, dans le temps. On comprend tout l'intérêt de ce mode de croissance pour un être hermaphrodite comme la sangsue, puisqu'il espace les phases de maturité mâle et femelle.

5.7.3. CROISSANCE DISCONTINUE CHEZ LES UNIRAMÉS

Chez les uniramés à squelette externe sclérochitineux (onychophores, arthropodes), la croissance discontinue devient indispensable. L'animal se développe par un système de mues successives déclenchées chacune par un conditionnement endocrinien précis (cf. chap. 3 § 5 & chap. 4 § 15.4). Des gènes peuvent être activés pendant certains stades et contribuent à les spécialiser sur le plan physiologique. Finalement, l'adulte sexué qui se reproduit est souvent très différent des formes juvéniles.

Larves et adultes peuvent aussi vivre dans des habitats totalement opposés (vie hypogée ou milieu aquatique d'un côté, vie aérienne éphémère de l'autre). La rencontre des sexes suppose un mode de vie beaucoup plus mobile chez les adultes que chez les larves, lesquelles mènent une vie souvent protégée. La mue représente alors une étape cruciale dans la vie de l'animal.

5.8. Colonisation des principaux milieux par les annélides

On s'accorde généralement pour supposer que la vie est apparue dans le milieu océanique. Les propriétés remarquables de l'eau de mer (tampon thermique très efficace, salinité et pH relativement stables, forte concentration ionique) en font en effet un milieu très favorable pour les principales fonctions vitales.

5.8.1. ANNÉLIDES POLYCHÈTES ET DOMAINE MARITIME

Le développement indirect avec larves planctoniques est certainement le plus primitif, car il permet une excellente dispersion géographique de l'espèce dès les premiers stades du cycle vital. De plus, il élimine toute compétition trophique entre larves et adultes d'une même espèce, les premières vivant près de la surface et les seconds sur les fonds. Ce mode de reproduction adopté par les polychètes présente néanmoins deux inconvénients. D'une part, l'énorme production de larves suppose une forte consommation d'énergie (stratégie de type r). D'autre part, cette population larvaire est décimée.

5.8.1.1. Mers chaudes peu profondes

On y trouve fréquemment des larves planctonotrophes de polychètes, dérivées d'œufs pauvres en vitellus. Cette situation peut s'expliquer par la disponibilité permanente de la nourriture planctonique, même si celle-ci n'est pas toujours très abondante. 99 % des larves seront éliminées, suite à une prédation très forte. Totalement imprévisible, la stratégie de reproduction adoptée par ces annélides leur permet pourtant de survivre à beaucoup de catastrophes naturelles.

Les facteurs qui engendrent une surpopulation et une forte compétition intraspécifique sont à redouter. Les espèces vivant dans de tels écosystèmes finissent cependant par créer un équilibre qui procède de l'existence de sources alimentaires croisées.

5.8.1.2. Milieux marins plus défavorables

La colonisation par les polychètes de milieux marins moins favorables, notamment plus profonds, est accompagnée du développement d'un type larvaire lécithotrophe, dérivant d'œufs peu nombreux mais riches en vitellus. Cette richesse permet aux larves planctoniques de moins dépendre du milieu. Leur mortalité s'abaisse aussi mais reste importante. De telles larves ressemblent aux adultes et vivent en principe sur les fonds, à leur voisinage. Un développement direct tend donc à s'instaurer.

Dans les milieux marins hostiles et changeants (zones subpolaires...), le développement direct devient la règle aussi. Les niches écologiques sont très précises et les adultes n'ont plus besoin d'un mécanisme favorisant leur dispersion géographique. Les femelles contrôlent les jeunes par de multiples systèmes de protection, de véritables couvaisons par exemple. Elles peuvent ainsi synchroniser la libération des larves avec l'arrivée de la nourriture, lors d'un réchauffement.

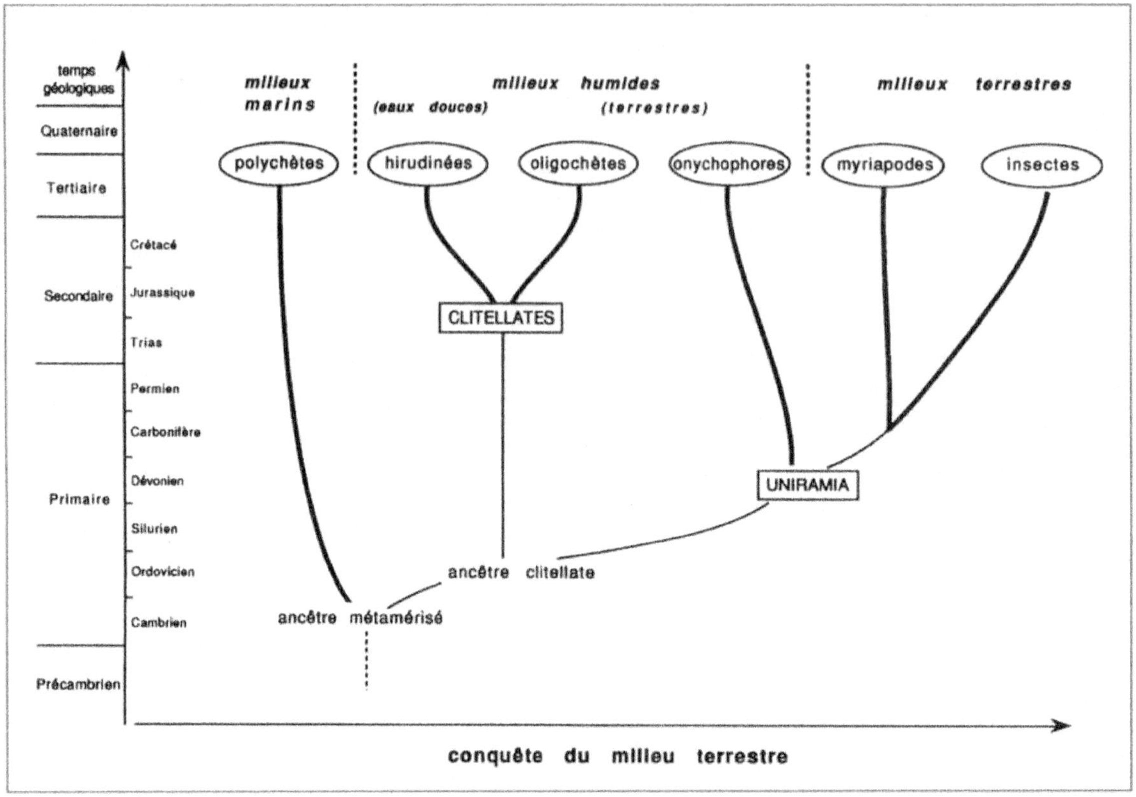

Figure 4.38 : Arbre évolutif supposé des annélides et des arthropodes lors de la conquête du milieu terrestre.

5.8.1.3. Polychètes holoplanctoniques

Presque tous ont adopté le développement direct. L'adulte pélagique couve généralement des œufs de grande taille ou les place dans des nacelles flottantes, à l'intérieur desquelles l'embryon sera protégé. Curieusement, ces espèces n'ont plus de larves planctoniques.

5.8.2. CONQUÊTE DES MILIEUX TERRESTRES ET DES EAUX DOUCES

Les milieux terrestres sont beaucoup plus hostiles que les milieux marins, du fait de leur grande variabilité (écarts thermiques, nourriture aléatoire, risque permanent de dessication, stress climatiques et chimiques...).

Dans les milieux tropicaux humides, on observe souvent une cohabitation entre vers de terre, sangsues, onychophores, myriapodes et autres uniramés. Ces associations écologiques ne sont pas nécessairement fortuites : elles regroupent tous les “pionniers” de la conquête de la terre ferme (fig. 4.38). Parmi ceux-ci, les clitellates (oligochètes et sangsues) ont un développement direct. Les clitellates se différencient radicalement des annélides polychètes. Ils présentent une fécondation interne et la femelle joue un rôle très actif dans la protection et la nutrition des jeunes.

Tableau 4.V : Développement direct des clitellates.

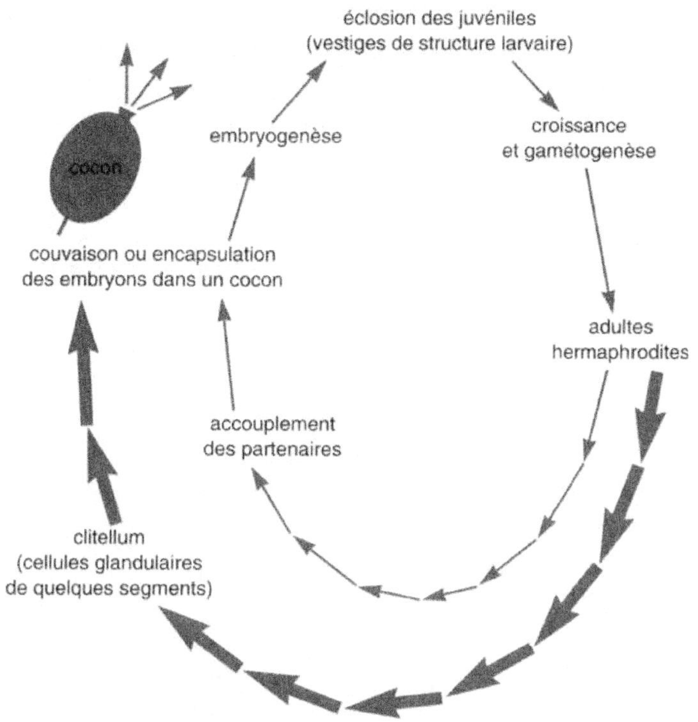

Caractéristiques générales :
- Adaptation au milieu terrestre
- Population à effectifs stables : stratégie de reproduction de type k
- Peu de dissémination des espèces
- Oviparité
- Survie de l'espèce assurée par un contrôle des parents sur le développement des jeunes qui sont protégés des variations du milieu
- Taux de survie important mais nombre réduit des œufs

Les clitellates tirent leur nom d'une zone glandulaire de leur corps, le clitellum, qui sécrète le cocon. Celui-ci possède un rôle trophique, puisqu'il contient un liquide nutritif, l'albumen, sorte d'exo-vitellus qu'absorbe l'embryon par son tégument.

Le cocon exerce aussi un rôle de protection hydrique chez les oligochètes et les sangsues, qui doivent lutter contre la dessiccation à tous les stades de leur existence. En milieu sec, les enveloppes de leurs œufs demeurent trop perméables pour garantir une hydratation compatible avec la vie. Bien que pionniers dans la conquête du milieu terrestre*, les clitellates restent en fait très dépendants de l'eau et ne peuvent vivre que dans une atmosphère humide. Le développement direct des clitellates et le contrôle endocrinien de la reproduction chez l'un d'entre eux, l'oligochète *Eisenia fetida*, ont fait l'objet de compléments d'informations (tabl. 4.V & 4.VI).

* Chez certaines sangsues vivipares, les œufs alécithes sont incubés dans les voies génitales. Outre un apport trophique maternel, un tel développement protège les œufs contre la déshydratation et constitue une adaptation supplémentaire au milieu terrestre.

Tableau 4.VI : Contrôle endocrine de la reproduction des oligochètes *lumbricidés*.
Pendant la période d'activité génitale, les tissus testiculaires d'*Eisenia fetida* sécrètent un facteur androgène qui maintient la fonctionnalité du testicule. Ce facteur est sous contrôle d'une neurohormone peptidique produite par les ganglions cérébroïdes, qui induisent aussi l'activité gamétogénétique mâle et femelle.
Ces même ganglions ont un effet trophique sur les synthèses protéiques ovariennes, par l'intermédiaire d'une substance neurohormonale.
La ponte est permise grâce à la turgescence du clitellum, dont les cellules élaborent les différents constituants lipoglycoprotéiques des cocons. Cette turgescence est maintenue par une neurohormone peptidique élaborée par les ganglions cérébroïdes.
La structure primaire des différents neuropeptides impliqués dans la reproduction des vers de terre n'est pas totalement élucidée.

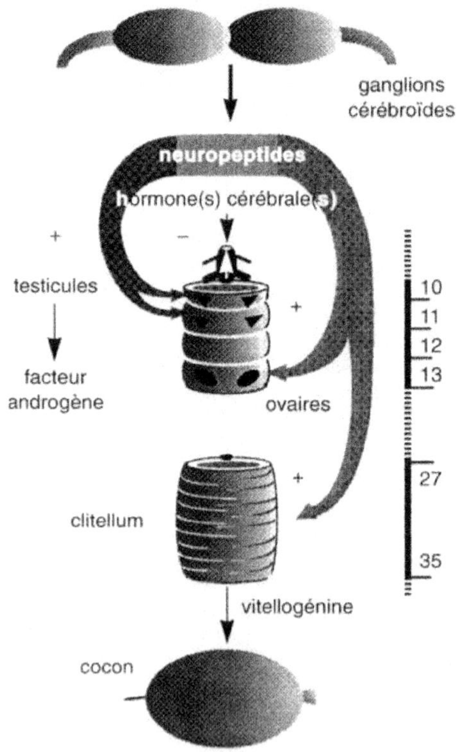

6. Échiuriens

Les échiuriens sont des métazoaires triploblastiques, coelomates, marins. Par leur segmentation spirale, la présence d'une larve trochophore métamérisée et leurs soies chitinoïdes, ils se rapprochent des annélides et tout particulièrement des polychètes. La métamérie disparaît toutefois chez l'adulte dont le corps est partagé en deux parties : la trompe non invaginable (proboscis), comparable au prostomium des annélides, et le corps.

La larve, qui commence à nager un jour après la fécondation, se différencie rapidement (fig. 4.39). Elle acquiert une plaque apicale pourvue d'une touffe ciliée, une prototroque prébuccale, des couronnes ciliaires matérialisant la métamérisation de l'animal, et une paratroque préanale. La larve possède un tube digestif rectiligne ouvert à ses deux extrémités, des protonéphridies et un anneau nerveux péri-œsophagien, d'où part une chaîne ventrale ; elle est dépourvue d'yeux. Pendant la première partie de sa vie, elle présente un géotropisme négatif.

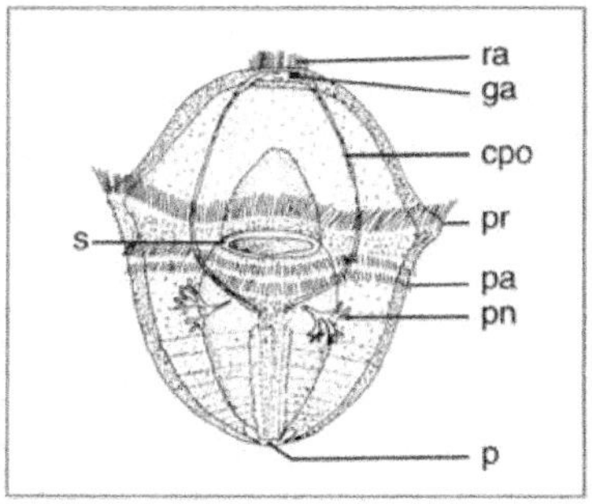

Figure 4.39 : Trochophore d'*Echiurus*, face ventrale.
cpo, commissure péri-œsophagienne ; ga, ganglion apical ; p, proctodeum ; pa, paratroque ; pn, protonéphridie ; pr, prototroque ; ra, région apicale ; s, stomodeum.
(D'après Dawydoff.)

La suite du développement a été bien étudiée chez *Urechis caupo*. La trochophore peut mener une vie libre pendant près d'un mois mais, dès le quatrième jour, elle est le siège d'événements morphogénétiques variés. La cuticule épidermique se différencie. Le corps s'allonge en même temps que l'intestin, tandis que des bandes longitudinales de muscles se développent. Enfin, une ciliature apparaît.

Le rapprochement du fond de l'eau et un contact avec un substrat riche en matières organiques marquent le début d'une métamorphose progressive. L'animal passe de la vie pélagique à la vie benthique : il cesse de nager pour seulement ramper et fouir. La larve devient le siège de contractions fréquentes, liées au développement de sa musculature. Les couronnes ciliaires régressent en 4 à 5 jours. Le lobe préoral s'allonge et engendre la trompe, tandis que se forme le tronc dans la région postérieure. Des organes sensoriels apparaissent. L'anatomie interne est également remaniée : les protonéphridies dégénèrent et sont remplacées par des métanéphridies. Le tube digestif acquiert un siphon ou intestin accessoire, qui le double.

Après la métamorphose, les soies et une télotroque se développent. Le système nerveux continue de se différencier, le coelome corporel de s'étendre, alors que le corps s'allonge.

Chez *Bonellia*, le stade trochophore pélagique est suivi d'un stade benthique où la ciliature aide aux déplacements. La région antérieure s'accroît considérablement et forme une trompe avec laquelle l'animal explore son substrat*.

* Chez *Bonellia*, les larves lécithotrophes proviennent d'œufs plus riches en vitellus que chez les autres échiuriens. À près de 90 %, les larves sont sexuellement déterminées et ne produisent que des femelles, mais 10 % d'entre elles sont émises à un stade sexuellement indifférencié. Fixées sur le proboscis d'une femelle avant l'âge de 16 j, 70 % de ces dernières subissent une influence masculinisante et deviennent des mâles sans métamorphose, néoténiques. Les autres se transforment en femelles.
Lorsqu'elles sont fixées sur un substrat soustrait à toute influence masculinisante, les larves indifférenciées deviennent des femelles. Les ions magnésium et sulfate, ainsi que l'abaissement du pH, augmentent le pourcentage de masculinisation.

7. Sipunculiens

Les sipunculiens *(Sipunculus, Phascolosoma, Golfingia)* sont des vers marins fouisseurs, triploblastiques et coelomates. Ils ne sont pas métamérisés et possèdent une trompe ou introvert. Le tractus digestif recourbé en U s'achève par un anus antérieur. La segmentation s'effectue selon le mode spiral. Le développement indirect avec stades larvaires pélagiques est la règle (fig. 4.40). Le développement direct est plus rare : à l'éclosion sort alors un juvénile vermiforme et rampant (fig. 4.40 A).

7.1. Développement avec larve trochophore

Un premier cycle comporte un stade larvaire unique, de type trochophore, lécithotrophe et pélagique (fig. 4.40B &.4.41). Cette larve possède

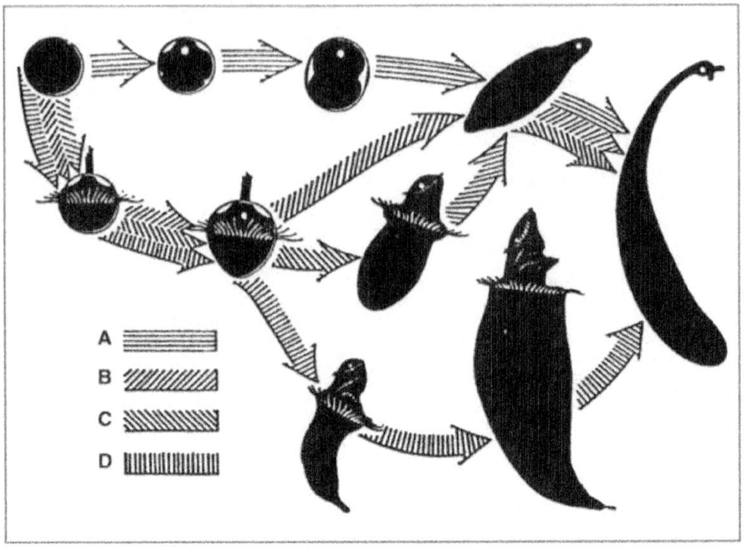

Figure 4.40 : Différents modes de développement rencontrés chez les sipunculiens.
A, développement direct ;
B, développement indirect avec stades embryonnaires, trochophore ciliée et métamorphose conduisant à un juvénile vermiforme ;
C, développement indirect avec formation d'une pélagosphère lécithotrophe ;
D, développement indirect avec pélagosphère planctonotrophe et métamorphose en juvénile.
(D'après Rice 1970.)

une prototroque à fonction locomotrice, un organe apical, et une paire d'ocelles. Dans quelques cas, la trochophore demeure enfermée dans l'enveloppe ovulaire et ne devient libre et nageuse que peu de temps avant la métamorphose. Celle-ci implique le développement du tronc en arrière de la prototroque, la dégénérescence de l'organe apical et, enfin, une migration des ocelles larvaires qui deviennent ceux de l'adulte. Au même moment, la trochophore gagne le fond et commence à ramper sur le substrat.

7.2. Développement avec trochophore et pélagosphère

Un deuxième type de cycle présente un stade supplémentaire pélagosphère, succédant à la trochophore (fig. 4.40C & 4.42). La larve pélagosphère est lécithotrophe et mène une brève vie planctonique. Sa métamorphose à partir de la trochophore est marquée par une fréquente

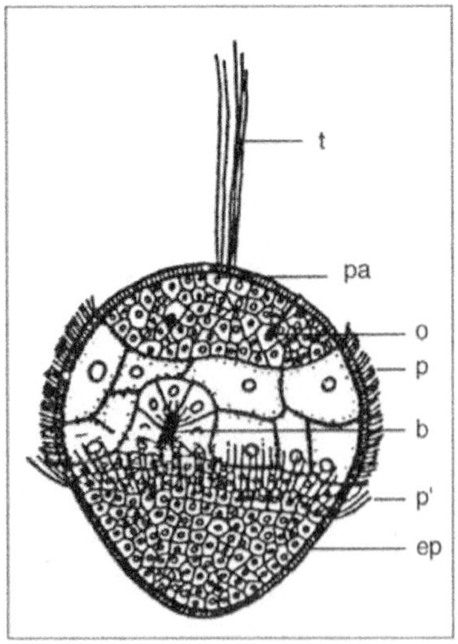

Figure 4.41 : Trochophore de *Golfingia* âgée de 40 j.
b, bouche ; ep, épiderme ; o, tache pigmentaire (œil) ; pa, plaque apicale ; p, prototroque ; p', paratroque ; t, touffe apicale.
(D'après Rice 1975.)

régression de la prototroque et un allongement de la région post-trochale du corps. Une métatroque se forme aussi.

La région antérieure de la pélagosphère est proéminente, en forme de groin cilié sur sa face ventrale, et correspond à la région stomodéale modifiée de l'ancienne trochophore. Une lèvre très saillante, bilobée ou tétralobée, se développe en arrière de la bouche. Les yeux sont présents. Quand elle persiste, la prototroque est rejetée dorsalement, mais s'interrompt ventralement, et est formée de courts cils. La métatroque est localisée sur le thorax, là où le corps atteint son plus grand diamètre. Elle est faite d'une ceinture complète ou non de cils allongés. La tête et le thorax correspondent au futur introvert de l'adulte. En arrière du thorax, dont il est séparé par une constriction, l'abdomen segmenté, cilié ou non, se rétrécit progressivement vers l'arrière. Le corps se termine par une étroite queue. Le tube digestif, maintenant partagé en quatre segments, comprend un stomodeum épidermique, un œsophage dérivé du stomodeum de la trochophore, un estomac et un intestin. L'anus s'ouvre au niveau d'une invagination épidermique proctodéale et est localisé dorsalement, sur le premier segment abdominal. Deux bandes mésodermiques latérales longent la partie antérieure du tube digestif ; le coelome s'y creusera par schizocoelie. La pélagosphère possède une paire de métanéphridies. Un ganglion nerveux s'organise au-dessus de l'œsophage, ainsi qu'une chaîne nerveuse ventrale. Enfin, quatre muscles rétracteurs de l'introvert se différencient. Chez certaines espèces, un organe adhésif rétractile peut apparaître à l'arrière du corps, en prévision d'une fixation au substrat. Cet organe contient des cellules muqueuses, sensorielles et musculaires.

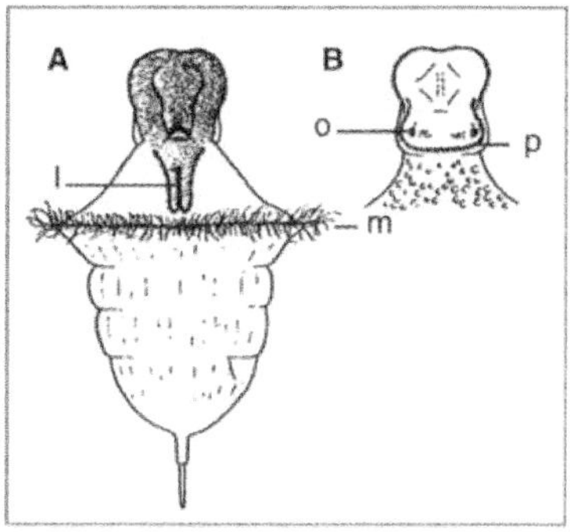

Figure 4.42 : Morphologie d'une pélagosphère.
A, vue ventrale ; B, tête (vue dorsale). l, lèvre ventrale ; m, métatroque ; o, tache pigmentaire ; p, prototroque.
(D'après Jägersen 1963.)

La prototroque et plus encore la métatroque constituent les organes locomoteurs de la pélagosphère. Après une brève vie pélagique, durant laquelle elle se nourrit de plancton (copépodes...), la pélagosphère migre vers le fond, rampe sur le substrat et acquiert un comportement fouisseur. Au moment de sa métamorphose, elle est sujette à de nombreuses contractions. Les modifications sont graduelles mais rapides et achevées en moins de deux jours. Plusieurs structures larvaires régressent (métatroque, lèvre, queue...). Des tentacules se développent, et l'introvert différencie des crochets.

7.3. Développement avec trochophore et planctonosphère

Un troisième type de cycle est caractérisé par un stade pélagosphère planctonotrophe (planctonosphère), à longue vie pélagique, et succédant à la trochophore (fig. 4.40D). La larve planctonosphère s'accroît considérablement avant de se métamorphoser en un juvénile.

Les facteurs contrôlant les métamorphoses sont inconnus. Chez *Golfingia misakiana*, une substance hydrosoluble émise par les adultes pourrait accroître leur fréquence, au contact du substrat. Elle serait spécifique et indépendante de la présence de micro-organismes.

8. Bryozoaires (ou ectoproctes)

Les bryozoaires sont des métazoaires triploblastiques, coelomates, qui forment des colonies en milieu marin ou en eau douce. Ces colonies dépassent rarement quelques centimètres et sont particulièrement abondantes dans la zone littorale, où elles se fixent aux algues ou aux rochers. Les unes sont étalées *(Membranipora, Electra)*, d'autres foliacées *(Flustra)* ou ramifiées *(Bugula, Bowerbankia)*.

Le développement embryonnaire des bryozoaires est caractérisé par une segmentation radiaire. Le mésoderme de la larve est fait d'une masse compacte qui, à l'origine, forme une couche lenticulaire de cellules plaquées sur l'endoderme. Selon des modalités encore inconnues, le mésoderme finit par occuper la totalité de la cavité larvaire. À la périphérie, il double l'épiderme d'une couche cellulaire mono- puis pluristratifiée, tandis qu'à l'intérieur, il se disperse en cellules mésenchymateuses riches en réserves.

La métamorphose de la larve engendre un individu fondateur, l'*ancestrula*, chez qui une cavité coelomique indivise s'est creusée. L'*ancestrula* bourgeonne des individus-fils ou zoécies, qui vont se multiplier à leur tour selon un mode asexué. La colonie ainsi formée, ou *zoarium*, peut comprendre plusieurs milliers de zoécies ayant toutes le même patrimoine génétique, celui de la larve initiale, et constituant un clone.

Chaque zoécie comporte une loge ou cystide et l'animal proprement dit, ou polypide, suspendu dans la cavité cystidienne. La bouche est entourée d'une couronne de tentacules, le lophophore, dont la ciliature mobilise l'eau et favorise un processus de microphagie. Les tentacules peuvent se rétracter dans une gaine qui s'invagine en doigt de gant, à partir de l'orifice cystidien. L'anus est dorsal et situé à l'extérieur du lophophore (d'où le nom d'ectoproctes donné à ce groupe). Certaines zoécies exercent une fonction précise : les ovicelles incubent les larves ; les aviculaires en tenaille sont défensifs et saisissent les corps étrangers ; les vibraculaires sont pourvus d'un fouet oscillant et président au nettoyage de la colonie ; les stolons sont des zoécies de communication.

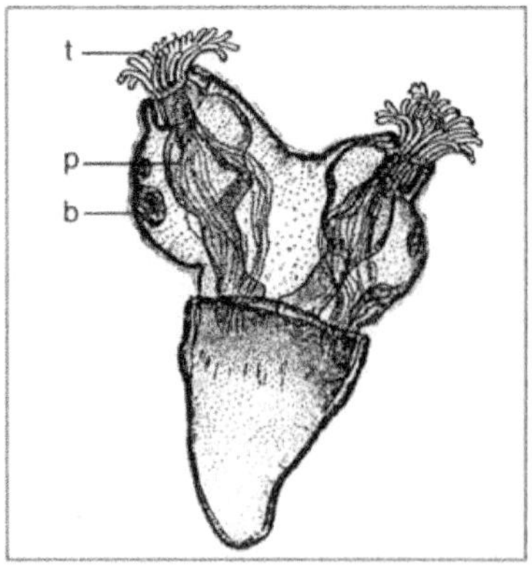

**Figure 4.43 : Juvéniles nageurs de phylactolèmes *(Plumatella)*.
b, bourgeon d'une jeune zoécie ; p, polypide ; t, tentacule.**
(D'après Brien 1953)

Selon le type larvaire et les particularités de la métamorphose, on peut distinguer plusieurs modes de développement et définir de grandes lignées phylogénétiques, qui ne se superposent que partiellement à la classification préalable du groupe. Un type ontogétique est un critère systématique des bryozoaires, au niveau de la super-famille et probablement du sous-ordre. Le complexe "type larvaire - type de métamorphose" est devenu un critère biosystématique et phylogénétique indiscutable.

8.1. Diversité des développements

Sept types de développement ont été décrits chez les bryozoaires ; chacun est défini par le nom du groupe qui a servi de modèle. Dans certains groupes primitifs ou de transition, larves et métamorphoses demeurent néanmoins mal connues.

Dans le type phylactolème, la larve est incubée et, à sa libération, ne diffère de l'adulte que par son mode de vie libre et nageur (fig. 4.43). Les bryozoaires appartenant à ce type sont exclusivement dulcicoles.

Le type sténolème caractérise actuellement les seuls cyclostomides*. La larve est holoplanctonique, lécithotrophe et procède d'une polyembryonie ; son tube digestif est toujours absent.

Le type alcyonidé est rencontré chez certains cténostomides*. Comme précédemment, la larve est holoplanctonique et lécithotrophe. Son tube digestif avorte à la fin de l'embryogenèse.

Le type vésiculariidé est observé aussi chez les cténostomides. Holoplanctonique, lécithotrophe et dépourvue de tube digestif dès la fin de l'embryogenèse, la larve est très évoluée et remaniée par des événements d'ordre régressif ou hypertrophique.

Le type néocheilostomidé est présent chez les cheilostomides*. La larve est méroplanctonique, lécithotrophe et se métamorphose tardivement.

Dans le type flustrellidé, la larve (pseudocyphonaute) est téléplanctonique et lécithotrophe. Un tel type caractérise plusieurs cténostomides.

Le type électridé-membraniporidé est limité à quelques cheilostomides, dont *Electra* et *Membranipora*. La larve (cyphonaute) est téléplanctonique et planctonotrophe.

Aucune forme larvaire démersale n'a encore été décrite chez les bryozoaires. Toutefois, on ne peut exclure l'existence de ce type de développement chez les espèces abyssales appartenant aux groupes taxonomiques à vie larvaire habituellement brève.

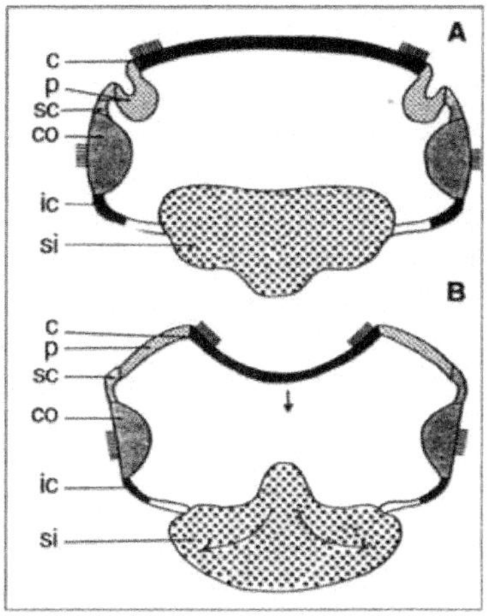

Figure 4.44 : Phases initiales de la métamorphose d'une larve d'*Alcyonidium polyoum* (coupe transversale schématique).
A, début de dévagination du sac interne ; B, fin de dévagination du sac interne.
c, calotte ; co, corona ; ic, cellules infracoronales ; p, tissu palléal ; sc, tissu supracoronal ; si, sac interne.
(D'après J.L. d'Hondt (1974) *Arch. Zool. Exp. Gén. 115*, 577-605.)

8.2. Archétype larvaire

Toutes les larves possèdent (fig. 4.44A) :

– une calotte aborale renfermant un ganglion nerveux connecté à un organe apical garni de soies probablement sensorielles. Cette calotte est limitée par un sillon annulaire de cellules glandulaires, le sillon palléal ;

– un anneau de cellules supracoronales souvent indifférenciées ;

– une ceinture plus ou moins développée de cellules ciliées à fonction locomotrice, la corona, qui correspond à la prototroque ;

– un anneau de cellules infracoronales, différenciées ou totipotentes selon les espèces ;

– une vaste poche ventrale de cellules sécrétrices riches en polysaccharides, le sac interne, dont l'étroite ouverture (collet) est bordée d'un autre type de cellules glandulaires ;

– un organe antérieur à fonction sensorielle (organe piriforme) comportant des cellules à longs cils agissant probablement comme gouvernail, et des cellules glandulaires. Un nerf le connecte au ganglion nerveux ;

– des faisceaux de fibres musculaires reliant la calotte, le sillon palléal, la corona et l'organe piriforme.

Le tube digestif reste indifférencié et dégénère durant l'embryogenèse, sauf chez les cyphonautes, où il est fonctionnel, ainsi que chez

* Les cyclostomides *(Tubulipora)* ont un cystide cylindrique, à orifice circulaire sans dispositif d'occlusion. Chez les cténostomides *(Alcyonidium, Bowerbankia, Scrupocellaria, Vesicularia)*, le polypide porte une collerette de soies sous le lophophore ; lorsque le polypide est épanoui, ces soies forment une couronne autour de l'orifice du cystide. Chez les cheilostomides, l'orifice cystidien est le plus souvent fermé par un opercule.

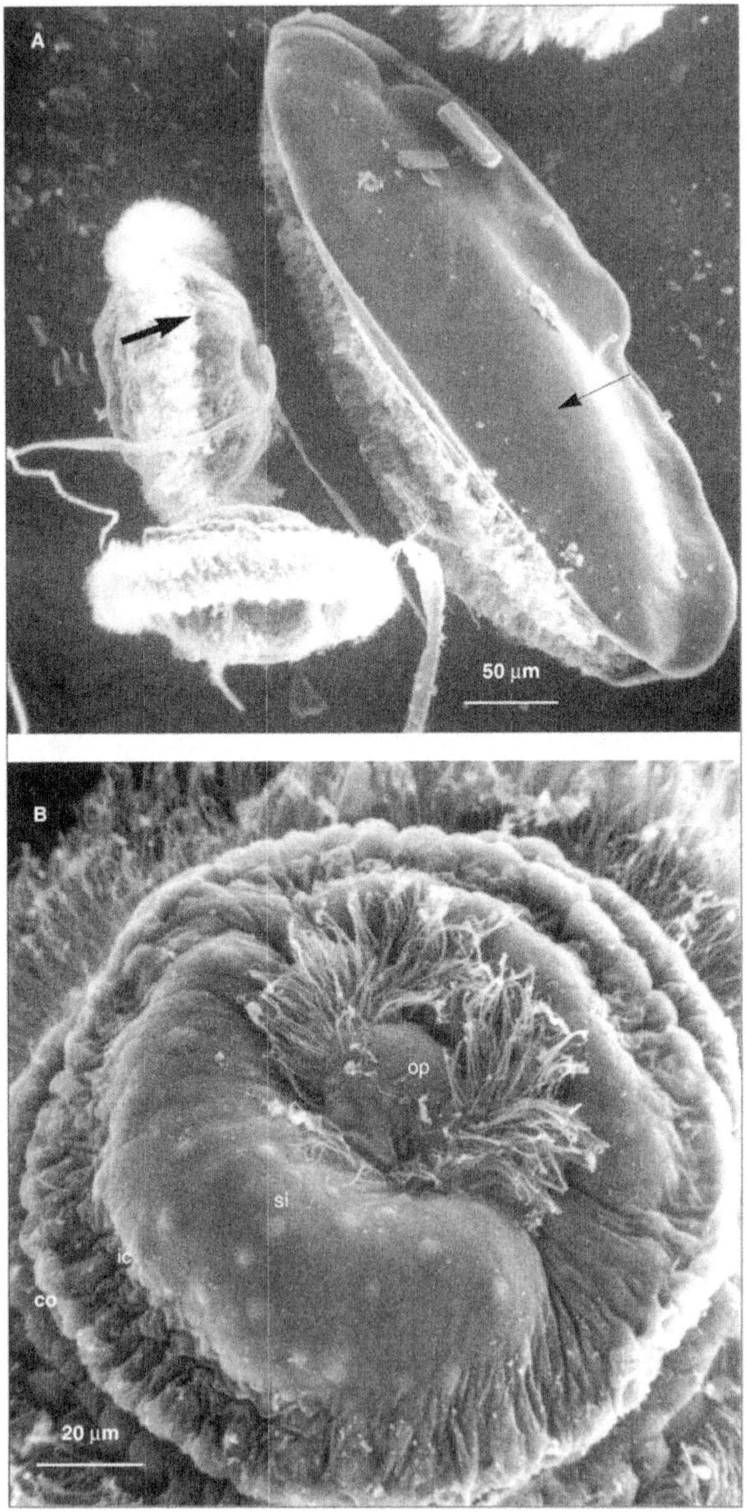

Figure 4.45 : Larves de bryozaires. A, larve d'*Alcyonidium polyoum* (flèche épaisse) et pseudocyphonaute de *Flustrellidra hispida* (flèche mince). B, face inférieure d'une larve d'*Alcyonidium polyoum*. co, corona ; ic, cellules macronucléées infracoronales ; op, organe piriforme ; si, sac interne. (Clichés d'Hondt.)

les pseudocyphonautes, où il est vestigial. La longueur des larves varie entre 350 et 550 µm et elle peut atteindre 800 µm pour les pseudocyphonautes. En revanche, les larves des sténolèmes sont particulièrement petites et ne dépassent pas 100 µm. Quelques types de développement seront plus particulièrement envisagés.

8.3. Développement d'*Alcyonidium*

La larve d'*Alcyonidium* et son développement sont particulièrement bien connus (fig. 4.44 & 4.45). Cette larve a la forme d'un tonnelet aplati et est libérée à maturité. La vie libre qui précède sa métamorphose doit dépasser 90 minutes mais ne peut excéder 150 minutes. Au-delà, la larve n'aurait plus les réserves énergétiques suffisantes pour se transformer. Une trentaine de lignées cellulaires la constituent.

Certaines lignées non différenciées de la larve, auxquelles appartiennent les cellules infracoronales et suprapalléales, sont utilisées lors de l'organogenèse de l'*ancestrula* (fig. 4.46). D'autres lignées participent spécifiquement à la phase larvaire et/ou à la fixation au substrat, mais elles disparaissent par autolyse lors de la métamorphose. Enfin, quelques lignées différenciées de la larve peuvent persister après la métamorphose, dont le sac interne et le sillon palléal, par exemple.

La construction de l'*ancestrula* peut être résumée de la manière suivante. Lorqu'un substrat favorable est détecté par l'organe piriforme, les cellules glandulaires qu'il contient sécrètent une substance adhésive, assurant un premier ancrage de la larve au support. Le sac interne se dévagine alors brutalement et engendre un épiderme basal, qui s'étale sur le substrat et y fixe définitivement la larve par ses sécrétions. Le sillon palléal se dévagine aussi, recouvre les flancs et engendre l'épiderme latéral et supérieur de l'*ancestrula* (fig. 4.47). La larve en métamorphose prend alors la forme d'un huit.

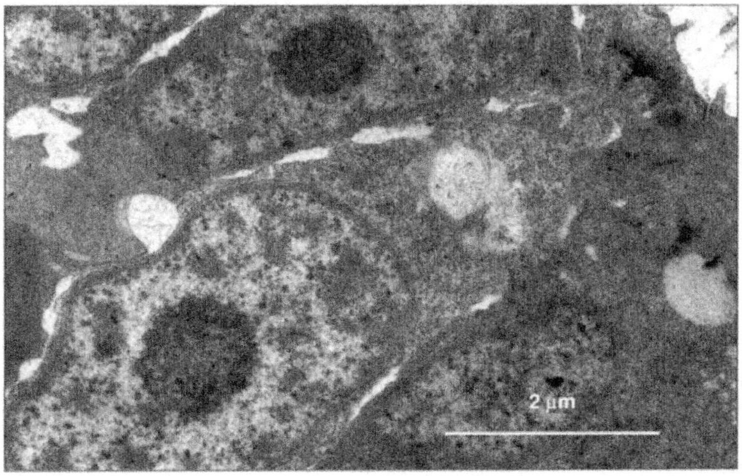

Figure 4.46 : Larve d'*Alcyonidium polyoum* : cellules infracoronales. Ces cellules sont caractérisées par une grande abondance de ribosomes. (Cliché d'Hondt.)

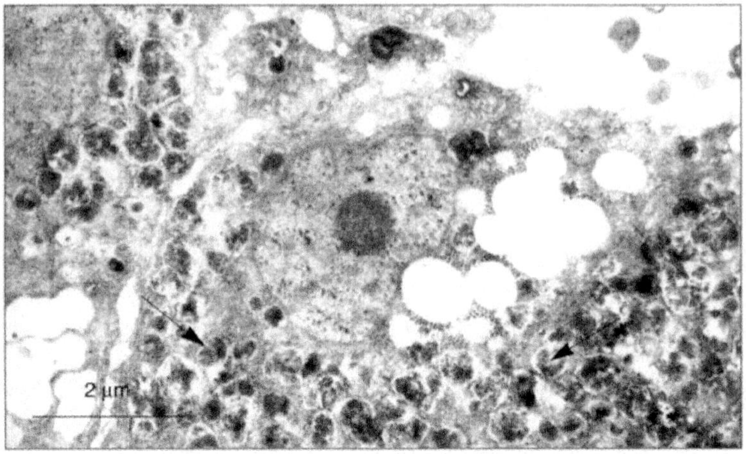

Figure 4.47 : Larve d'*Alcyonidium polyoum* : les cellules palléales sont à l'origine d'une partie de la cuticule épidermique qui recouvre l'*ancestrula*. Dans leur cytoplasme, de nombreuses vacuoles renferment un précurseur de la chitine (flèches).
(Cliché d'Hondt.)

Suite à des tractions mécaniques, les structures larvaires se rétractent sous l'épiderme néoformé et dégénèrent. L'autolyse concerne entre autres les cellules glandulaires épidermiques, les cellules sensorielles de la calotte, les neurones, la corona, l'organe piriforme et les muscles, dont un "adducteur" reliant les parties droite et gauche du sillon palléal. L'anneau infracoronal s'invagine puis forme une vésicule qui s'individualise en deux régions. La plus externe va constituer le pharynx et les tentacules. L'autre s'allonge, s'incurve en U et engendre le reste du tube digestif. Cette vésicule s'accole aussi à une cavité qui s'est formée au pôle supérieur, par réagencement des cellules suprapalléales ; elle deviendra la gaine tentaculaire. Les orifices de sortie des tentacules se creusent aux points de contact de cette gaine et de l'épiderme supérieur. Les cellules mésenchymateuses délimitent maintenant une cavité coelomique et sont à l'origine de la nouvelle musculature. Une rotation de 180° accompagne ces transformations, puisque la face orale de la larve devient la face aborale de l'*ancestrula*. En bref, la métamorphose de la larve d'*Alcyonidium* est la résultante d'événements histolytiques et histogénétiques, qu'accompagnent des mouvements morphogénétiques.

8.4. Développement de *Scrupocellaria* et de *Microporella*

Ce type de développement caractérise 75 % des bryozoaires actuels. Après une phase d'incubation et parfois de placentation dans une ovicelle (poche incubatrice), la larve est libérée. Sa vie pélagique dure au moins 6 heures. Le tissu suprapalléal est à l'origine de la totalité des viscères (tractus digestif, tentacules, gaine tentaculaire, ganglion...). Le tissu infracoronal différencié n'intervient pas dans la genèse de l'*ancestrula*. Le tissu palléal et le sac interne se partagent la formation de son épiderme.

8.5. Développement avec larve pseudocyphonaute *(Flustrellidra)*

Le tube digestif avorte au cours du développement embryonnaire et se transforme en une réserve de glycogène. Celle-ci assure une source énergétique suffisante à la larve pour qu'elle puisse mener une existence de plusieurs jours dans le plancton. Le tissu palléal se dévagine et confère à la larve une forme très allongée (fig. 4.45A). Les cellules glandulaires palléales sécrètent la cuticule de la future *ancestrula*, avant même que la larve mature ne soit libérée. Cette cuticule chitineuse forme une coquille bivalve et symétrique par rapport au plan sagittal ; elle constituerait une adaptation à la vie pélagique. La métamorphose s'apparente à celle que l'on observe chez *Alcyonidium*. Les valves larvaires sont éliminées.

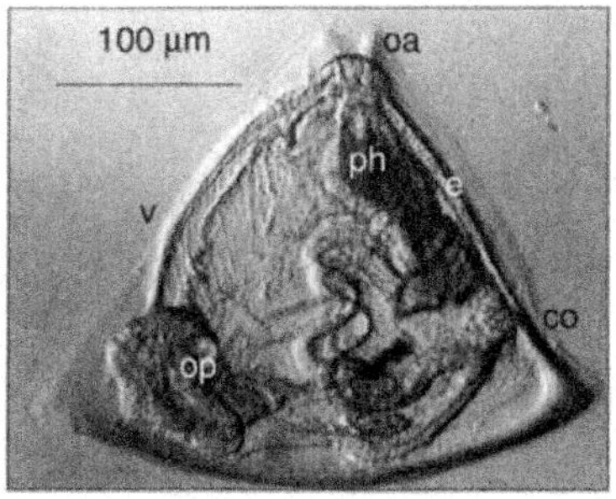

Figure 4.48 : Larve cyphonaute (de profil).
co, corona ; e, estomac ; oa, organe apical ; op, organe piriforme ; ph, pharynx ; v, valve.
(Cliché Emschermann.)

8.6. Développement avec larve cyphonaute (*Electra* et*Membranipora*)

Les larves cyphonautes ressemblent aux pseudocyphonautes, mais elles sont libérées à un stade plus précoce et achèvent leur maturation dans le plancton, durant une phase pélagique de plusieurs semaines. Le cyphonaute est comprimé latéralement. Il a la forme d'un triangle protégé par une paire de valves chitineuses et transparentes, n'exposant l'ectoderme cilié qu'au long des bords antérieur et postérieur (fig. 4.48). Le pôle aboral porte un organe apical garni de soies sensorielles. La surface orale est pourvue d'un anneau cilié. Le tube digestif en forme de U est complet, fonctionnel, et un sac adhésif (sac interne) avoisine l'anus. L'organe piriforme, localisé dans la région orale, est associé à des structures sensorielles ciliées. Les valves sont reliées par un muscle adducteur ; d'autres muscles desservent le tube digestif. La larve nage, le pôle aboral orienté vers l'avant. Ici encore, la métamorphose est comparable à celle de l'*Alcyonidium*, mais marquée en plus par une disparition des valves.

8.7. Biologie de la métamorphose

Pour une même espèce, la période de l'année où les larves sont libérées peut varier avec la localité et semble obéir à un déterminisme génétique, ce qui a été suggéré chez *Alcyonidium*. Pour certaines espèces, elle s'étend sur une grande partie de l'année. Pour d'autres, elle est plus limitée et marquée par un ou deux pics d'émission maximale. Dans ce dernier cas, la libération des larves serait contrôlée par la photopériode et la température ambiantes.

Les larves sont généralement émises le matin, mais les pseudocyphonautes et les cyphonautes peuvent être libérées à tout moment de la journée. Un traumatisme (un transport d'échantillons en reproduction suivi d'une immersion dans une eau de mer de qualité différente, par exemple) stimule cette libération.

Après une phase de vie libre plus ou moins longue, durant laquelle elle nage en tournant sur elle-même *(Alcyonidium, Vesicularia, Scrupocellaria)* ou en ligne droite (cas des pseudocyphonautes et des cyphonautes), la larve se fixe à un substrat favorable (et parfois même, si elle n'en trouve pas, à la surface de l'eau).

De négatif, le phototropisme devient positif avec l'âge, chez certaines larves, et les dirige vers des zones très éclairées. Chez *Alcyonidium* ou *Microporella*, le phototropisme est positif au début de la vie larvaire, puis il s'inverse. La migration vers le fond qui en résulte est renforcée par l'acquisition d'un géotropisme positif.

8.7.1. CARACTÈRES DU SUBSTRAT OPTIMAL DE FIXATION

Beaucoup de larves de bryozoaires sollicitent un substrat optimal de fixation. L'existence d'un film organique ou bactérien à la surface du substrat n'est pas une condition nécessaire à l'adhésion, et certaines espèces de bactéries peuvent même l'empêcher. Des larves de *Scrupocellaria* ou d'*Alcyonidium* se fixent très facilement sur des lames de verre propres ou récemment collodionnées qui leur sont proposées. Une certaine spécificité existe vis-à-vis des algues-support. Ainsi, chez *Scrupocellaria reptans*, la colonisation affecte préférentiellement les parties jeunes des thalles de *Laminaria digitata*. Chez *Alcyonidium polyoum*, elle est principalement réalisée sur *Fucus serratus*, mais, dans quelques localités, elle se produit plutôt sur *Fucus vesiculosus*.

Beaucoup d'espèces manifestent une préférence pour une inclinaison particulière du support de fixation. Sur les côtes de Caroline du Nord, il a été montré que la plupart des larves adhèrent à des substrats dont l'angle d'inclinaison par rapport au plan horizontal est inférieur à 45°. Le nombre de larves fixées diminue si l'angle augmente.

8.7.2. CONTRÔLE DE LA MÉTAMORPHOSE

La métamorphose proprement dite dure moins d'une journée et conduit à la mise en place des structures de l'*ancestrula*. Trois à quatre jours après le début de la métamorphose, l'organisation est achevée : les tentacules lophophoriens ont atteint leurs dimensions définitives et acquis leur ciliature. L'*ancestrula* est alors capable de se nourrir par elle-même et commence, dès les jours suivants, à bourgeonner les premières zoécies-filles de la future colonie.

La métamorphose est influencée par divers paramètres physicochimiques. Elle survient souvent après une phase d'obscurité. Chez *Bugula*, un excès de magnésium ou de potassium, une absence de calcium ou de sodium ou, encore, un pH inférieur à 6 retardent la métamorphose jusqu'à un seuil léthal. L'hypotonie la ralentit. L'hypertonie, la présence de cuivre ou les rayons X l'accélèrent.

Des neurosécrétions peptidiques acidophiles sont libérées au moment de la métamorphose et pourraient en contrôler le déroulement. Ces substances sont localisées dans le ganglion nerveux et les fibres nerveuses qui en partent ; elles ont été mises en évidence par fluorescence en lumière ultraviolette. Des neurosécrétions aminergiques (sérotonine?) ont également été signalées chez la larve ; leur rôle est encore inconnu.

9. Kamptozoaires (ou endoproctes)

Les kamptozoaires sont des métazoaires essentiellement marins, pédonculés ou sessiles, solitaires ou coloniaux. Les loxosomes sont commensaux d'éponges sur lesquelles elles se fixent par une ventouse. Les pédicellines forment des colonies sur certains bryozoaires. Un cercle de tentacules ciliés sur leur face interne (lophophore) entoure à la fois la bouche et l'anus (d'où le nom d'endoproctes), et leur assure une nutrition microphage. La métamorphose affecte une larve pélagique *(tholophora)*, d'abord incubée à l'intérieur de l'organisme parental (fig. 4.49). La segmentation des kamptozoaires est de type spiral, contrairement à celle des bryozoaires dont ils étaient autrefois rapprochés et qui est radiaire.

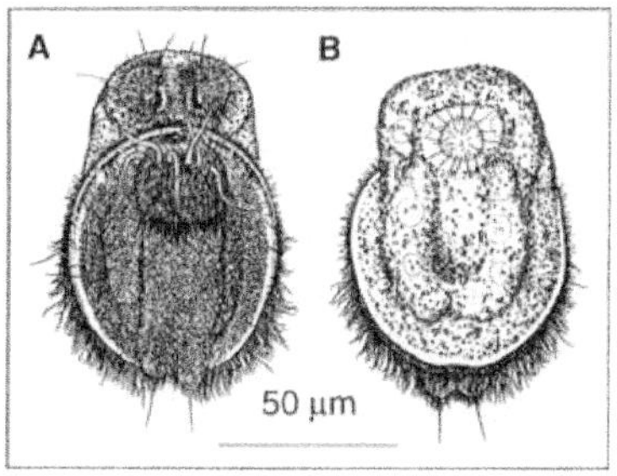

Figure 4.49 : Larve de *Loxosomella* en vues dorsale (A) et ventrale (B). (D'après Nielsen 1971.)

9.1. Larve

La larve libre et planctonique est planctonotrophe, parfois lécithotrophe chez quelques loxosomatidés (fig. 4.50 & 4.51). Une couronne de longs cils équatoriaux (prototroque) sépare deux hémisphères. Son organisation rappelle celle d'une trochophore dont l'hémisphère inférieur, ou hyposphère, serait invaginé en atrium (ou vestibule), si bien que bouche et anus sont proches. Essentiellement localisé dans l'hémisphère supérieur, ou épisphère, le tube digestif cilié forme alors une anse dont la région dilatée, à hautes cellules épithéliales, représente l'estomac. Un ganglion sous-œsophagien est localisé dans la concavité de la boucle digestive, ainsi que deux glandes pédieuses assurant une fixation au substrat lors de la métamorphose. L'excrétion est assurée par deux protonéphridies.

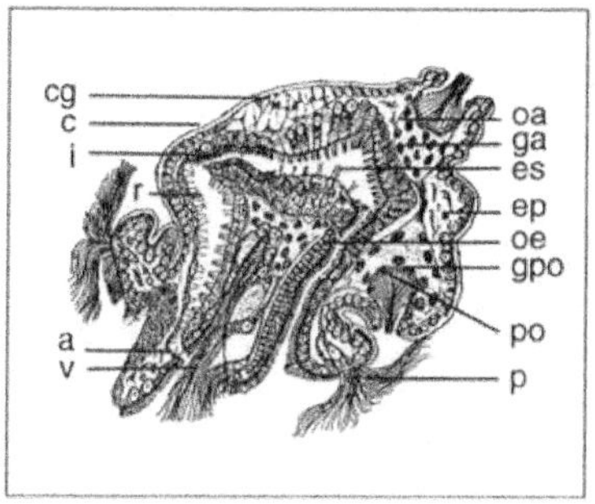

Figure 4.50 : Coupe transversale d'une larve de *Barentsia sp.*
a, anus ; c, cuticule ; cg, champ glandulaire ; ep, épiderme ; es, estomac ; ga, ganglion apical ; gpo, ganglion préoral : i, intestin ; oa, organe apical ; oe, œsophage ; p, prototroque ; po, organe préoral ; r, rectum ; v, vestibule.
(D'après Mariscal 1965.)

La larve possède un organe sensoriel apical (organe syncipital) cupuliforme, tapissé de cellules ciliées. Cet organe est connecté à un ganglion apical, lui-même en relation avec des organes sensoriels latéraux. En arrière de l'organe apical, un champ de cellules glandulaires se différencie aux dépens de l'épiderme. Un organe sensoriel préoral caractérise les larves de kamptozoaires. Il a l'aspect d'une fossette ciliée, accolée au ganglion préoral (ou cérébroïde), et située dans l'hémisphère supérieur juste au-dessus de la prototroque. L'organe préoral renferme des taches oculaires faites d'"yeux" élémentaires. Des soies tactiles sont logées entre les cils.

Un mésenchyme lâche remplit la larve. Il est parcouru de faisceaux de fibres musculaires qui s'étendent de part et d'autre de l'anse digestive, s'ancrent au voisinage de la plaque syncypitale ou relient l'atrium aux parois latérales. En se contractant, ces fibres enfoncent la région atriale dans l'épisphère et rapprochent le stomodeum du mamelon anal.

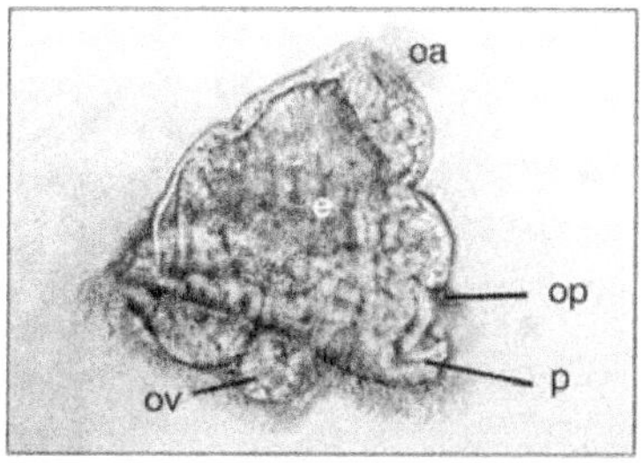

Figure 4.51 : Larve de *Barentsia matsushimana* (de profil).
e, estomac ; oa, organe apical ; op, organe préoral ; ov, orifice du vestibule ; p, prototroque.
(Cliché Emschermann.)

Durant une grande partie de son existence, la larve de kamptozoaire reste attachée par sa région apicale à la paroi d'une poche incubatrice de l'organisme parental, où elle se nourrit de particules alimentaires amenées à la bouche par le battement des cils. La larve se détachera après de violentes contorsions du parent, passera dans le vestibule et sera expulsée. Sa vie libre est brève et n'excède pas quelques heures. Douée d'un phototropisme négatif, elle nage et rampe alors dans le milieu avoisinant, cône anal et organe préoral saillants, avant d'amorcer sa métamorphose.

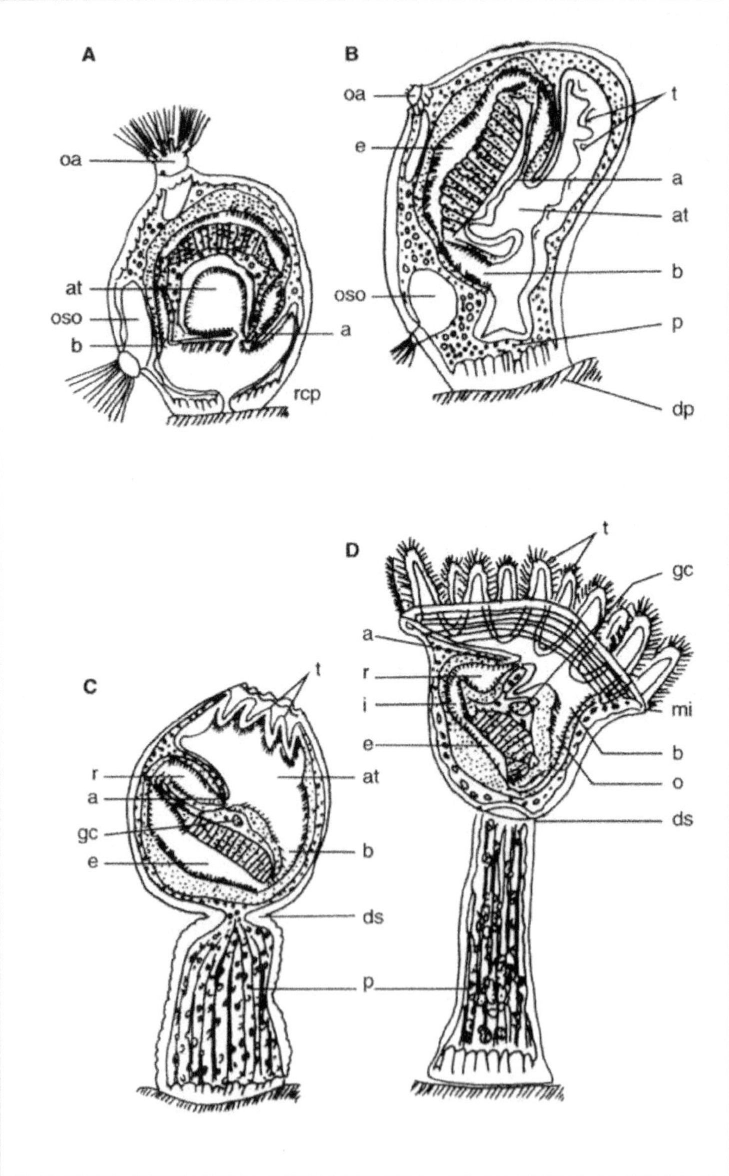

Figure 4.52 : Métamorphose de *Pedicella cernua.*
A, larve au moment de sa fixation ; B, début de la métamorphose ; C et D, achèvement de la métamorphose.
a, anus ; at, atrium ; b, bouche ; dp, disque pédieux ; ds, diaphragme septal ; e, estomac ; gc, ganglions cérébroïdes ; i, intestin ; mi, membrane intertentaculaire ; o, œsophage ; oa, organe apical ; oso, organe sensoriel oral ; p, pédoncule ; r, rectum ; rcp, région de la couronne préorale ; t, tentacule.
(D'après A. Beaumont & P. Cassier, 1991, Biologie animale (T.I), Dunod, Paris.)

9.2. Métamorphose

La larve se fixe à un substrat favorable par sa région prébuccale, puis par sa prototroque annulaire, grâce à des sécrétions muqueuses (fig. 4.52). La prototroque est refoulée vers l'intérieur puis disparaît. L'anneau de fixation devient un disque pourvu de glandes pédieuses plus ou moins développées à fonction adhésive. La région située entre le vestibule et la sole de fixation s'allonge et forme un pédoncule qu'envahit un mésenchyme où se différencient des fibres musculaires. Bouche et anus perdent donc toute relation avec l'extérieur.

La métamorphose des kamptozoaires est caractérisée par une rotation de 180° des organes de la larve, ce qui amène le vestibule et la concavité de la courbe intestinale vers le haut. Bouche et anus s'ouvrent alors du côté supérieur. Cette rotation serait due à une forte croissance du pôle apical de l'épisphère, qui entraîne le déplacement de l'ensemble des viscères. Dans sa nouvelle position, le vestibule s'élargit à nouveau, et le corps prend la forme d'un calice surmontant le pédoncule, comme on peut le constater chez *Pedicellina*. Des tentacules ciliés d'origine épidermique se développent à la périphérie de ce calice, où ils vont constituer le lophophore. En bref, par une véritable inversion de polarité, la face originellement ventrale de la larve occupe maintenant une position apicale, à l'opposé du pédoncule. De telles transformations permettent à l'animal métamorphosé d'assumer un régime microphage.

Durant la métamorphose, les organes préoral et apical se disloquent et se dissolvent dans le mésenchyme. Le système nerveux est fortement remanié, puisque seul persiste le ganglion sous-œsophagien. Les protonéphridies persistent.

10. Phoronidiens

Les phoronidiens *(Phoronis)* constituent un embranchement particulièrement réduit, qui ne comporte guère plus de dix espèces. Ces métazoaires triploblastiques et coelomates sont marins, solitaires et vermiformes, et ne dépassent pas 5 cm de longueur. Ils vivent dans un tube chitinoïde enfoui dans le sable ou fixé sur un support dur (rocher, coquillage...). Leur corps comprend un prosome réduit à une minuscule languette préorale (épistome), un mésosome et un métasome. Un lophophore composé d'un grand nombre de tentacules ciliés entoure la bouche à la manière d'un "fer à cheval" et émerge du tube.

10.1. Larve actinotroque

La larve actinotroque des phoronidiens est une trochophore modifiée (fig. 4.53). Elle est caractérisée par un volumineux lobe préoral, cilié (prototroque), recouvrant la bouche à la manière d'un capuchon. Ce lobe porte des taches ocellaires et une plaque sensorielle apicale, couverte de longs cils, associée à un ganglion nerveux. Sur le mésosome qui succède au lobe préoral,

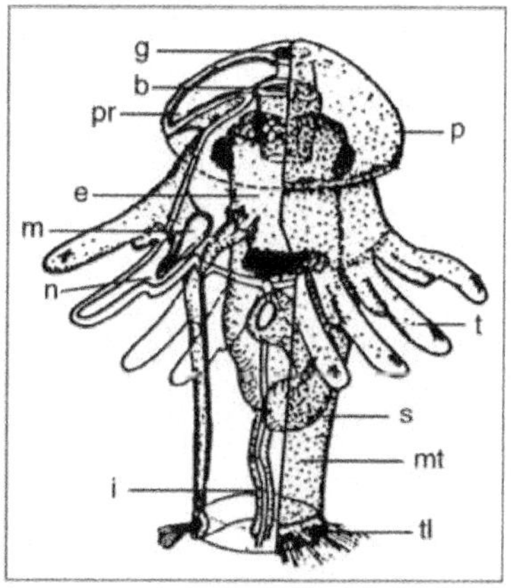

Figure 4.53 : Anatomie d'une actinotroque de *Phoronis*.
b, bouche ; e, estomac ; g, ganglion ; i, intestin ; m, mésocoele ; mt, métasome ; n, protonéphridie ; p, lobe préoral ; pr, protocoele ; s, sac métasomal ; t, tentacule ; tl, télotroque.
(D'après Emig 1990.)

s'insère une couronne de tentacules ciliés dirigés vers l'arrière (paratroque). Le mésosome et le métasome cylindrique (tronc) contiennent un long tube digestif rectiligne. L'anus débouche à l'arrière du métasome, au centre d'une métatroque circulaire, fortement ciliée, qui constitue le principal organe natatoire de la larve. Deux protonéphridies à solénocytes longent le tube digestif et s'ouvrent en arrière de la couronne de tentacules. Lobe préoral, mésosome et métasome contiennent chacun une cavité coelomique issue de la délamination de l'entoblaste embryonnaire, soit respectivement le protocoele, le mésocoele et le métacoele particulièrement important.

Une invagination épidermique, riche en cellules glandulaires, se développe à la face ventrale de la région postérieure et s'enroule dans la cavité générale de la larve (sac métasomal).

10.2. Métamorphose

La larve actinotroque mène une vie planctonique pendant une quinzaine de jours et se nourrit de diatomées et de flagellés. Durant cette phase pélagique, le tronc s'allonge et de nouvelles paires de tentacules apparaissent. Puis, la larve se rapproche du fond, le lobe préoral contracté, la plaque apicale paraissant prospecter le substrat à la recherche d'un emplacement favorable à la métamorphose (fig. 4.54). Lorsque cet emplacement est choisi, la larve subit de violentes contractions permettant une dévagination verticale,

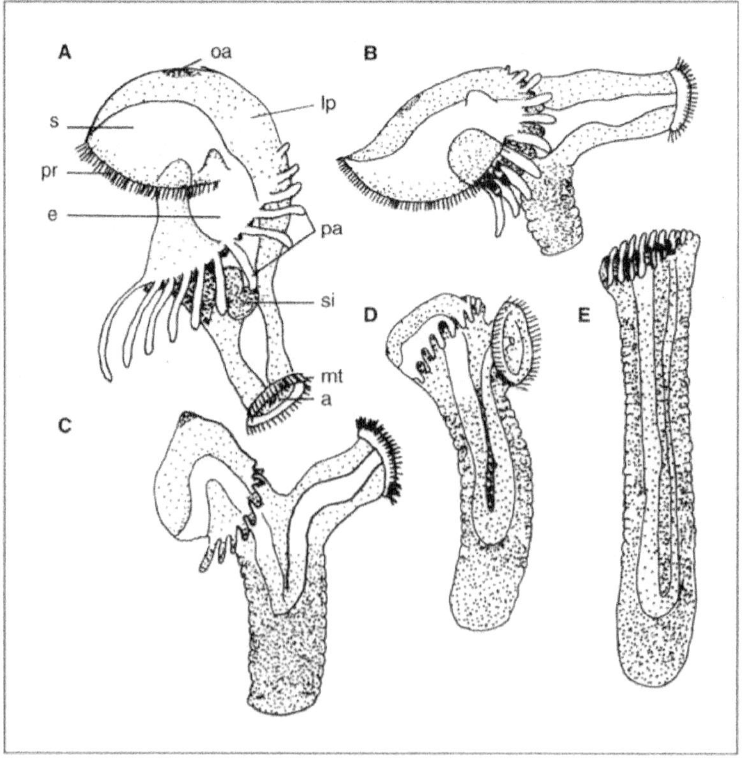

Figure 4.54 : Développement des phoronidiens.
A, larve actinotroque ; B, fixation de la larve ; C, D et E, trois phases de la métamorphose.
a, anus ; e, entéron ; lp, lobe préoral ; mt, métatroque ; oa, organe apical ; pa, paratroque ; pr, prototroque ; s, stomodeum ; si, sac interne ou métasome.
(D'après Meek.)

en doigt de gant, du sac métasomal. Selon les espèces, celui-ci s'enfonce dans le substrat ou se fixe. Les cellules glandulaires devenues externes par dévagination sécrètent un tube dans lequel l'animal vivra désormais. Ces événements très rapides sont achevés en moins de 30 minutes.

La dévagination du sac métasomal remanie significativement l'organisation de l'animal. La région métatrochale se rapproche en effet de la partie antérieure du corps, et notamment du lobe préoral partiellement résorbé. Bouche et anus deviennent voisins, tandis que le tube digestif prend une forme en U.

Les tentacules de la paratroque et de la métatroque disparaissent. Le lophophore caractéristique du futur adulte se met en place. Les protonéphridies se transforment en métanéphridies. Un appareil circulatoire fonctionnel apparaît.

11. Brachiopodes

Les brachiopodes sont des métazoaires triploblastiques, coelomates, inféodés au milieu marin. Ils sont généralement fixés aux rochers mais peuvent vivre dans des galeries creusées dans le sédiment *(Lingula)*. Leur corps est protégé par une coquille faite d'une petite valve dorsale s'adaptant sur une valve ventrale plus grande. Ces animaux possèdent un lophophore constitué par une couronne de tentacules péribuccaux, à laquelle s'adjoignent deux bras plus ou moins longs et enroulés en hélice. Chaque bras porte une rangée de tentacules ciliés.

Cet embranchement comporte deux groupes. Dans le premier (inarticulés), les larves sont libérées en milieu pélagique à un stade immature ; elles achèvent leur organogenèse sans subir de métamorphose prononcée. Chez les articulés, la progéniture est incubée dans des canaux creusés dans le manteau qui tapisse les valves puis, selon les espèces, libérée à un stade embryonnaire précoce ou sous forme de larves immatures. Une métamorphose vraie concluera la vie larvaire.

11.1. Inarticulés

Chez les inarticulés, l'organisation des larves libres et nageuses rappelle celle des adultes. Les déplacements sont assurés par le lophophore, dont le nombre de tentacules s'accroît avec l'âge. La coquille larvaire *(protegulum)* recouvre les lobes du manteau.

Après une phase libre d'une journée environ, qui lui permet d'achever sa morphogenèse, la larve de *Crania* (fig. 4.55) perd ses cils, cesse de nager et tombe au fond. Elle se fixe au substrat par son lobe postérieur et prend une forme globuleuse. La métamorphose est simplement marquée par l'apparition des valves. Le lophophore se formera ultérieurement. Les autres stades de l'organogenèse sont inconnus.

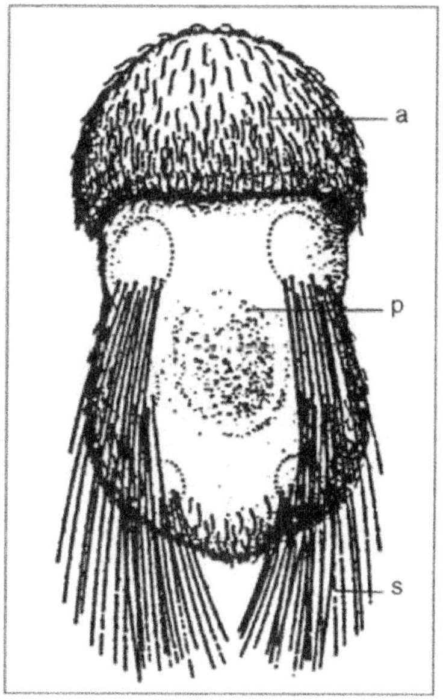

Figure 4.55 : Larve de *Crania*.
a, lobe antérieur ; p, lobe postérieur ; s, soie.
(D'après Nielsen 1991.)

Chez les discinidés, les larves collectées dans le plancton ressemblent à des adultes en miniature. Les plus jeunes sont encore dépourvues de coquille mais possèdent déjà un tube digestif ouvert à ses deux extrémités. Chez les larves plus âgées, la coquille est présente et alourdit l'animal. Des statocystes, des néphridies apparaissent. Peu avant le passage au milieu benthique, le pédoncule se forme à partir d'une évagination de la région postérieure et ventrale du manteau. Il ancrera l'animal à son substrat après traversée de la valve ventrale. Les phases terminales du développement sont inconnues.

Chez les lingulidés *(Lingula)*, la larve sécrète sa coquille avant même d'être libérée. La période d'expulsion de la progéniture est en principe limitée dans le temps, mais elle peut présenter un ou deux pics saisonniers lorsqu'elle est étalée. La durée de la phase libre varie entre 1 et 4 semaines selon la température. La larve se fixe au substrat après développement de son pédoncule, sans que l'on puisse parler de véritable métamorphose.

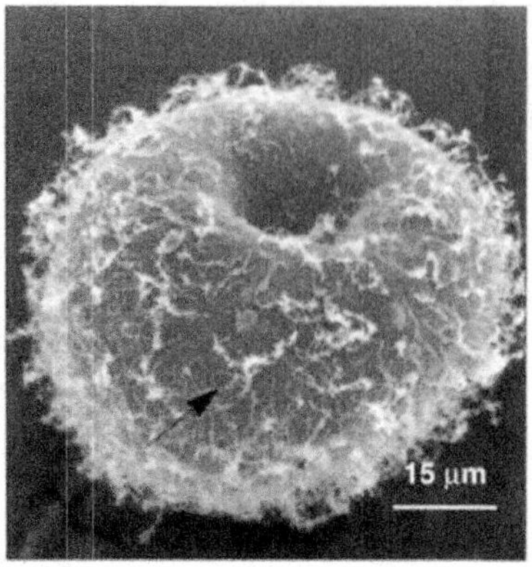

Figure 4.56 : Jeune larve de *Macandrevia cranium* (articulé) au blastopore encore béant (flèche). (Cliché D'Hondt.)

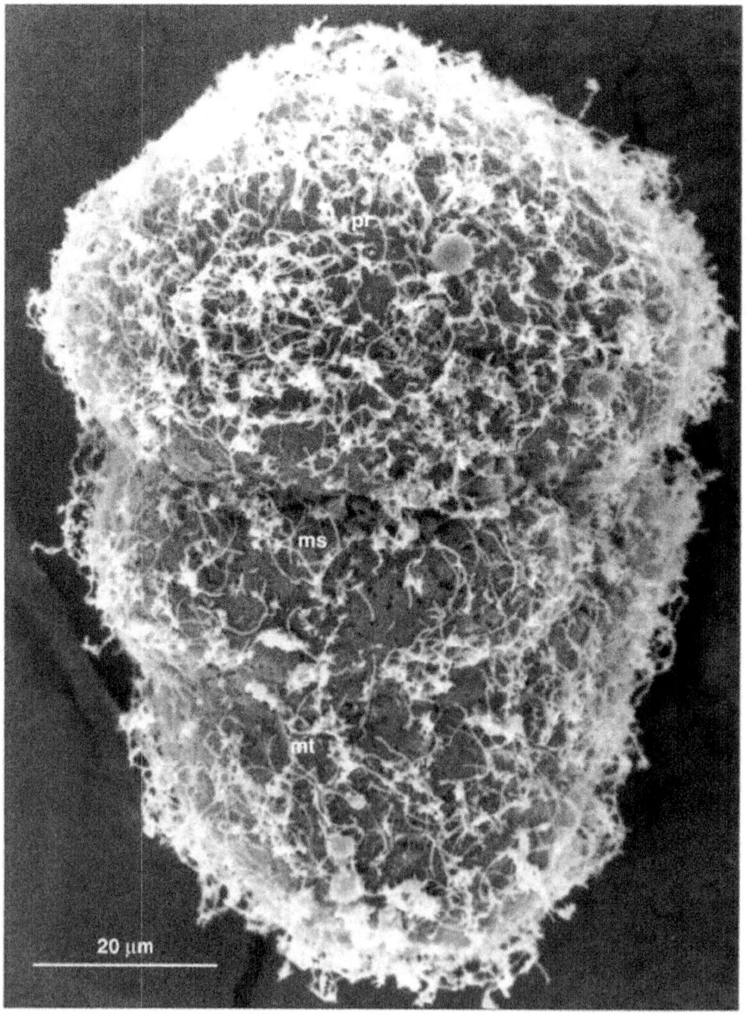

Figure 4.57 : Larve âgée de brachiopode articulé *(Macandrevia cranium)*, après différenciation de ses trois segments (pr, prosome ; ms, mésosome ; mt, métasome). (Cliché d'Hondt).

11.2. Articulés

La larve libre des articulés *(Terebratulina)* a la même organisation générale que celle des inarticulés. D'abord sphérique (fig. 4.56), elle s'allonge et se subdivise en trois parties (fig. 4.57). À l'avant se développe un important lobe oral cilié. Le reste du corps comprend deux lobes également ciliés. L'un (lobe moyen) est à l'origine du manteau. Par épaississement de son épiderme, l'autre lobe (lobe postérieur) formera le pédoncule, grâce auquel l'animal se fixera ultérieurement au substrat. À l'intérieur de la larve, l'ébauche digestive se présente encore sous la forme d'un simple sac qui, par entérocoelie, bourgeonne au moins deux paires de cavités coelomiques.

Après une phase de vie démersale d'une journée environ, les larves manifestent un thigmotropisme accru et se fixent grâce aux sécrétions adhésives de cellules glandulaires postérieures. Au cours de la métamorphose, l'épiderme recouvrant le lobe moyen et le pédoncule se retourne et forme un manteau, dont les deux replis se rapprochent et finissent par ménager une simple fente apicale (fig. 4.58). Ces replis recouvrent le corps de l'animal, tandis que leur épithélium externe sécrète la coquille primitive *(protegulum)* qui donnera les valves de l'adulte en moins de 24 heures. La fente apicale deviendra la fente palléale. Entre les épithéliums externe et interne des replis, des canaux se creusent, qui abriteront ultérieurement les œufs jusqu'à leur ponte.

À la limite du lobe préoral, une bouche néoformée se creuse ; ses lèvres se fragmentent en autant de tentacules. Un œsophage probablement d'origine épidermique rejoint l'estomac. L'anus est également néoformé.

Par ailleurs, les modalités du développement peuvent différer dans un même genre. Chez *Terebratulina* par exemple, certaines espèces sont ovipares mais d'autres incubent leur progéniture dans le manteau et libèrent des larves immatures.

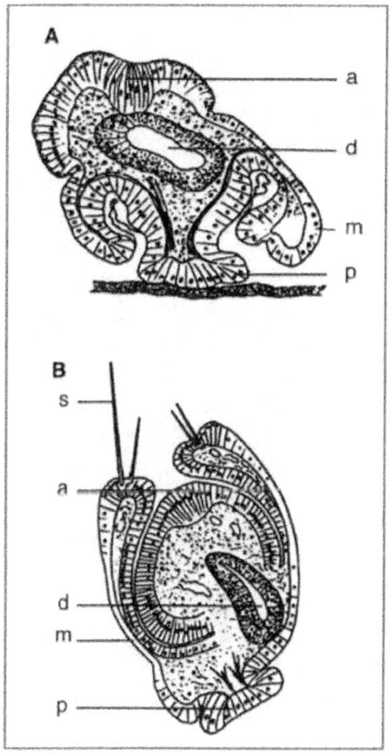

Figure 4.58 : Deux phases successives (A, B) de la métamorphose de *Terebratulina retusa*.
a, lobe antérieur ; d, tractus digestif ; m, manteau ; p, pédoncule ; s, soie.
(D'après Franzén 1969.)

12. Chaetognathes

Les chaetognathes sont de petits métazoaires marins, triploblastiques et coelomates. Beaucoup appartiennent au plancton *(Sagitta)*, et seul *Spadella* est benthique.

Il existe une larve véritable qui ressemble beaucoup à l'adulte. Cette larve n'est pas ciliée. Sa tête arrondie contient le pharynx que prolonge, dans un tronc étroit, un tube digestif plein. La métamorphose correspond simplement à l'apparition de la lumière digestive et à l'acquisition des proportions imaginales.

13. Céphalorhynques

Le très nouvel embranchement des céphalorhynques comporte quatre classes : les priapuliens, autrefois rapprochés des sipunculiens et des échiuriens ; les kinorhynques, auparavant réunis aux gastrotriches ; les loricifères, de découverte récente ; les gordiens ou nématomorphes. Le développement est direct chez les kinorhynques, les loricifères et les gordiens, où la phase larvaire est occultée. À l'éclosion sort en effet un juvénile morphologiquement proche de l'adulte.

Certaines espèces de priapuliens, organismes vermiformes de quelques centimètres de longueur et enfouis dans les sédiments des mers froides *(Priapulus)*, présentent au contraire des stades larvaires typiques.

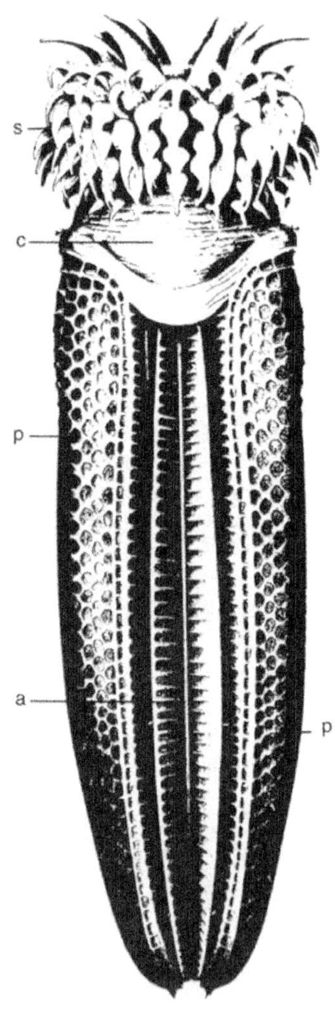

Figure 4.59 : Larve d'*Halicryptus* (priapuliens) en vue latérale. a, suture latérale de la lorica, entourée de plaques en accordéon ; c, cou ; p, plaques dorsale et ventrale de la lorica ; s, squalides.
(D'après Storch & Higgins 1991.)

13.1. Larve des priapuliens et évolution

La larve de priapulien (fig. 4.59, 4.60 & 4.61) possède antérieurement une trompe globuleuse (introvert), percée d'une bouche, dévaginable sous l'effet de puissants muscles protracteurs. Cette trompe est ornée d'une dizaine de rangées concentriques de crochets (ou squalides) intervenant dans la nutrition et peut-être dans la locomotion, et sur lesquels sont localisées des cellules sensorielles ciliées. Un cou sépare l'introvert d'un tronc cylindrique ou légèrement aplati, prolongé parfois par une queue. Le tube digestif rectiligne comprend un pharynx garni de dents, un intestin antérieur sécrétoire et un intestin postérieur. La larve possède aussi une paire de protonéphridies. La musculature est bien développée. Enfin, la cavité générale renferme de nombreuses cellules "sanguines", identiques à celles de l'adulte.

La larve est recouverte dorsalement et ventralement par une armature cuticulaire épaisse, la lorica, dont la forme est un caractère spécifique. Chez les tubiluchidés, la lorica est partagée en vingt secteurs longitudinaux, parallèles, que délimitent des carènes antéro-postérieures réunies entre elles par des côtes transversales. Chez d'autres priapuliens, la lorica comporte une valve dorsale et une valve ventrale, que relient trois rangées de plaques latérales, disposées en accordéon. Chez certaines espèces de *Priapulus* du moins, ces morphologies différentes correspondent à deux phases successives du cycle de développement, la forme à lorica bivalve étant la plus tardive. Le passage d'une phase à l'autre s'accompagne d'une évolution du nombre et de la forme des squalides. Sur le vivant, la lorica est généralement tapissée de débris organiques qui camouflent l'animal.

13.2. Développement postlarvaire

Le développement des priapuliens dure 1 à 2 ans et se caractérise par des mues successives (quatre cycles différents ont été reconnus chez *Halicryptus*). Après une longue période de vie libre, la larve s'immobilise et se contracte. Le juvénile sort par effraction dans la région antérieure de la lorica, qui devient une véritable exuvie. L'emploi du terme "métamorphose" est parfois discuté, car le juvénile ressemble à la larve et n'en diffère que par l'absence de lorica, de queue et par le caractère plus exertile de l'introvert où les glandes adhésives disparaissent. Quelques priapuliens présentent même un développement direct typique *(Meiopriapulus fijiensis)*.

14. Mollusques

Les mollusques sont des métazoaires coelomates, protostomiens, hyponeuriens, dont la symétrie bilatérale fondamentale n'est altérée que chez les gastéropodes. Leur corps non segmenté comprend une tête, un pied et une masse viscérale que protège généralement une coquille calcaire sécrétée par le manteau. Ce dernier délimite la cavité palléale.

L'œuf plus ou moins riche en vitellus subit une segmentation de type spiral. À quelques exceptions près, on observe un développement direct chez la plupart des espèces terrestres et dulcicoles. Mis à part les céphalopodes qui ont aussi un développement direct, les mollusques marins présentent un développement indirect, assorti d'une larve libre qui subit une métamorphose complexe. Selon les espèces, l'adulte est alors benthique (fixé ou libre) ou pélagique (hétéropodes et ptéropodes).

14.1. Larve prévéligère

Chez les polyplacophores (chitons) et les aplacophores, la larve est une prévéligère, qui ressemble beaucoup à la trochophore des annélides polychètes (fig. 4.62A & C). Cette larve mesure moins de 1 mm. Elle est caractérisée par la présence d'une prototroque équatoriale faite d'une ou plusieurs ceintures de cils. La prototroque sépare l'épisphère, ou hémisphère antérieur (protrochal), de l'hyposphère, ou hémisphère postérieur (post-trochal). La bouche s'ouvre ventralement, sous la prototroque. La prévéligère présente en outre deux volumineuses cellules postérieures accumulant des déchets et entourant une touffe ciliaire. Deux métanéphridies sont disposées latéro-ventralement sous la prototroque.

Quelques caractères distinguent néanmoins la prévéligère de la trochophore (fig. 4.63A). Le tube digestif est aveugle et s'accole posté-

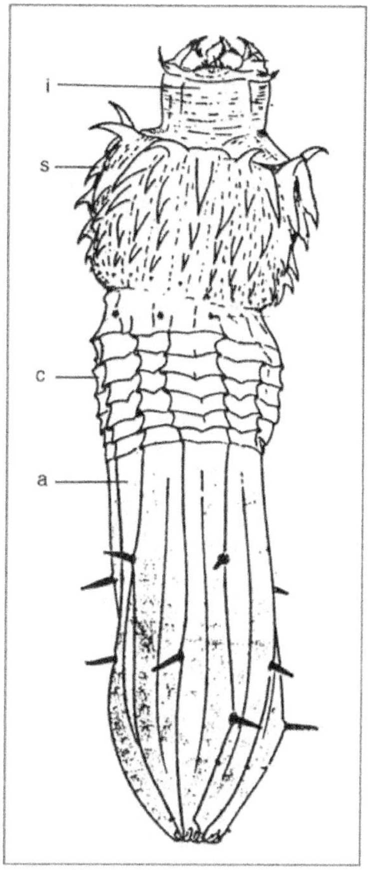

Figure 4.60 : Jeune larve de *Tubiluchus* avec introvert dévaginé. a, abdomen ; c, cou ; i, introvert ; s, squalides.
(D'après Van der Land 1970.)

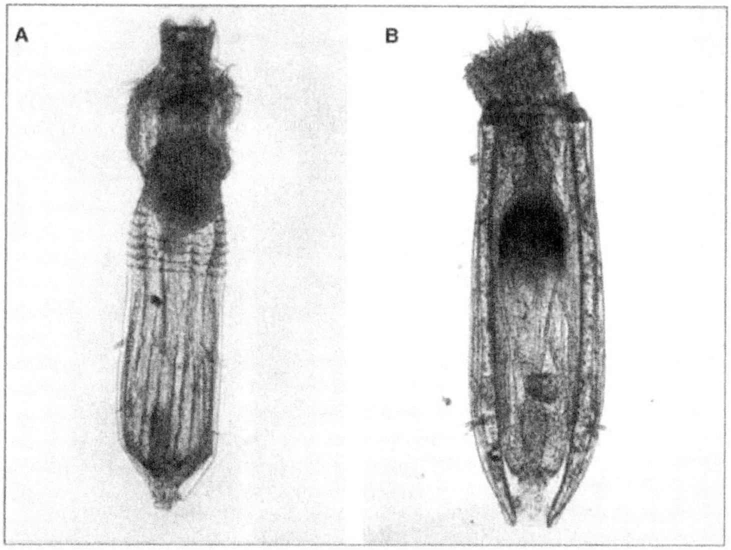

Figure 4.61 : Larves de *Priapulus sp.* (A) et d'*Halicryptus* (B).
(Clichés Van der Land, Nationaal Natuurhistorish Museum, Leyde, Pays-Bas).

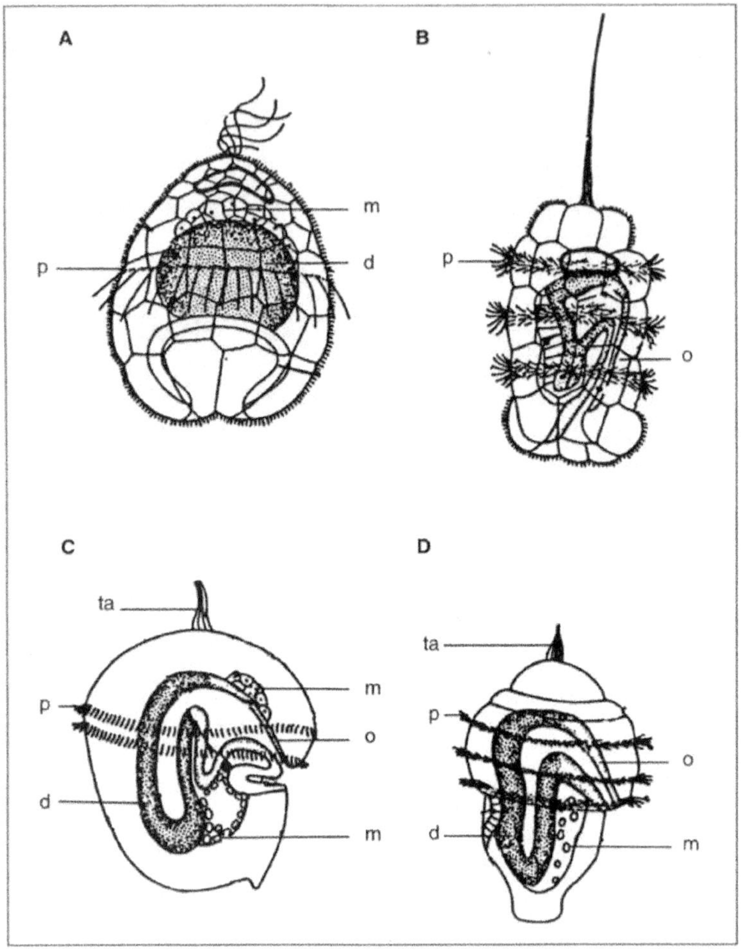

Figure 4.62 : Quelques exemples de prévéligères de mollusques.
A, aplacophore ; B, lamellibranche ; C, polyplacophore ; D, scaphopode. d, appareil digestif ; m, mésoderme ; o, œsophage ; p, prototroque ; ta, touffe apicale.
(D'après Fioroni 1982.)

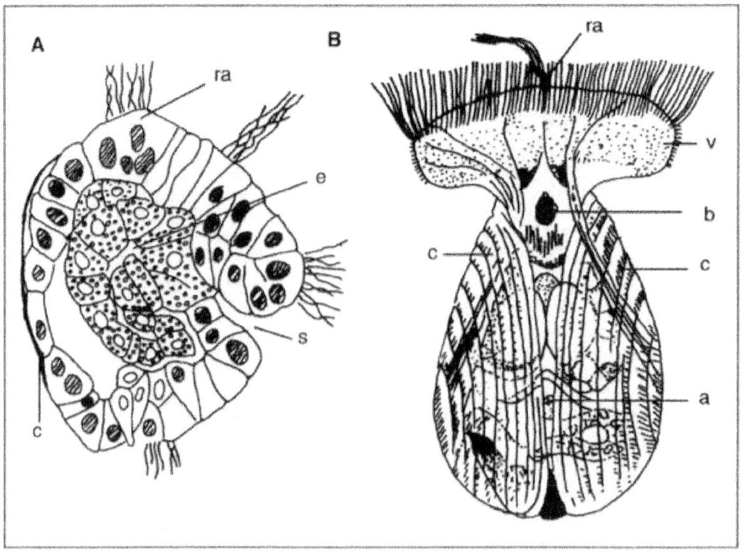

Figure 4.63 : Larves de *Dreissensia*. A, coupe sagittale de la larve trochophore ; B, larve véligère. a, anus ; b, bouche ; c, coquille ; e, entéron ; ra, région apicale ; s, stomodeum ; v, vélum.
(D'après Naef.)

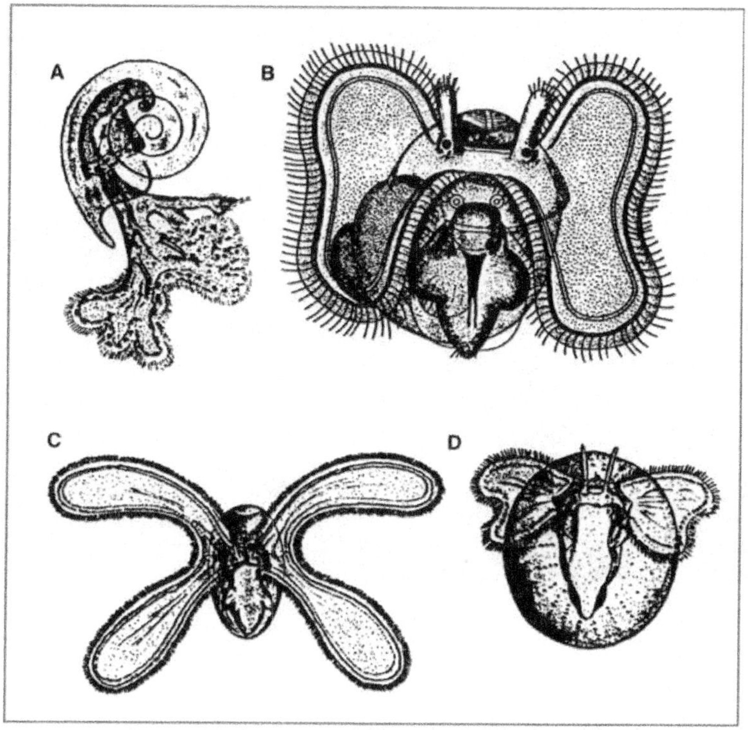

Figure 4.64 : Quelques véligères de gastéropodes.
A, *Lamellaria perspicua*.
(D'après Lebour 1935.)
B, *Nassarius reticulatus*.
(D'après Thorson 1946.)
C, *Trivia arctica*.
(D'après Lebour 1935.)
D, *Velutina velutina*.
(D'après Lebour 1935.)

rieurement à l'épiderme aboral, à l'emplacement du futur anus. Une invagination stomodéale préfigure le sac de la radula (bulbe buccal). La cavité coelomique, ici impaire, provient de la prolifération puis de la cavitation de deux cordons mésodermiques postérieurs. Enfin, une ébauche de pied et une glande coquillière apparaissent.

14.2. Larve véligère

14.2.1. DESCRIPTION

Les scaphopodes, les lamellibranches, beaucoup de prosobranches primitifs et d'opisthobranches ont également une larve prévéligère (fig. 4.62 B & D), mais un autre stade dit véligère lui succède avant la phase adulte. Cette larve est marquée par une hypertrophie de la prototroque, qui engendre un vélum transparent, bilobé ou plurilobé, fortement cilié à la périphérie et plus ou moins développé selon les espèces (fig. 4.64, 4.65, 4.66). Le vélum a une fonction locomotrice. Il intervient aussi dans la nutrition de la larve ; le battement des cils crée en effet un courant d'eau qui draine les particules alimentaires en suspension vers la bouche ventrale par rapport à la prototroque.

L'ébauche pédieuse s'accroît sur la face ventrale de la véligère, au-dessous de la bouche, et prend rapidement les caractéristiques morphologiques propres à chaque groupe. Un opercule peut apparaître sur la face postérieure de l'ébauche pédieuse. Un manteau se différencie, s'étale dorso-latéralement et délimite une cavité palléale.

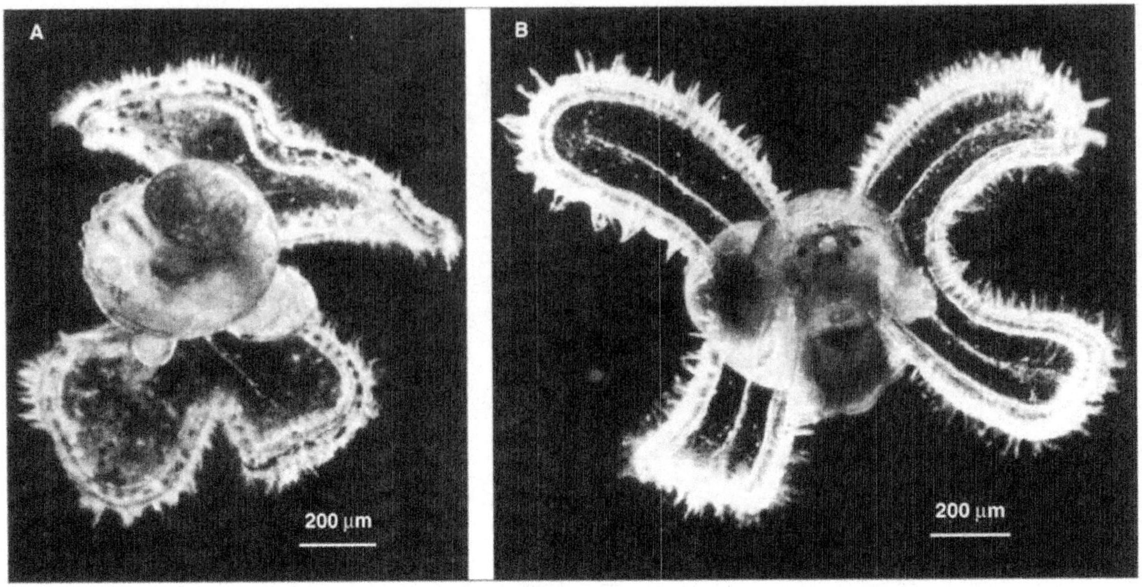

Figure 4.65 : Vues dorsales de véligères de *Mangelia sp.* (A) et de *Nassarius reticulatus* (B), gastéropodes prosobranches. (Clichés Thiriot-Quiévreux.)

Le tube digestif achève de s'organiser ; il se termine par un anus qui s'ouvre dans la cavité palléale. Une radula se forme, sauf chez les larves de lamellibranches. Une glande digestive s'esquisse. L'appareil excréteur de la larve comprend des néphrocytes, qui absorbent et dégradent diverses substances organiques, une métanéphridie en principe impaire et

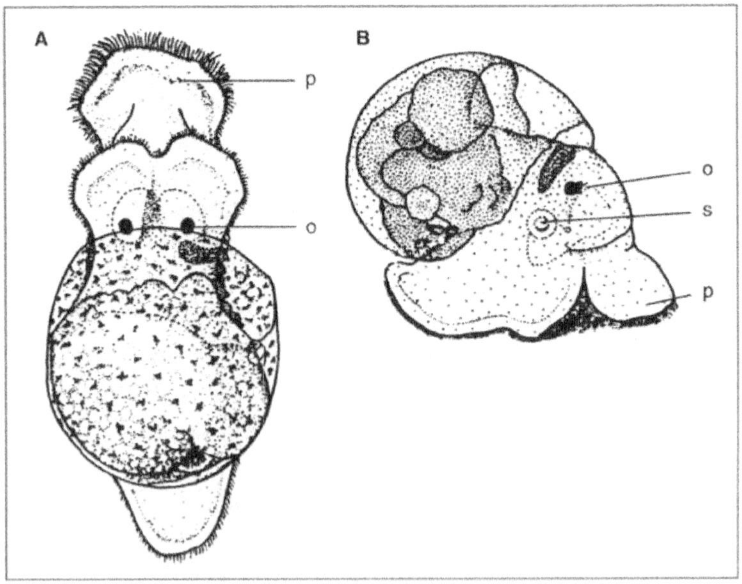

Figure 4.66 : Véliconque de 16-17 j, vue par dessus (A) et de profil (B). o, œil ; p, propodium ; s, statocyste. (D'après Tardy 1970.)

située à droite et, enfin, une ébauche de rein secondaire qui se développera ultérieurement.

Il ne semble pas que les deux massifs mésodermiques, situés de part et d'autre du tube digestif postérieur, se creusent d'une cavité coelomique. En se dissociant, ces bandes engendrent un mésenchyme et des muscles répartis en deux systèmes, les muscles du vélum et les muscles sous-épithéliaux. Certaines cellules épidermiques délimiteront aussi des vésicules ayant valeur de cavités coelomiques. Aucune trace de métamérie n'est observée.

Près de la plaque apicale, se forment aussi deux placodes, à l'origine du ganglion cérébral, des tentacules et des yeux.

14.2.2. CAS DES GASTÉROPODES

Chez la véligère des gastéropodes, la région dorsale de l'hyposphère forme une bosse (fig. 4.67A). Le tube digestif s'y engage et y subit une flexion dorso-ventrale (flexion endogastrique – fig. 4.67 B & C), qui lui

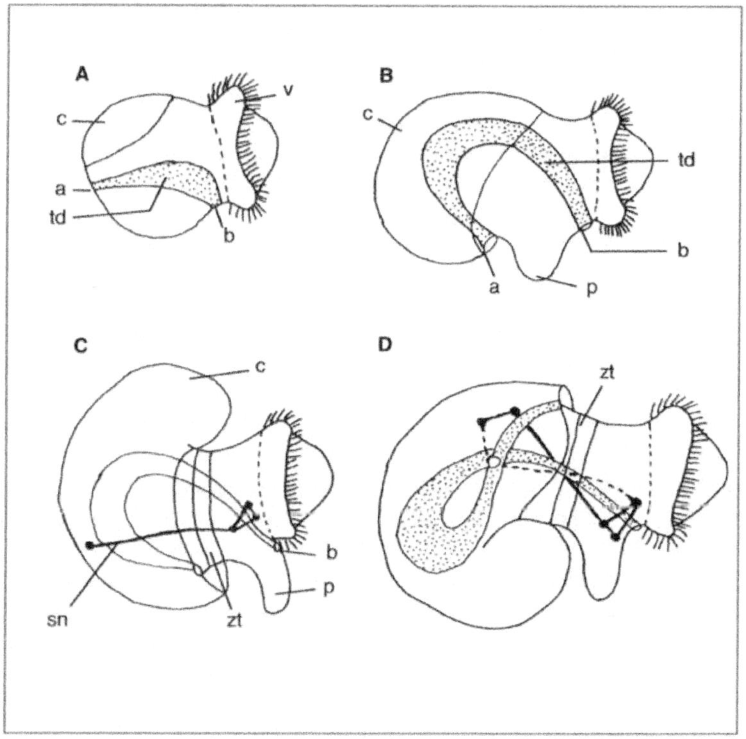

Figure 4.67 : Flexion endogastrique et torsion de la masse viscérale au cours du développement des gastéropodes.
A, stade rectiligne ; B et C, flexion endogastrique ; D, enroulement.
a, anus ; b, bouche ; c, coquille ; p, pied ; sn, système nerveux ; td, tube digestif ; v, vélum ; zt, zone de torsion.
(D'après A. Beaumont & P. Cassier, 1991, *Biologie animale* (T.I), Dunod, Paris.)

confère la forme d'un U renversé et rapproche les orifices buccal et anal. La larve véligère est également le siège d'une torsion de sa masse viscérale, qui amène la cavité palléale vers l'avant (fig. 4.67D). Cette torsion est brutale, puisqu'achevée en quelques minutes ; elle peut atteindre 180°. Elle touche tout particulièrement l'anse intestinale et la portion postcéphalique du système nerveux. Les cordons nerveux s'entrecroisent alors (disposition streptoneure des prosobranches). La torsion induit aussi une croissance asymétrique des parties droite et gauche de la larve et occulte partiellement sa symétrie bilatérale initiale. Le déterminisme de cette torsion est inconnu. Une détorsion secondaire se produira ultérieurement et ramènera la cavité palléale vers l'arrière, chez les opisthobranches.

14.2.3. COQUILLE DE LA VÉLIGÈRE

La coquille dorsale de la véligère est d'abord une protoconque primaire, élaborée par une glande coquillière. Un peu plus tard, les bords du manteau sécrètent une protoconque secondaire, complétant la coquille primitive. La coquille conique des gastéropodes, dorsale et postérieure, est asymétrique et se déplace d'un côté, suite à une croissance inégale ; cette coquille moulée sur la masse viscérale s'enroule comme celle-ci. Chez les lamellibranches, la trochophore puis la véligère portent une coquille dorsale qui, par défaut de calcification dans le plan sagittal, acquiert une disposition bivalve (prodissoconque). Chez les scaphopodes, les replis latéraux du manteau enveloppent le corps, fusionnent ventralement et élaborent une coquille subcylindrique.

14.3. Biologie des larves véligères

14.3.1. INFLUENCE DES FACTEURS PHYSICO-CHIMIQUES DU MILIEU

Les larves pélagiques manifestent d'abord un phototactisme négatif ; elles acquièrent ultérieurement un phototactisme positif qui augmente en présence d'une lumière horizontale mais diminue sous l'effet d'une lumière verticale intense. Les jeunes larves nagent généralement en ligne droite. Les déplacements des larves âgées sont plus sinueux, plus lents et plus intermittents.

La longévité des larves augmente quand la température s'abaisse, comme cela a été montré chez *Nassarius obsoletus*. Chez cette espèce, la phase larvaire dure 1 semaine à 30 °C mais 2 mois à 12 °C ; au-dessous de 11 °C, le développement s'interrompt. Chez le lamellibranche *Mulinia*, la température doit être supérieure à 7 °C mais inférieure à 27 °C pour que les larves s'accroissent.

Certaines larves planctoniques présentent une remarquable tolérance aux variations de température et de salinité. Les larves du gastéropode litttoral *Dendrodoris fumata*, par exemple, sont capables de supporter une température de 40 °C et une salinité de 50 pour mille.

14.3.2. RÉGIME ALIMENTAIRE

Les véligères des mollusques marins peuvent être classées selon leur régime alimentaire, sans qu'il y ait de véritable corrélation avec la phylogénie. Les larves planctonotrophes sont pélagiques et se développent à partir d'œufs nombreux, pauvres en vitellus, et dont le diamètre n'excède pas 90 microns. Elles ont des choix précis d'aliments : l'une consommera telle espèce de diatomée ; une autre affectionnera une algue bleue particulière. La pression de prédation demeure élevée chez ces larves, qui prédominent en milieu tropical. Une étude réalisée en Mer Rouge, et portant sur cinquante espèces de gastéropodes, a montré que trente-cinq d'entre elles au moins présentaient de telles larves.

Les larves lécithotrophes sont parfois pélagiques et peuvent parcourir de grandes distances (larves téléplanctoniques), mais beaucoup sont démersales et se déplacent sur leurs cils, au contact du fond. D'autres encore demeurent à l'intérieur d'une oothèque et y réalisent leur métamorphose. Les larves lécithotrophes sont issues d'œufs moins nombreux mais plus gros, parce que plus riches en vitellus. Leur durée de vie est généralement supérieure à celle des larves planctonotrophes, ce qui nécessite une certaine stabilité des facteurs du milieu, et en particulier de la température. De telles larves occupent plutôt les milieux polaires ou profonds. Les larves planctonotrophes seraient plus primitives que les larves lécithotrophes ; la perte de la planctonotrophie chez les espèces évoluées ne serait toutefois pas irréversible.

Les véligères des lamellibranches sont généralement planctonotrophes. Chez *Yoldia* et *Nucula*, il y a passsage au régime lécithotrophe, après une courte période pélagique assortie d'un régime planctonotrophe.

14.3.3. ADAPTATIONS DES LARVES VÉLIGÈRES

Certaines espèces qui occupent les horizons supérieurs, rarement immergés de la zone de balancement des marées, possèdent néanmoins des larves véligères nageuses. Tel est le cas de *Melaraphe neritoides*, petit prosobranche littorinidé commun de nos côtes. On constate alors un synchronisme entre l'émission des larves et la période des grandes marées de vive-eau où la mer atteint l'habitat de ce mollusque.

Le bigorneau *(Littorina littorea)* a lui aussi des larves véligères, mais son habitat est fréquemment recouvert par la marée puisque situé dans le bas de la zone médio-littorale.

14.4. Métamorphose

14.4.1. MOLLUSQUES À LARVE PRÉVÉLIGÈRE

Chez les polyplacophores, la métamorphose de la prévéligère est graduelle et engendre une larve benthique qui se déplace sur le fond (fig. 4.68). La région post-trochale de la larve prévéligère s'allonge pour former le tronc du chiton qui, très précocement, se divise dans sa région dorsale et

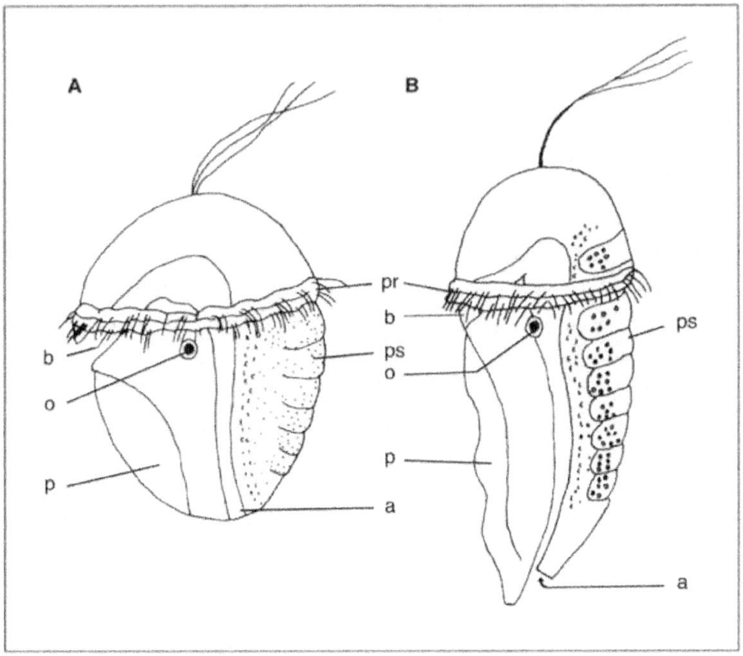

Figure 4.68 : Transformation de la trochophore (A) en larve (B) chez le chiton *(Callochiton laevis)*. a, anus ; b, bouche ; o, œil ; p, pied ; pr, prototroque ; ps, plaque squelettique.
(D'après Nowikoff.)

esquisse les ébauches des huit plaques squelettiques. Le proctodeum se développe et se connecte à l'intestin. Comme chez la trochophore des annélides, la région antérieure subit les remaniements les plus importants (disparition de la prototroque, de la touffe apicale...). Le manteau se développe à la périphérie de la "coquille". La face ventrale est à l'origine de la sole de reptation.

14.4.2. MOLLUSQUES À LARVE VÉLIGÈRE

Les véligères nageuses se métamorphosent après plusieurs semaines au moins de vie libre. Ces larves manifestent souvent une préférence pour un substrat déterminé qu'elles prospectent avant de s'y établir. Ce substrat peut être une espèce d'algue, un coquillage, une pierre. L'acquisition de la compétence à la métamorphose ne nécessite pas obligatoirement l'intervention d'un stimulus spécifique. Elle pourrait parfois dépendre de la composition chimique des aliments consommés.

La métamorphose s'effectue au contact du support choisi et, chez les espèces algophiles, pourrait être stimulée par des extraits de l'algue optimale. Le phénomène débute par une séquence de contractions et d'extensions du corps, qui n'excède pas quelques minutes et à laquelle succède une période d'immobilité de plusieurs jours.

Le changement d'organisation de la larve véligère est préparé par un ensemble d'événements histolytiques et histogénétiques, lors d'une métamorphose en principe brutale et achevée en quelques jours chez les espèces à développement libre. Si l'on excepte les hétéropodes *(Carinaria,*

Pterotrachea) et les ptéropodes *(Cavolina)*, deux groupes de gastéropodes toujours pélagiques, la métamorphose de la véligère est accompagnée de l'acquisition d'un mode vie benthique, avec fixation au substrat *(Mytilus, Patella)*, enfouissement (cas des scaphopodes et de beaucoup de lamellibranches) ou reptation sur un support rocheux ou algal (cas de prosobranches et d'opisthobranches).

14.4.2.1. Gastéropodes

La croissance de l'ébauche pédieuse s'accélère durant les quelques jours qui précèdent la métamorphose, suite à un développement progressif de glandes à mucus. Certaines glandes pédieuses sont constantes et ancreront l'animal au substrat. D'autres (glandes métapodiales) régressent pendant la vie larvaire et n'interviennent pas lors de la métamorphose.

Chez les opisthobranches, la protoconque primaire est en partie digérée par voie enzymatique. Les tractions musculaires désolidarisant protoconque et tissus contribuent ensuite à son rejet. Chez les prosobranches, la protoconque primaire persiste. Le complexe cilié apical et la prototroque régressent. Les lobes du vélum perdent leur ciliature et se dissocient en quelques jours. Leurs débris sont partiellement récupérés par l'animal et digérés.

Au même moment, divers organes se mettent en place. Une protoconque secondaire sécrétée par le bourrelet palléal se substitue à la protoconque primaire. Après la métamorphose, une téloconque se surajoute à la protoconque secondaire et constituera la coquille de l'adulte. La morphologie de cette coquille a un intérêt en systématique puisqu'elle varie avec l'espèce. Elle ne peut néanmoins être corrélée avec l'écologie des larves, sauf chez les prosobranches, où un apex étroit témoigne d'une vie larvaire pélagique, tandis qu'un apex élargi signale un développement benthique. L'enroulement définitif peut ne pas être non plus celui de la larve : une espèce peut avoir une protoconque sénestre et une coquille définitive dextre.

Le rein achève de s'organiser aux dépens de l'ébauche larvaire. Un cœur creusé de deux chambres pulsatiles apparaît. De nouveaux ganglions nerveux s'installent, tandis que certains ganglions préexistants peuvent fusionner. L'appareil reproducteur se différencie rapidement. Le tube digestif est peu modifié. Les yeux de la larve persistent le plus souvent.

14.4.2.2. Lamellibranches et scaphopodes

Des événements voisins sont observés dans ces deux classes. Chez les lamellibranches, il y a fragmentation du vélum et formation des palpes labiaux. Chez les scaphopodes, le vélum disparaît.

14.4.2.3. Développements particuliers

Le type véligère est le plus répandu chez les mollusques. Quelques espèces présentent néanmoins des développements différents. Chez certains lamellibranches *(Solemya)*, les structures de l'adulte, dont la coquille, se différencient sous une carapace ciliée à rôle locomoteur, formée de plaques issues de la prolifération de cellules épidermiques (larve lécithotrophe *pericalymnia*). Ces plaques recouvrent entièrement l'organisme. Elles seront histolysées à la métamorphose et leurs débris ingérés par l'animal devenu benthique.

Quelques gastéropodes, dont les cypraeidés *(Trivia)*, possèdent une larve *echinospira*. Cette larve présente une coquille formée de deux couches superposées et peu cohérentes entre elles. L'une, externe et chitineuse, tombe à la métamorphose. L'autre, interne et calcifiée, persiste chez l'adulte.

14.5. Développement direct

Divers gastéropodes et lamellibranches marins assument un développement direct ; ils ne possèdent pas de larve véligère nageuse et présentent une morphogenèse entièrement intraovulaire. Ce développement est parfois intracapsulaire et se déroule à l'intérieur d'oothèques d'origine maternelle, élaborées par les complexes glandulaires du pied ou du tractus génital. Il peut aussi se poursuivre dans une cavité maternelle, lors d'une incubation. Certains organes adaptés à la vie pélagique régressent ou changent de fonction. Ainsi le vélum plurilobé, qui a initialement un rôle locomoteur, peut se transformer en "placenta" absorbant. Des cellules impliquées dans la sécrétion de la coquille stockent maintenant des réserves.

14.5.1. DÉVELOPPEMENT DIRECT TYPIQUE

Un tel développement est observé chez plusieurs littorinidés, dont *Littorina obtusata*. Les pontes forment des plaques collées aux frondes des fucus. Ces plaques sont creusées de cavités contenant chacune une petite littorine qui rampera dès sa sortie. L'absence de larves nageuses fragmente l'espèce en nombreuses populations génétiquement isolées, qui peuvent différer d'un bloc rocheux à l'autre et se reconnaître, par exemple, par la couleur de leur coquille.

Certains opisthobranches de la famille des doridiens ont un développement analogue. La ponte de *Doris tuberculata* a l'aspect d'un ruban blanchâtre et mou, enroulé sur lui-même. Les structures caractéristiques d'une larve véligère (vélum, coquille...) font ici défaut ou sont très réduites ; il n'existe pas de véritable métamorphose.

14.5.2. DÉVELOPPEMENT INTRACAPSULAIRE

Chez plusieurs prosobranches du groupe des rachidoglosses, les œufs se développent dans des capsules sécrétées par une glande pédieuse parentale et agencées en pontes plus ou moins volumineuses. D'abord molles et muqueuses, les capsules durcissent au contact de l'eau de mer. Chez le buccin *(Buccinum undatum)*, les capsules sont libérées à la fin de l'hiver.

Figure 4.69 : Pourpres *(Thais lapillus)* et leurs pontes observées dans une moulière. (Cliché Hourdry.)

Elles ressemblent à de petites lentilles jaune-clair et contiennent chacune plusieurs œufs. Après un ou deux mois, une fenêtre apparaît sur chaque lentille et permet la sortie de petits buccins semblables aux parents. Les pontes de la pourpre *(Thais lapillus)* sont faites d'outres jaunes, accolées et fixées au substrat (fig. 4.69). Ces outres renferment des œufs. L'adelphophagie est de règle lors du développement, puisqu'une partie des embryons sert d'aliment aux autres. De ces outres sortent de jeunes pourpres ayant l'aspect d'adultes en miniature et descendant plus bas que leurs parents dans la zone des marées. On les rencontre alors sur l'algue *Fucus serratus*, où elles se nourrissent de spirorbes. À l'état adulte, les pourpres attaquent les mollusques fixés ou lents, dont les moules, qu'elles percent avec leur radula. Des observations analogues ont été réalisées chez les petits murex de nos côtes *(Ocenebra erinacea)*.

14.5.3. DÉVELOPPEMENT AVEC INCUBATION DANS UNE CAVITÉ PARENTALE

Chez un littorinidé des hauts niveaux, souvent localisé dans les fissures de rochers, *Littorina rudis*, les jeunes sont incubés dans la cavité palléale ; il n'y a aucune trace de larve véligère ni de métamorphose. Un tel développement fragmente les populations de ces animaux, au demeurant peu mobiles et se reproduisant sur place.

Chez quelques lamellibranches *(Nucula, Musculus)*, la progéniture est partiellement incubée. Les larves qui sortent de la cavité parentale vont ramper et explorer le substrat (stades pédivéligère et véliconque), avant de subir une métamorphose atténuée.

Chez plusieurs espèces incubantes, la phase de reptation peut débuter à l'intérieur de la poche incubatrice maternelle.

14.6. Conclusion

En milieu marin, de nombreux mollusques effectuent un développement indirect marqué par l'existence d'une larve véligère nageuse ; celle-ci subira une métamorphose en prélude au passage à un mode de vie benthique. Le développement direct est essentiellement l'apanage des céphalopodes.

Le mode de développement est caractéristique d'une espèce donnée, puisque soumis à un contrôle génétique. Il est également corrélé avec les facteurs du milieu (ressources nutritives disponibles, conditions climatiques ambiantes, type d'habitat...). Une variabilité du mode de développement a parfois été suggérée à l'intérieur d'une même espèce (poecilogonie). En fait, il pourrait s'agir de complexes d'espèces cryptiques, quasiment indifférenciables à l'état adulte mais discriminables par leur type de développement.

En milieu terrestre ou en eau douce, beaucoup de lamellibranches et de pulmonés subissent un développement direct. *Dreissensia*, envahisseur récent des eaux douces, conserve néanmoins sa larve véligère (fig. 4.63B). Les autres lamellibranches retiennent leur progéniture dans un marsupium représenté par la partie exhalante de la cavité palléale. Chez les unionidés *(Unio, Anodonta)*, la larve *glochidium* peut être assimilée à une larve véligère modifiée. Sa coquille bivalve, armée de crochets et d'épines, est reliée par un muscle adducteur. D'abord libre, cette larve s'accroche par ses crochets à un poisson ou à un urodèle puis s'installe en parasite dans une tumeur formée par les tissus de l'hôte. Le tube digestif larvaire est dépourvu de bouche et d'anus. La glochidie se nourrit d'abord des réserves nutritives contenues dans son manteau. Elle pratique ensuite une assimilation transtégumentaire, suite à une sécrétion d'hydrolases. La métamorphose progressive implique la dégénérescence des structures larvaires et l'édification de nouvelles structures. Le jeune adulte sort alors de la tumeur et tombe au fond. Chez quelques pulmonés terrestres enfin, des annexes embryonnaires très complexes existent (vésicule céphalique...) et ont été tout particulièrement étudiées chez *Achatina*.

15. Crustacés

Les crustacés – arthropodes mandibulés, antennates, à respiration branchiale et cuticule incrustée de sels calciques – sont marins, dulcicoles ou terrestres. Ovipares, ils abandonnent leurs œufs ou les portent pendant toute la période embryonnaire, soit dans une poche incubatrice de constitution variable selon les groupes, soit fixés aux pléopodes ou aux péréiopodes.

La croissance discontinue, entrecoupée de mues, est en général indéfinie et se poursuit pendant toute la vie de l'animal. Araignées de mer *(Maia)* et sphéromes mâles font néanmoins exception à cette règle, car l'acquisition de la maturité sexuelle marque, après une mue dite de puberté, l'arrêt de leur croissance. La réalisation de la forme imaginale revêt, chez les crustacés, plusieurs aspects. Chez les uns, la vie larvaire comporte un grand nombre de stades morphologiquement distincts et la forme adulte semble se réaliser de manière progressive. La métamorphose coïncide avec un changement d'habitat, généralement le passage d'un mode vie libre, pélagique, à un mode de vie benthique, sédentaire, sessile ou parasite. Ce type de développement qualifié de développement dilaté ou explicite s'oppose au développement condensé ou abrégé d'autres espèces, où le jeune atteint dès l'éclosion une forme comparable, miniaturisée, à celle de l'adulte (développement direct), ou une forme que les espèces à développement dilaté n'acquièrent que tardivement. Un développement direct est réalisé, par exemple, chez l'écrevisse.

15.1. Stades du développement

La prise en compte du développement dilaté des pénéides permet une description complète de l'ensemble des stades larvaires que peuvent parcourir les crustacés.

15.1.1. STADE *NAUPLIUS*

Ce stade est caractéristique de la majorité des crustacés marins, de divers représentants de l'ensemble des entomostracés dulcicoles, des copépodes, des ostracodes, des cirripèdes. Il représente, sans aucun doute, la forme larvaire la plus primitive de cette classe, à laquelle il confère une certaine unité.

Le *nauplius* (fig. 4.70A) est une larve planctonique nageuse, de taille réduite (0,5 mm de long environ). Le corps ovoïde, dépourvu de toute trace de segmentation, est prolongé par deux longues soies caudales. Il porte trois paires d'appendices correspondant, d'avant en arrière, aux antennules, aux antennes et aux mandibules. Les antennules préorales sont uniramées. Les antennes et les mandibules sont des appendices biramés, garnis de nombreuses soies, dont le protopodite porte des endites masticateurs. Ces appendices ont des fonctions sensorielle, locomotrice et masticatrice.

Le tube digestif, flanqué vers l'arrière de deux masses mésodermiques symétriques, débute par une bouche située au niveau de la deuxième paire d'appendices entre une lèvre supérieure, ou épistome, et une lèvre inférieure, ou métastome. L'anus, qui ne se perce souvent que longtemps après l'éclosion, est terminal. Il n'y a pas encore d'appareil circulatoire, mais l'appareil excréteur est représenté par une paire de glandes coxales, symétriques, dont les orifices sont situés à la base des antennes (glandes antennaires).

L'œil nauplien, impair et dorsal, pigmenté en rouge, résulte de la coalescence de trois ocelles (deux latéraux et antérieurs, un médian et postérieur). Le système nerveux rudimentaire, imparfaitement dégagé de l'ectoderme, présente une masse ganglionnaire supra-œsophagienne et trois masses sous-œsophagiennes (chaîne nerveuse ventrale) correspondant aux trois paires d'appendices. La masse supra-œsophagienne se forme à partir de deux ébauches. L'une, tout à fait antérieure, provient de la fusion de deux ganglions avec une plaque nerveuse impaire desservant l'œil nauplien ; c'est le cerveau primordial ou protocérébron. La seconde, située un peu en arrière, est constituée de deux épaississements ectodermiques dorsaux, qui donneront les ganglions optiques. Bien que les antennules soient déjà préorales, les ganglions qui les desservent sont encore post-oraux.

Ces diverses observations indiquent que le corps du *nauplius*, non segmenté en apparence, comprend en réalité l'acron correspondant au protocérébron, la zone oculaire avec les ganglions optiques, le somite antennulaire, le somite antennaire, le somite mandibulaire et le telson.

Il existe généralement plusieurs stades *nauplius*, séparés par des mues de croissance, ne différant que par quelques détails d'ornementation,

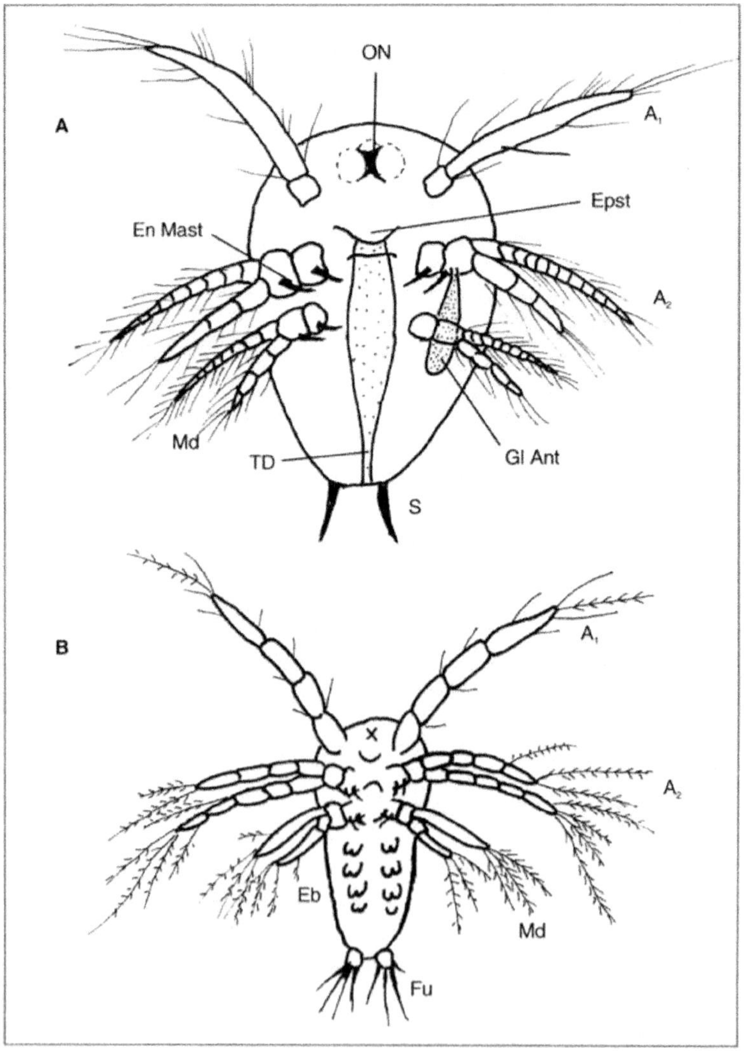

Figure 4.70 : Stades du développement postembryonnaire des crustacés pénéides. A, larve *nauplius* ; B, larve *metanauplius*. A1, antennule ; A2, antenne ; Eb, ébauche des métamères postmandibulaires et de leurs appendices ; En Mast, endites masticateurs ; Epst, épistome ; Fu, furca ; Gl Ant, glande antennaire ; Md, mandibule ; O N, œil nauplien ; S, soies ; T D, tube digestif.
(D'après A. Beaumont & P. Cassier, 1983, *Biologie animale* (T.II), Dunod, Paris.)

une différenciation de plus en plus grande de l'organisation interne, un allongement de la région située entre les mandibules et le telson. L'accroissement est donc subterminal et, de fait, comparable à celui des annélides.

15.1.2. STADE *METANAUPLIUS*

Après quelques mues, au bout d'un jour et demi en moyenne, la jeune larve atteint le stade *metanauplius* (0,6-0,8 mm de longueur – fig. 4.70B). Cette nouvelle larve, en forme de raquette, possède, à l'état d'ébauches, quatre métamères postmandibulaires portant les bourgeons des maxillules, des maxilles et deux des premières paires de péréiopodes.

Le telson est pourvu d'une furca constituée de deux expansions bilatérales. L'organisation interne se perfectionne ; le système nerveux se sépare de l'ectoderme ; les téloblastes forment des bandelettes mésodermiques qui constitueront la musculature.

Cette larve subit, sans modification spectaculaire, jusqu'à sept mues. La dernière conduit à une forme nouvelle ou *protozoe*.

15.1.3. STADE *PROTOZOE*

Ce stade apparaît moins de trois jours après l'éclosion (fig. 4.71A). Le corps de cette nouvelle larve se divise en deux régions distinctes. La région antérieure, ovale et élargie, est recouverte d'une carapace ; la région postérieure, allongée et cylindrique, montre un début de segmentation et est terminée par une furca bien développée. Les cinq paires d'appendices céphaliques ont acquis leur organisation définitive. L'œil nauplien est encore fonctionnel, mais les yeux composés, sessiles, sont visibles, par transparence, sous la cuticule.

La larve *protozoe* mue au bout de quatre à cinq jours et atteint une taille de 1,5 mm. Les yeux achèvent leur différenciation et deviennent pédonculés ; la segmentation de la région postérieure s'achève.

15.1.4. STADE *ZOE*

Ce stade apparaît deux à trois jours plus tard (fig. 4.71B). Il est caractérisé par la présence de la troisième paire de péréiopodes à l'état biramé et par celle des cinq derniers segments thoraciques, à l'état d'ébauches.

L'abdomen, dont les somites sont distincts, ne présente d'appendices que sur le dernier segment, sous l'aspect d'une paire d'uropodes larges, foliacés qui, avec le telson porteur de la furca, constituent une nageoire caudale.

15.1.5. STADE *MYSIS*

Le stade *zoe* dure trois jours environ et la mue qui le termine fait apparaître la première *mysis* qui, au cours de mues successives, acquiert les appendices abdominaux (fig. 4.71C). Les segments thoraciques, recouverts par une carapace, sont incorporés au céphalothorax ; seul l'abdomen reste libre.

15.2. Variations systématiques

Les crustacés primitifs (entomostracés des anciens auteurs : branchiopodes, ostracodes, copépodes, cirripèdes, etc.), qu'ils soient inféodés aux milieux marins, saumâtres ou aux eaux douces, qu'ils soient libres, fixés ou parasites, éclosent en général au stade *nauplius*. En revanche, chez les malacostracés, nombre d'espèces présentent un développement direct (ex. : l'écrevisse) ou une phase postembryonnaire abrégée ; l'animal éclôt à un stade que les espèces à développement dilaté n'acquièrent que

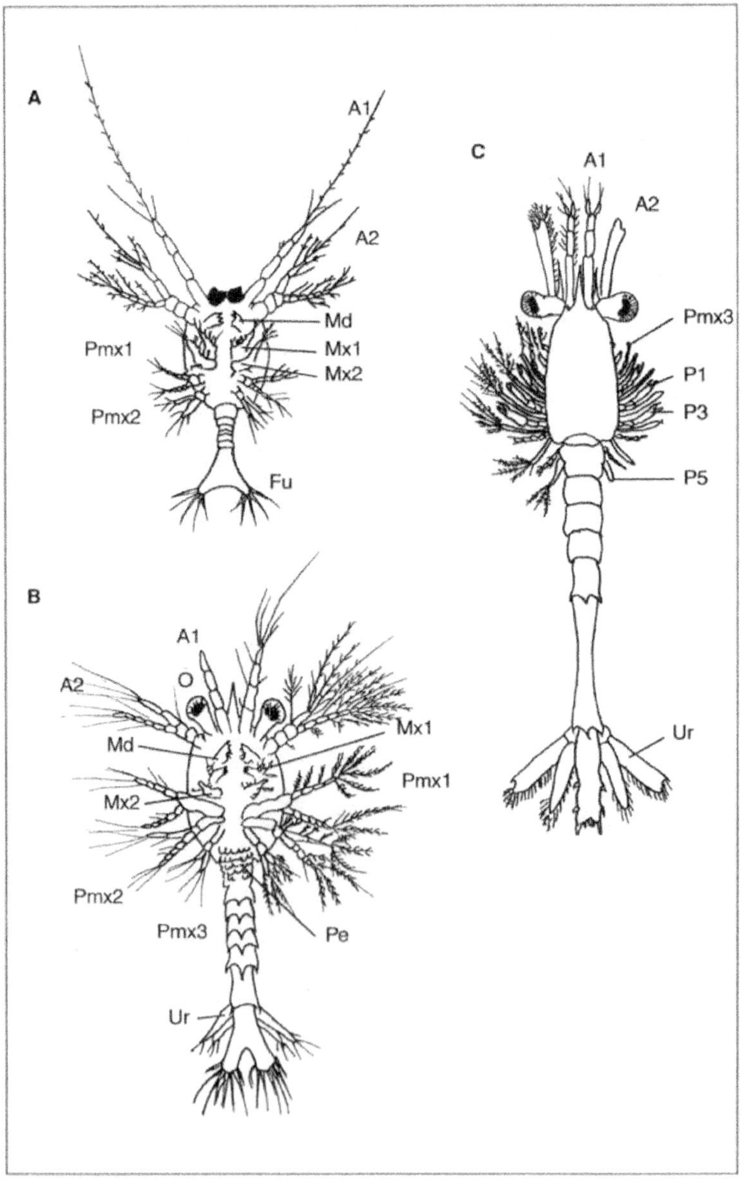

Figure 4.71 : Stades du développement postembryonnaire des crustacés pénéides (suite). A, larve *protozoe* ; B, larve *zoe* ; C, larve *mysis*. A1, antennule ; A2 antenne ; Fu, furca ; Md, mandibule ; Mx 1, maxillule ; Mx 2, maxille ; O, œil ; Pe, péréiopode ; P_1... P_5, pattes locomotrices 1 à 5 ; P Mx 1... P Mx 3, maxillipèdes 1 à 3 ; Ur, uropodes.
(D'après A. Beaumont & P. Cassier, 1983, *Biologie animale* (T.II), Dunod, Paris.)

tardivement. La métamorphose, marquée par le passage de la vie pélagique à la vie benthique, revêt alors un caractère plus drastique.

Les crabes, malacostracés brachyoures, éclosent à l'état de *zoe* à longue épine rostrale. La mue engendre une larve *metazoe* dont les pattes thoraciques courtes sont impropres à la nage qui est assurée par le battement des maxillipèdes. À la *metazoe* succède un stade mégalope qui a la forme d'une petite écrevisse dont l'abdomen, d'abord rectiligne, se repliera sous le céphalothorax pour réaliser l'aspect final du crabe.

Langoustes et cigales de mer ont une larve planctonique, ou phyllosome (fig. 4.72), *zoe* modifiée au corps transparent, aplati, foliacé. Les stomatopodes (squilles) éclosent au stade *erichtus* (= *zoe*) ou *alima* (= *pseudozoe*).

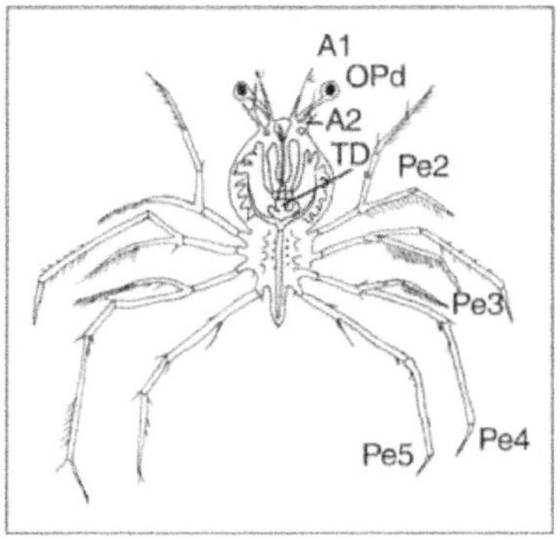

Figure 4.72 : Larve phyllosome (stade *zoe*) de la langouste, *Palinurus vulgaris*.
A1, antennule ; A2, antenne ; O Pd, œil pédonculé ; T D, tube digestif ; Pe 2... Pe 5, péréiopodes 2 à 5.

15.3. Métamorphose de fixation des crustacés cirripèdes thoraciques

15.3.1. ANATIFES *(LEPAS ANATIFERA)*

Les anatifes sont des formes grégaires, fréquentes dans toutes les mers (fig. 4.73) ; ils vivent fixés à des support flottants par un long pédoncule (jusqu'à 30 cm), musculeux, flexible, revêtu d'une cuticule chitinoïde. Ce pédoncule représente la région céphalique, post-antennulaire, hypertrophiée. Il porte à son extrémité des antennules vestigiales, enfouies dans un ciment glycoprotéique élaboré par les glandes cémentaires logées dans le pédoncule. Ces glandes s'ouvrent à la base des antennules.

Le corps, ou *capitulum* (fig. 4.73A), est emballé dans une carapace renforcée par cinq plaques calcaires (une plaque dorsale, ou *carina ;* deux plaques basales, ou *scuta*, réunies par un muscle adducteur préoral ; deux plaques apicales, ou *terga).* L'ouverture longitudinale ventrale (fig. 4.73B) permet le passage d'un long pénis médio-ventral et de six paires d'appendices cirriformes dont la longueur croît d'avant en arrière.

Les pièces buccales et les rames caudales sont vestigiales ; les protopodites de la première paire de péréiopodes portent deux épipodites filamenteux. Ces animaux sont dépourvus de cœur et d'appareil circulatoire ; les mouvements rythmiques d'extension et de rétraction des cirres facilitent les échanges respiratoires, le brassage de l'hémolymphe et la capture des proies en suspension dans l'eau de mer. Le tube digestif en forme de U comporte un estomac pourvu de plusieurs coecums hépatiques non ramifiés, distribués en cercle. Deux glandes maxillaires assurent l'excrétion. Le système nerveux comprend le cerveau, le ganglion sous-œsophagien et une chaîne nerveuse ventrale présentant cinq ou six paires de ganglions.

Lepas est hermaphrodite. Les ovaires sont localisés dans le pédoncule et les oviductes s'ouvrent à la base de la première paire d'appendices thoraciques ; ces conduits élaborent, près de leur base, des sacs qui entourent les œufs retenus à l'abri de la carapace jusqu'à l'éclosion. Les testicules ramifiés sont distribués sur les côtés du tube digestif et à la base des cirres. La fécondation croisée est de règle, ce que permet le grand développement du pénis et le comportement grégaire des anatifes.

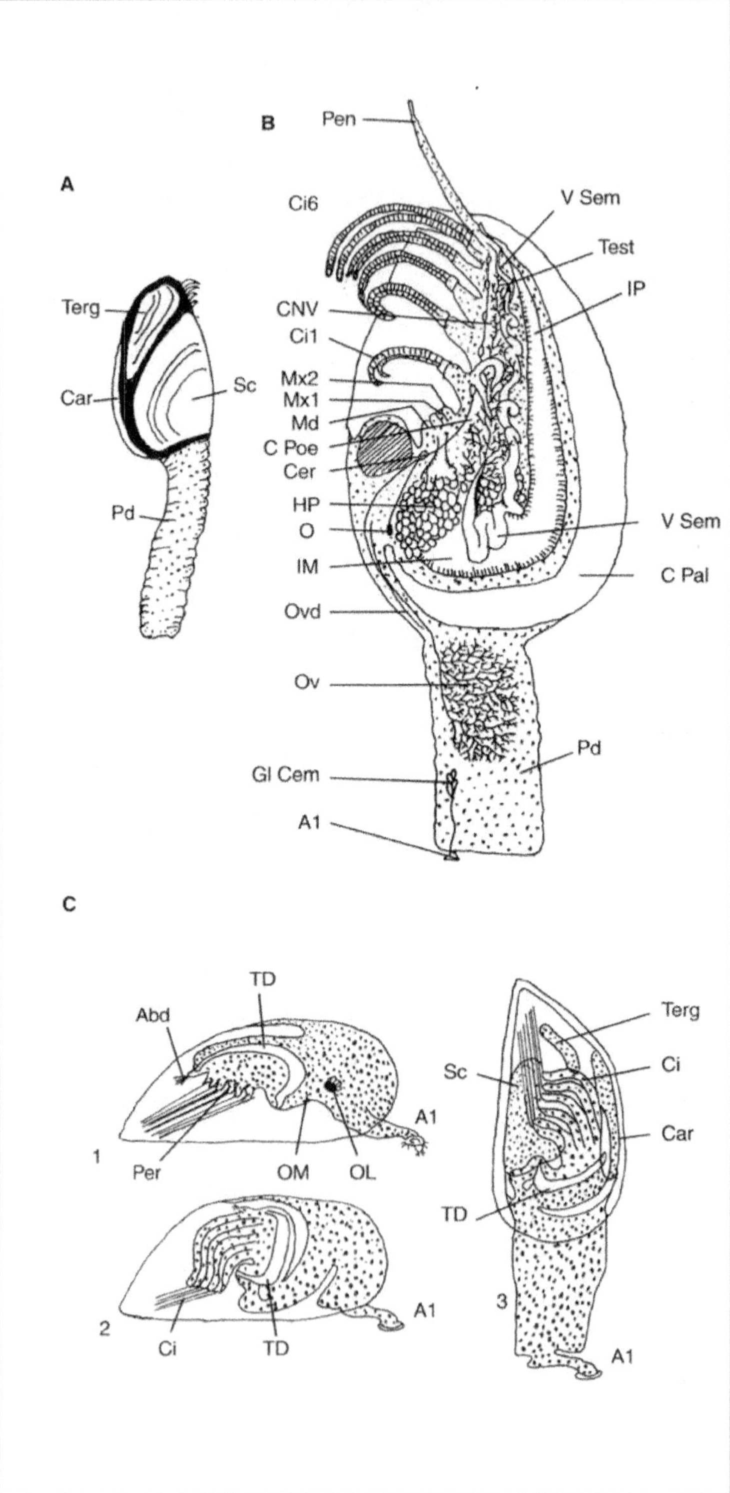

Figure 4.73 : ***Lepas anatifera.***
A, vue générale ; B, organisation.
C1...C3, phases de la métamorphose de fixation.
A1, antennule ;
Abd, abdomen ;
Ci 1... Ci 6, cirres thoraciques 1 à 6 ;
C N V, chaîne nerveuse ventrale ;
C Pal, cavité palléale ;
C Poe, collier péri-œsophagien ;
Car, carène ;
Cer, cerveau ;
Gl Cem, glande cémentaire ;
H P, hépatopancréas ;
I M, I P, intestin moyen ou postérieur ;
Md, mandibules ;
Mx 1, Mx 2, maxillules et maxilles ;
O, œil ;
O L, œil latéral ;
O M, œil médian ;
Ov, ovaire ;
Ovd, oviducte ;
Pd, pédoncule ;
Pen, pénis ;
Per, péréiopodes ;
Sc, scutum ;
TD, tube digestif ;
Terg, tergum ; Test, testicule ;
V Sem, vésicule séminale.
(D'après A. Beaumont & P. Cassier, 1983, *Biologie animale* (T.II), Dunod, Paris.)

Au plan topographique, *Lepas* présente une inversion de sa polarité dorso-ventrale. La face ventrale et les appendices sont orientés non pas vers mais à l'opposé du substrat. Cette inversion est réalisée à la faveur d'une métamorphose de fixation (fig. 4.73C). L'éclosion libère une larve *nauplius* typique des cirripèdes, caractérisée par la présence de deux cornes latérales frontales à la base desquelles s'ouvrent de nombreuses glandes unicellulaires. Après plusieurs mues, elle donne une *cypris*, dont les antennules aplaties, en forme de disque à leur extrémité, contiennent une glande cémentaire. Cette larve se fixe par ses antennules ; le corps subit une rotation à l'intérieur de la carapace, de sorte que la face ventrale est orientée à l'opposé du substrat. Les plaques de la carapace apparaissent ; la région préorale s'allonge et constitue le pédoncule.

15.3.2. BALANES

Les balanes *(Balanus, Chthamalus)* sont sessiles (fig. 4.74). Les plaques calcaires forment une muraille comprenant une carina dorsale, un rostrum ventral et deux plaques latérales. *Scuta* et *terga* constituent un opercule mobile. L'organisation générale (fig. 4.74B) et les modalités de la métamorphose de fixation sont comparables à celles de *Lepas*.

15.4. Déterminisme endocrinien de la mue et de la métamorphose

Chez les crustacés supérieurs (podophtalmes ou eumalacostracés), les principaux centres neurosécréteurs sont localisés dans les pédoncules oculaires et comportent (fig. 4.75) :

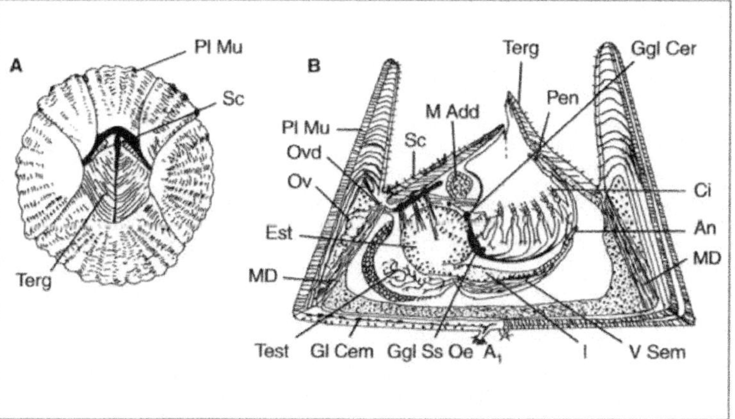

Figure 4.74 : La balane, *Balanus balanoides*.
A, vue apicale ; B, organisation générale.
A1, antennule ; An, anus ; Ci, cirre ; Est, estomac ; Ggl Cer, ganglions cérébroïdes ; Ggl Ss Oe, ganglion sous-œsophagien, Gl Cém, glande cémentaire ; I, intestin ; M Add, muscle adducteur ; M D, muscle dépresseur ; Ov, ovaire ; Ovd, oviducte ; Pen, pénis ; Pl Mu, plaques de la muraille ; Sc, scutum ; Terg, tergum ; Test, testicule ; V Sem, vésicule séminale.
(D'après A. Beaumont & P. Cassier, 1983, *Biologie animale* (T.II), Dunod, Paris.)

– un groupe de cellules neurosécrétrices, l'organe X, décrit par Hanström ;

– un centre neurohémal, la glande du sinus, où différentes neurohormones sont déversées dans l'hémolymphe (RPCH, DRPH, MIH, VIH, CHH).

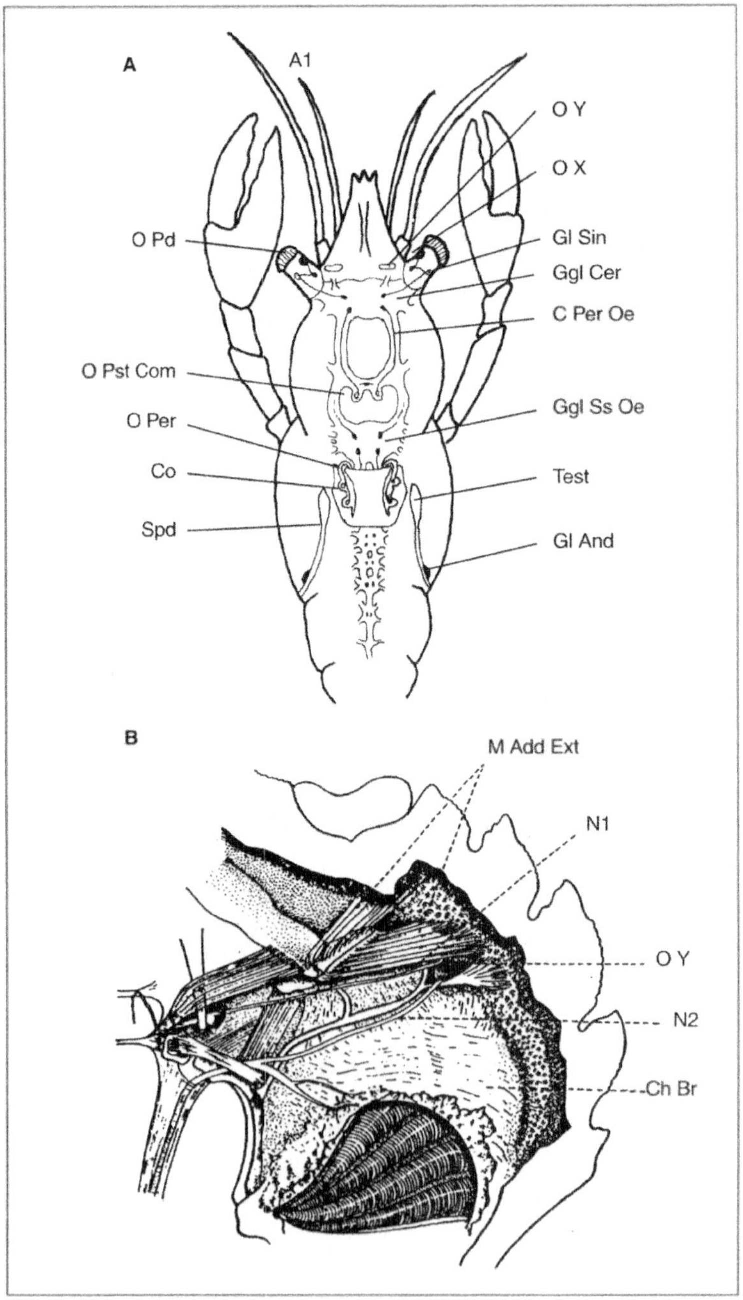

Figure 4.75 : Système neuroendocrine des crustacés. A, organisation du système neuroendocrine d'un crustacé mâle-type (D'après Highnam & Hill). **B, observation de l'organe Y de *Carcinus maenas* après ablation de la carapace céphalothoracique, de la vessie et des lobes de la glande digestive. A_1, antennule ; Ch Br, chambre branchiale ; C Per Oe, collier péri-œsophagien ; Co, cœur ; Ggl Cer, ganglions cérébroïdes ; Ggl Ss Oe, ganglions sous-œsophagiens ; Gl And, glande androgène ; Gl Sin, glande du sinus ; M Add Ext, muscle adducteur externe de la mandibule ; N1-N2, filets nerveux desservant la région de l'organe Y ; O Pd, œil pédonculé ; O Per, organe péricardique ; O Pst Com, organe postcommissural ; O X, organe X ; O Y, organe Y ; Spd, spermiducte ; Test, testicule.**

Par ailleurs, il existe deux autres organes neurohémaux, les organes post-commissuraux situés en arrière du cerveau et les organes péricardiques, qui libèrent un polypeptide cardio-accélérateur comparable à la sérotonine (5-hydroxytryptamine).

Les organes endocrines, d'origine ectodermique, d'autant plus différenciés que les espèces sont plus évoluées, sont représentés par les organes Y, glandes de mue des crustacés, et par les glandes mandibulaires, qui seraient comparables aux *corpora allata* des insectes. Les glandes androgènes annexées aux spermiductes participent à la réalisation du phénotype mâle.

15.4.1. DONNÉES EXPÉRIMENTALES

Chez les crustacés, chaque stade peut être scindé (travaux de P. Drach) en plusieurs phases (fig. 4.76) correspondant à la période postexuviale ou postmue (AB, consolidation du nouvel exosquelette : épaississement et minéralisation), à une période de repos physiologique (C1-C4) et à la période préexuviale ou de prémue (D0......D3) commençant lors de l'apolyse (D0). Cette dernière période est caractérisée par l'apparition de mitoses, la résorption de l'exosquelette et la sécrétion d'une nouvelle cuticule.

15.4.1.1. Pédoncules oculaires

L'ablation des pédoncules oculaires accélère la mue et les opérés subissent, jusqu'à leur mort par épuisement, une série ininterrompue de mues. Organes X et glandes du sinus sont donc à l'origine d'une hormone inhibitrice de la mue (MIH). Effectivement, l'injection d'extraits de pédoncules oculaires ou de glandes du sinus corrige les effets de l'ablation. Cette injection est inefficace si les organes Y sont absents, ce qui démontre que les structures pédonculaires contrôlent la mue par l'intermédiaire de ces organes.

Si l'intervention d'une neurohormone régulant négativement (MIH) l'activité des organes Y, donc la biosynthèse des ecdystéroïdes, est un fait bien établi, la caractérisation de cette substance a peu évolué pendant de nombreuses années. Le développement des méthodes de RP-HPLC *(reverse phase-high performance liquid chromatography)*, qui permettent de fractionner les extraits bruts de glande du sinus, et la mise au point d'essais biologiques fiables, qui reposent sur la mesure des effets *in vitro* de la MIH sur la biosynthèse des ecdystéroïdes, ont permis de substantiels progrès.

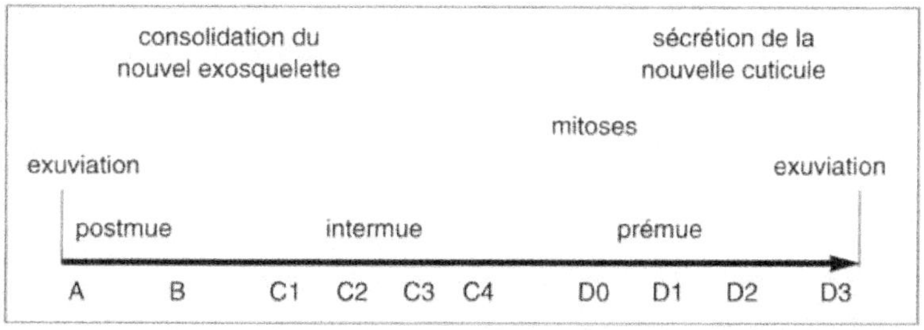

Figure 4.76 : Phases successives d'un stade larvaire de crustacé.

Tableau 4.VII : Séquence primaire de la *moulting inhibiting hormone* de *Carcinus moenas*.

1		10	20
Arg-Val-Ile-Asn-Asp-Glu-Cys-Pro-Asn-Leu-Ile-Gly-Asn-Arg-Asp-Leu-Tyr-Lys-Lys-Val			
	T4	30	40
Glu-Trp-Ile-Cys-Glu-Asp-Cys-Ser-Asn-Ile-Phe-Arg-Lys-Thr-Gly-Met-Ala-Ser-Leu-Cys			
	T5a	50	60
Arg-Arg-Asn-Cys-Phe-Phe-Asn-Glu-Asp-Phe-Val-Trp-Cys-Val-His-Ala-Thr-Glu-Arg-Ser			
		70	78
Glu-Glu-Leu-Arg-Asp-Leu-Glu-Glu-Trp-Val-Gly-Ile-Leu-Gly-Ala-Gly-Arg-Asp			

L'utilisation d'organes Y activés, issus de donneurs épédonculés de *Carcinus antennarius*, a permis de montrer que l'effet inhibiteur de la MIH était dose-dépendant, réversible, tissu-spécifique, et résultait d'une action physiologique directe. L'incubation d'organes Y de *Carcinus maenas* dans un milieu additionné d'extraits bruts ou de fractions de glandes du sinus révèle par ailleurs que la MIH n'est pas spécifique mais active dans une gamme picomolaire. La MIH de *Carcinus antennarius* appartient à la famille des peptides du type vasopressine (VP) et plus particulièrement à la famille des lysine-VP (LVP). Un anticorps anti-arginine-VP ou anti-LVP abolit l'effet inhibiteur de la MIH. Tout comme la MIH, la LVP augmente la teneur des organes Y en AMPc, la MIH agissant par les récepteurs de type V2.

In vivo, la libération de MIH (mais non sa synthèse) est inhibée par une augmentation du titre des ecdystéroïdes circulants par le biais de la sérotonine ou 5-HT (5-hydroxytryptamine). L'injection de 5-HT provoque en 12 h une chute du taux des ecdystéroïdes chez *Carcinus antennarius*. La p-chlorophénylalanine (inhibiteur de la 5-HT) ou la cyproheptadine (antagoniste de récepteurs à 5-HT) déterminent une augmentation du titre des ecdystéroïdes.

À partir des glandes du sinus de *Carcinus maenas*, un peptide de 78 acides aminés (masse moléculaire 7,2 kDa) à activité MIH a été isolé et séquencé. La présence de 6 résidus cystéine permet la réalisation de 3 ponts disulfure. Il est intéressant de noter que chez le même crabe, l'hormone hyperglycémiante (cHH) inhibe également la synthèse des ecdystéroïdes et montre 1/20° de l'action de la MIH. Néanmoins, MIH et cHH qui appartiennent à la même famille peptidique sont synthétisées généralement dans des neurones distincts (tabl. 4.VII).

Les MIH et les cHH de *Carcinus maenas* et de *Homarus americanus* présentent une forte homologie (tabl. 4.VIII).

À partir des glandes du sinus de *Procambarus bouvieri*, un peptide a été isolé : il comporte 53-55 acides aminés pour une masse moléculaire minimum de 6 243-6 402 Da (pI 5,50). Il présente une grande similarité avec les deux hormones hyperglycémiantes isolées chez le même animal.

Tableau 4.VIII : Séquence des acides aminés de la MIH, de la VIH et de la cHH d'*Homarus americanus* (Hoa), *Carcinus maenas* (Cam) et *Orconectes limosus* (Orl).

				1										
Hoa-MIH				pE	V	F	D	Q	A	C	K	G	V	
Hoa-cHH-A				pE	V	F	D	Q	A	C	K	G	V	
Hoa-cHH-B				pE	V	F	D	Q	A	C	K	G	V	
Hoa-VIH	A	S	A	W	F	T	N	D	E	C	P	G	V	M
Cam-cHH				pE	I	Y	D	T	S	C	K	G	V	
Cam-MIH			R	V	I	N	D	E	C	P	N	L	I	
Orl-cHH				pE	V	F	D	Q	A	C	K	G	I	

	11										21										31		
..	Y	D	**R**	N	L	F	K	K	L	D	R	V	**C**	E	**D**	**C**	Y	**N**	L	Y	**R**	K	P
..	Y	D	**R**	N	L	F	K	K	L	D	R	V	**C**	E	**D**	**C**	Y	**N**	L	Y	**R**	K	P
..	Y	D	**R**	N	L	F	K	K	L	D	R	V	**C**	E	**D**	**C**	Y	**N**	L	Y	**R**	K	P
..	G	N	**R**	D	L	Y	E	K	V	A	W	V	**C**	N	**D**	**C**	A	**N**	I	F	**R**	N	N
..	Y	D	**R**	A	L	F	N	D	L	E	H	V	**C**	D	**D**	**C**	Y	**N**	L	Y	**R**	T	S
..	G	N	**R**	D	L	Y	K	K	V	E	W	I	**C**	E	**D**	**C**	S	**N**	I	F	**R**	K	T
..	Y	D	**R**	A	I	F	K	K	L	D	R	V	**C**	E	**D**	**C**	Y	**N**	L	Y	**R**	K	P

							41										51					
..	F	V	A	T	T	**C**	R	E	N	**C**	Y	S	N	W	V	**F**	R	Q	**C**	L	D	D	L
..	F	V	A	T	T	**C**	R	E	N	**C**	Y	S	N	W	V	**F**	R	Q	**C**	L	D	D	L
..	F	I	V	T	T	**C**	R	E	N	**C**	Y	S	N	R	V	**F**	R	Q	**C**	L	D	D	L
..	D	V	G	V	M	**C**	K	K	D	**C**	F	H	T	M	W	**F**	L	W	**C**	V	Y	A	T
..	Y	V	A	S	A	**C**	R	S	N	**C**	Y	S	N	L	V	**F**	R	Q	**C**	M	D	D	L
..	G	M	A	S	L	**C**	R	R	N	**C**	F	F	N	E	D	**F**	V	W	**C**	V	H	A	T
..	Y	V	A	T	T	**C**	R	Q	N	**C**	Y	A	N	S	V	**F**	R	Q	**C**	L	D	D	L

					61										71						
..	L	L	S	N	V	I	D	E	Y	V	S	N	**V**	Q	M						
..	L	L	S	D	V	I	D	E	Y	V	S	N	**V**	Q	M	VNH_2					
..	L	M	I	D	V	I	D	E	Y	V	S	N	**V**	Q	M	VNH_2					
..	E	R	H	G	E	I	D	Q	F	R	K	W	**V**	S	I	L	R				
..	L	M	M	D	E	F	D	Q	Y	A	R	K	**V**	Q	M	VNH_2					
..	E	R	S	E	E	L	R	D	L	E	E	W	**V**	G	I	L	G	A	G	R	D
..	L	L	I	D	V	L	D	E	Y	I	S	G	**V**	Q	T	VNH_2					

15.4.1.2. Organes Y

L'ablation des organes Y supprime la mue et rend inopérante l'ablation des pédoncules oculaires. Les organes Y sont soumis à de multiples contrôles (fig. 4.77). Ils subissent l'effet inhibiteur de la MIH et, à un degré moindre, celui de la CHH, voire de l'acide xanthurénique, précurseur des pigments rétiniens (ommochromes). Cette substance pourrait interférer avec les enzymes à cytochrome P_{450} impliquées dans la stéroïdogenèse. En revanche, le farnésoate de méthyle sécrété par les organes mandibulaires aurait un effet stimulant, dose-dépendant.

La synthèse des ecdystéroïdes dépend de celle des protéines et les deux phénomènes sont inhibés par la MIH (augmentation du taux de l'AMPc chez le crabe, du GPMc chez l'écrevisse) et par un système calcium-calmoduline. L'ionophore Ca^{2+} A23187 stimule la stéroïdogenèse et diminue le taux de l'AMPc en activant une calcium-calmoduline dépendant AMPc-phosphodiestérase.

Les organes Y sont à l'origine d'ecdystéroïdes variés : 3-déshydro-ecdysone *(Penaeus sp., Cancer antennarius, Procambarus clarkii, Orconectes limosus)*, ecdysone *(Carcinus maenas, Callinectes sapidus)* et 25-désoxyecdysone *(C. maenas, C. sapidus)*. Ces précurseurs hormonaux sont convertis en 20-hydroxyecdysone et en ponastérone A (fig. 4.78).

Le kétodiol (2,22,25-tridésoxyecdysone) incubé en présence d'organes Y de *Carcinus maenas* est converti en 22,25-didésoxyecdysone, 25-désoxyecdysone et ecdysone. Ces deux derniers sont sécrétés et certainement convertis en 20-hydroxyecdysone et ponastérone A. La MIH inhibe la conversion du kétodiol en 25-désoxyecdysone et ecdysone.

L'ecdysone-20 mono-oxygénase a été localisée dans les tissus de *Geocarcinus lateralis*. L'activité est particulièrement élevée dans l'hépatopancréas et certainement localisée dans les mitochondries.

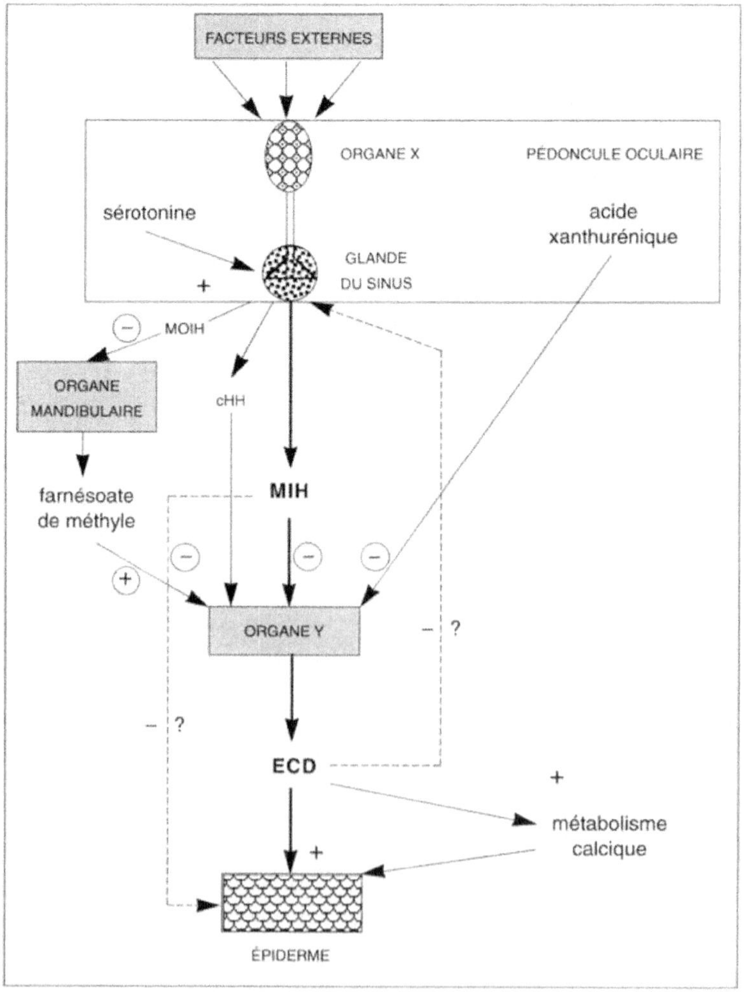

Figure 4.77 : Régulation de la mue chez les crustacés. **cHH,** ***crustacean hyperglycemic hormone*** **; ECD, ecdystéroïdes ; MIH,** ***moulting inhibiting hormone*** **; MOIH,** ***mandibular organ inhibiting hormone.*** (Communication personnelle de D. Soyez).

La dégradation du vieil exosquelette et la construction d'un nouveau résultent d'un ensemble complexe d'événements métaboliques, d'interactions avec, en particulier, l'activation de gènes qui dépendent des ecdystéroïdes. L'activité biosynthétique *in vitro* de tissus prélevés à différents stades de la mue et la traduction des ARNm d'*Astacus leptodactylus* mettent en évidence un profond processus de reprogrammation comportant l'inhibition ou l'activation de différents gènes.

Des tissus soumis pendant 48 h à l'action de la 20-hydroxyecdysone *in vitro* puis placés un jour dans un milieu normal produisent les modifications épidermiques les plus importantes. On en déduit qu'une première petite décharge d'hormone déclenche la transition de l'intermue à la prémue (expression génique) et qu'une deuxième décharge à plus forte concentration d'ecdystéroïdes contrôle l'apolyse et les événements ultérieurs. Des taux élevés d'AMPc et de GMPc-protéine kinase ont été

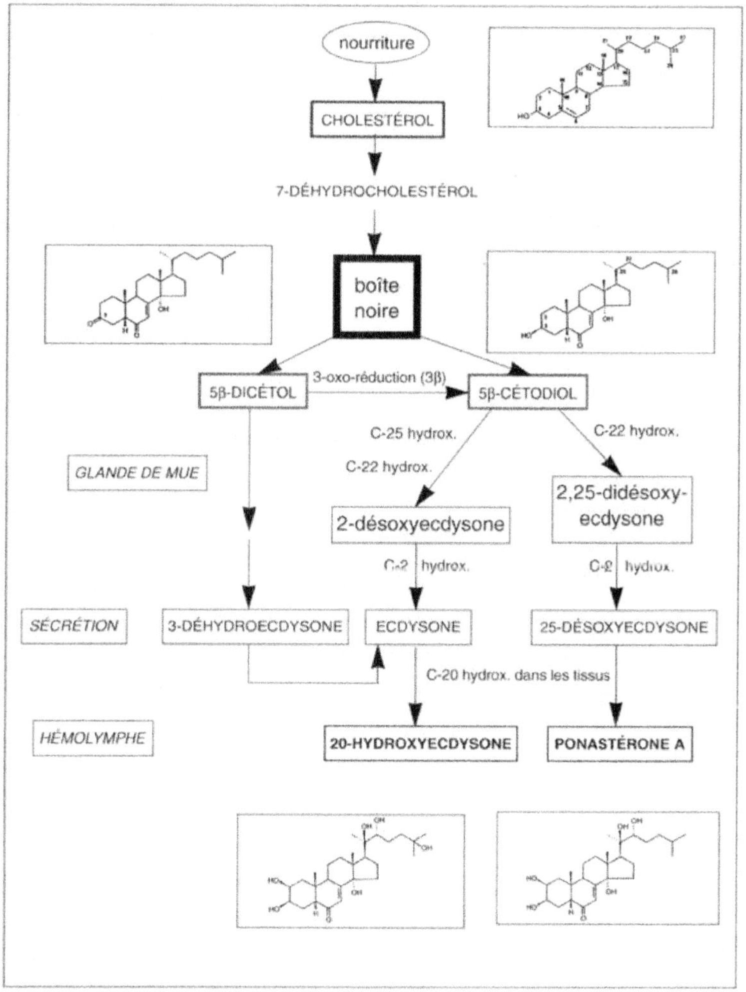

Figure 4.78 : Voies de biosynthèse des ecdystéroïdes chez les crustacés.

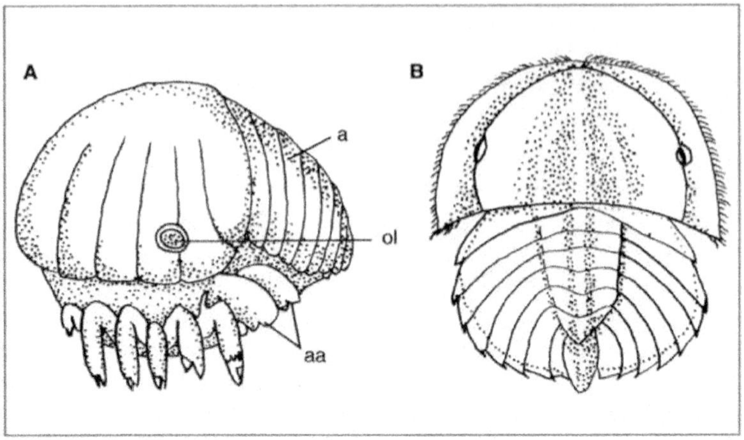

Figure 4.79 : Développement de *Xiphosura polyphemus*. A, embryon ; B, larve trilobitique. a, abdomen ; aa, appendices abdominaux ; ol, organe latéral. (D'après A. Beaumont & P. Cassier, 1983, *Biologie animale* (T.II), Dunod, Paris.)

observés dans les tissus de l'écrevisse *Orconectes limosus* durant les stades D0-D2/3 et en postmue (stade B). L'injection de 20-hydroxyecdysone stimule l'activité protéine-kinase de manière dose-dépendante.

Deux cystéine-protéases (ACP I, ACP II) ont été isolées des tissus de *Geocarcinus lateralis* ainsi que deux protéases acides (AP I, AP II) qui, elles, seraient d'origine lysosomale et du type cathepsine.

16. Autres arthropodes

Chez les arthropodes antennates où se produit une métamorphose, une caractéristique particulière réside dans la succession des mues larvaires. En première analyse, la métamorphose semble présenter des modalités distinctes. Chez les crustacés (§ 15), la jeune larve éclôt avec un nombre de segments inférieur à celui de l'adulte ; la métamorphose se déroule au travers de mues larvaires successives, qui permettent l'adjonction progressive de métamères.

Chez les arthropodes chélicérates, des observations du même ordre ont été faites chez les xiphosures et les pycnogonides*.

16.1. Xiphosures

Les xiphosures constituent un groupe primitif de chélicérates marins, plus ou moins fouisseurs. Leurs larves émergent au stade *trilobite*, nom qu'elles doivent à leur ressemblance avec les trilobites de l'ère primaire (fig. 4.79). Ces larves, qui mesurent 1 cm à l'éclosion, sont actives, nagent sur le dos et creusent le sable. Elles possèdent un céphalothorax large, aplati, où deux sillons délimitent une région centrale et deux régions latérales. Yeux médians et latéraux sont situés dans les sillons. Neuf segments abdominaux sont décelables ; le dernier est à l'origine de l'épine caudale. Les cinq premières paires d'appendices se développent dans l'*operculum* ; ils sont pourvus de lamelles branchiales. La métamorphose est graduelle avec, au cours de mues successives, élongation de l'épine dorsale et fusion de segments abdominaux.

* Les chélicérates comportent aussi les arachnides, arthropodes inféodés aux milieux terrestres et ne présentant jamais de métamorphose.

16.2. Pycnogonides

Les pycnogonides ou pantopodes *(Pycnogonum, Nymphon)* sont des chélicérates marins, particulièrement abondants dans les régions littorales. Contrairement aux xiphosures, ils demeurent perpétuellement pélagiques. Les larves de ces "araignées" de mer éclosent généralement avec trois paires de pattes, bien que, chez quelques espèces, le développement puisse être plus avancé. Le corps est cubique ou arrondi, rarement allongé. Les pattes antérieures à trois articles sont des chélicères ; les deuxième et troisième paires portent des crochets. Des yeux pairs, accolés, sont situés en arrière du proboscis, trompe cylindrique qui prolonge la tête.

La métamorphose implique l'adjonction de métamères postérieurs. Les pattes acquièrent des caractéristiques adultes. Elles peuvent aussi disparaître et se reformer *de novo* aux mêmes emplacements. L'abdomen, très court, évoque un sac appendu où s'ouvre l'anus.

17. Échinodermes

Les échinodermes sont des métazoaires coelomates, exclusivement marins, dont la symétrie bilatérale primitive est altérée au cours du développement par superposition d'une symétrie radiaire, généralement pentamère. Le squelette, d'origine mésodermique, est constitué de formations calcaires discontinues (spicules) ou continues (plaques). Le coelome de l'adulte comporte deux parties principales : la cavité générale et la cavité ambulacraire. Cette dernière comprend un anneau oral, d'où partent cinq canaux radiaires (ou ambulacraires). Un canal hydrophore la fait communiquer avec l'eau de mer via des pores aquifères percés dans une plaque madréporique. Chaque canal radiaire est relié à une double succession de vésicules podiales, s'ouvrant chacune dans un pied ambulacraire (podia) et en réglant la turgescence lors des déplacements de l'animal.

17.1. Diversité des types larvaires

Les larves d'échinodermes sont classées selon leur morphologie et la disposition de la ciliature. Toutes ont pour stade initial la larve *dipleurula*, dont la bouche est située dans une dépression "en-selle", bordée par une bande ciliée. Le tube digestif a la forme d'un U, l'anus s'ouvrant en arrière de la bande ciliée. Deux sacs coelomiques symétriques, entérocoeliques, flanquent le tube digestif.

Exception faite des larves *doliolaria* et *pentactula* dont la symétrie est radiaire, les larves d'échinodermes ont une symétrie bilatérale. Issues d'œufs oligolécithes, elles sont généralement pélagiques et planctonotrophes. Chez quelques espèces à œufs riches en vitellus, les larves sont néanmoins lécithotrophes, démersales ou incubées.

17.1.1. LARVE *PLUTEUS*

Chez la larve *pluteus* des échinides *(echinopluteus)* et des ophiurides *(ophiopluteus)*, la bande ciliée s'étend grâce au développement de longs bras pairs dirigés vers l'avant et donnant une allure pyramidale à la larve (fig. 4.80, 4.81, 4.82A & B). Il y a le plus souvent quatre paires de bras, qui ne sont d'ailleurs pas homologues d'une larve à l'autre. Les bras préoraux prédominent chez les *echinoplutei*, mais ce sont les bras postéro-latéraux qui prennent le plus grand développement chez les *ophioplutei* et leur confèrent une allure plus évasée. Les bras sont en principe incapables de mouvements propres. En revanche, les expansions ciliées superficielles peuvent effectuer de lents mouvements d'adduction et d'abduction, que permet la contraction de faisceaux musculaires insérés sur des spicules calcaires.

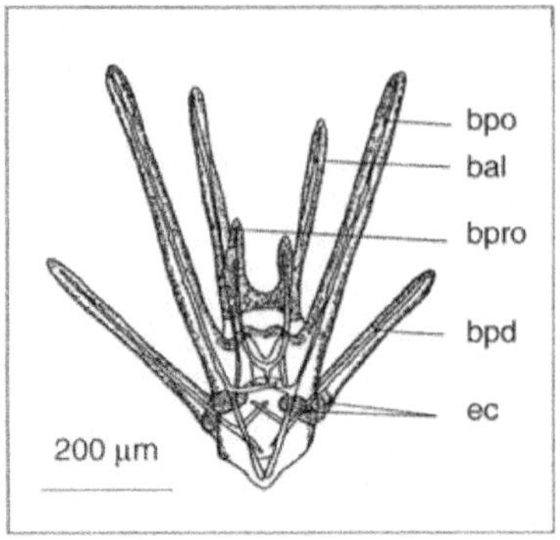

Figure 4.80 : *Echinopluteus* de *Paracentrotus lividus*.
Toponymie des bras en vue ventrale. bal, bras antéro-latéraux ; bpd, bras postéro-dorsaux ; bpo, bras proximo-oraux ; bpro, bras préoraux ; ec, épaulettes ciliées.
(D'après Fenaux 1969.)

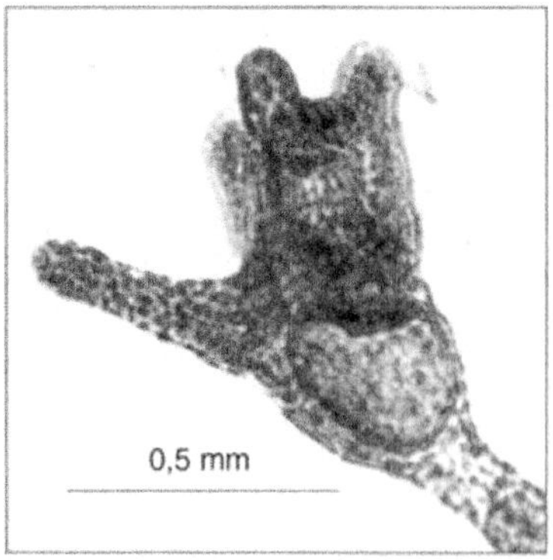

Figure 4.81 : Larve *echinopluteus* d'échinide.
(Cliché Vernet, Université de Reims.)

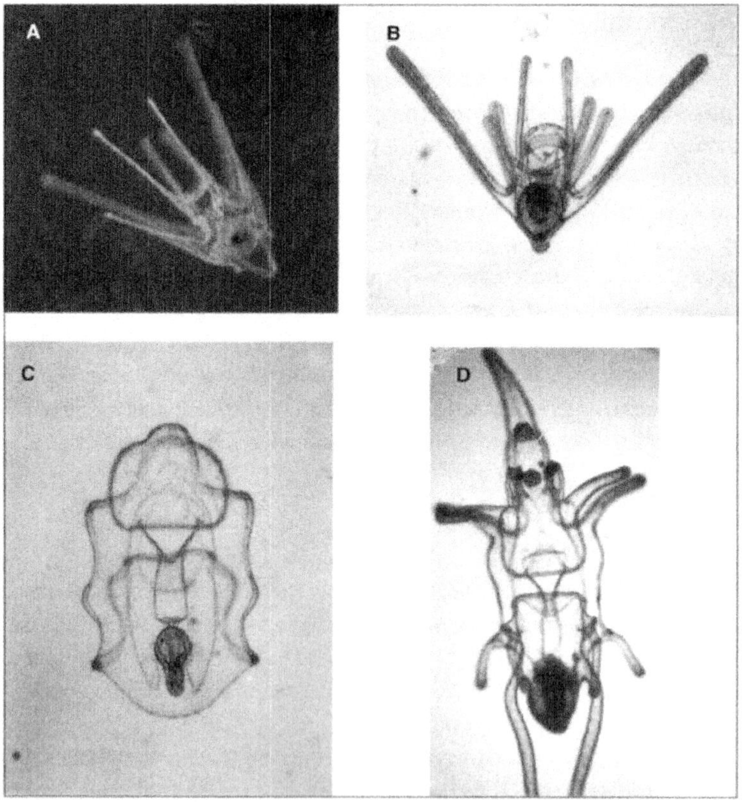

Figure 4.82 : Quelques larves d'échinodermes.
A, *Echinopluteus* de *Paracentrotus lividus*. (Clichés Fenaux.)
B, *Ophiopluteus* d'*Ophiolophis aculeata*. (Clichés Strathmann.)
C, *Bipinnaria* de *Pisaster ochraceus*. (Clichés Strathmann.)
D, *Brachiolaria* de *Pisaster ochraceus*. (Clichés Strathmann.)

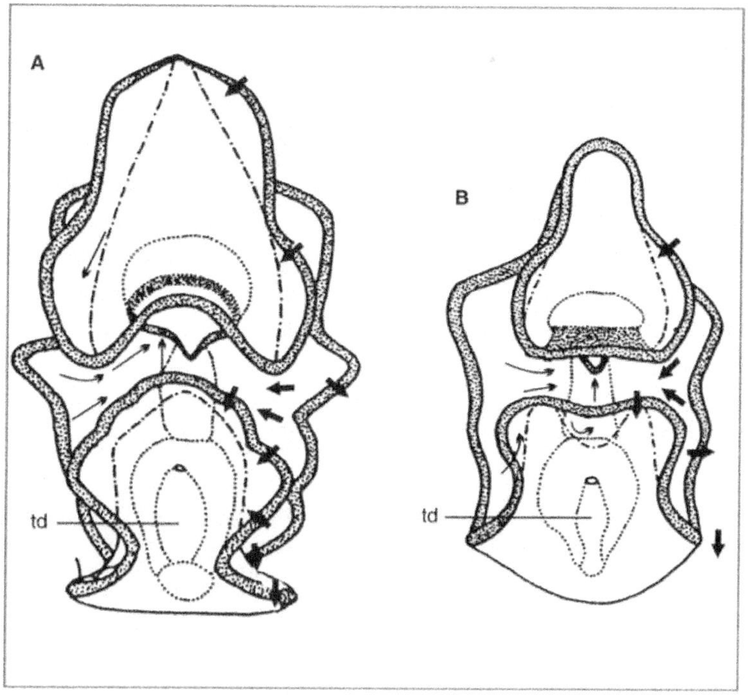

Figure 4.83 : Quelques larves d'échinodermes (suite)
A, larve *bipinnaria* d'astéride ;
B, larve *auricularia* d'holothuride.
Les bandes ciliaires sont en grisé.
Les flèches indiquent les courants des particules alimentaires en direction de la bouche.
td, tractus digestif.
(D'après Strathmann 1975.)

17.1.2. LARVE *BIPINNARIA*

Chez la larve *bipinnaria* des astérides, des phénomènes locaux de croissance vont altérer la configuration de la bande ciliaire (fig. 4.82C & 4.83A). Celle-ci se subdivise d'abord en deux bandes complètement séparées, l'une préorale et l'autre postorale. Ces bandes se lobent ensuite au point de former, chez certaines larves *(Luidia)*, de courtes saillies ciliées à fonction locomotrice.

17.1.3. LARVE *BRACHIOLARIA*

La larve *brachiolaria*, qui caractérise aussi les astérides, représente une larve *bipinnaria* devenue sédentaire par l'acquisition d'un appareil adhésif (fig. 4.82D & 4.84). Celui-ci se compose de bras, expansions digitiformes creuses, nées dans l'espace compris entre les deux bandes ciliées. Ces bras sont munis de papilles adhésives et n'ont pas de revêtement ciliaire. Une ventouse adhésive apparaît aussi à la base des bras.

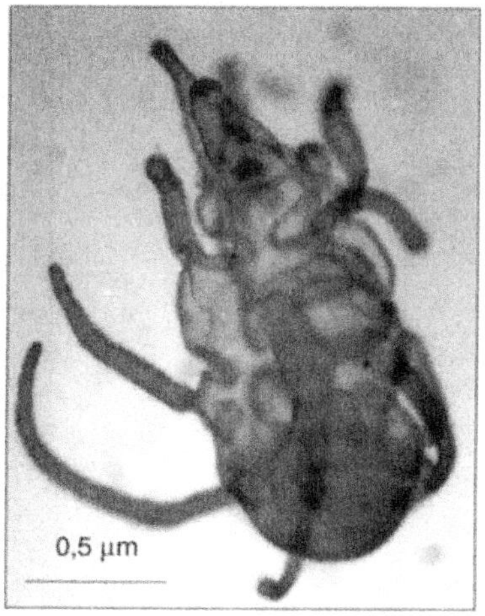

Figure 4.84 : Larve *brachiolaria* d'astéride.
(Cliché Vernet, Université de Reims.)

17.1.4. LARVE *AURICULARIA*

La larve *auricularia* de nombreux holothurides ressemble aux stades précoces de la larve *bipinnaria* des astérides (fig. 4.83B). Les bras sont absents. Les bandes ciliaires sont disposées selon des lobes qui évoquent le dessin d'une oreille.

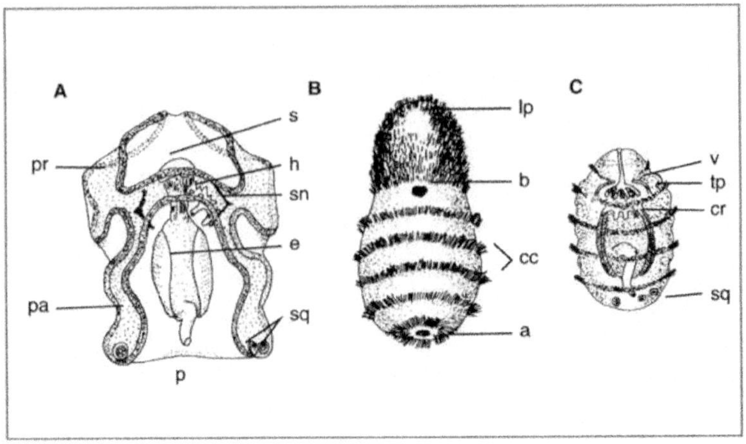

Figure 4.85 : Développement embryonnaire des holothurides.
A, *Auricularia* (d'après Semon) ; **B, larve en tonnelet ; C, larve *doliolaria*.**
a, anus ; b, bouche ; cc, ceinture ciliaire ; cr, canal radiaire ; e, entéron ; h, hydrocoele ; lp, lobe préoral ; p, proctodeum ; pa, paratroque ; pr, prototroque ; s, stomodeum ; sn, système nerveux ; sq, éléments squelettiques ; tp, tentacule primaire ; v, vestibule.

17.1.5. LARVE *DOLIOLARIA (VITELLARIA)*

Les crinoïdes sont caractérisées par un type de larve très différent des types précédents, la larve *doliolaria* (fig. 4.85). Cette larve en forme de tonnelet, dépourvue de bras, est entourée de trois à six couronnes ciliaires distinctes. La larve *doliolaria* semble dériver de la forme *auricularia* dont la bande ciliaire continue primitive se fragmente de chaque côté, les morceaux se réarrangeant par paires en cercles ciliés. Chez la comatule *(Antedon bifida)*, la larve *doliolaria* atteint 400 µm de longueur pour un diamètre de 100 µm. Pendant 2 à 6 jours, elle nage en tournant sur elle-même dans le sens des aiguilles d'une montre (fig. 4.86) et manifeste, en principe, un géotropisme négatif et un phototropisme positif.

La larve *doliolaria* possède deux invaginations : l'une, antéro-dorsale, constituera une fossette adhésive ; l'autre est médiane et forme le vestibule. Une touffe de long cils garnit l'apex de la larve. Des catécholamines, dont la L-dopamine, ont été mises en évidence dans le ganglion nerveux dorsal et les nerfs qui en partent ; elles suggèrent un contrôle d'organes effecteurs larvaires, en particulier lors de la fixation au substrat. L'intérieur de la *doliolaria* contient un mésenchyme qui entoure une vésicule creuse, équivalant à un tube digestif sans bouche ni anus.

Chez certaines ophiurides, des larves en tonnelet ont été décrites. Ces larves libres, lécithotrophes, ont une ciliature limitée à quelques ceintures qui rappelle le type *doliolaria*.

17.2. Métamorphose

La métamorphose des larves *echinopluteus*, *brachiolaria* ou *doliolaria* s'effectue au fond de l'eau. La larve explore le substrat puis s'immobilise en présence du site opportun, souvent riche en micro-organismes (diatomées...) ; elle peut demeurer pélagique pendant plusieurs semaines si ce site n'est pas trouvé. La métamorphose peut apparaître aussi en milieu pélagique, pour la *bipinnaria* par exemple. Le phénomène est habituellement lent, surtout chez les échinides. Par leur présence, certains organismes (coraux, algues...) peuvent néanmoins le stimuler.

Les modalités de la métamorphose sont variées mais peuvent se ramener à trois types principaux : le type crinoïdien, vraisemblablement le plus archaïque ; le type holothurien ; le type échinidien groupant oursins, ophiures et astéries. Les métamorphoses de type crinoïdien ou holothurien sont caractérisées par un passage presque total du corps de la larve chez l'adulte (métamorphose évolutive). Lors d'une transformation de type échinidien, au contraire, le côté gauche de la larve va littéralement bourgeonner un adulte et une partie des tissus larvaires dégénère (métamorphose nécrotique).

17.2.1. TYPE CRINOÏDIEN

Ce type est représenté par l'exemple de la comatule (*Antedon bifida* – fig. 4.87). Après avoir nagé de quelques heures à plusieurs jours sans se nourrir, le phototropisme et le géotropisme de la *doliolaria* s'inversent. La larve gagne alors le fond. Sa touffe ciliaire apicale, à fonction probablement sensorielle, lui permet de prospecter le substrat et d'y trouver un milieu particulièrement riche en matières organiques. La larve s'accroche d'abord par sa touffe ciliaire apicale puis, une heure après, se fixe définitivement par sa face antérieure, grâce au "ciment" sécrété par la fossette adhésive.

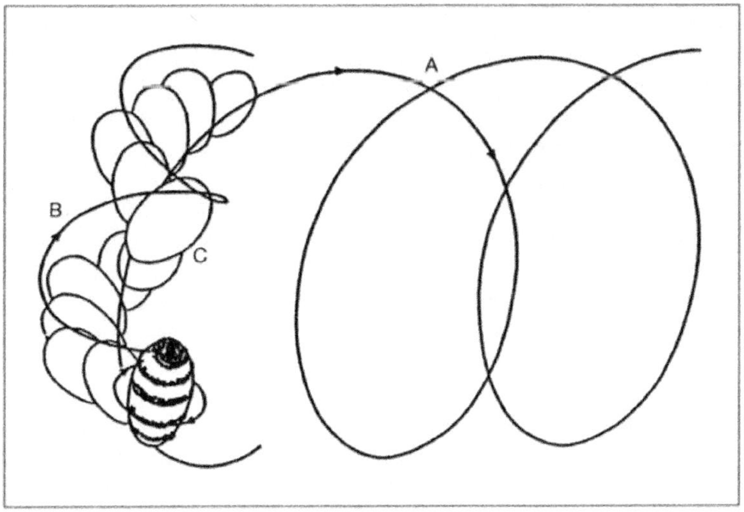

Figure 4.86 : Trajectoire suivie par une larve *doliolaria* nageuse d'*Antedon*.
(D'après Lahaye 1987.)

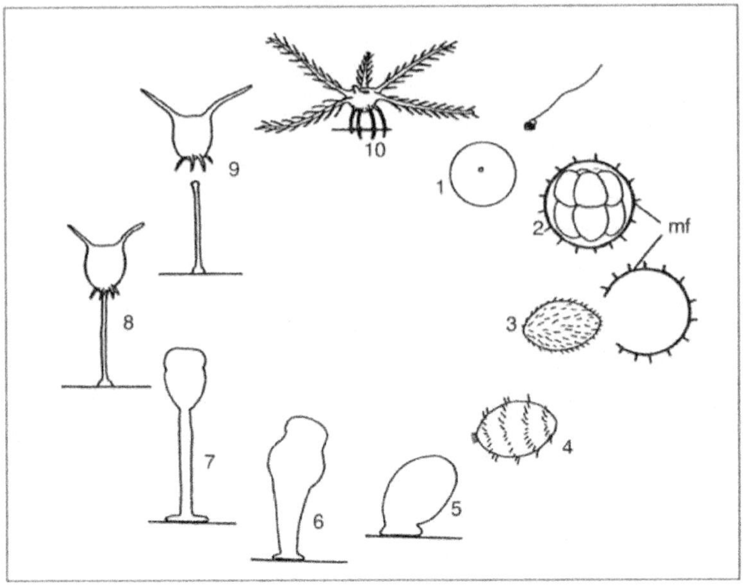

Figure 4.87 : Cycle de développement d'un crinoïde. 1, fécondation ; 2, embryon ; 3, larve uniformément ciliée ; 4, larve *doliolaria* ; 5, larve attachée à son substrat ; 6, jeune stade cystidien ; 7, larve cystidienne ; 8, larve pentacrinoïde ; 9, juvénile ; 10, adulte. mf, membrane de fécondation.
(D'après Holland & Kubota 1975.)

La métamorphose dure six jours (phase cystidienne). Elle est marquée par des modifications de la polarité et des remaniements internes. La région antérieure s'allonge en pédoncule, tandis que le stomodeum migre vers le pôle postérieur de la larve avec les autres organes. Le vestibule s'invagine, se referme en une vésicule close qui émigre au sommet de la larve fixée. La cavité ambulacraire forme un anneau oral et bourgeonne les digitations qui seront à l'origine des canaux radiaires. Un squelette se met en place dans le pédoncule, au pourtour du calice.

Six semaines plus tard, le calice s'épanouit suite à l'ouverture du vestibule. Les bras se développent (stade pentacrinoïde) et incorporent les canaux radiaires. Podies et pinnules apparaissent. La face orale s'individualise et le tube digestif achève son développement. Des cirres latéraux poussent à la base du calice.

Après plusieurs mois de vie sessile, l'adulte se détache du pédoncule et mène une vie libre, vagile.

17.2.2. TYPE HOLOTHURIEN

La larve *auricularia* se transforme en une larve *doliolaria* par fragmentation des bandes ciliaires initiales et réagencement des fragments en six couronnes transversales. La métamorphose est accompagnée par le flétrissement de la région préorale. Située originellement au fond d'un atrium porté par le côté gauche de la larve, la bouche vient alors occuper le pôle antérieur. Le développement de l'adulte est progressif et n'affecte pas la vie libre, nageuse, de la larve. Cinq tentacules se développent dans l'atrium puis émergent vers l'extérieur (larve *pentactula*). L'hypertrophie du tube digestif engendre les branches ascendante et descendante de l'intestin. Les bandes ciliées disparaissent et le jeune imago tombe au fond.

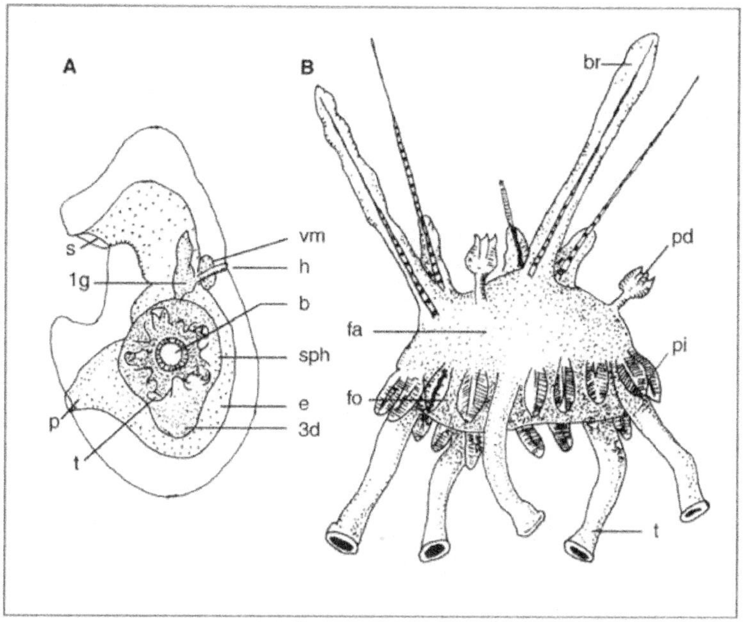

Figure 4.88 : Métamorphose des échinides.
A, larve *echinopluteus* vue du côté gauche et montrant le jeune oursin en formation. B, jeune *Arbacia punctulata* issu de la larve *echinopluteus*.
b, bouche ; br, bras ; e, entéron ; fa, face aborale ; fo, face orale ;
h, hydropore ; p, proctodeum ; pd, pédicellaire ; pi, piquant ; s, stomodeum ;
sph, sinus périhémal ; t, tentacule ; vm, vésicule madréporique ;
1g, protocoele gauche (axocoele) ; 3d, métacoele droit.
(D'après Colton & Garman.)

Les tissus larvaires sont en majorité conservés. Le passage à l'adulte est réalisé par allongement de la partie postérieure.

17.2.3. TYPE ÉCHINIDIEN

17.2.3.1. Oursins

Contrairement aux deux métamorphoses précédentes, où la nouvelle organisation était accompagnée d'un passage du contenu larvaire chez l'adulte, la métamorphose de type échinidien est caractérisée par un bourgeonnement de la larve du côté gauche, ce qui altère sa symétrie bilatérale. Par ailleurs, une partie seulement des organes larvaires persistera chez l'adulte*. Le développement de la face orale de l'adulte a lieu sur le côté gauche de la larve, celui de la face aborale sur le côté droit (fig. 4.88A). Cette rotation de 90° provoque une perte de la symétrie bilatérale primitive de la larve.

Une invagination vestibulaire ectodermique apparaît en premier, puis s'aplatit contre l'hydrocoele gauche et perd toute relation avec l'extérieur. L'organogenèse ultérieure s'effectue au voisinage de la cavité vestibulaire.

* La larve lécithotrophe de l'échinide *Heliocidaris erythrogramma* ne possède ni bras ni bandes ciliaires, mais elle contient une réserve vitelline importante, distribuée de manière homogène ou à localisation polaire. L'ébauche de l'oursin apparaît en position médiane.

L'hydrocoele droit régresse. En revanche, l'hydrocoele gauche se développe, entoure le tube digestif et forme l'anneau ambulacraire, d'où émergeront les cinq canaux radiaires définissant la symétrie pentaradiée. Le stomodeum de l'adulte se différencie au fond du vestibule et entre en relation avec l'estomac larvaire. Le côté gauche de la *pluteus* montre alors une tache sombre, qui correspond à l'ébauche échinienne.

Les pédicellaires, les piquants et les plaques calcaires squelettiques apparaissent près de la face orale de l'ébauche, ainsi que cinq tentacules oraux et les premiers pieds ambulacraires*. À ce stade, l'*echinopluteus* gagne le fond. Ses bras, ses spicules et son stomodeum sont rapidement englobés par l'ébauche de l'oursin, qui achève de s'organiser (fig. 4.88B).

17.2.3.2. Ophiures

La métamorphose de la larve *ophiopluteus* est comparable à celle de l'*echinopluteus* et implique également l'acquisition d'une symétrie secondaire, pentaradiée. Les premiers pieds ambulacraires formés favorisent l'adhésion au substrat de la jeune ophiure.

17.2.3.3. Étoiles de mer

Chez *Luidia* et *Astropecten*, le développement est abrégé, puisque la larve nageuse *bipinnaria* ne transite pas par le stade fixé *brachiolaria* (fig. 4.89). Chez les autres astérides, la réalisation de la métamorphose suppose au contraire la fixation temporaire au substrat d'une larve *brachiolaria*. (fig. 4.89). Grâce à son appareil adhésif, celle-ci, qui mène comme la *bipinnaria* une vie pélagique, se fixe de temps à autre à un substrat. Puis la fixation devient définitive et précède une métamorphose assez semblable à celle de la *pluteus*. L'astérie se développe à la face supérieure (morphologiquement postérieure – fig. 4.90). L'ébauche aborale est caractérisée par une accumulation de mésenchyme où se différencient les premières plaques squelettiques.

17.3. Passage au développement direct

Chez plusieurs échinodermes, la larve libre cesse d'être pélagique pour devenir rampante ou démersale. Dans quelques cas même, le développement est direct et se poursuit à l'intérieur d'une cavité parentale.

Chez *Asterina gibbosa*, minuscule étoile de mer ovipare de la zone intertidale, les œufs sont riches en vitellus et les larves peu nombreuses rampent au fond des flaques où elles subissent un développement condensé. La reptation est permise par la différenciation d'une sole homologue à un lobe préoral. Cette sole est pourvue d'une papille adhésive dans sa moitié antérieure. Une telle larve peut constituer une *brachiolaria* modifiée, en raison de la ressemblance de son appareil locomoteur et adhésif avec l'appareil fixateur de la *brachiolaria*. D'autres astéries sont plus strictement incubatrices *(Solaster, Echinaster)*.

* Un stimulus chimique ou tactile, recueilli par le premier pied ambulacraire différencié, occasionne généralement la poursuite de la métamorphose, qui devient irréversible lorsque ce pied adhère définitivement au substrat.

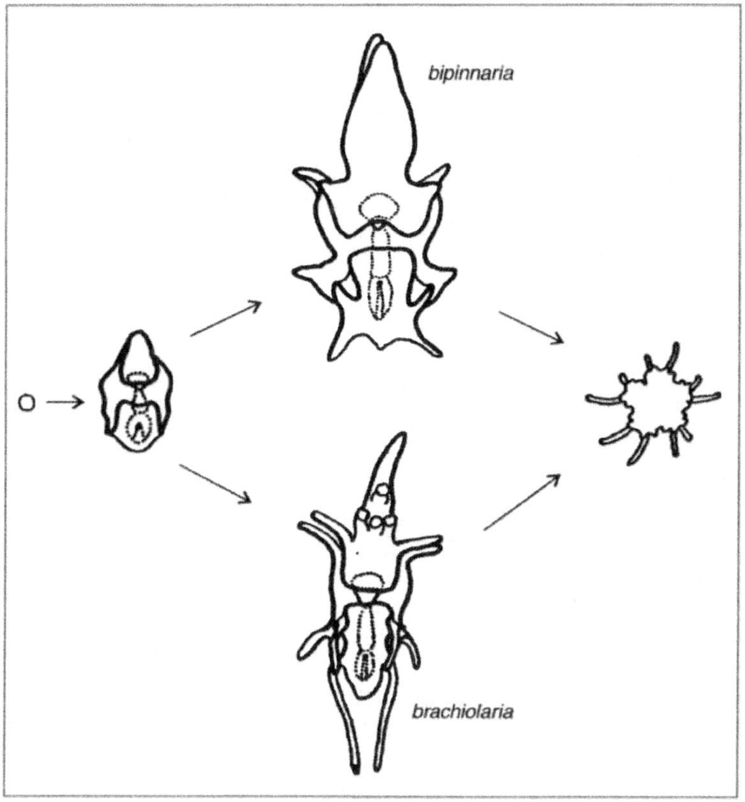

Figure 4.89 : Cycle de développement d'une astéride à partir de l'œuf : en haut, passage par une larve *bipinnaria* (luidiidé) ; en bas, passage par une larve *brachiolaria* (astériidés).
(D'après Strathmann 1974.)

Chez *Amphipholis squamata*, petite ophiure inféodée aux sables fins du haut de la zone intertidale, la progéniture est incubée dans des poches maternelles.

Quelques holothuries incubent aussi leur progéniture *(Phyllophorus).* À un moment donné, l'embryon cilié sort de son enveloppe ovulaire et acquiert un mode de vie larvaire, bien qu'il soit encore dans une cavité parentale (cavité coelomique...), où il peut d'ailleurs nager activement.

De tels modes de développement interdisent toute dispersion de l'espèce et tout brassage génétique. Ils peuvent en revanche adapter les animaux à des conditions écologiques contraignantes. Ainsi, chez *Amphipholis squamata*, le développement direct avec incubation parentale est particulièrement opportun dans un milieu de vie où les phases d'émersion sont très longues.

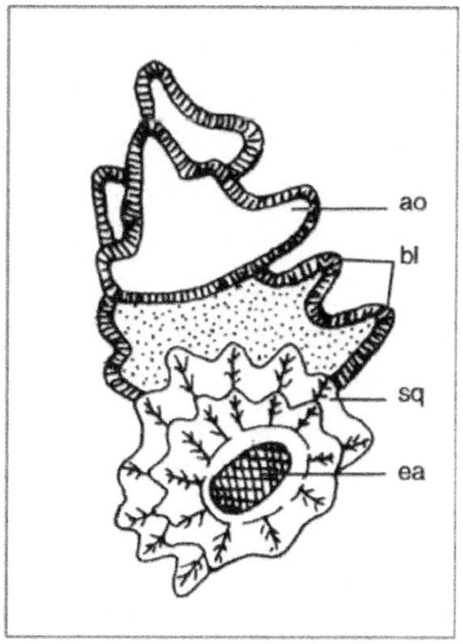

>
Figure 4.90 : Développement des astérides. Larve *bipinnaria* portant une jeune astéride.
ao, aire orale de la larve ; bl, bras larvaires ; ea, ébauche astérienne ; sq, squelette adulte.
(D'après A. Beaumont & P. Cassier, 1991, Biologie animale (T.I), Dunod, Paris.)

18. Stomochordés

Les stomochordés ou hémichordés sont des métazoaires triploblastiques coelomates. Leur pharynx est percé de fentes branchiales latérales (pharyngotrémie). Il communique également avec la stomochorde, petite digitation aveugle, dorsale par rapport à la bouche, annonçant la chorde des vertébrés. Le corps est divisé en trois parties possédant chacune leur coelome : le prosome (ou proboscis) érectile, le mésosome et le métasome.

18.1. Entéropneustes

Les entéropneustes (balanoglosses) sont les mieux connus des stomochordés. Ces organismes marins et vermiformes mesurent en moyenne une vingtaine de centimètres de longueur mais peuvent dépasser le mètre. Ils sont généralement enfouis dans le sédiment, où ils creusent des galeries en U tapissées d'un mucus d'origine tégumentaire. Cet abri est périodiquement quitté pour la recherche de la nourriture. Abondant dans la zone interditale des mers chaudes, ils sont également présents sur nos côtes (plage de Morgat).

18.1.1. DÉVELOPPEMENT INDIRECT

Les entéropneustes dont les œufs sont oligolécithes ont un développement indirect, assorti d'une métamorphose. Au terme d'un développement embryonnaire comparable à celui des échinodermes sort une larve libre, nageuse (larve *tornaria*), comparable à la larve *bipinnaria* des échinodermes (fig. 4.91). Cette larve doit son nom au fait qu'elle tourne constamment autour de son axe longitudinal. Elle possède trois cou-

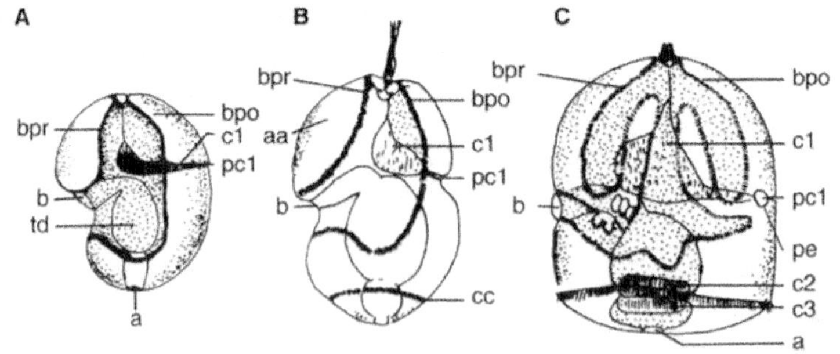

Figure 4.91 : Deux stades de la formation (A & B) de la larve *tornaria* (C). a, anus ; ao, aire orale ; b, bouche ; bpo, bande postorale ; bpr, bande préorale ; cc, ceinture ciliée préanale ; c1, coelome du prosome (protocoele) ; c2, coelome du mésosome ; c3, coelome du métasome ; pc1, pore du protocoele ; pe, péricarde ; td, tube digestif.

ronnes ciliaires, à rôle locomoteur, deux entourant la bouche et la troisième (télotroque) l'anus. Une plaque nerveuse occupe l'extrémité antérieure. Tandis que la *tornaria* s'accroît, les bandes ciliaires préorale et postorale s'unissent, se plissent et forment quatre bandes rayonnantes au niveau desquelles se développent les tentacules. La larve aurait alors une symétrie radiaire si la bouche n'était ventrale. Suite à ces événements, la télotroque devient son seul organe locomoteur.

Après une phase pélagique pouvant atteindre plusieurs semaines, la larve *tornaria* tombe sur le fond, s'enfouit dans le sable et subit une métamorphose, qui ne revêt toutefois pas le caractère spectaculaire de celle des échinodermes. Tentacules et bandes ciliaires régressent. La partie antérieure du corps s'allonge, prend une forme conique et constituera le proboscis de l'adulte. Les régions collaire, mésosomale et métasomale se développent un peu plus tard. La plaque neurale apparaît dorsalement, à la limite postérieure de la région collaire, s'invagine et engendre le tube neural. La notochorde se différencie dans la région antérieure de l'œsophage et s'allonge vers l'avant. La métamorphose des entéropneustes est donc essentiellement de type constructif.

18.1.2. DÉVELOPPEMENT DIRECT

Ce type de développement caractérise les entéropneustes dont les œufs sont riches en vitellus *(Saccoglossus)*. Chez l'organisme éclos qui s'allonge, un étranglement sous-équatorial isole le prosome, au sommet duquel s'élève un bouquet de soies sensorielles ; un second étranglement sépare le collier du tronc. La ciliature toujours réduite régresse, mais il se développe une couronne ciliaire postérieure qui représente le principal organe locomoteur du juvénile. Dès ce stade, celui-ci ne diffère de l'adulte que par la taille, la présence de la couronne ciliaire et par l'existence d'une papille conique, adhésive, précédant l'anus, au moyen de laquelle le juvénile se fixe au substrat.

18.2. Ptérobranches

Les ptérobranches *(Cephalodiscus, Rhabdopleura)* sont des stomochordés coloniaux ou agrégés, le plus souvent benthiques à l'état adulte. Le mésosome porte dorsalement un panache de branchies plumeuses. Le métasome se prolonge par un long pédoncule qui sert d'organe adhésif.

Chez *Cephalodiscus* du moins, il n'existe pas de stade libre ; dès l'éclosion, le juvénile présente l'organisation de l'adulte.

19. Pogonophores

Les pogonophores *(Siboglinum)* sont des métazoaires vermiformes, triploblastiques et coelomates. Ces animaux sont tubicoles et vivent dans les grands fonds océaniques. Leur développement est réalisé sans véritable métamorphose ; il est caractérisé par la modification progressive d'une larve de type trochophore, ce qui accrédite l'hypothèse d'une affinité phylogénétique entre ce groupe et les annélides. Le tube digestif avorte ; il est remplacé par un massif tissulaire allongé à lumière centrale, le trophosome, dont les cellules contiennent des bactéries symbiontes chimio-autotrophes. Ces bactéries peuvent cataboliser des acides gras, des glucides ou des acides aminés du milieu ambiant, qui sont absorbés par voie intraépidermique et circulent dans le milieu intérieur du pogonophore. L'énergie que retirent les bactéries de ce catabolisme leur permet de synthétiser des substances organiques, utilisables par le ver.

Chez les pogonophores vrais *(perviata)*, la région terminale du corps, ou métasome, est formée par une succession de segments sétigères, dont chacun contient une cavité coelomique, chez l'adulte du moins. Chez les pogonophores du groupe des vestimentifères *(obturata)*, un septum médian partage chaque segment du métasome en deux moitiés, chacune renfermant son propre coelome.

19.1. Pogonophores vrais *(perviata)*

Le développement est d'abord réalisé dans le tube maternel (fig. 4.92). Le corps se régionalise, avec différenciation d'une couronne ciliaire (prototroque) à l'arrière du prosome, un peu avant la zone où se formera le *(Siboglinum)* ou les *(Spirobrachia)* tentacule(s) de l'adulte. Une paire de soies apparaît sur le prosome, quatre paires sur le mésosome. Ultérieurement, trois ou quatre soies s'installeront de chaque côté des métamères du métasome. L'archentéron forme, par entérocoelie, un coelome antérieur contenu par le prosome et deux coelomes latéraux qui, par étranglement, formeront les cavités coelomiques du mésosome et du métasome. L'épiderme renferme alors de nombreuses cellules glandulaires.

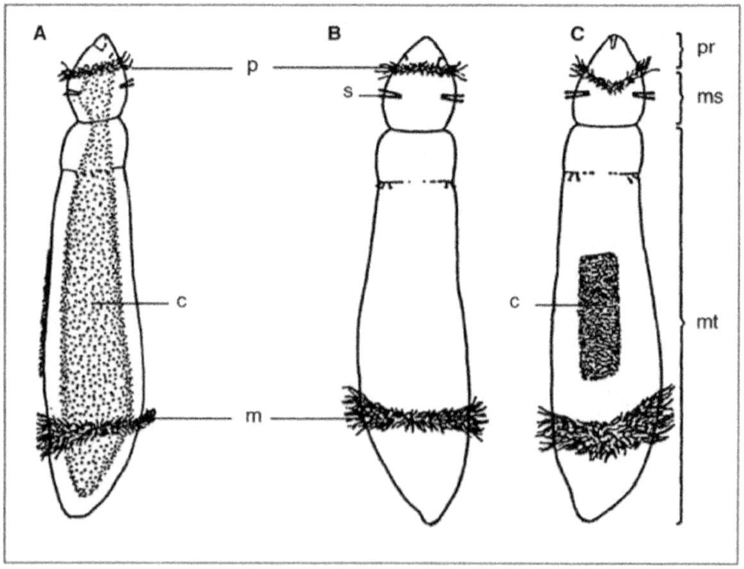

**Figure 4.92 : Larves de *Siboglinum (perviata)*.
A, vue de profil ; B, vue dorsale ; C, vue ventrale.
c, ciliature ; m, métatroque ; ms, mésosome ; mt : métasome ; p, prototroque ; pr, prosome ; s, soie.**
(D'après Jägersten 1957.)

À ce stade, les juvéniles sortent du tube parental et commencent à tourner sur eux-mêmes en s'aidant de leur ciliature. Une phase de croissance accélérée, particulièrement nette au niveau du métasome, se produit alors. Cette croissance est assortie d'une métamérisation, avec cloisonnement des coelomes. Les juvéniles gagnent le fond de l'eau après une courte vie pélagique. Ils se fixent au substrat grâce aux sécrétions de glandes unicellulaires localisées sur des papilles métasomales. Finalement, un tube est sécrété par des glandes pluricellulaires qui saillent dans les cavités coelomiques. La substance de ce tube est proche de la tunicine. Simultanément, le tube digestif qui ne s'était jamais différencié perd sa lumière, se lyse et est utilisé comme source alimentaire. Aucune bouche ne se creuse jamais.

La durée du développement est inconnue. Un juvénile peut survivre plusieurs semaines sans achever sa morphogenèse.

19.2. Vestimentifères *(obturata)*

Le développement des vestimentifères est mal connu. Les connaissances actuelles sont fondées sur l'étude de jeunes larves de type trochophore. Celles-ci possèdent une prototroque, un tube digestif fonctionnel et une ciliature ventrale vestigiale. Il n'existe pas de touffe ciliaire apicale. La bouche évolue en un siphon cilié traversant la région antérieure du corps. Le tube digestif persiste quelque temps dans le trophosome, même après son infestation par les bactéries symbiontes, puis il disparaît (fig. 4.93). La première paire de tentacules se forme dorsalement, juste en arrière de la couronne ciliaire prototrochale. Chez les juvéniles de *Ridgeia*, des filaments à fonction respiratoire apparaissent temporairement.

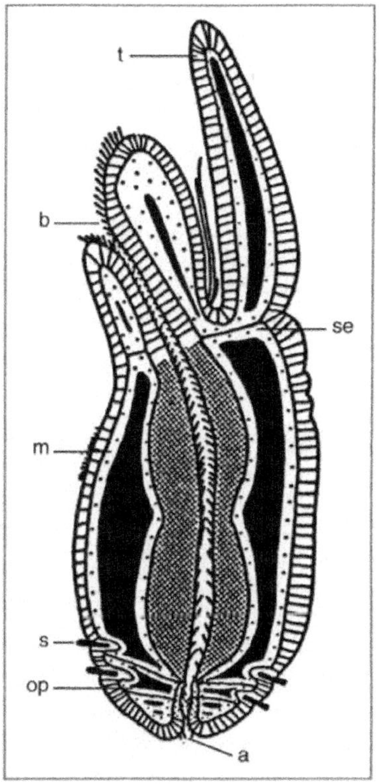

Figure 4.93 : Anatomie d'un jeune vestimentifère (*Ridgeia*) en coupe transversale. Les coelomes sont représentés en noir.
a, anus ; b, bouche ; m, mésenchyme ; op, opisthosome ; s, soie ; se, septum ; t, tentacule.
(D'après Southward (1988) *J. Mar. Biol. Ass. UK 68*, 465-487.)

20. Urochordés

Les urochordés sont des prochordés marins regroupant les ascidies, les appendiculaires et les thalies. Après leur métamorphose, les ascidies se fixent aux rochers, aux algues ou peuvent même s'enfouir partiellement dans le sédiment.

20.1. Ascidies

Chez les individus fixés, l'eau avalée par un siphon buccal gagne un vaste pharynx, traverse les fentes branchiales perforant sa paroi, pour atteindre une cavité péripharyngienne qui communique avec l'extérieur par un siphon cloacal. La ciliature qui garnit ces fentes favorise les mouvements de l'eau. La face ventrale du pharynx est occupée par une gouttière (endostyle), comportant des bandes ciliées intercalées de bandes glandulaires. L'endostyle sécrète un mucus qui s'organise en un réseau de filaments sur la face interne des fentes branchiales. Ce réseau colle et filtre les particules alimentaires, qui s'agencent ensuite en un cordon véhiculé dorsalement vers l'œsophage par les languettes ciliées d'un raphé. Le tube digestif en U débouche dans une chambre cloacale qui précède le siphon cloacal.

Figure 4.94 : Oozoïde de *Ciona intestinalis*. sb, siphon buccal ; sc, siphon cloacal. (Cliché Maes.)

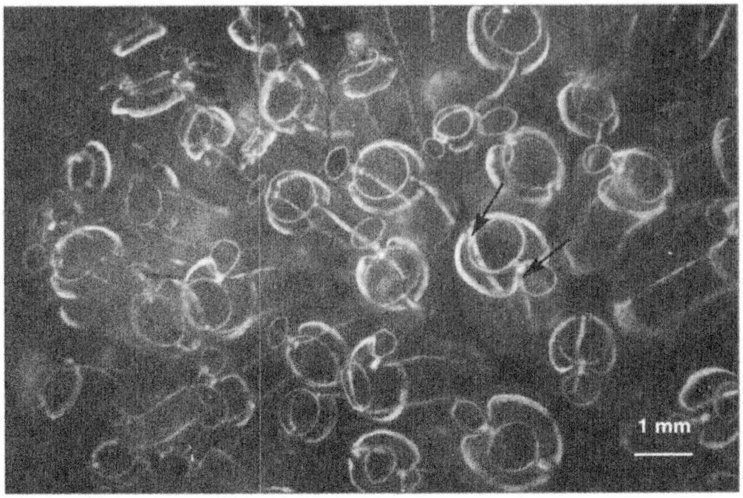

Figure 4.95 : Colonie de *Clavelina lepadiformis*. Chaque blastozoïde est reconnu par ses siphons buccal (flèche large) et cloacal (flèche mince).
(Cliché von Arnim.)

L'endostyle des ascidies exerce aussi une fonction thyroïdienne. Il incorpore l'iode dans des protéines immunologiquement identiques à la thyroglobuline des mammifères, comme cela a été démontré chez *Phallusia mamillata*. L'hormone que l'endostyle sécrète est essentiellement la T4, dont le taux atteint 200 ng / 100 ml dans les liquides corporels. La T3 est également libérée après une active désiodation de la T4 par le pharynx. Des récepteurs nucléaires de la T3 ont été détectés dans l'organe ; ils sont très affines pour l'hormone mais rapidement saturés. Beaucoup de protéines iodées passent aussi dans la cavité pharyngienne, avec le mucus, et sont probablement absorbées par l'intestin après hydrolyse.

Une épaisse tunique d'origine épidermique enveloppe l'animal sans y adhérer, sauf au niveau des siphons et de la sole de fixation. Cette tunique, qui a donné le nom de tuniciers aux ascidies, est en grande partie composée de cellulose ou de glucides voisins.

Chez les espèces solitaires (*Ciona, Molgula, Halocynthia*... – fig. 4.94), les individus qui se fixent (oozoïdes) se reproduisent par la voie sexuée. Chez les espèces coloniales (*Clavelina, Distomus, Botryllus*... – fig. 4.95, 4.96 & 4.97), les oozoïdes ne peuvent le faire, mais ils bourgeonnent des blastozoïdes dont certains contiendront des gonades.

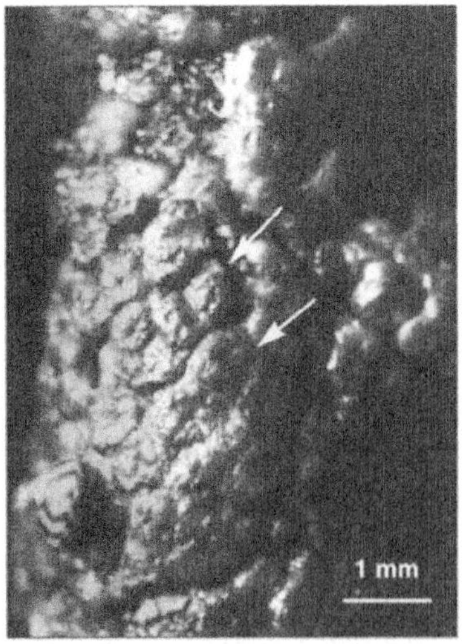

Figure 4.96 : Colonie de *Distomus variolosus*. Chaque verrucosité correspond à un blastozoïde (flèches).
(Cliché Hourdry.)

20.1.1. LARVES D'ASCIDIES

20.1.1.1. Morphologie

Chez beaucoup d'ascidies, les larves ont un corps renflé et prolongé par une queue effilée, parfois recourbée, qui les fait ressembler à de minuscules têtards d'amphibiens. Ces larves ne dépassent pas 10 mm de longueur. Elles sont recouvertes d'une épaisse tunique transparente d'origine épidermique, parfois infiltrée de cellules accumulatrices de métaux (vanadium...), et portant des nageoires. Cette tunique recouvre aussi la bouche et empêche les larves de s'alimenter. La région antérieure du corps est pourvue de trois courtes papilles qui sécrètent une substance adhésive. Les larves mènent une vie libre et pélagique pendant quelques jours au plus, ce qui ne leur permet pas une grande dispersion géographique.

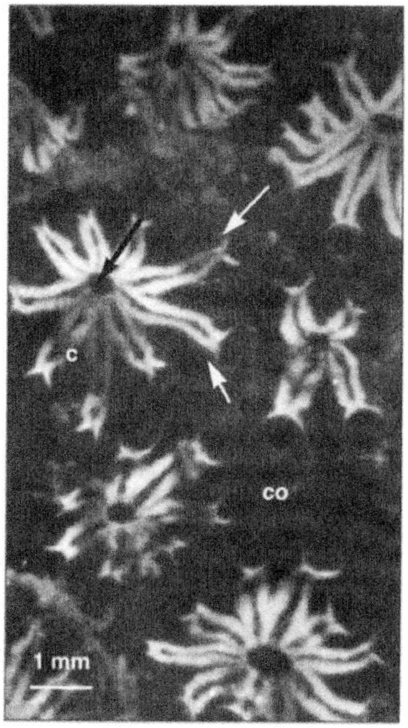

Figure 4.97 : Colonie de *Botryllus schlosseri*. Les blastozoïdes sont associés en coenobies (c) autour d'un cloaque commun (flèche large), mais ils possèdent chacun leur propre siphon buccal (flèches minces). Les coenobies sont noyées dans une tunique commune ou cormus (co). (Cliché Blin.)

20.1.1.2. Plan d'organisation

Le corps contient un vaste pharynx partiellement recouvert de deux cavités péripharyngiennes (ou péribranchiales), avec lesquelles il communique par plusieurs paires de fentes branchiales ciliées. Un court intestin aveugle prolonge ce pharynx (fig. 4.98 & 4.99).

La queue renferme une chorde que limite un épithélium plat, unistratifié, enserrant une cavité fermée à ses deux extrémités. Un liquide sous pression remplit cette cavité et transforme la chorde en un hydrosquelette relativement rigide. Deux bandes de muscles striés s'étendent de part et d'autre de la chorde et confèrent une fonction propulsive à la queue.

Le tube nerveux occupe une position dorsale vis-à-vis de la chorde et du pharynx, dans lequel il débouche. Dans sa région antérieure, le tube nerveux se dilate en une vésicule cérébrale (ou sensorielle), qui contient un statocyste ventral et un ocelle dorsal. Le statocyste est une cellule à fonction d'équilibration : il renferme un grain de mélanine mobile (otolithe), dont les mouvements renseignent la larve sur son inclinaison dans l'eau. L'ocelle comporte une grosse cellule pigmentaire et discoïde, entourant une vingtaine de cellules visuelles et trois cellules cristalliniennes. Les larves perçoivent la lumière grâce à cet ocelle et la recherchent en nageant près de la surface de l'eau. Un ganglion viscéral complète le système nerveux.

Chez quelques espèces *(Diplosoma)*, les larves peuvent déjà bourgeonner des oozoïdes et des blastozoïdes.

20.1.1.3. Déterminisme de la caudalisation

Certaines espèces d'ascidies possèdent des larves pélagiques et caudées, qui subiront d'importantes métamorphoses. Chez d'autres espèces, les larves sont benthiques et dépourvues de queue (larves anoures) ; leurs transformations sont plus atténuées, voire absentes, et signalent un développement direct (cf. § 20.3).

>

Figure 4.98 : Larve de *Didemnum hiopoa*, ascidie coloniale. in, intestin ; ph, pharynx ; q, queue ; 1, papille adhésive antérieure ; 2, nouvelle papille adhésive ; flèche mince, otolithe ; flèche épaisse, ocelle. (Cliché Monniot & Monniot.)

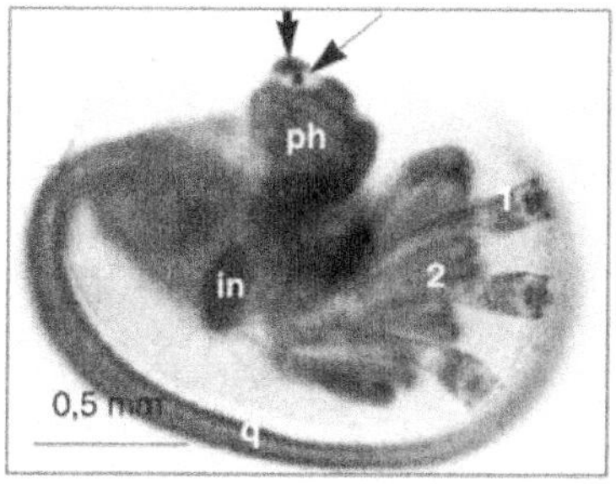

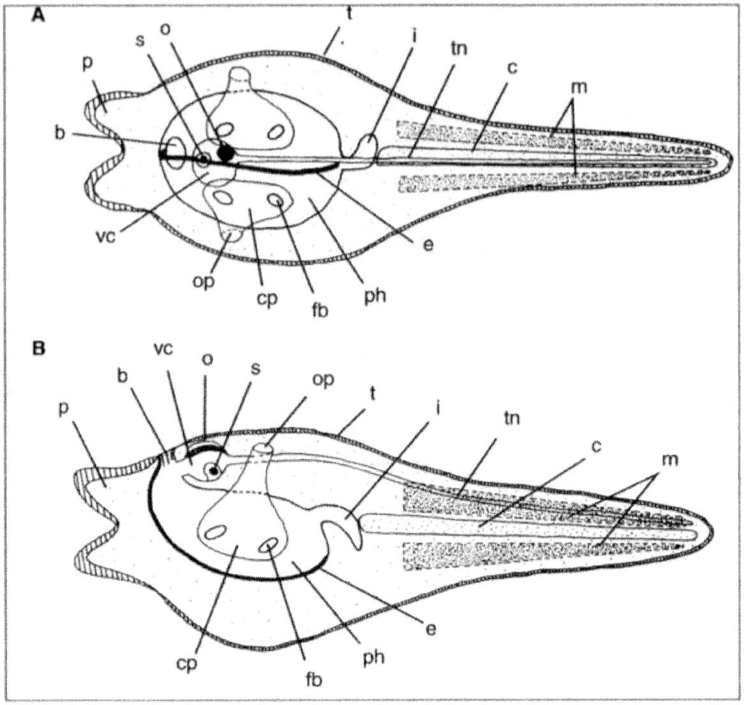

Figure 4.99 : Organisation d'une larve d'ascidie.
A, vue dorsale ; B, vue ventrale.
b, bouche encore recouverte de la tunique ; c, chorde ; cp, cavité péripharyngienne (péribranchiale) ; e, endostyle ; fb, fente branchiale ; i, intestin ; m, muscle strié ; o, ocelle ; op, orifice péripharyngien (péribranchial), p, papille antérieure ; ph, pharynx ; s, statocyste ; t, tunique ; tn, tube nerveux ; vc, vésicule cérébrale (sensorielle).
(D'après Prenant 1959.)

Le déterminisme de la caudalisation a pu être analysé par l'examen du développement de deux espèces de molgules, l'une *(Molgula occulta)* possédant en principe des larves anoures, contrairement à l'autre *(M. oculata)* qui passe par le stade larvaire pélagique et caudé.

Chez *M. occulta*, de rares pontes fournissent des larves caudées. Un abondant déterminant protéique de 58 kdaltons est alors localisé dans le cytosquelette des ovocytes, lequel comprend un réseau cortical de filaments d'actine et un treillis sous-jacent de filaments plus larges. La protéine p58 commande la programmation de la lignée musculaire caudale. Elle accélère la division des myoblastes. Par ailleurs, elle stimule leur différenciation en cellules musculaires, où l'expression des gènes spécifiant les protéines contractiles (actine et myosine) est activée. La protéine p58 favorise également la division des cellules de la lignée chordale. La formation de muscles et d'une chorde explique la caudalisation des larves. Dans la plupart des ovocytes de *M. occulta*, la protéine p 58 est néanmoins rare et répartie de manière homogène (ovocytes p58-). Masses musculaires et chorde ne peuvent apparaître et interdisent le développement d'une queue chez les larves.

La fécondation d'ovocytes p58- de *M. occulta* par des spermatozoïdes de *M. oculata* engendre une progéniture faite de larves à queue courte et dépourvue de muscles, mais contenant une chorde rudimentaire. Si les spermatozoïdes de *M. oculata* sont irradiés par les rayons ultraviolets, les hybrides gynogénétiques obtenus sont complètement anoures. Ces observations confirment la participation du patrimoine mâle, dont certains gènes codent des protéines nécessaires à la différenciation des cellules chordales.

20.1.2. MÉTAMORPHOSE DES LARVES D'ASCIDIES

Ce phénomène aboutit à un changement de l'organisation des larves, au terme d'une séquence d'événements programmée (fig. 4.100).

20.1.2.1. Fixation

L'approche de la métamorphose est marquée par un arrêt des contractions musculaires caudales, qui immobilise les larves et les conduit au fond de l'eau par gravité. Un phototactisme négatif leur fait aussi rechercher des zones obscures.

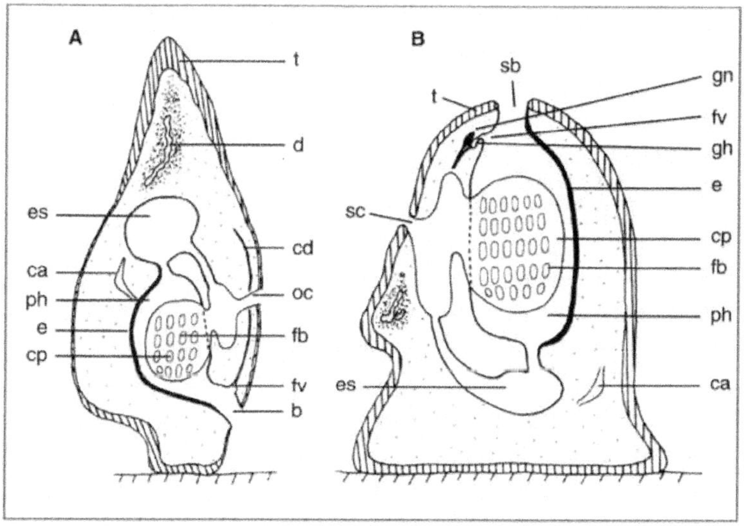

Figure 4.100 : Métamorphose de la larve d'ascidie.
A, fixation et début de régression de la queue ;
B, jeune ascidie après rotation du corps.
b, bouche ; ca, cardiopéricarde ; cd, cordon nerveux ; cp, cavité péripharyngienne (péribranchiale) ; d, débris de la queue ; e, endostyle ; es, estomac ; fb, fente branchiale ; fv, fossette vibratile ; gh, glande hyponeurale ; gn, ganglion nerveux (cérébroïde) ; oc, ouverture cloacale ; ph, pharynx ; sb, siphon buccal ; sc, siphon cloacal ; t, tunique.
(D'après Prenant 1959.)

Au contact du substrat, les trois papilles adhésives antérieures se rétractent en moins d'une minute et amarrent les larves. Au même endroit et sous l'effet de la pression hydrostatique imposée par les contractions du corps, de nouvelles papilles adhésives se dévaginent et fixent plus efficacement encore les animaux par leur sole.

20.1.2.2. Perte de structures larvaires

Un raccourcissement de la queue apparaît quelques minutes après la fixation. Chez les larves de certaines ascidies (polyclinidés, botrylles...), les filaments d'actine des cellules épidermiques sont disposés de manière désordonnée, mais ils s'alignent parallèlement à l'axe caudal dès la fixation. En se contractant de cellule en cellule, ces filaments plissent la membrane plasmique dans laquelle ils sont ancrés par des protéines. Une rétraction épidermique en résulte et contraint le complexe axial (chorde, tube neural, musculature) à pénétrer dans le tronc, où il s'enroule en hélice en moins de 10 minutes. Chez les larves de molgules ou d'*Halocynthia*, les filaments d'actine s'alignent et se contractent dans les cellules de l'épithélium chordal antérieur. Les replis qui en résultent vont haler le complexe axial dans la cavité corporelle. La résorption de la queue peut être empêchée par des substances qui, comme la cytochalasine B, désorganisent les alignements de filaments en altérant la polymérisation de l'actine.

Le complexe axial évacué vers le corps se dissocie en fragments qui seront partiellement digérés par des hydrolases lysosomales. Les débris obtenus sont finalement phagocytés dans les trois jours par des cellules sanguines ou mésenchymateuses.

Dans quelques cas, une élimination beaucoup plus radicale de la queue est réalisée en une seconde ou deux, par simple rupture.

Le tube nerveux disparaît du tronc, sauf dans sa région antérieure. La vésicule cérébrale se rétracte en quelques minutes puis dégénère en moins d'une heure, ainsi que le statocyste, l'ocelle et le ganglion viscéral, sous l'action d'hydrolases lysosomales. La tunique se rompt près des papilles puis disparaît partiellement grâce à l'intervention de phagocytes.

20.1.2.3. Acquisition d'autres structures

Le développement des organes de l'adulte peut se réaliser avant même qu'il y ait fixation au substrat. La partie antérieure du tube nerveux se différencie dorsalement en un ganglion cérébroïde et forme ventralement une glande hyponeurale, dont le canal excréteur débouche dans le pharynx par un pavillon cilié (fossette vibratile).

La bouche se perce à l'extrémité du siphon buccal. Le pharynx communique plus facilement avec les cavités péripharyngiennes par un réseau de fentes branchiales complexes et multiples, obtenues après dédoublement longitudinal et transversal des fentes branchiales de la larve. Les cavités péripharyngiennes confluent en une chambre cloacale, où débouche l'intestin et s'ouvrant désormais à l'extérieur par le siphon cloacal.

La tunique ayant disparu au-dessus des siphons, l'animal peut maintenant commencer à s'alimenter par filtration, qu'il soit fixé ou non.

20.1.2.4. *Rotation des viscères de 90°*

Ce processus relativement lent, achevé environ deux jours après la fixation des larves, mène les siphons à l'opposé de la sole. Le déterminisme de cette rotation est discuté. Des contractions rythmiques des muscles de la paroi du corps pourraient déplacer les viscères et les siphons. Plus vraisemblablement, ces mouvements résulteraient d'une croissance différentielle des tissus durant la métamorphose.

Comme on le constate dans d'autres groupes zoologiques, la métamorphose des ascidies élimine certains caractères permettant de les classer. Dans le cas présent, il s'agit de la chorde. L'examen des larves caudées a néanmoins permis de lever l'indétermination et de placer les ascidies parmi les urochordés ("chorde dans la queue").

20.1.3. CONTRÔLE DE LA MÉTAMORPHOSE CHEZ LES ASCIDIES

La métamorphose des ascidies peut être induite par des facteurs chimiques (divers ions métalliques, dont les ions Cu^{2+} ; acides aminés...), physiques (modification de la photopériode) ou mécaniques (pincement de la queue). Le rôle de ces facteurs n'a toutefois pu être expliqué, si bien que les résultats doivent être considérés avec prudence.

Un déterminisme thyroïdien de la métamorphose est contesté chez les ascidies. Les effets de la T3 (ou de la T4) semblent contradictoires. De plus, l'endostyle de la larve est trop peu actif pour devoir intervenir.

20.2. Néoténie chez les urochordés appendiculaires

Les appendiculaires *(Oïkopleura)* sont des urochordés pélagiques et solitaires, de quelques millimètres, appartenant au plancton côtier des mers chaudes. Les larves sont pourvues d'une queue et ressemblent aux têtards d'ascidies. Elles possèdent un tube digestif non encore percé, une chorde et un tube neural dorsal renflé antérieurement en une vésicule sensorielle.

Le rabattement ventral et antérieur de la queue et sa torsion de 90 degrés, réalisés en quelques secondes, constituent les signes les plus visibles d'une métamorphose discrète. La conservation du caractère caudé chez l'adulte a d'ailleurs donné le nom à la classe. La queue devient très active lors des deux dernières heures de la vie larvaire. Après la métamorphose, elle entraîne un frétillement caractéristique des animaux à l'intérieur d'une coque gélatineuse, sécrétée par certaines cellules de l'épithélium troncal (oïkoblastes). Cette coque diffère de la tunique des ascidies, puisqu'elle ne contient pas de cellulose, et son volume centuple au moins chez l'adulte. Celui-ci la quitte périodiquement pour nager mais la reconstitue en moins d'une heure.

La métamorphose est également marquée par un épaississement de la vésicule cérébrale en un ganglion auquel le statocyste demeure attaché.

Le tube nerveux devient un cordon plein. Une glande hyponeurale se différencie aussi. Les siphons s'ouvrent et le pharynx peut désormais assumer sa fonction de filtration et d'engluement des particules alimentaires, grâce notamment au mucus de l'endostyle.

Les appendiculaires sont considérés comme des urochordés qui, à l'état adulte, ont conservé des caractères larvaires (queue, statocyste...) et se reproduisent sous cette forme. Il s'agit par conséquent d'espèces néoténiques. Les adultes vivent environ 20 jours et se reproduisent moins de 3 jours après leur métamorphose.

20.3. Développement direct chez les urochordés

20.3.1. ASCIDIES

La plupart des ascidies solitaires sont ovipares. Les larves écloses sont pourvues d'une queue et mènent une vie libre pendant quelques jours au plus, jusqu'à leur métamorphose. Certaines molgules *(M. occulta)* présentent néanmoins un développement direct, qui exclut tout stade larvaire libre et nageur. Un juvénile anoure sort alors de l'œuf et va adhérer au substrat presqu'immédiatement. Les espèces anoures dérivent probablement d'espèces ancestrales à larves caudées, dont elles conservent des vestiges morphologiques et biochimiques du développement.

Chez plusieurs espèces coloniales *(Botryllus schlosseri...)*, les œufs fécondés sont incubés dans une poche maternelle (cavité cloacale, anfractuosité de la tunique). Après quelques jours, des larves sont expulsées à des stades plus ou moins tardifs et mènent une vie libre, limitée à deux ou trois heures. Chez quelques espèces, les individus qui quittent la poche incubatrice sont déjà métamorphosés et d'emblée benthiques. Ce développement direct concerne plus spécifiquement de gros œufs riches en vitellus ; il peut être assorti d'une nutrition de l'embryon par l'organisme maternel, pendant la phase incubante *(Botrylloides)*.

20.3.2. THALIES

Les thalies (dolioles, pyrosomes, salpes) sont des urochordés coloniaux du plancton méditerranéen. Inconnu chez les dolioles, le développement direct a pu être observé chez les pyrosomes et les salpes.

20.3.2.1. Dolioles

Transparentes et relativement petites (moins de 4 cm), les colonies de dolioles font partie du plancton profond. Les blastozoïdes sexués (gonozoïdes) se détachent et viennent se reproduire en surface. Les embryons quittent le gonozoïde au stade *gastrula* et gagnent les profondeurs. La suite du développement est connue de manière fragmentaire. Les individus formés sont emprisonnés dans une membrane vitelline distendue et ressemblent aux larves d'ascidies. Ils possèdent une queue et une chorde mais demeurent immobiles. La métamorphose est marquée par une régression de la queue et de la chorde (fig. 4.101). Un oozoïde asexué, en forme de tonnelet et reconnaissable à ses bandes musculaires transversales, s'isole en avant de la larve. Cet oozoïde persiste quelque temps dans la membrane vitelline devenue sphérique, avant de se libérer. L'oozoïde est le siège d'un bourgeonnement actif de blastozoïdes, qui débute sur un stolon proligère pour se poursuivre sur un appendice dorsal. Ces blastozoïdes sont polymorphes, et certains d'entre eux sont sexués et reproducteurs (gonozoïdes).

20.3.2.2. Pyrosomes

Leurs colonies cylindriques et creuses ont de quelques centimètres à 4 mètres de longueur. Les zoïdes qui tapissent la paroi ressemblent à des

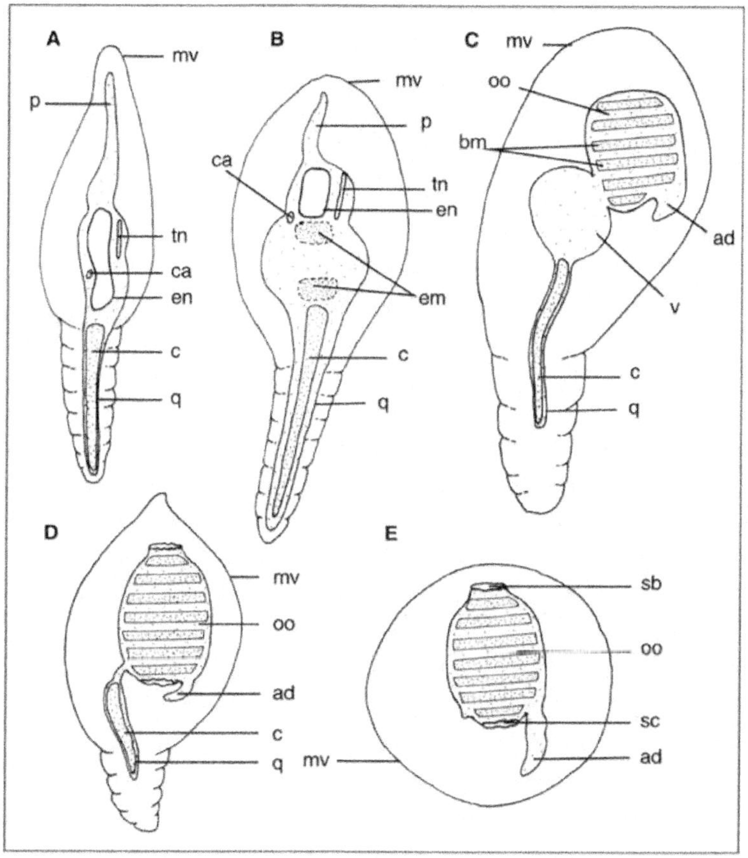

Figure 4.101 : Développement de *Doliolum*.
A et B, larves logées dans une membrane vitelline distendue (mv).
C-E, métamorphose. La queue (q) et la chorde (c) régressent. Une vésicule (v) isole le jeune oozoïde (oo), chez qui se différencie un appendice dorsal (ad). Le bourgeonnement des blastozoïdes se poursuivra ultérieurement sur celui-ci. bm, bande musculaire ; ca, cardiopéricarde ; em, ébauche mésodermique ; en, endoderme ; p, papille ; sb, siphon buccal ; sc, siphon cloacal ; tn, tube nerveux.
(D'après Prenant 1959.)

ascidies. Ils possèdent un pharynx partiellement recouvert de deux cavités péripharyngiennes. L'eau pénètre par le siphon buccal, qui est orienté vers l'extérieur, et sort par le siphon cloacal dans la cavité de la colonie. L'eau est expulsée brusquement de ce cloaque commun, ouvert à l'une de ses extrémités seulement, et provoque un déplacement par réaction. Chaque zoïde contient un organe lumineux dont les cellules renferment des bactéries phosphorescentes. Les colonies de pyrosomes sont par conséquent perçues par la légère lumière qui en diffuse, d'où leur nom (*pyro* : feu, *some* : corps).

Un ovocyte volumineux et riche en vitellus est fécondé dans l'ovaire, via l'oviducte temporaire. Après destruction de l'enveloppe ovarienne, le zygote est incubé dans le mésenchyme parental puis dans le cloaque. À l'éclosion, un juvénile semblable aux adultes est libéré dans l'eau. Il constituera l'oozoïde fondateur de la nouvelle colonie. Non sexué lui-même, il bougeonnera quatre blastozoïdes primaires non sexués, produisant à leur tour des blastozoïdes secondaires porteurs de gonades. Les pyrosomes ont donc un développement direct, puisqu'ils ne présentent pas de stade larvaire libre et caudé et ne subissent aucune métamorphose. Le caractère de chordé est ici perçu par analogie avec les ascidies.

20.3.2.3. Salpes

Les salpes forment des colonies de moins de 8 cm de longueur. Comme les pyrosomes, ils ont un développement direct qui exclut tout stade larvaire libre et caudé et élimine la métamorphose.

L'œuf fécondé est unique et volumineux. Il se développe dans l'ovaire selon un mode vivipare, tandis que des cellules folliculaires se multiplent (calymnocytes) et engendrent un amas proligère, véritable "placenta" grâce auquel l'embryon se nourrit aux dépens du zoïde maternel. Ce "placenta" est creusé d'une cavité qui communique avec des sinus sanguins parentaux et favorise les apports de nutriments à l'embryon. Le juvénile éclos devient un zoïde asexué, qui bourgeonne des blastozoïdes sexués le long d'un stolon.

21. Céphalochordés

Les céphalochordés (amphioxus) sont des prochordés marins. À l'état adulte, ils sont enfouis obliquement dans les sédiments de la zone littorale mais peuvent en sortir pour se déplacer par ondulations. Leur corps est fusiforme, aplati latéralement, et mesure près de 5 cm de longueur. La chorde se prolonge dans le rostre céphalique, d'où le nom de l'embranchement (céphalochordés : chorde dans la tête). Cet organe est fait d'un empilement de cellules discoïdales, dont le caractère contractile est souligné par la présence de filaments d'actine et de paramyosine. La contraction de ces cellules accroît la pression dans les espaces liquidiens de la chorde, qui devient un hydrosquelette rigide permettant le fouissage. Un tube nerveux dorsal longe la chorde. De tels animaux sont microphages : l'eau est filtrée au niveau de fentes branchiales qui établissent une communication entre le pharynx et une cavité péripharyngienne (péribranchiale), elle-même ouverte à l'extérieur par un pore.

Contrairement aux adultes, les larves des amphioxus sont pélagiques, planctoniques, et se rencontrent près des côtes par moins de 100 m de profondeur. Ces larves sont ciliées et mesurent moins de 5 mm de longueur. Elles nagent activement sur de petites distances mais peuvent être transportées à des milliers de kilomètres par les courants. La bouche se creuse du côté gauche. Les fentes branchiales sont apparentes : elles s'ouvrent à droite et filtrent le phytoplancton.

Au terme d'une phase larvaire relativement longue pour des organismes marins et dépassant parfois trois mois, les animaux se métamorphosent et quittent le milieu pélagique pour gagner le fond de l'eau. Ils perdent leur ciliature et leurs organes se déplacent, au point que le corps acquiert une symétrie bilatérale. La bouche devient médiane ainsi que l'endostyle. Les fentes branchiales migrent à gauche mais sont remplacées à droite par une deuxième génération de fentes. Une cavité péripharyngienne se développe et recouvre l'appareil branchial.

Le déterminisme de la métamorphose est innconnu chez l'amphioxus, mais il n'implique pas la fonction thyroïdienne de l'endostyle. Au cours du phénomène, cet organe s'accroît et synthétise une protéine analogue à la thyroglobuline iodée des mammifères. Une sécrétion accélérée d'hormones thyroïdiennes n'est néanmoins pas démontrée. Par ailleurs, les larves traitées par ces hormones ne se métamorphosent pas plus rapidement.

22. Poissons-plats

Les poissons-plats sont des ostéichthyens téléostéens pleuronectiformes. Ils comportent plusieurs familles, parmi lesquelles on citera les soléidés (soles), les pleuronectidés (plies, flets, limandes) et les bothidés (turbots). À l'état adulte, ils sont côtiers et benthiques et leur corps très comprimé est accolé au substrat.

La dissymétrie de ces poissons est soulignée par la présence d'un flanc inférieur, dépigmenté et aveugle, sur lequel ils reposent au fond de l'eau (face nadirale), et d'un flanc supérieur pigmenté, portant les deux yeux (face zénithale). Le flanc pigmenté est à droite chez les soléidés et les pleuronectidés (espèces dextres), à gauche chez les bothidés (espèces senestres). La pigmentation de la face supérieure est due à la présence de chromatophores dermiques. Suite à l'intégration de stimuli visuels, cette pigmentation mime l'aspect du substrat, selon un processus d'homochromie qui favorise la chasse à l'affût.

Les larves (alevins) des pleuronectiformes sont transparentes et pélagiques ; elles nagent grâce aux ondulations de leur queue. Elles se pigmentent ultérieurement mais conservent une symétrie bilatérale.

22.1. Métamorphose

La métamorphose des alevins nécessite une taille optimale, qui varie avec les espèces mais demeure comprise entre 7 et 15 mm. Chez la sole *(Solea solea)*, le phénomène apparaît 3 semaines environ après l'éclosion (fig. 4.102).

Lors de la métamorphose, la larve gagne le fond de l'eau et se transforme en un juvénile benthique qui quitte le plateau continental pour se rapprocher des côtes. Durant cette migration, les juvéniles s'alimentent

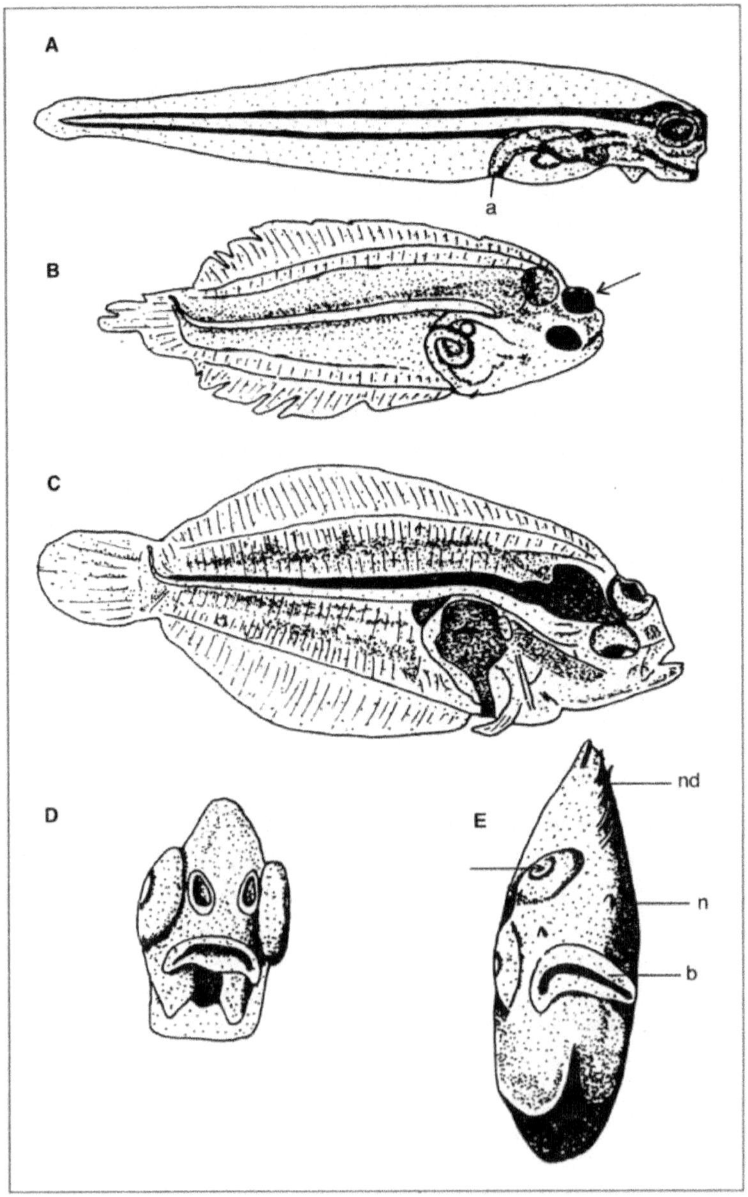

Figure 4.102 : Développement de la plie *(Pleuronectes platessa)*. A, larve éclose depuis 12 j. B-E, métamorphose : B, l'œil gauche (flèche) est en migration vers la face droite ; C, les deux yeux sont sur la face droite ; D, vue de face avant la migration de l'œil gauche ; E, vue de face après la migration de cet œil (flèche). a, anus ; b, bouche devenue dissymétrique ; n, narine ; nd, nageoire dorsale.
(D'après W. Graf & R. Baker (1990) *J. Neurobiol. 21*, 1136-1152.)

peu mais, une fois installés sur les fonds meubles proches du rivage, ils redeviennent d'actifs prédateurs et chassent en pleine eau ou sur le fond.

22.1.1. PRINCIPAUX SIGNES EXTÉRIEURS DE LA MÉTAMORPHOSE

L'alevin est aplati latéralement. Il acquiert un port horizontal qui, selon l'espèce, le fait reposer sur le flanc droit ou gauche. La pigmentation disparaît sur ce flanc mais persiste sur l'autre. Les nageoires dorsale et anale, qui s'allongent, favorisent les déplacements à plat par leurs ondulations motrices et d'équilibration. La nageoire pectorale portée par le flanc inférieur peut régresser. Tandis que les alevins se disposent horizontalement, leur bouche subit une torsion dissymétrique, chez les soléidés et les pleuronectidés du moins. Les fentes operculaires régressent partiellement, et l'eau est évacuée par la seule fente supérieure.

22.1.2. ASYMÉTRIE OCULAIRE

Une migration de l'œil inférieur vers la face supérieure marque la métamorphose des pleuronectiformes. L'œil contourne en général la ligne médio-dorsale, mais il peut aussi traverser la peau, comme chez la sole. Un tel déplacement est réalisé en quelques jours. Il est permis par une torsion du crâne antérieur, consécutive à la traction mécanique exercée par plusieurs muscles. L'asymétrie crânienne qui s'installe explique le passage de l'orbite inférieure sur le flanc supérieur.

La migration de l'œil inférieur est accompagnée de l'installation de nouvelles connexions nerveuses entre les yeux et l'organe de l'équilibration que représente le labyrinthe (oreille interne). Outre des stimuli gravitaires, ce dernier reçoit ainsi des informations d'origine visuelle. Mieux informés, les centres moteurs reliés au labyrinthe contrôlent dès lors l'horizontalité du poisson avec plus de précision. Des informations de position sont également transmises par le labyrinthe aux muscles oculaires, via leurs motoneurones : elles contribuent à mieux coordonner les mouvements des yeux. En bref, dès la métamorphose, l'intégration coordonnée d'informations visuelles et gravitaires garantirait l'horizontalité des poissons et les renseignerait sur leur position dans l'eau.

Le caractère dextre ou senestre présenté par une espèce n'est pas toujours absolu. Chez le flet *(Flesus flesus)*, par exemple, les individus senestres sont absents du Bassin d'Arcachon mais présents à près de 25 % sur les côtes du Pas-de Calais. Chez d'autres espèces, les caractères dextre et senestre sont uniformément distribués. Ces observations suggèrent un déterminisme génétique de la latéralité, que contrôle aussi le milieu.

L'existence d'un contrôle génétique de l'asymétrie oculaire a pu être démontrée par la réalisation de croisements expérimentaux entre individus dextres et senestres. Selon plusieurs auteurs, il existerait deux gènes de latéralité, l'un favorisant la dextralité (gène *d*) et l'autre la senestralité (gène *s*), tous deux transmis par les deux parents. Les poissons homozygotes seraient dextres (dd) ou senestres (ss). À l'état hétérozygote (ds), ils auraient indifféremment l'un ou l'autre caractère. Pour d'autres auteurs néanmoins, la latéralité serait l'héritage de la seule femelle, qui apporterait un allèle unique, dextre ou senestre, s'associant à un allèle neutre.

22.1.3. MODIFICATIONS INTERNES LIÉES À LA MÉTAMORPHOSE

La musculature est fortement remaniée chez les larves en métamorphose, où certains muscles sont déplacés et d'autres s'atrophient. Le nombre des myofibrilles s'accroît le plus souvent dans les myofibres et favorise une nage plus énergique des juvéniles. Des différences concernent aussi les protéines myospécifiques, comme on a pu le constater sur électrophorégramme pour la troponine T. Cette protéine, qui se lie à la tropomyosine et contribue à réguler la contraction du muscle strié en présence d'ions Ca^{2+}, ne montre pas les mêmes isoformes avant et après la métamorphose.

Les remaniements touchant les viscères sont en principe limités. On observe néanmoins une régression de la vessie natatoire et un développement de l'estomac, où apparaissent des glandes gastriques sécrétrices. Les gonades encore indifférenciées gagnent la région postérieure de la cavité abdominale.

Des globules rouges plus petits et contenant d'autres hémoglobines remplacent par ailleurs les globules rouges de la larve.

22.2. Déterminisme de la métamorphose

Comme chez les amphibiens, la métamorphose des pleuronectiformes est contrôlée par l'activité de l'axe hypophyso-thyroïdien.

22.2.1. TRAITEMENT PAR LES HORMONES THYROÏDIENNES

Chez plusieurs espèces, dont le flet *(Paralichthys olivaceus)*, l'immersion de jeunes alevins dans une solution de T3 à 10^{-8} M anticipe et accélère les événements de la métamorphose. La nageoire dorsale s'allonge dès les premiers jours du traitement, tandis que l'un des yeux migre sur l'autre face. Au même moment, des modifications histologiques et biochimiques s'installent dans le tissu musculaire : le nombre des myofibrilles s'élève dans chaque fibre ; d'autres isoformes de la troponine T apparaissent. Des glandes gastriques se développent, où la présence de pepsinogène peut être détectée au moyen d'anticorps antipepsinogène fluorescents dans l'ultraviolet. Enfin, une nouvelle population de globules rouges se substitue à l'ancienne. Des juvéniles en miniature, mais déjà benthiques, sont finalement obtenus. La T4 est moins efficace que la T3 (forme active des hormones thyroïdiennes) et nécessite des doses plus élevées pour engendrer une métamorphose.

Comme cela a été démontré chez les amphibiens, les hormones thyroïdiennes interviennent sur le génome après s'être positionnées sur des récepteurs nucléaires. Des précisions sont actuellement recherchées, quant au mode d'action de ces hormones dans les fibres musculaires et les globules rouges.

22.2.2. ACTIVATION DE LA THYROÏDE

Dans les conditions naturelles de développement, la métamorphose est initiée par une élévation du taux des hormones thyroïdiennes circulantes, consécutive à une activation de la thyroïde (fig. 4.103). Comme chez tous les téléostéens, la glande sécrète essentiellement de la T4, dont le taux plasmatique s'accroît significativement à la métamorphose et atteint un maximum. Le taux de la T3 s'élève plus modérément. Chez *Paralichthys olivaceus*, les valeurs maximales obtenues sont de 1,2 µg / 100 ml pour la T4, de 150 ng / 100 ml seulement pour la T3. Au niveau des cellules-cibles, la T4 serait désiodée en T3 grâce à l'activité d'une T4-5'-monodésiodinase.

Un traitement par un antithyroïdien, comme la thiourée, supprime la métamorphose et mène les larves au gigantisme.

22.2.3. CONTRÔLE DE L'ACTIVITÉ THYROÏDIENNE

Chez les alevins en prémétamorphose, un rétrocontrôle négatif maintient un très faible niveau d'activité de l'axe hypophyso-thyroïdien, puisque toute augmentation du taux des hormones thyroïdiennes plasmatiques met au repos les cellules thyréotropes de l'adénohypophyse, arrête la sécrétion de la TSH et par voie de conséquence inactive la thyroïde. Vers la fin de la vie larvaire, la TSH est libérée en plus grande abondance et stimule quelque temps la thyroïde, le rétrocontrôle négatif cessant ici d'intervenir. Les événements de la métamorphose s'en trouvent déclenchés.

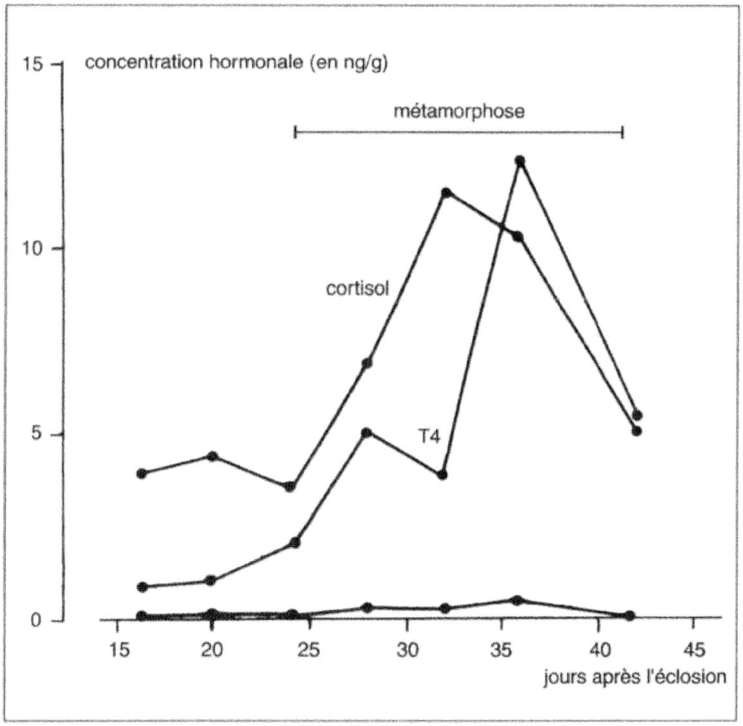

Figure 4.103 : Variations de la concentration de la T3, de la T4 et du cortisol durant la métamorphose du flet japonais *(Paralichthys olivaceus)*.
(D'après E.G. de Jesus *et al.*, 1991, *Gen. Comp. Endocrinol.* *82*, 369-376.)

Plusieurs travaux ont confirmé une activation de la glande interrénale chez les pleuronectiformes en métamorphose. Durant cette période, la glande sécrète davantage d'hydrocortisone (cortisol) qui, chez les téléostéens, représente le corticostéroïde majeur. Chez *Paralichthys olivaceus,* le taux plasmatique de cette hormone culmine alors à 11 ng/ml (fig. 4.103).

Les effets de l'hydrocortisone sur la métamorphose des poissons-plats ont été recherchés. L'injection du stéroïde à de jeunes alevins ne provoque aucun changement d'organisation. Comparé aux effets d'une simple immersion dans une solution de T3 ou de T4, un traitement associant l'hydrocortisone et une hormone thyroïdienne se révèle néanmoins plus efficace. Le mécanisme d'une telle synergie reste à explorer. Une possible corrélation avec l'utilisation des réserves énergétiques est également suggérée.

23. Autres ostéichthyens

La métamorphose existe chez d'autres ostéichthyens marins, mais elle peut être plus ou moins atténuée. Par ailleurs, elle n'implique pas nécessairement un passage à l'état benthique.

Chez les clupéiformes (hareng, sardine), des changements d'ordre morpho-anatomiques sont signalés (déplacement des nageoires pelviennes vers l'avant, réorganisation de l'intestin...) et une argenture apparaît sur les écailles. Après ces transformations, les clupéiformes réalisent de longues migrations en bancs.

Chez les stomiiformes* *(Argyropelecus, Chauliodus)*, les lampridiformes** *(Desmodema, Stylophorus)* et les scopelomorphes*** *(Scopelarchus, Benthalbella)*, les larves généralement épipélagiques gagnent les profondeurs marines après leur métamorphose. Primitivement sphériques et latéraux, les yeux deviennent tubulaires et dirigés vers l'avant, tandis que les poissons prennent un port vertical. De telles modifications leur permettent de repérer les proies situées plus haut. Chez les lampridiformes, l'extension de la ligne latérale le long de la queue très filamenteuse renseigne aussi sur la présence de prédateurs nageant plus bas, suite aux déplacements d'eau qu'ils créent. La métamorphose est par ailleurs associée à l'apparition d'une phosphorescence due à la mise en place de photophores.

Chez plusieurs lophiiformes (*Lophius* ou baudroie, *Ceratias*), la métamorphose est marquée par l'apparition d'un important dimorphisme sexuel. Chez *Ceratias*, le mâle nain (16 mm) se fixe à la femelle (1 m) par des denticules buccaux, et il peut se souder à elle au point que les appareils circulatoires soient en continuité.

Chez les élopiformes (tarpons), la larve leptocéphale en métamorphose diminue de taille et se déshydrate après une forte excrétion d'ions Na^+ et Cl^- par les ionocytes épidermiques. Au même moment, des réserves

* À l'état adulte, les stomiiformes sont des poissons bathypélagiques allongés, pourvus d'une cavité buccale et d'un pharynx très élargis et de dents puissantes, leur permettant d'ingérer des proies volumineuses. Leurs organes lumineux (photophores) sont régulièrement répartis sur le corps et la tête.

** Les lampridiformes sont des poissons bathypélagiques qui flottent entre deux eaux grâce à la grande surface portante de leurs nageoires, faites de panaches de filaments.

*** Les scopelomorphes sont des poissons méso- ou bathypélagiques de petite taille, garnis de nombreux filaments tactiles et pourvus d'organes lumineux ventraux.

glucidiques et lipidiques accumulées en arrière du crâne sont digérées puis remplacées par des muscles et de l'os. Une réduction de taille est également remarquée chez certains stomiiformes en métamorphose *(Chauliodus).*

Chez les saccopharyngiformes* *(Eurypharynx)*, la métamorphose des larves leptocéphales entraîne une croissance considérable des mâchoires et l'apparition d'une bouche immense, d'où le nom de "grand-gousiers de la mer" attribué à ces animaux.

Chez certains luvaridés *(Luvarus)* enfin, le développement est caractérisé par deux métamorphoses successives. La première transforme une larve transparente, à nageoires dorsale et pelviennes partiellement épineuses, en une larve pigmentée, dépourvue d'épines et à grandes nageoires impaires. Au terme d'une seconde métamorphose, l'animal acquiert une morphologie d'adulte.

* Les saccopharyngiformes sont des poissons abyssaux aux formes étranges à l'état adulte. Leur queue est étirée en lanière. Leur cavité buccale est immense et charpentée par des mâchoires démesurées qui s'étendent très en arrière du crâne. Des plis longitudinaux facilitent l'extraordinaire dilatation de cette cavité. Le pharynx est également énorme et extensible. L'entonnoir buccopharyngé des saccopharyngiformes fonctionne à la manière d'une nasse et leur permet d'ingérer des proies en quantité considérable (crustacés, vers...), dont certaines de grande taille.

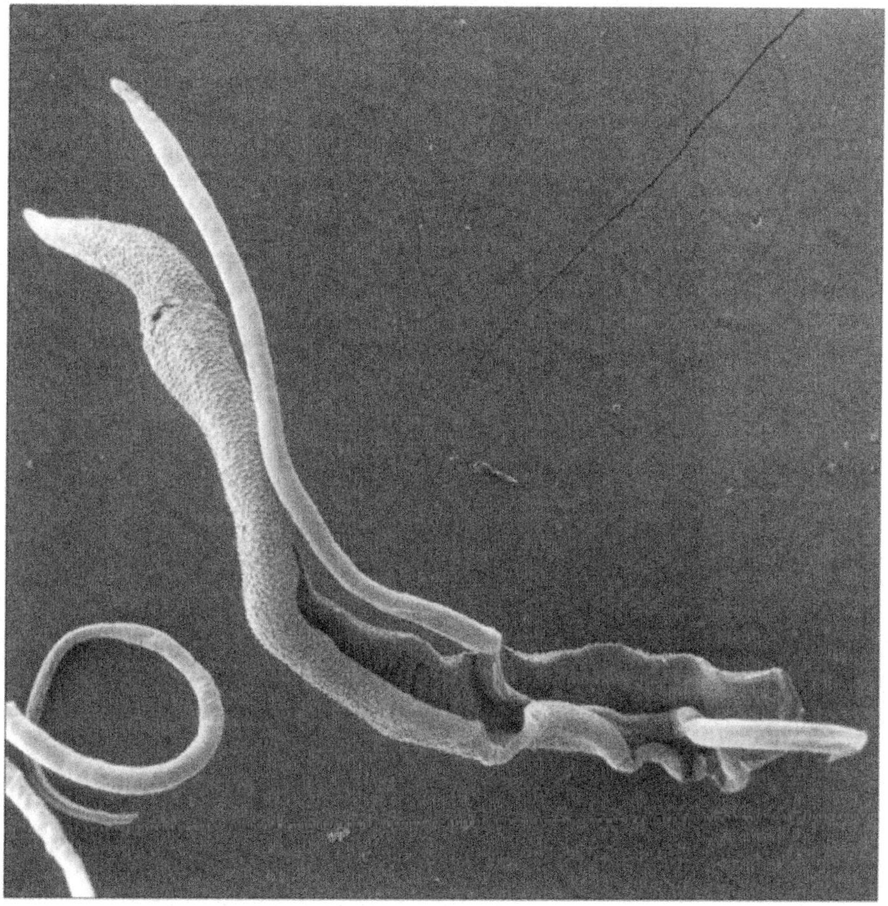

Couple de schistosomes *(Schistosoma mansoni)*. La femelle filiforme est logée dans le canal gynécophore du mâle.
(Grandissement x 4.)
(Cliché D. Guillaumin, Laboratoire de microscopie électronique CNRS-Université Paris VI.)

Métamorphose et parasitisme

Le cycle de développement des animaux parasites présente, en alternance, des phases de vie libre importantes quant à la dissémination des espèces, et des phases de vie parasitaire pendant lesquelles l'animal croît et se reproduit (pérennité des espèces). Cette alternance est simple chez les parasites monoxènes ou monogénétiques. Elle est plus complexe chez les parasites dixènes (digénétiques) et polyxènes (polygénétiques) où deux voire plusieurs hôtes se succèdent. Le ou les hôtes intermédiaires hébergent les formes larvaires susceptibles de se multiplier par voie asexuée. L'hôte définitif contient l'imago, qui se reproduit par voie sexuée. Des hôtes auxiliaires peuvent améliorer la conservation et la dissémination des larves.

Le passage de la vie libre (première forme larvaire) à la vie parasitaire est accompagné d'une métamorphose trop souvent qualifiée de régressive, car associée à la disparition de la quasi-totalité des organes de la vie de relation au profit de ceux de la vie végétative et de la reproduction.

En réalité, elle est adaptative et permet à une nouvelle forme larvaire (parasites polygénétiques) ou imaginale (parasites monogénétiques) d'exploiter un nouveau milieu, le milieu biologique. Ces notions seront illustrées par l'étude de quelques groupes.

1. Trématodes monogènes ou hétérocotylés

Ces trématodes de petite taille sont des ectoparasites à un seul hôte. Ils vivent sur les téguments ou les branchies de divers poissons marins *(Tristomum)* ou dulcicoles *(Gyrodactylus, Diplozoon paradoxum)*, d'amphibiens *(Polystomum integerrimum)*, de tortues d'eau douce, grâce à de puissants appareils de fixation (ventouses, crochets) formant un hapteur, et à la sécrétion adhésive de deux formations glandulaires antérieures.

Ces trématodes sont, exception faite de *Gyrodactylus,* ovipares. Le développement embryonnaire conduit à l'éclosion d'une larve libre, ciliée, nageuse, pourvue d'ocelles, présentant les grands traits de l'organisation de l'adulte. La larve recherche son hôte, s'y fixe et se transforme en adulte, tout en subissant une métamorphose plus ou moins accentuée.

L'état physiologique de l'hôte choisi par la larve peut influencer les modalités du développement. Tel est le cas de *Polystomum integerrimum* qui, à l'état adulte, vit dans la vessie des grenouilles rousses. Son cycle de développement et de reproduction est synchrone de celui de l'hôte. Les œufs entraînés par l'urine donnent naissance à des larves ciliées dites gyrodactyloïdes, qui se fixent généralement sur les branchies d'un têtard âgé de 3 semaines. Elles gagnent en rampant l'ouverture spiraculaire, se fixent sur les branchies et ne se nourrissent pas. Lors de la métamorphose du têtard, la larve quitte la cavité branchiale, passe dans la cavité buccale, longe le tube digestif et s'établit dans la vessie, où elle atteint l'état adulte en 3 ou 4 ans au même moment que son hôte. Chaque année, hôte et parasite effectuent leurs pontes de manière synchrone.

Si la larve gyrodactyloïde se fixe sur les branchies d'un jeune têtard âgé de moins de 7 jours, elle se gorge de sang et devient apte à la reproduction en 5 semaines, tout en conservant des caractères larvaires. Cette larve néoténique pond, engendre une nouvelle génération de larves gyrodactyloïdes qui, nécessairement, se fixent sur des têtards âgés et évoluent lentement. Les néoténiques sont expulsés et meurent lors de la métamorphose de leur hôte.

Chez les anoures métamorphosés, la mise en place d'un système immunitaire plus efficace peut expliquer la plus grande spécificité que l'on observe alors entre l'anoure-hôte et *Polystomum integerrimum*. La larve du ver peut se fixer aux branchies des têtards de nombreuses espèces d'anoures. En revanche, le ver adulte persiste dans la vessie des juvéniles de la grenouille rousse seulement. Les formes métamorphosées des autres espèces d'anoures sont incapables de conserver le ver dans leur vessie.

Chez *Diplozoon paradoxum,* dès la métamorphose, deux jeunes individus s'associent grâce à leur ventouse médio-ventrale, d'une part, et à une saillie postéro-dorsale, d'autre part. Les partenaires se disposent en croix ; l'un saisit l'autre par son bouton, au moyen de sa ventouse, et réciproquement. Aux points de jonction, les tissus fusionnent, ventouses et boutons disparaissent. Ce couple permanent réalise néanmoins une fécondation croisée, car les canaux déférents d'un partenaire aboutissent au vagin de l'autre, et réciproquement.

2. Trématodes digènes ou malacocotylés

Les digènes, dont le type est la grande douve *Fasciola hepatica*, sont des endoparasites dont le cycle de développement nécessite le passage par un, voire deux hôtes intermédiaires et un hôte définitif. L'hôte définitif qui héberge le parasite adulte est un vertébré dont il colonise le tube digestif, le foie, les poumons ou la vessie urinaire. Le premier hôte intermédiaire est un gastéropode ; le second héberge éventuellement une forme d'attente (métacercaire).

2.1. Cycles parasitaires à deux hôtes

2.1.1. GRANDE DOUVE, *FASCIOLA HEPATICA*

2.1.1.1. Hôte définitif

La grande douve (fig. 5.1) vit enroulée en cornet dans les canaux biliaires du mouton où elle s'accouple. Les cocons de ponte (coque, ovocytes, cellules nourricières) pourvus d'un clapet sont entraînés par la bile puis les excréments et rejetés à l'extérieur. S'ils tombent dans l'eau, au terme d'une incubation de 2 à 3 semaines à 25 °C, le clapet s'ouvre libérant une petite larve (100-150 µm) ciliée, mobile, le *miracidium*. Cette larve piriforme, pourvue d'un rostre, est recouverte par 21 cellules ciliées, hexagonales, entre lesquelles affleure le mésenchyme profond. Elle possède un tube digestif rudimentaire, deux ganglions cérébroïdes surmontés de quatre ocelles, une musculature périphérique circulaire et longitudinale, deux glandes céphaliques de "pénétration", deux protonéphridies et un amas postérieur de cellules à caractères embryonnaires.

2.1.1.2. Hôte intermédiaire

Le *miracidium* attiré par chimiotactisme par un pulmoné d'eau douce, *Lymnaea truncatula*, pénètre dans la cavité palléale, où il subit une métamorphose dite régressive, caractérisée par la disparition des organes indispensables à la vie libre antérieure (ocelles, ganglions cérébroïdes, cils). Il se transforme ainsi en une nouvelle forme larvaire, le sporocyste, où prédomine le massif des cellules embryonnaires.

Le sporocyste (500 µm) est un sac mobile, délimité par une mince cuticule comparable à celle de l'adulte. La prolifération des cellules embryonnaires assure par voie asexuée (polyembryonie) la genèse de nouvelles formes larvaires ou rédies.

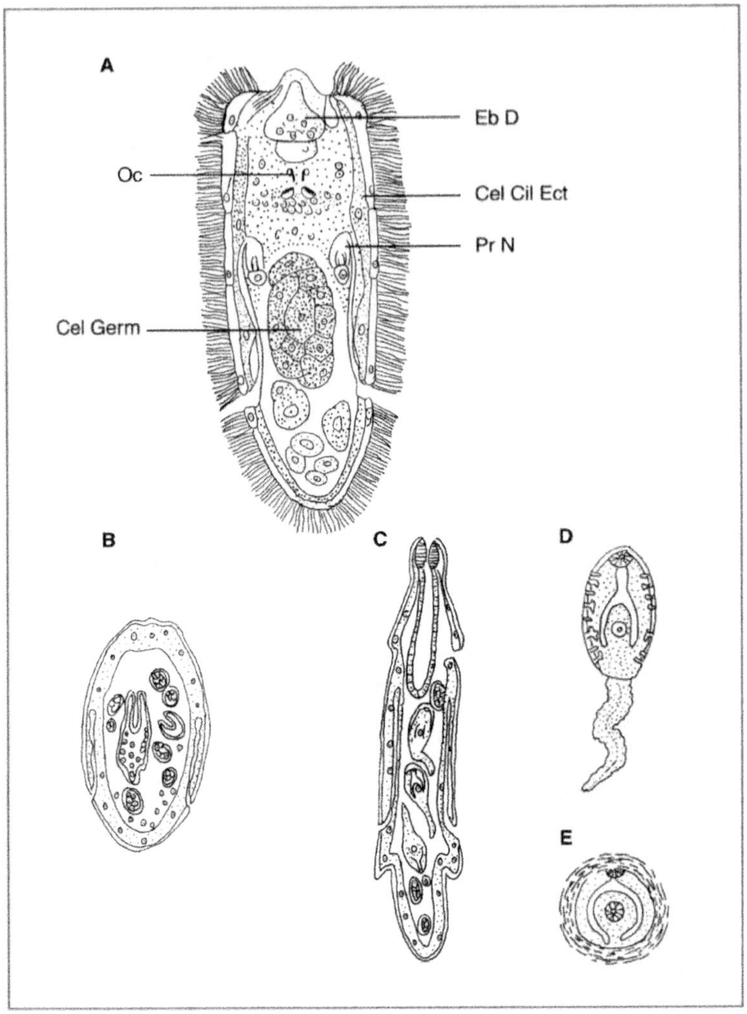

Figure 5.1 : Cycle de développement de *Fasciola hepatica*.
A, *miracidium* ; B, sporocyste ; C, rédie ; D, cercaire ; E, métacercaire.
Cel Cil Ect, cellule ciliée ectodermique ; Cel Germ, cellule germinale ; Eb D, ébauche digestive ; Oc, ocelle ; Pr N, protonéphridie.
(D'après A. Beaumont & P. Cassier, 1991, *Biologie animale* (T. I), Dunod, Paris.)

Les rédies (250 µm) ont la forme de sacs allongés dont la cavité interne peut être assimilée à un tube digestif rudimentaire, à pharynx musculeux. Ces larves possèdent un orifice de ponte et des massifs de cellules embryonnaires. Elles émigrent dans le tissu conjonctif de l'hôte, gagnent l'hépatopancréas où elles se nourrissent et grandissent. La multiplication des cellules embryonnaires aboutit à la différenciation d'une quatrième catégorie de larves, les cercaires. Si la température est supérieure à 25 °C, les rédies engendrent une génération supplémentaire de rédies-filles.

Les cercaires (300 µm) possèdent en miniature l'organisation de l'adulte (deux ventouses, tube digestif bifide, appareil excréteur, ganglions cérébroïdes), mais les organes génitaux ne sont pas différenciés. Elles possèdent en outre une queue musculeuse et de nombreuses glandes épithéliales kystogènes. Les cercaires quittent les rédies par l'orifice de ponte, gagnent l'eau au travers des tissus de la limnée et nagent activement. Elles se fixent sur un végétal immergé, perdent leur appendice caudal et sécrètent une épaisse coque kystique, réalisant ainsi un stade métacercaire en état de vie ralentie.

Lorsque le kyste est absorbé par un mouton (ou par l'homme avec du cresson sauvage), la paroi du kyste est digérée en 3 heures environ. La métacercaire libérée gagne par effraction les canaux biliaires, où elle acquiert, en six semaines, les caractéristiques adultes.

2.1.2. AGENTS DE LA BILHARZIOSE, *SCHISTOSOMA*

Le genre *Schistosoma* regroupe les agents des différentes formes de la bilharziose vésicale *(S. haematobium)*, rectale *(S. intercalatum)* et intestinale *(S. mansoni)*. Le cycle de développement de ces parasites est simplifié par suppression des stades rédies et métacercaires. Le sporocyste engendre des sporocystes-fils à l'origine de cercaires à queue bifide (furcocercaires). Ces cercaires traversent la peau de l'homme, perdent leur queue et se transforment en adultes dans les veines hépatiques. Les femelles fécondées pondent, selon les espèces, au niveau des plexus veineux vésical, rectal ou intestinal.

2.2. Cycles parasitaires à trois hôtes

2.2.1. *PARAGONIMUS RINGERI*

Ce parasite est l'agent de la distomose d'Extrême-Orient, ou bronchite sanglante. Il vit à l'état adulte dans les poumons de l'homme, où sa présence se traduit par l'existence de kystes réactionnels bruns rougeâtres hébergeant deux parasites. Les larves *miracidium* évoluent chez *Melania,* gastéropode d'eau douce, premier hôte intermédiaire. Elles s'y transforment en sporocystes qui engendrent chacun une seule rédie à l'origine de rédies-filles. Ces dernières forment par bourgeonnement de nombreuses cercaires munies d'un éperon céphalique (xiphidocercaires) qui gagnent le milieu aquatique, pénètrent dans un crustacé d'eau douce *(Astacus, Potamo, Eiriocheir)* et s'enkystent dans les muscles thoraciques. Les métacercaires ne sont infestantes qu'après 40-50 jours d'enkystement. L'homme, hôte définitif, se contamine en consommant des crustacés crus ou insuffisamment cuits.

2.2.2. PETITE DOUVE DU FOIE *(DICROCOELIUM DENDRITICUM)*

Cette douve vit en parasite dans les canaux biliaires du mouton. Son cycle de développement est caractérisé par la disparition des phases libres, aquatiques. L'œuf ne peut éclore que dans le tube digestif d'un gastéropode terrestre, *Helicella ericacea,* premier hôte intermédiaire. Le *miracidium* évolue en sporocyste qui, directement, donne des cercaires rejetées sur les herbes par le pneumostome. Ingérées par des fourmis (*Formica rufa, F. fusca* – seconds hôtes intermédiaires), les cercaires s'enkystent dans la cavité générale. Le cycle se poursuit si des moutons, hôtes définitifs, ingèrent avec l'herbe, des fourmis infestées.

2.3. Conclusion

De grandes variations peuvent exister d'un cycle à l'autre chez les trématodes digénétiques. Le *miracidium* peut ne pas être libre, les générations de rédies être omises, le sporocyste manquer et les rédies se développer directement dans le *miracidium*. En conséquence, dans certains cycles, le premier ou le deuxième hôte intermédiaire peut disparaître.

Les trématodes digénétiques seraient originellement des parasites de mollusques, particulièrement d'escargots, et auraient évolué avec de nouveaux hôtes, les vertébrés. En réalité, il est difficile d'imaginer que tous les vers ont suivi la même évolution et qu'aucune forme sexuée ne se soit maintenue dans les hôtes-mollusques originels.

Si les stades libres des digènes sont appelés larves et remplissent pleinement leurs fonctions quant à la dispersion et à la recherche de l'habitat, les changements séquentiels qu'ils subissent ne doivent pas être considérés comme des hypermétamorphoses. La véritable métamorphose est en fait limitée au passage cercaire-métacercaire : elle débute par la perte de la queue et se poursuit dans le kyste, qui serait comparable à la nymphe des insectes holométaboles. Les stades antérieurs, par polyembryonie, compensent les pertes subies tout au long d'un cycle complexe.

3. Cestodes

Les cestodes sont des endoparasites dont le corps foliacé ou rubané est le plus souvent segmenté. L'extrémité antérieure, ou scolex, constitue un organe de fixation. Le cou, zone de croissance, engendre les segments successifs ou proglottis qui constituent le strobile. Chaque proglottis contient un appareil reproducteur complet. Les cestodes sont des hermaphrodites protérandriques fonctionnels. Les proglottis mûrs, bourrés d'œufs embryonnés, ou cucurbitains, se détachent isolément ou par groupes à l'arrière du strobile.

Les cestodes vivent en parasites dans le tube digestif des vertébrés. Le cycle de développement implique le passage par deux ou trois hôtes, mais les migrations d'un hôte à l'autre sont passives et accompagnées de métamorphoses larvaires.

3.1. Cycles parasitaires à deux hôtes sans multiplication asexuée à l'état larvaire

3.1.1. *TAENIA SAGINATA*

Le ténia inerme ou ténia du bœuf (fig. 5.2) est, à l'état adulte, le plus fréquent des vers solitaires de l'homme. Les cocons de ponte contiennent un embryon ovoïde de 20 µm environ et pourvu de trois paires de crochets, l'embryon hexacanthe, qu'entoure une coque chitinoïde ou embryophore. Cet ensemble, ou oncosphère, est ingéré par un bovidé avec de l'herbe souillée. Les sucs digestifs dissolvent l'embryophore, libèrent l'embryon hexacanthe qui, activement, gagne l'enveloppe conjonctive des muscles ou périmysium et se transforme. L'embryon perd ses crochets, grandit, forme une sphère creuse (vésicule cystique) de 5-7 mm de diamètre dont la paroi, à un pôle, différencie un scolex temporairement invaginé. L'ensemble vésicule et scolex constitue le cysticerque qui, à l'état de vie ralentie, peut survivre plusieurs années. Sa métamorphose se produira s'il est ingéré par l'homme avec de la viande peu cuite ou fumée. Dans ce cas, le scolex se dévagine, se fixe à la muqueuse intestinale, édifie le cou et le strobile, alors que la vésicule cystique se résorbe et se détache.

3.1.2. *TAENIA SOLIUM*

Le ténia armé, ou ténia du porc, vit également dans l'intestin de l'homme. Le scolex comporte, outre les quatre ventouses, un rostellum armé de vingt-cinq à cinquante crochets. Le cycle de développement est comparable à celui du ténia du bœuf. L'embryon hexacanthe évolue chez le porc, parfois chez l'homme.

3.2. Cycles parasitaires à deux hôtes présentant une multiplication asexuée à l'état larvaire

Dans ce cas, le cysticerque volumineux, ou cénure, bourgeonne de nombreux scolex, ce qui assure une infestation massive de l'hôte définitif. Un tel type de développement caractérise *Taenia multiceps*, parasite du chien,

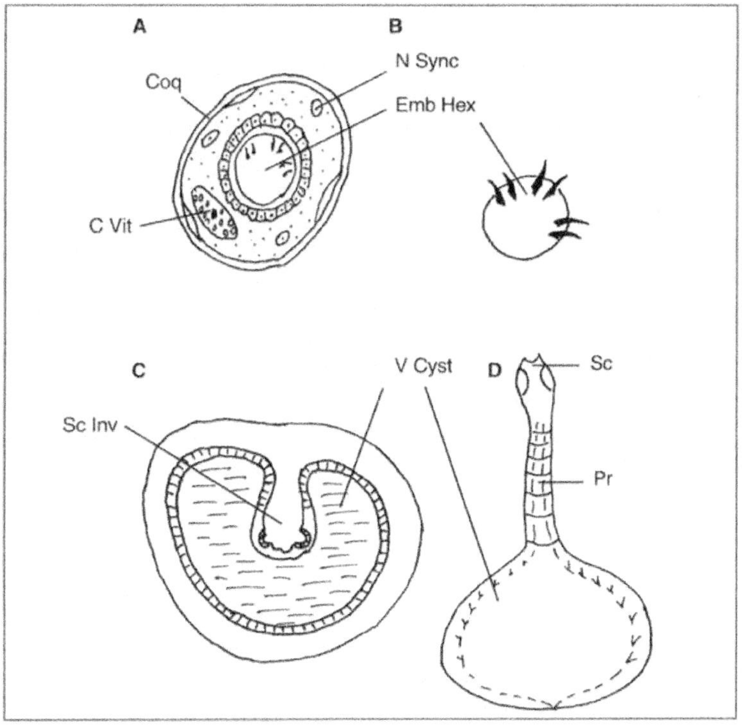

Figure 5.2. Développement du ténia. A, phase embryonnaire ; B, embryon hexacanthe ; C, cysticerque ; D, dévagination du scolex et début de la croissance somatique. Emb Hex, embryon hexacanthe ; Coq, coque du cocon de ponte ; C Vit, cellule vitelline ; N Sync, noyau du syncytium ; Pr, proglottis ; Sc, scolex ; Sc Inv, scolex invaginé ; V Cyst, vésicule cystique. (D'après A. Beaumont & P. Cassier, 1991, *Biologie animale* (T. I), Dunod, Paris).

et surtout *Echinococcus granulosus*, redoutable parasite de l'homme, hôte intermédiaire. Le cénure ou hydatide peut atteindre les dimensions d'une tête humaine et peser de 5 à 15 kgs ; il contient plusieurs milliers de scolex qui, s'ils sont accidentellement libérés (intervention chirurgicale), peuvent par un cycle de développement condensé engendrer chacun un nouvel hydatide. L'hôte définitif est le chien, qui peut transmettre les œufs du parasite par léchage.

3.3. Cycles parasitaires à trois hôtes

Le bothriocéphale *(Diphyllobothrium latum)*, le plus grand des vers solitaires de l'homme (6-8 à 15 m), est fréquent dans les régions lacustres en raison des particularités de son cycle parasitaire.

Les œufs pondus isolément, expulsés avec les fèces, achèvent leur développement dans l'eau et libèrent chacun un embryon hexacanthe enveloppé par un embryophore cilié. Cette larve *(coracidium)* avalée par un *Cyclops*, premier hôte intermédiaire, évolue dans le tube digestif et se transforme en une larve procercoïde allongée qui passe dans la cavité générale. Cette larve possède, dans sa région antérieure, des ébauches de ventouses ou pseudobothries et, dans sa région postérieure, une courte queue globuleuse pourvue des trois paires de crochets de l'embryon hexacanthe.

Si le *Cyclops* est avalé par un poisson, deuxième hôte intermédiaire, la larve procercoïde gagne la cavité générale, grandit et devient une larve plérocercoïde vermiforme, pourvue des deux pseudobothries caractéristiques de l'adulte, et qui s'enkyste dans les tissus de l'hôte. L'homme se contamine en consommant des poissons insuffisamment cuits ou fumés.

Si les poissons parasités sont consommés par un poisson carnivore (brochet), les larves plérocercoïdes s'accumulent dans la cavité générale de cet hôte auxiliaire, facultatif.

3.4. Conclusion

Bien que certains cestodes présentent des phases de multiplication asexuée, la différence essentielle quant aux cycles parasitaires des trématodes et des cestodes est que, chez ces derniers, un œuf correspond à un ver, alors que chez les autres, un œuf peut correspondre à plusieurs millions de vers. La métamorphose, changement structural et éco-éthologique, établit le passage d'organismes à vie ralentie (cysticerque, larve plérocercoïde) à l'état de ver adulte.

4. Némathelminthes

4.1. Nématodes

Les nématodes parasites comportent tous quatre stades larvaires, séparés par des mues, et un stade imaginal. De nombreuses espèces réalisent le premier stade ou les deux premiers à l'intérieur des enveloppes ovulaires, ce qui pourrait représenter une adaptation au parasitisme. Larves et imagos diffèrent peu, exception faite de la taille, des pièces buccales, des organes génitaux et des structures copulatrices. Néanmoins, des modifications physiologiques et d'habitat survenant avec l'acquisition du parasitisme accréditent l'appellation de larves utilisée ici pour désigner les formes initiales.

4.2. Nématomorphes ou gordiens

La larve gordioïde des gordiens est munie d'un proboscis épineux et éversible, et son corps est divisé en un prosome et un tronc. Chez *Gordius*, la larve s'enkyste dans l'hémocoele de divers insectes et ne se développera que si l'animal infesté est lui-même consommé par un second hôte favorable. Il n'y aura alors aucune métamorphose spectaculaire, bien que les crochets du proboscis, les stylets, l'épiderme et les muscles correspondants soient éliminés.

5. Mésozoaires

Les mésozoaires dérivent vraisemblablement de platelminthes parasites et l'adaptation au parasitisme se traduit, chez ces organismes, par la disparition du mésoderme.

5.1. Orthonectides

Chez la plupart des orthonectides, les adultes sortent de l'hôte pour se reproduire et la fécondation a lieu en pleine eau. La larve ciliée est sphérique ou conique. Chez *Rhopalura ophiocomae* néanmoins, un parasite de l'ophiure *Amphiura squamata,* les adultes ne sortent pas et les larves sont émises par les fentes génitales de l'hôte, devant lesquelles elles forment un petit nuage avant de se mettre presqu'immédiatement à nager. Cette libération a lieu en fin d'après-midi.

Les larves possèdent un épiderme aplati, entourant un massif plurinucléé. Un organe pluricellulaire réfringent se différencie à l'avant. Chez *Rhopalura ophiocomae,* les larves envahissent l'ophiure, colonisent l'épithélium des fentes génitales et se transforment en adultes (plasmodes) globuleux, limités par un discret épiderme. Outre des cellules libres, chacun de ces adultes renferme des amas cellulaires évoluant en embryons tous mâles ou tous femelles, qui donneront les larves. Les modalités de la reproduction sexuée sont inconnues.

5.2. Dicyémides

Chez les dicyémides, parasites fixés dans les reins des céphalopodes, l'embryon évolue à l'intérieur de l'hôte pour donner une larve libre, globuleuse et ciliée à son pôle postérieur, et assurant la propagation de l'espèce (larve infusoriforme). La forme infestante, allongée, dérive de cette larve selon des modalités encore inconnues. Son épiderme cilié entoure deux ou trois cellules embryonnaires alignées selon un axe antéro-postérieur et appelées à se multiplier.

À l'intérieur de l'hôte, le parasite devient un nématogène fondateur, mesurant environ 1 cm de longueur. Plusieurs générations de nématogènes se formeront ensuite par multiplication asexuée, à partir des cellules embryonnaires. Finalement, apparaissent des rhombogènes dont les cellules axiales engendrent un infusorigène sexué, élaborant à la fois des ovules et des spermatozoïdes. Suite à une autofécondation se développera la larve infusoriforme, qui sera rejetée à l'extérieur de l'hôte.

6. Acanthocéphales

La larve *acanthor* des acanthocéphales est couverte d'épines et protégée par une carapace bivalve. Elle possède un rostellum garni de trois paires de crochets et associé à une paire de muscles rétracteurs.

Après ingestion par l'hôte intermédiaire, généralement une larve d'insecte, un isopode ou un amphipode, la coquille disparaît et la larve *acanthor* traverse la paroi du tube digestif grâce à son rostellum. Les crochets, leurs muscles et les épines dégénèrent et la larve prend une forme sphérique, dite *acanthella*. Les ébauches des structures adultes (proboscis, ganglion, musculature, sacs ligamentaires, gonades, système urogénital) se différencient à partie d'une masse centrale syncytiale. Le jeune ver reste au repos jusqu'à ce qu'il soit ingéré par l'hôte définitif (poisson, oiseau ou mammifère), où il se développe dans le tube digestif. Si le jeune ver est avalé par un vertébré qui est un hôte intermédiaire, il reste quiescent jusqu'à ce qu'il soit consommé par l'hôte définitif. La métamorphose est ici dominée par les phénomènes histogénétiques.

7. Gastéropodes parasites

Quelques exemples de parasitisme vrai se rencontrent principalement chez les gastéropodes prosobranches, où il est possible d'observer une évolution progressive, allant de formes d'apparence normale à des formes profondément modifiées. Les formes connues traduisent le résultat actuel d'un thème évolutif commun, l'adaptation parasitaire, qui a pu affecter différentes familles à diverses époques. L'étude des formes adultes les plus profondément modifiées a conduit les anciens auteurs à des erreurs systématiques légendaires, que seule la connaissance des formes larvaires et de leur métamorphose de fixation parasitaire a permis de corriger. Toutes possèdent des larves véligères typiques avec vélum, tortillon viscéral, pied, opercule, coquille enroulée, système nerveux et otocyste. Le type ancestral, atavisme bien connu dans tous les cas d'adaptation extrême (fixation, parasitisme), est conservé dans le développement.

La présentation morpho-anatomique des principaux gastéropodes parasites a fait l'objet de diverses publications (cf. A. Beaumont & P. Cassier, 1991, *Biologie animale*, tome I, Dunod, Paris). Seuls des exemples empruntés aux eulimidés et aux entoconchidés seront évoqués, au détriment des capulidés et des pyramellidés.

7.1. Eulimides

Les eulimides (prosobranches monotocardes) possèdent des formes libres *(Eulima polita)* et des formes parasites vivant aux dépens des échinodermes.

7.1.1. *EULIMA EQUESTRIS*

Chez cette espèce (fig. 5.3A), où seule l'anatomie de la forme parasite a pu être précisée, le pied, l'opercule et les yeux sont toujours présents mais très fortement réduits. La trompe très allongée se termine par une portion épaissie et s'enfonce dans les téguments de l'hôte, dont elle aspire le sang. Elle est entourée par une collerette ou "pseudo-pallium". Les sexes sont séparés. Dans les espèces suivantes, l'hypertrophie de la trompe et du pseudo-pallium, véritable néoformation, est parallèle à la régression des autres organes.

7.1.2. *PELSENERIA* ET *ROSENIA*

Ces espèces vivent sur des oursins et sont dépourvus de radula. Ainsi, *R. stylifera* se déplace entre les piquants de l'hôte mais ne le quitte pas, y dépose ses œufs, enfonce sa trompe au travers du test. Chez *P. profunda*, la bouche est entourée d'une large collerette à bords irréguliers et déchiquetés qui recouvrent la coquille. Le pied réduit possède encore un opercule. *Pelseneria* et *Rosenia* sont hermaphrodites.

7.1.3. *MAGEDENUS*

Ce genre n'est représenté que par deux espèces : *M. holothuricola* et *M. voeltzkowi*, qui vivent dans l'organe arborescent des holothuries. Elles

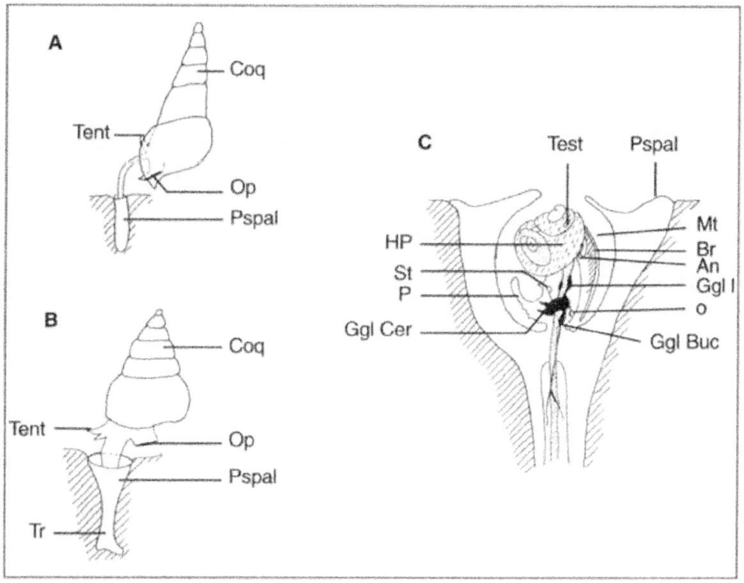

Figure 5.3. Gastéropodes parasites. A, *Eulima* ; B, *Mucronalia* ; C, *Stylifer*. An, anus ; Br, branchie ; Coq, coquille ; Ggl Buc, ganglion buccal ; Ggl Cer, ganglions cérébroïdes ; Ggl I, ganglion intestinal ; HP hépatopancréas ; Mt, manteau ; O, ocelle ; Op, opercule ; P, pied ; Pspal, pseudo-pallium ; St, statocyste ; TD, tube digestif ; Tent, tentacule ; Test, testicule ; Tr, trompe. (D'après A. Beaumont & P. Cassier, *op. cit.*)

possèdent une longue trompe non rétractile qui perfore la paroi de l'organe et pénètre profondément dans la cavité générale ; il n'y a pas de radula et la nutrition se fait par succion du liquide cavitaire de l'hôte. Le pied est dépourvu d'opercule. Autour de la bouche s'étend le pseudo-pallium qui recouvre en partie la coquille. L'anatomie interne n'est pas modifiée. Les sexes sont séparés ; les mâles et les femelles de tailles inégales vivent par couple.

7.1.4. *MUCRONALIA*

Dans ce genre représenté par un grand nombre d'espèces, la coquille bien développée et porcelanique est terminée à l'apex par quelques tours qui forment un mucron cylindrique (fig. 5.3B). La longue trompe dépourvue de radula s'enfonce dans la cavité générale de l'hôte. Le pseudo-pallium est peu différencié. *M. variabilis* vit dans le tube digestif ou à l'extérieur de *Synapta ooplax*.

Le tube digestif est dépourvu de glande salivaire, de foie et d'estomac. À l'œsophage fait suite une courte région terminée en cul-de-sac. La branchie a également subi une importante régression. Les organes sensoriels subsistent mais les yeux tendent à s'enfoncer sous les téguments. L'animal est hermaphrodite.

7.1.5. *STYLIFER*

Avec ce genre apparenté de manière certaine à *Mucronalia,* les stigmates de l'adaptation au parasitisme s'accentuent (fig. 5.3C) : disparition de l'opercule, coquille mince et cornée, pseudo-pallium hypertrophié recouvrant entièrement l'animal, trompe allongée et enfoncée dans la cavité coelomique de l'hôte, foie rudimentaire ou absent. La cavité du pseudo-pallium communique largement avec l'extérieur.

7.1.6. *GASTEROSIPHON*

Avec ce genre, l'adaptation au parasitisme devient infiniment plus saisissante (fig. 5.4A). *G. deimatis* est un parasite interne, qui reste néanmoins en communication avec l'extérieur par un orifice ménagé dans le tégument de l'holothurie. À partir de cet orifice, un tube mince, ou siphon, de 10 mm environ de longueur aboutit à un renflement ovoïde ; celui-ci se poursuit par un long tube (100 mm), qui vient se fixer par son extrémité au vaisseau marginal de l'intestin de l'holothurie. Le tube distal peut être homologué à la trompe décrite dans les genres précédents. Le renflement intermédiaire contient les organes caractéristiques d'un gastéropode : tortillon viscéral, vestiges du pied. La coquille, les tentacules céphaliques, le manteau, les branchies, les reins et le cœur ont disparu. Le système nerveux est complet et condensé. L'œsophage débouche dans une cavité stomacale, d'où partent des tubes ramifiés, hépatopancréatiques ; il n'y a ni intestin ni anus. L'animal est hermaphrodite. Ovaires et testicules sont des glandes distinctes dont les conduits s'unissent. Autour de la masse viscérale proprement dite, la cavité du pseudo-pallium est remplie d'embryons en voie de développement. La paroi du renflement correspond au pseudo-pallium, qui a pris un développement considérable et s'est refermé au-dessus de la coquille en un tube étroit, le siphon. En dépit de ces transformations, le mollusque primitif reste aisément reconnaissable ; sa morphologie dérive sans conteste des types précédents.

7.2. Entoconchidés

7.2.1. *ENTOCOLAX*

Entocolax (E. ludwigi, E. schiemenzi) est fixé à la peau des synaptes par l'une de ses extrémités (fig. 5.4B). Une portion tubulaire initiale se renfle en une vésicule à laquelle fait suite un tube étroit, long, flottant librement dans la cavité générale. Ce tube n'est autre que la trompe qui, à sa partie proximale, s'élargit en une sorte d'estomac aveugle. Celui-ci vient buter, à la base du renflement, contre une masse de tissus où se différencient

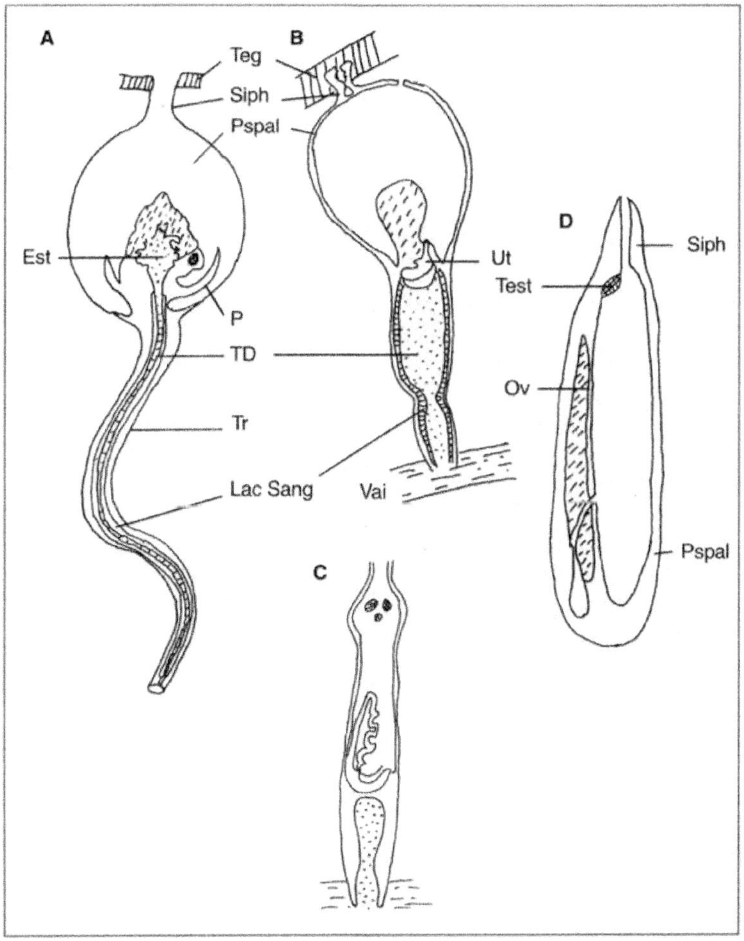

Figure 5.4 : Gastéropodes parasites (suite).
A, *Gasterosiphon* ; B, *Entocolax* ; C, *Entoconcha* ; D, *Enteroxenos*. Est, estomac ; Lac Sang, lacune sanguine ; Oe, œsophage ; Ov, ovaire ; P, pied ; Pspal, pseudo-pallium ; Siph, siphon ; TD, tube digestif ; Teg, tégument ; Test, testicule ; Tr, trompe ; Ut, utérus ; Vai, vaisseau.

l'ovaire, l'oviducte et l'utérus. Cet appareil génital fait saillie dans la cavité interne de la partie renflée du parasite où se déversent les œufs et où se déroule le développement embryonnaire. La masse viscérale est réduite à l'ovaire. Le renflement et le siphon correspondent au pseudo-pallium des parasites précédemment décrits.

7.2.2. *ENTOCONCHA*

Ce genre se présente sous forme d'un mince tube cylindrique, sans aucun renflement, atteignant 80 mm de longueur (fig. 5.4C). Ce parasite est fixé par l'une de ses extrémités au vaisseau ventral de synaptes. La bouche plonge dans ce vaisseau et aspire le sang. L'appareil digestif est un tube aveugle, qui s'étend sur un tiers environ de la longueur totale de la trompe et se termine en caecum. La masse viscérale est réduite à l'ovaire. La cavité du pseudo-pallium contient les embryons et les larves. Un groupe de vésicules situées à l'extrémité distale du siphon représenterait le testicule.

7.2.3. *ENTEROXENOS*

Les formes adultes sont des tubes de 100 à 150 mm de longueur, libres dans la cavité générale de certaines holothuries (fig. 5.4D). Les individus jeunes sont fixés à la face externe de la portion antérieure de l'intestin, voire complètement inclus dans la paroi de l'œsophage. C'est le plus modifié de tous les gastéropodes parasites. Ce tube, en effet, ne présente qu'une simple cavité axiale aveugle à son extrémité distale, ouverte par un mince canal à son extrémité proximale. L'ovaire et les testicules sont inclus dans la paroi du pseudo-pallium. Il n'existe plus de trompe ni de tube digestif et tout l'animal correspond au pseudo-pallium. Le parasite est réduit à un sac à embryons ne montrant plus trace de l'organisation primitive du gastéropode. Seules les modalités du développement embryonnaire permettent de la rattacher à ce groupe.

8. Crustacés parasites

Les crustacés parasites, contrairement aux formes libres, illustrent de manière spectaculaire la façon dont les animaux peuvent s'adapter à un mode de vie très particulier et très contraignant. En effet, vivant aux dépens d'un organisme vivant, tuer cet hôte équivaudrait à un suicide.

Le cycle de développement des crustacés parasites présente, en alternance, une phase de vie larvaire, temporaire, en quête de l'hôte approprié, et une phase de vie parasite, externe ou interne, qui conjugue croissance et reproduction. Le changement de mode de vie (vie libre, vie parasitaire) et de milieu de vie (milieu aquatique, milieu biologique) survient à la faveur d'une métamorphose véritable, souvent régressive. Le "prix" de l'adaptation à la vie parasitaire réside souvent, en effet, dans la perte des organes de la vie de relation en faveur des organes reproducteurs.

8.1. Copépodes

Les copépodes sont gonochoriques, à l'exception de *Xenocoeloma* et *Flabellica*, formes parasites. L'éclosion des œufs libère une larve *nauplius*. Cette larve évolue en *metanauplius* (deux mues) puis en larve cyclopodite ou copépodite (quatre mues), d'où proviendra, chez les formes libres à l'issue de six mues, la forme définitive. Les copépodes, qui avec 13 000 espèces représentent la plus grande sous-classe de crustacés inférieurs, comprennent 50 % de formes libres, présentes dans tous les milieux aquatiques, et 50 % de formes parasites de vertébrés et d'invertébrés aquatiques.

Les copépodes parasites revêtent toutes les formes possibles, depuis les cas où mâles et femelles sont de taille identique jusqu'à ceux où les mâles sont nains (10 % des familles de copépodes parasites) au point de n'être plus, chez certaines espèces, qu'un système reproducteur. Le nanisme des mâles de copépodes parasites est en fait une remarquable adaptation au parasitisme. De par leur taille réduite, ces mâles n'exercent plus d'action néfaste sur l'animal qui les héberge et ont pour seule fonction la fécondation des femelles. Un tel nanisme se rencontre également chez quelques crustacés isopodes *(Portunion)* et cirripèdes.

De nombreux copépodes sont des parasites d'invertébrés, de poissons marins ou dulcicoles, de cétacés, et conservent souvent des caractères larvaires. Ils réalisent tous les modes d'ectoparasitisme et d'endoparasitisme. Chez les ectoparasites, les pièces buccales sont modifiées, transformées en stylets perforants ou en appendices de fixation. Chez les endoparasites, la segmentation et les appendices disparaissent.

Corycaeus, Copilia se nourrissent du mucus qui recouvre le corps des poissons.

Chez *Caligus minimus* (caligidés), mâles et femelles aplatis dorso-ventralement ont une taille identique et conservent la faculté de passer d'un hôte à l'autre. Les pièces buccales forment un siphon suceur qui permet le prélèvement de mucus, de cellules et de sang chez l'hôte. Les dommages infligés à cet hôte, le bar, sont comparables dans les deux sexes. La fécondation a lieu sur l'hôte.

Chez *Phylictys xiphiae*, en revanche, le dimorphisme sexuel est très prononcé ; le mâle est environ vingt fois plus petit que la femelle. L'un et l'autre vivent dans les canaux muqueux de l'espadon que colonisent les larves *nauplius*. Les femelles adultes atteignent 2 cm de long et restent “coincées” dans ces canaux. Les mâles peuvent se mouvoir et féconder plusieurs femelles, mais du fait de leur petite taille, leur prise alimentaire est insignifiante.

Chez les chondracanthidés, le mâle très petit est accroché à la femelle. Ainsi, le mâle d'*Acanthochondria triglae* est fixé par ses antennes en crochets sur deux tubercules du segment génital d'une partenaire treize fois plus grosse que lui. Chez *Naobranchia, Chondracanthus* (fig. 5.5A), les mâles nains ne possèdent plus de tube digestif fonctionnel ; ils ne portent aucun préjudice direct à l'hôte et leurs besoins nutritifs sont assurés par les tubercules du segment génital de la femelle. Une nouvelle étape est franchie avec *Pectinophilus ornatus* (fig. 5.5B), parasite de coquilles Saint-Jacques au Japon. Dans cette espèce, un à six mâles sont "incrustés" dans une vésicule connectée à la poche incubatrice de la femelle ; leurs pièces buccales sont réduites et non fonctionnelles.

L'évolution extrême du nanisme mâle se rencontre chez des espèces telles que *Gonophysema gullmarensis*, parasite de tuniciers. Le mâle inséré dans les voies génitales femelles ne représente plus qu'un testicule. Ce cryptogonochorisme pourrait se confondre avec un cas d'hermaphrodisme ! Cette stratégie pallie en partie la perte énergétique

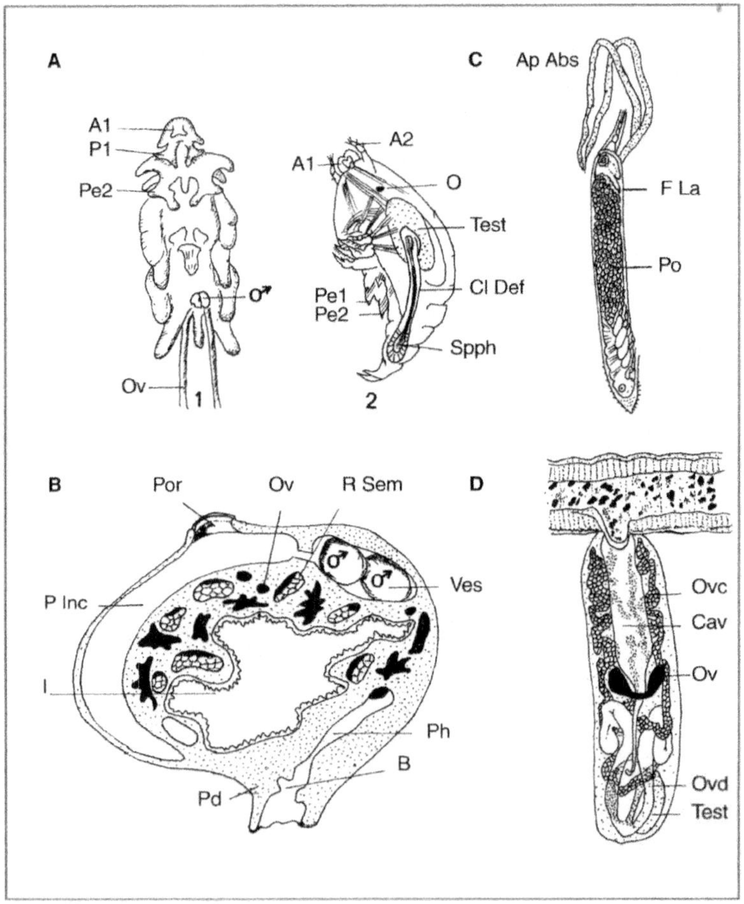

Figure 5.5 : Copépodes parasites.
A, *Chondracanthus* : 1, femelle vue de face ; 2, mâle nain. B, *Pectinophlus*. C, *Haemocera danae*. D, *Xenocoeloma brumpti*.
A1, antennules ; A2, antennes en crochet ; Ap Abs, appendices absorbants ; B, bouche ; Cav, cavité axiale ; Cl Def, canal déférent ; F La, fourreau larvaire ; I, intestin ; O, œil ; Ov, ovaire ; Ovc, ovocyte ; Ovd, oviducte ; Pd, pédoncule ; Pe1, Pe2, péréiopodes 1 et 2 ; Ph, pharynx ; P Inc, poche incubatrice ; Po, ponte ; Por, pore de sortie ; R Sem, réceptacle séminal ; Spph, spermatophore ; Test, testicule ; Ves, vésicule avec deux mâles.

qu'engendrait la recherche du partenaire ; elle préserve aussi un brassage et une diversité génétiques garants d'une adaptation aux fluctuations de l'environnement.

Chez les monstrillidés, les adultes sexuellement mûrs, dépourvus de pièces buccales et de tube digestif fonctionnel, sont libres, mais toutes les formes larvaires, du stade *nauplius* au stade adulte non mûr, sont parasites et vivent dans les vaisseaux sanguins de polychètes (*Haemocera* – fig. 5.5C) ou de mollusques (parasitisme protélien). Ils se nourrissent à l'aide d'une ou de deux paires de longs processus flexibles correspondant aux antennes.

Le corps de *Xenocoeloma* (fig. 5.5D) et de *Flabellicola* est réduit aux glandes génitales hermaphrodites, associées à quelques muscles.

Certains copépodes sont libres jusqu'à la fécondation. Ultérieurement, le mâle meurt et la femelle, fixée aux branchies d'un poisson, prend l'allure d'un sac auquel sont appendus deux longs sacs ovigères. *Lernaea branchialis* (fig. 5.6A) parasite divers gadidés. *Peroderma* se fixe dans la région dorsale de la sardine. *Lernaenicus sprattae* peut pénétrer dans l'œil, voire l'artère rétinienne et le bulbe aortique de *Clupea sprattus* (fig. 5.6B).

8.2. Cirripèdes

La sacculine (*Sacculina carcini* – fig. 5.7), cirripède parasite de crustacés décapodes et principalement du crabe enragé *(Carcinus maenas)*, comporte à l'état adulte un faisceau de racines absorbantes qui plongent dans le corps de l'hôte, et un sac appendu à la limite du céphalothorax et de l'abdomen, où se développent les gonades. Seuls les stades larvaires *nauplius* et *cypris* permettent d'intégrer cette espèce adaptée à la vie parasitaire à l'ensemble des cirripèdes rhizocéphales.

Les *nauplius* rejetés par la sacculine sont, comme ceux de tous les cirripèdes, caractérisés par le développement de cornes latérales et frontale.

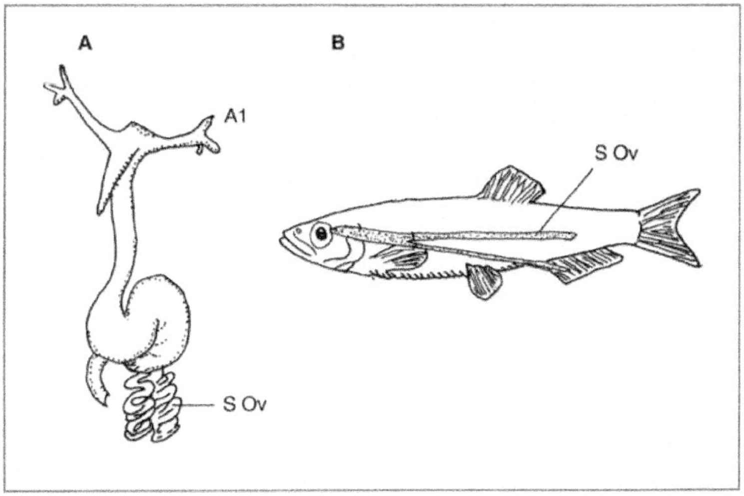

Figure 5.6 : Copépodes parasites (suite).
A, *Lernaea branchialis*.
(D'après Claus.)
B, *Lernaenicus sprattae*. L'extrémité antérieure pénètre en arrière de l'œil du sprat et s'enfonce dans l'artère rétinienne.
(D'après Scott.)
A1, antennules ; S Ov, sacs ovigères.

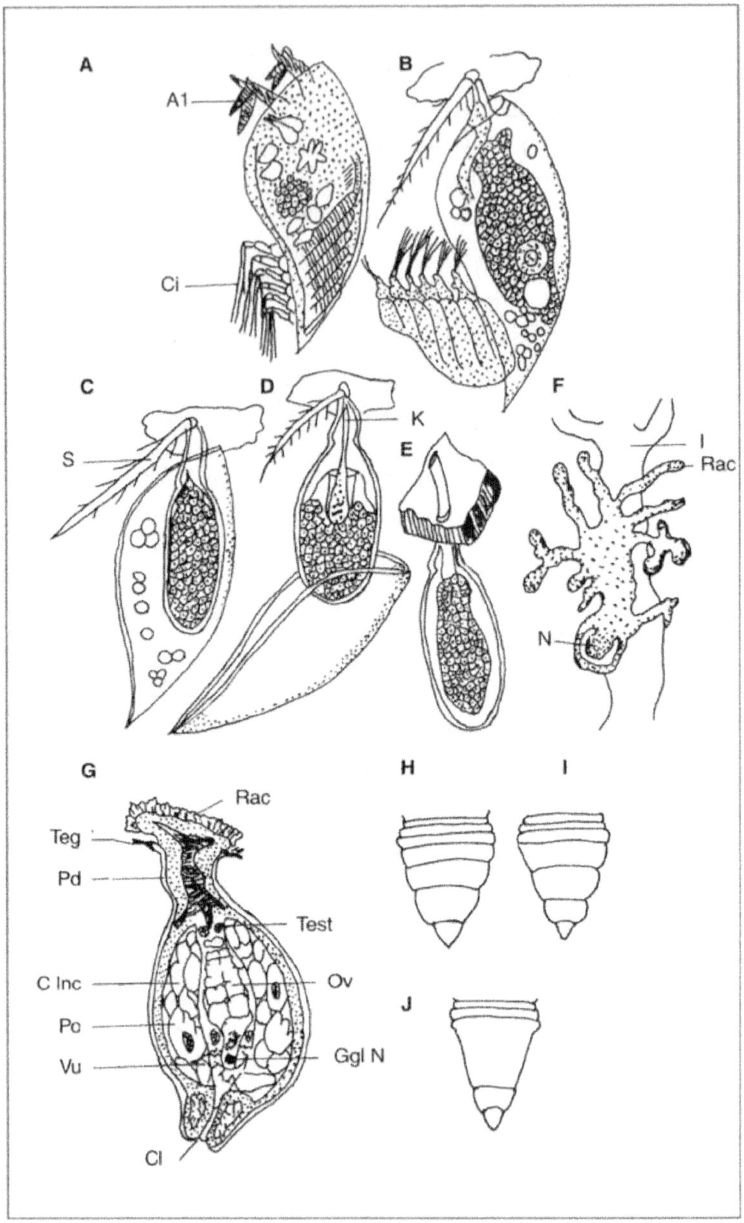

Figure 5.7 : Métamorphose et organisation générale de la sacculine, *Sacculina carcini* (crustacé, cirripède, rhizocéphale). A, stade *cypris* ; B, *cypris* fixée, rejettant la région thoraco-abdominale ; C, formation du *kentrogone* ; D, stade *kentrogone* ; E, le *kentrogone* perfore le tégument d'un crabe ; F, sacculine interne montrant son *nucleus* et ses expansions racinaires ; G, coupe sagittale de la sacculine adulte ; H, I, J, abdomens de crabe femelle (H), de crabes mâles sacculiné (I) et non parasité (J).
A1, antennule ; Ci, cirre ; C Inc, cavité incubatrice ; Cl, cloaque ; Ggl N, ganglion nerveux ; I, intestin ; K, kentron ou dard ; N, *nucleus* ; Ov, ovaire ; Pd, pédoncule ; Po, ponte ; Rac, racines ; S, soie ; Teg, tégument ; Test, testicule ; Vu, vulve.
(D'après A. Beaumont & P. Cassier, 1983, *Biologie animale* (T. II), Dunod, Paris.)

Ils engendrent une larve *cypris* sans tube digestif, qui se fixe par une de ses antennules à la base d'une soie d'un jeune *Carcinus maenas*. La région thoraco-abdominale de la larve se détache. La région céphalique persistante forme une masse cellulaire sphérique, protégée par une intima cuticulaire et, de manière temporaire, par la carapace bivalve du *cypris*. Cette masse est fixée par un pédoncule qui représente une des antennules. Une deuxième enveloppe se différencie sous la première et produit une sorte de dard, ou kentron, qui pénètre dans le pédoncule de fixation, perfore le tégument de l'hôte (stade kentrogone) et assure le passage de la masse cellulaire dans la cavité générale de l'hôte. Cette sacculine interne, dont l'évolution durera deux ans environ, gagne la surface de l'intestin, émet de multiples racines absorbantes qui s'insinuent entre tous les organes. La masse cellulaire *s.s.* ou *nucleus* représente l'ébauche de la sacculine adulte où se différencieront, à maturité, la cavité incubatrice, les gonades et un ganglion nerveux. Le *nucleus* émerge à l'extérieur, par effraction, à la faveur d'une mue et grâce à la nécrose des téguments comprimés. Le stade sacculine externe dure un an environ.

8.3. Isopodes

Les isopodes, crustacés péracarides, constituent un groupe homogène, important par le nombre des espèces et la diversité des modes de vie. Ils sont en général marins, littoraux et benthiques, mais de nombreuses formes se sont adaptées secondairement à la vie dans les eaux douces, au milieu terrestre et à la vie parasitaire aux dépens de poissons ou d'autres crustacés. Le développement dans la cavité incubatrice des femelles est condensé ; à l'éclosion, les jeunes ne diffèrent des adultes que par l'absence de la dernière paire de péréiopodes. Les sous-ordres des gnathiidés et des épicarides ne comportent que des espèces parasites.

8.3.1. GNATHIIDÉS

À l'état larvaire, les gnathiidés (par exemple, *Gnathia, Paragnathia* – fig. 5.8 A, B, C) sont des parasites intermittents de poissons (larves *pranizza* ou *pulli*). À l'état adulte, ils sont libres et fouisseurs. Chez la larve, fixée à l'hôte par sa deuxième paire de péréiopodes, les pièces buccales constituent un appareil suceur, alors que chez le mâle (*anceus*) ne subsistent que des mandibules énormes. Chez la femelle adulte, les maxillipèdes persistent seules, ce qui souligne le dimorphisme sexuel.

8.3.2. ÉPICARIDES

Les épicarides sont des parasites sédentaires d'autres crustacés marins, d'où leur nom. Leur morphologie est aberrante, notamment celle des femelles qui perdent toute ressemblance avec un crustacé. Leur cycle de développement est complexe. De l'œuf incubé émerge une larve épicaridienne (fig. 5.8D) ayant l'aspect d'un isopode libre, dépourvu des péréiopodes 7. Cette larve se fixe sur un crustacé copépode à l'aide de ses péréiopodes terminés en crochet et en aspire le sang (pièces buccales suceuses). À la faveur d'une mue, elle se transforme en larve microniscienne fixée qui possède tous les péréiopodes (fig. 5.8E), puis en larve cryptoniscienne qui abandonne son hôte intermédiaire et gagne l'hôte définitif. L'évolution de cette larve pourvue d'organes génitaux, d'yeux et de soies sensorielles antennulaires, est différente selon qu'elle appartient à un bopyrien ou à un cryptoniscien.

8.3.2.1. Bopyriens

Ils sont parasites de la cavité branchiale de crustacés décapodes. Chez *Bopyrus*, la larve *cryptoniscus* se transforme dans la cavité branchiale de

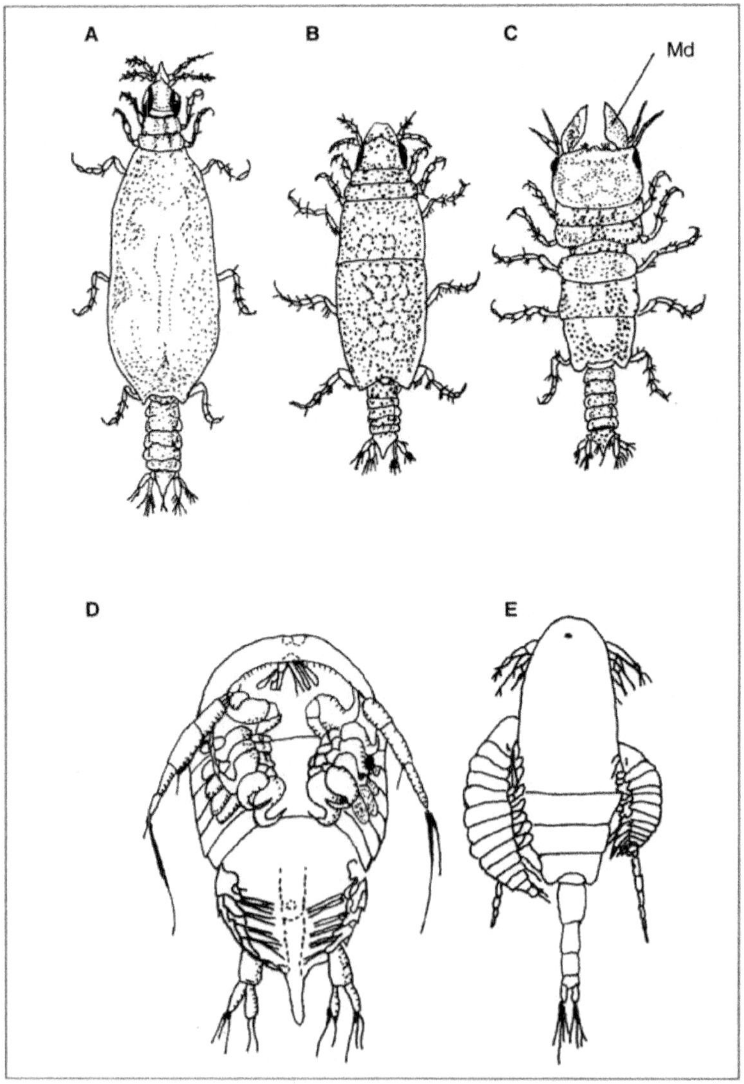

Figure 5.8 : Isopodes parasites. A, B, C, *Gnathia maxillaris*. Dernier stade larvaire ou larve *pranizza* (A), femelle adulte (B) et mâle adulte (C). D, larve épicaridienne. E, larves microniscienne sur un copépode. Md, mandibule.

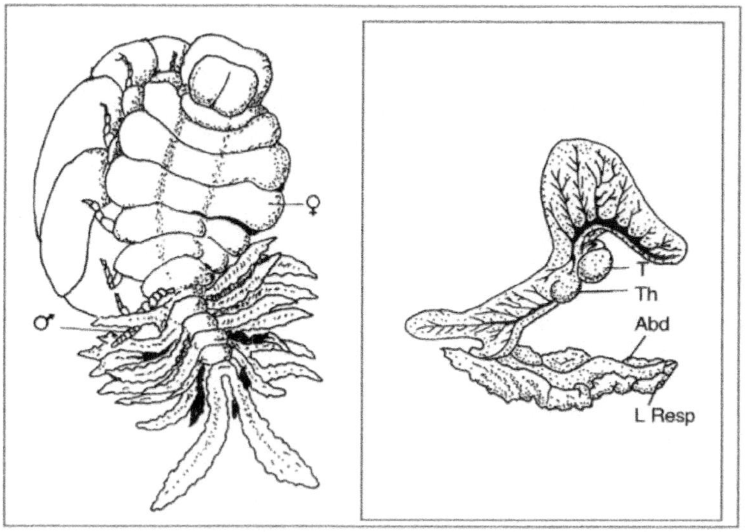

Figure 5.9 : Isopodes parasites (suite).
A, *Bopyrus fougerouxi*, vue ventrale ;
B, *Portunion maenadis*.
Abd, abdomen ou pléon ;
L Resp, lames respiratoires ; T, tête ;
Th, thorax ou péréion.

l'hôte en un stade *bopyridium* qui ne possède plus de pléopodes et dont la présence se traduit par une excroissance du céphalothorax de l'hôte. Le développement des mâles s'arrête à ce stade, alors que celui des femelles se poursuit. Elles grossissent, acquièrent des pléopodes lamelleux, respiratoires, et des oostégites qui délimitent une vaste cavité incubatrice (marsupium) où vivent les mâles minuscules, néoténiques : *Bopyrus fougerouxi* sur *Leander serratus* (fig. 5.9A), *Cepon elegans* sur *Pilumnus hirtellus*...

Dans le genre *Portunion*, parasite de brachyoures, l'animal pénètre à l'état de larve cryptoniscienne dans la cavité branchiale du crabe : au cours de sa croissance, le parasite repousse la paroi branchiale vers la cavité viscérale, où il fait progressivement hernie. Il est finalement inclus dans une sorte de sac baigné par l'hémolymphe, qu'il aspire à l'aide de ses pièces buccales. Ce sac communique avec la cavité branchiale de l'hôte par un canal étroit, nécessaire au passage de l'eau, à la respiration et à la sortie des larves. À l'état adulte, les femelles ont une morphologie aberrante : la segmentation est indiscernable ; le péréion porte des expansions foliacées très développées qui représentent les oostégites ; le pléon porte également des appendices frangés, à fonction respiratoire, représentant les pléopodes. Le mâle nain (1 mm environ) vit dans la cavité incubatrice de la femelle : *Portunion maenadis* (fig. 5.9 B), *P. kossmanni*...

8.3.2.2. Cryptonisciens

Ils présentent un hermaphrodisme successif. La larve *cryptoniscus* évolue directement en mâle qui s'accouple avec une femelle fixée le plus souvent sur un crustacé (cirripèdes, ostracodes, mysidacés, isopodes, amphipodes). Ce mâle temporaire engendre ensuite une femelle et se transforme en un véritable "sac à œufs" *(Ancyroniscus bonnieri)*.

Conclusion

Les métamorphoses furent d'abord considérées comme de simples séquences ordonnées de transformations morphologiques et anatomiques des larves, aboutissant à la formation de juvéniles semblables aux adultes. Les progrès méthodologiques ont depuis montré que ces crises plus ou moins brutales sont associées à des processus d'histolyse et d'histogenèse, à des changements d'ordre moléculaire et à de profondes modifications physiologiques. En bref, à tous les niveaux d'intégration, des organismes différents et équilibrés selon des lois nouvelles se substituent aux larves. De tels organismes migrent vers d'autres milieux de vie et ils deviendront sexuellement mûrs après une phase de croissance plus ou moins longue (juvéniles des amphibiens, smolts...), de reproduction asexuée (polypes des hydraires, zoécies des bryozoaires, zoïdes des urochordés...) ou le seront même immédiatement, comme chez de nombreux insectes.

Notion de larve

Classiquement liée au développement, la larve désigne un organisme en croissance, qui diffère des géniteurs par son organisation, son habitat et son comportement. Elle acquiert leurs caractères, à la maturité sexuelle près, lors d'une métamorphose. Plusieurs stades larvaires peuvent même se succéder chez les crustacés ou les insectes à la faveur de mues, chez les mollusques, chez les sipunculiens ou chez divers échinodermes.

Les métazoaires présentent une trentaine d'embranchements. Chez seize d'entre eux, de nombreuses espèces comportent une période larvaire séparée de l'état adulte par une métamorphose franche. Quelques embranchements, dont les échiuriens, les céphalorhynques et les pogonophores, possèdent des larves différant plus ou moins des adultes et subissant une métamorphose graduelle. Pour une dizaine d'embranchements enfin, le terme larve est inopportun, bien qu'il soit consacré par l'usage, et il est préférable d'utiliser le mot juvénile ; tel est le cas des insectes paurométaboles.

LIMITATION DE LA NOTION

Coutumière au biologiste, la période larvaire est néanmoins difficile à limiter en amont comme en aval. Par définition, la larve apparaît à l'éclosion et mène une vie libre et active, à la différence de l'embryon qui demeure enfermé dans la membrane ovulaire. Une telle définition peut être source d'ambiguités. Chez l'amphibien *Eleutherodactylus martinicensis*, par exemple, la progéniture ressemble aux larves d'espèces voisines bien qu'elle soit intraovulaire. Que dire aussi de la progéniture de *Nectophrynoides occidentalis* qui a l'aspect de têtards classiques mais poursuit sa gestation dans les voies génitales maternelles ? Chez certains échinodermes, par ailleurs, des organismes comparables aux larves libres ont une vie active mais... intraparentale.

En aval, une métamorphose franche lève toute indétermination mais l'imprécision demeure lorsque le phénomène est atténué et/ou progressif. Où s'arrête alors la période larvaire et où commence la phase juvénile ? Ainsi, chez nombre d'échinodermes, la progéniture âgée peut différer des adultes par sa morphologie mais déjà lui ressembler par son mode de vie.

Le mode de vie libre et autonome des larves peut lui-même être discuté. Ainsi dans les sociétés d'abeilles, les larves sont dépendantes des ouvrières, qui leur confectionnent des alvéoles de protection, les nourrissent de gelée royale, de miel ou de pollen, et les protègent de l'asphyxie et des variations hygrométriques ou thermiques par les vibrations de leurs ailes. Des observations analogues peuvent être faites dans les sociétés de termites ou de fourmis. Dans ces "intégrons", véritables superorganismes où les diverses tâches sont partagées entre les individus, il existe un comportement parental de protection, comparable à celui qui existe chez les oiseaux ou les mammifères.

En principe, une larve ne se reproduit pas. Comment désigner alors les animaux néoténiques et paedogénétiques qui, comme l'axolotl, ressemblent à de grandes larves d'urodèles mais sont capables de se reproduire ?

DISSÉMINATION GÉOGRAPHIQUE DES LARVES

La dispersion géographique des espèces varie avec les biotopes prospectés. En milieu terrestre, chez les insectes par exemple, les larves sont peu mobiles et n'ont qu'un faible pouvoir de dissémination, contrairement aux imagos ailés. En milieu marin, la vie pélagique entraîne au contraire une grande dispersion des larves, surtout lorsqu'elles ont un régime planctonotrophe. Le mode de vie benthique des adultes, dont les déplacements sont limités ou nuls, interdirait alors toute extension de l'aire géographique de l'espèce.

Les taxons marins, à grand pouvoir de dissémination larvaire, ont pu coloniser des localités éloignées de leur lieu d'origine, entrer en compétition avec des taxons préexistants ou s'y mêler pour constituer des clines, à la faveur de brassages génétiques.

Des possibilités limitées de dissémination empêchent de tels brassages et favorisent un isolement génétique, compatible avec l'apparition de phénomènes de spéciation. Le cas de *Littorina obtusata,* un petit bigorneau à développement direct de nos côtes, est particulièrement significatif, puisque deux populations peuvent être génétiquement isolées bien que séparées par quelques mètres seulement.

Un changement d'organisation à tous les niveaux d'intégration

Les connaissances concernant la métamorphose sont intimement liées aux progrès méthodologiques. Les observations les plus anciennes, réalisées à l'œil nu ou à la loupe, ont d'abord défini la métamorphose comme une somme de transformations morphologiques et anatomiques, la métamorphose étant étymologiquement un simple "changement de forme". Les apports de la microscopie ont souligné que ces changements sont la résultante d'une histolyse (dégénérescence) de tissus et/ou d'organes spécifiquement larvaires et d'une histogenèse, durant laquelle de nouvelles structures sont construites par prolifération puis différenciation de cellules de type embryonnaire préexistantes. Selon qu'il y a histolyse, histogenèse ou association des deux processus, un organe disparaît, apparaît ou est remodelé.

Des techniques de plus en plus diversifiées ont permis d'associer également la métamorphose à des remaniements d'ordre moléculaire, appréciables sur coupes ou après traitement d'homogénats tissulaires. Grâce à des séquences d'ADN ou d'ARN construites à partir de gènes et rendues radioactives ou chromogènes (sondes moléculaires), une gamme sans cesse croissante de messagers peut maintenant être visualisée par "Northern blot", au terme d'un protocole d'électrophorèse, ou par hybridation *in situ*, sur coupes. Les protéines codées sont mises en évidence dans un extrait tissulaire par "Western blot" ; elles peuvent être également localisées dans les cellules par immunofluorescence. Beaucoup d'activités enzymatiques sont dosées ou recherchées dans les cellules par les méthodes histochimiques. La radioautographie constitue aussi un outil précieux pour la connaissance des événements de la métamorphose. Après injection de thymidine tritiée, un précurseur de l'ADN, elle a permis, par exemple, de localiser les foyers de prolifération cellulaire, puisque les noyaux qui vont se diviser synthétisent activement l'ADN... L'importance de ces remaniements souligne l'ambiguité du terme métamorphose, à résonance trop morphologique, et a conduit divers auteurs à parler de métamorphose biochimique ou physiologique.

Les événements de la métamorphose sont souvent de grande ampleur, au point de renouveler assez complètement l'organisation de l'animal, de modifier sa symétrie (cas des échinodermes qui acquièrent une symétrie radiaire) ou d'inverser sa polarité (kamptozoaires, ascidies). Ils se déroulent aussi durant un laps de temps variable. Si la smoltification demande plus d'un mois, la métamorphose des amphibiens est achevée en moins d'une semaine à 20 °C. Le phénomène ne dure que quelques heures chez les mollusques, les bryozoaires ou les cnidaires ; il est quasi instantané chez les kamptozoaires et les phoronidiens, où il n'excède pas quelques minutes.

En principe, la métamorphose ne montre aucune phase de latence dès qu'elle a commencé. Chez les insectes et les crustacés toutefois, elle est discontinue et entrecoupée de mues et de diapauses.

L'âge relatif où se produit la métamorphose est éminemment variable d'un groupe à l'autre. Chez beaucoup d'invertébrés marins, les transformations se situent dans la première moitié du cycle vital, après l'acquisition d'une compétence à la métamorphose que les larves ne possèdent pas d'emblée à l'éclosion. Plusieurs stades structuraux caractéristiques sont parfois nécessaires pour que cette compétence soit démasquée, comme chez les actinies ou certaines astéries. Chez les amphibiens, les transformations apparaissent moins de quatre mois après l'éclosion pour une température de 20 °C (cycle vital, environ 5 ans). La smoltification des saumons peut avoir lieu dès l'âge d'un an (cycle vital 5 ans). Chez les anguilles, le leptocéphale se transforme après deux à trois années (cycle vital 10 ans). L'ammocète des lamproies se métamorphose à l'âge de 5 ans (cycle vital 10 ans). Chez les insectes, la mue imaginale est particulièrement tardive. Chez le hanneton par exemple, la larve (ver blanc) demeure trois années sous terre, alors que l'imago ne vit que quelques semaines, en mai-juin.

Comme tous les événements anaboliques, la construction de nouveaux tissus suppose un apport énergétique et l'oxydation de substrats. En règle générale, ceux-ci ne peuvent provenir de l'extérieur, puisque la larve en métamorphose ne s'alimente pas. L'animal utilise alors les réserves (glycogène, triglycérides...) qu'il a pu accumuler pendant une période plus ou moins longue. Une partie du matériel larvaire peut aussi être réutilisée durant la phase d'histogenèse, le reste étant éliminé.

Intensité des métamorphoses au plan structural

Véritables crises affectant le développement de nombreux animaux, les métamorphoses n'ont toutefois pas la même intensité d'un groupe à l'autre. Dans certains embranchements, les larves continuent d'évoluer avec l'âge, au point de posséder la plus grande partie des caractères de l'adulte lors de la métamorphose. Chez les spongiaires par exemple, la plupart des lignées cellulaires de l'adulte sont en place lors du phénomène, lequel se limite à l'acquisition du système aquifère. Chez les actinies, l'organogenèse est déjà pratiquement achevée pendant la vie larvaire. Chez les kamptozoaires et les phoronidiens, la métamorphose est surtout marquée par une inversion de la polarité et accompagnée de transformations d'une ampleur toute relative.

Les bouleversements sont beaucoup plus radicaux dans la lignée évolutive des protostomiens à segmentation spirale (annélides, mollusques, arthropodes...). Ils sont également très marqués chez les deutérostomiens à segmentation radiaire (échinodermes, tuniciers, vertébrés inférieurs...). Les métamorphoses seraient alors d'autant plus complexes que les adultes sont plus spécialisés et, par conséquent, plus éloignés d'un type ancestral auquel se rattacheraient les larves.

En fait, dans le règne animal, il n'existe pas une mais plusieurs métamorphoses. Non seulement, elles n'ont pas la même intensité, mais elles sont réalisées selon des modalités différentes et indépendantes entre elles.

Changement de milieu de vie et de comportement

Au cours des temps, les bactéries, puis les végétaux et les animaux n'ont cessé de rechercher de nouveaux biotopes. Cette conquête a commencé en milieu aquatique puis s'est poursuivie sur terre, dès que le rayonnement ultraviolet solaire, dont on connaît la nocivité, a pu être suffisamment absorbé par la couche d'ozone installée dans la haute atmosphère. Durant les âges géologiques, l'exploitation de nouveaux milieux par les animaux a certainement été favorisée par les métamorphoses et les séries d'adaptations qui les accompagnent, mais les données demeurent encore trop spéculatives, faute de renseignements suffisants d'ordre paléontologique. Chez les espèces actuelles, les adaptations à d'autres milieux sont plus faciles à analyser. Chez beaucoup d'amphibiens, la croissance des membres postérieurs et la régression de la queue préparent les mouvements saltatoires en milieu terrestre, après sortie des eaux douces, tandis qu'une élévation de la pression osmotique du milieu intérieur et l'émission d'une urine plus rare et plus concentrée favorisent la conservation de l'eau corporelle. L'acquisition d'une capacité hypo-osmorégulatrice particulièrement efficace par les saumons, après leur smoltification, leur permet de gagner la mer. En milieu marin, diverses transformations vont contraindre nombre de larves pélagiques et planctoniques à migrer vers les fonds pour se souder aux rochers ou aux algues (spongiaires, colonies d'hydraires ou de bryozoaires, balanes, ascidies...), s'installer dans un tube (polychètes tubicoles...), s'enfouir dans le sédiment (lamellibranches, sipunculiens, divers échinodermes...), ramper (chitons, gastéropodes...) ou marcher sur le substrat (crustacés décapodes...). Enfin, un changement de milieu n'accompagne pas systématiquement la métamorphose : les cnidaires siphonophores demeurent pélagiques. Pour sa part, le xénope persiste en eau douce, peut-être parce que les modifications concernant son osmorégulation ne sont pas assez efficaces pour qu'il puisse migrer sur terre.

Par les transformations de tous ordres qui l'accompagnent, la métamorphose entraîne des modifications d'ordre éthologique et l'acquisition d'un autre comportement alimentaire. Les têtards des amphibiens anoures sont microphages et filtreurs, mais les animaux métamorphosés sont macrophages et carnivores ou insectivores. Un tel changement succède à la réduction du pharynx et à la disparition de l'appareil filtrant, tandis qu'une pepsine et une trypsine sont respectivement sécrétées par l'estomac et le pancréas. L'ammocète de la lamproie est également microphage mais, suite aux importants remaniements de la région buccopharyngée, les juvéniles métamorphosés se fixent sur des poissons et deviennent hématophages. Les insectes n'échappent pas à la règle, puisque les pièces buccales en principe broyeuses des larves phytophages sont remplacées par des pièces beaucoup plus diversifiées chez les imagos, qui peuvent être nectarivores, hématophages ou suceurs de sève. Les larves véligères des lamellibranches marins sont planctonotrophes, mais les individus métamorphosés et enfouis dans le sédiment filtrent l'eau au moyen de leurs branchies. Enfin, certains crustacés et mollusques deviennent parasites après la métamorphose (sacculine...) ou, à l'inverse, cessent de l'être (unionidés).

Reprogrammation génétique

Une réorientation de l'activité génique lors de la métamorphose a été démontrée dans quelques classes, dont les amphibiens, les insectes et les crustacés. Pour les autres groupes, une telle réorientation est vraisemblable mais reste à démontrer.

Les organismes larvaires et métamorphosés appliquent deux programmes différents correspondant à deux lots distincts de gènes. Au moment de la métamorphose, les ébauches des structures adultes se développent (disques imaginaux...). Les cellules embryonnaires qui les composent se multiplient rapidement puis se différencient, ce que souligne l'élaboration de nouvelles molécules codées par des gènes activés. D'autres tissus et/ou organes disparaissent et les molécules qui les caractérisent cessent d'être codées par des gènes maintenant réprimés (cas des hémoglobines larvaires chez les amphibiens, par exemple). En revanche, les hydrolases à effets lytiques peuvent être traduites en plus grande quantité. Comme l'ont montré les récents progrès de la génétique moléculaire, divers facteurs démasquant ces enzymes sont également codés de manière soutenue. Les expressions géniques sont souvent stimulées dans les organes larvaires qui persistent après la métamorphose, ce qui entraîne une modification significative de leur métabolisme. On peut rappeler le cas du foie chez les amphibiens métamorphosés, où les enzymes du cycle de l'uréogenèse et la sérumalbumine sont alors traduites avec plus d'intensité.

Une répartition différente des gènes actifs a pu être observée chez les larves de certaines mouches en métamorphose, par examen des chromosomes géants. La position de ces gènes actifs, transcrivant plus rapidement les messagers, est signalée par des déploiements locaux de l'ADN agencés en boucles (puffs). Chez plusieurs insectes, dont la mite, la mouche domestique et la drosophile, l'autonomie des développements larvaire et imaginal serait particulièrement précoce, puisque l'irradiation ultraviolette de leurs oeufs entraîne des défauts localisés de la larve ou de l'imago, selon le territoire irradié de l'œuf.

Déterminisme des métamorphoses

DÉTERMINISME ENDOCRINIEN

Les raisons pour lesquelles les animaux se métamorphosent et changent d'organisation ont sans cesse été recherchées depuis plusieurs décades. Cela a abouti à la mise en évidence d'un déterminisme endocrinien dans plusieurs groupes du moins.

Chez les amphibiens, la métamorphose est déclenchée par une élévation de la concentration plasmatique des hormones thyroïdiennes, après accélération de la sécrétion de l'hormone thyréotrope et du TRF. Des corticostéroïdes, comme la corticostérone ou l'aldostérone, peuvent accélérer le phénomène, mais la prolactine pourrait l'inhiber. Le nouvel équilibre hydrominéral qui s'installe est par ailleurs contrôlé par l'arginine vasotocine et l'aldostérone. Le contrôle endocrinien de la métamorphose spontanée est donc plus complexe que ne le laisserait supposer la métamorphose induite précocement, après traitement des larves par la T3 ou la T4.

Chez les saumons en cours de smoltification, un contrôle plurihormonal où participent le cortisol, les hormones thyroïdiennes, l'hormone somatotrope et la prolactine, est exercé sur les mécanismes osmorégulateurs qui préparent la migration en mer. Pour leur part, les hormones thyroïdiennes en synergie avec le cortisol président à la métamorphose des poissons-plats. Les résultats sont plus spéculatifs chez les anguilles, la difficulté de récolter des leptocéphales ne favorisant pas l'expérimentation. Les résultats sont également discutés chez les lamproies et les ascidies.

Parmi les invertébrés, le déterminisme endocrinien a été particulièrement étudié chez les insectes où des ecdystéroïdes déclenchent les mues. Ils provoquent également le passage à l'état imaginal, avec apparition d'un stade nymphal, à la condition que l'hormone juvénile soit absente. Chez les crustacés, mues et métamorphoses sont contrôlées par plusieurs ecdystéroïdes, eux-mêmes soumis aux effets d'une hormone inhibitrice. Chez la plupart des autres invertébrés, un déterminisme endocrinien des métamorphoses reste à démontrer.

L'existence d'un déterminisme endocrinien de la métamorphose suppose un contrôle des diverses sécrétions hormonales. Celui-ci est exercé par des neurohormones provenant respectivement de l'hypothalamus chez les amphibiens et les saumons, et de certaines cellules des ganglions cérébroïdes chez les insectes. Dans l'un et l'autre cas, des facteurs externes, dont la température, la photopériode ou le régime alimentaire, peuvent contrôler à leur tour l'activité sécrétrice de ces centres nerveux.

MÉCANISMES D'ACTION DES HORMONES

Des travaux particulièrement récents concernent les mécanismes d'action des hormones contrôlant les métamorphoses chez les amphibiens (hormones thyroïdiennes) et les insectes (ecdystéroïdes, hormone juvénile). Ces hormones provoquent une réponse spécifique des cellules-cibles, où elles marquent l'accomplissement d'un destin préétabli. Elles agissent aussi après une certaine latence, qui souligne l'existence d'une succession de réactions métaboliques dans ces cellules.

Lors d'une première étape, les hormones se lient à des récepteurs membranaires (neurohormones, hormones peptidiques) ou se positionnent sur des récepteurs nucléaires liés à l'ADN, lesquels garantissent la compétence (capacité de réponse) des cellules-cibles. La structure de ces récepteurs est actuellement connue, et les gènes qui les codent ont pu être séquencés. Une fois en place, les hormones activent ou répriment des gènes de structure selon des mécanismes très étudiés actuellement, où pourraient participer des histones. Il en résulte la traduction de nouvelles protéines, véritables marqueurs de différenciation caractérisant des organes néoformés ou simplement remaniés. Si ces protéines sont des hydrolases ou des activateurs enzymatiques, elles pourraient induire la dégénérescence d'organes larvaires. À l'inverse, d'autres protéines cessent d'être codées. Compte-tenu de leur action élémentaire au niveau de chaque cellule-cible, ces différentes hormones entraînent un véritable changement d'organisation chez l'animal en métamorphose.

Développement direct

Largement mais inégalement répandue dans les principaux phylums du règne animal, la métamorphose est au plan évolutif, donc adaptatif, une avancée considérable. Conquête de nouveaux biotopes, adaptation aux conditions changeantes du milieu, limitation de la compétition intraspécifique, disjonction des phases de croissance et de reproduction, passage d'un état végétatif à un état prépubère ou subadulte, tels en sont les apports positifs les plus saisissants. Une dispersion des individu – qu'il s'agisse des larves en milieu marin ou des adultes chez les insectes – favorise le brassage génétique et constitue ici aussi un incontestable progrès. Mais, au-delà du succès, il y a, comme pour tout processus adaptatif bénéfique au genre ou à l'espèce, un prix à payer... par les individus et dès lors, les esprits chagrins pourraient douter de la valeur adaptative de la métamorphose. Lors de cette crise en effet, nombre d'individus en reconstruction sont vulnérables et disparaissent, sans qu'il soit réellement possible d'appréhender la valeur de la pression de sélection ou d'invoquer des forces autres que celles du hasard. Au maximum de sa complexité, la métamorphose efficiente se solde par la mort de nombreux individus, ce qui ne peut se concevoir que dans le cas d'une stratégie R dispendieuse, où le taux de fécondation particulièrement élevé entraîne l'installation d'abondantes populations.

Le passage de la vie aquatique à la vie terrestre, un brassage génétique seulement réalisé par une relative mobilité des géniteurs, la réduction de la fécondité, l'incubation et la protection des œufs et des larves, le passage de l'oviparité à la viviparité – soit autant de facettes des adaptations écophysiologiques liées à la stratégie K – ont introduit dans le déroulement de la métamorphose des mécanismes compensatoires, moins dispendieux au plan des individualités. Mais dès lors, la question se pose de savoir si le développement direct ou condensé, avec exclusion d'une phase larvaire libre, découle des développements dilatés, à métamorphoses, ou s'il représente une forme nouvelle et originale de l'adaptation des organismes à leur milieu de vie. Le corollaire de cette approche peut s'exprimer dans une simple question : tout développement, quel qu'en soit l'aspect actuel, est-il fondamentalement un développement à métamorphose ? La réponse serait positive, sans ambiguité, et le développement direct ne serait que le terme d'une série évolutive où ont joué de multiples mécanismes de compensation. Cette affirmation est fondée sur la connaissance de l'origine et de l'histoire des phylums animaux (sortie des eaux, conquête du milieu terrestre...), sur la découverte au sein des phylums de stades intermédiaires entre développement dilaté et développement direct, où subsistent certaines manifestations caractéristiques de la métamorphose (stades, remaniements...). L'existence d'un développement direct ne répond pas nécessairement à un critère taxonomique et ne peut être corrélée à la notion d'embranchement, de classe, d'ordre ou même de famille.

Le passage d'un développement dilaté, avec métamorphose, à un développement direct, qui en serait apparemment dépourvu, peut revêtir des modalités facultatives et dépendant des facteurs du milieu, avant de s'inscrire d'une manière intangible dans le patrimoine de l'espèce, par le jeu de la sélection.

1) La durée de la phase larvaire peut diminuer et des stades éventuellement disparaître. Ce phénomène est fréquent chez les poïkilothermes et notamment les crustacés, sensibles à l'action de la température, voire de la salinité. L'augmentation de la température a un tel effet chez diverses crevettes.

2) Chez les espèces à développement dilaté, le développement embryonnaire peut s'allonger et l'éclosion se réaliser à un stade tardif, métatrochophore (polychètes errants) ou *zoe* (crustacés décapodes). La viviparité aplacentaire des salamandres illustre aussi cette modalité.

3) Les stades du développement postembryonnaire peuvent être incorporés aux phases du développement intraovulaire ou intra-utérin, comme on l'observe avec les stades *nauplius* de l'écrevisse, trochophore de divers gastéropodes ou "poisson" des vertébrés amniotes (reptiles, oiseaux et mammifères). Ces derniers éclosent ou naissent après une série d'événements analogues à ceux que l'on rencontre chez les amphibiens en métamorphose, dont la régression de fentes branchiales qui ne s'ouvrent d'ailleurs jamais.

4) Les caractères larvaires peuvent persister et supprimer les transformations de la métamorphose mais aboutir néanmoins à une maturation sexuelle. La reproduction sexuée peut impliquer alors la participation de deux partenaires (néoténie) ou s'effectuer selon un mode parthénogénétique.

Perpétuation de l'espèce, retour au milieu originel et conditions requises

DEUXIÈME MÉTAMORPHOSE

La métamorphose étant associée à un changement de milieu, l'accomplissement du cycle vital est en principe permis par un retour des adultes au milieu initial, où les larves se développeront au terme d'une reproduction sexuée. Les amphibiens reviennent à l'eau. La lamproie marine et les saumons remontent les rivières jusqu'aux zones de frai. Les anguilles quittent les eaux douces pour la mer des Sargasses. Certaines annélides de la famille des néréidés ou des eunicidés et divers cnidaires deviennent pélagiques.

Cette migration inverse peut être accompagnée par une série de transformations caractérisant la deuxième métamorphose (ou métamorphose pubertaire). Quelques tritons, comme *Notophthalmus viridescens*, acquièrent alors une nageoire caudale. Les lamproies prennent une livrée dorée, tandis qu'une crête dorsale cordée apparaît chez les mâles. Une livrée nuptiale argentée caractérise les anguilles migrant vers la mer. Les parapodes des annélides pélagiques et épitoques se transforment en organes natatoires. Chez les cnidaires, des méduses sexuées se différencient aux dépens de polypes puis s'en détachent.

Un déterminisme endocrinien de cette seconde métamorphose et des migrations associées a été démontré dans plusieurs cas. Chez les tritons, la prolactine stimule le phénomène. En synergie avec les hormones thyroïdiennes et l'hormone somatotrope, le cortisol exerce des effets hypo-osmorégulateurs sur les anguilles argentées et les préadapte au milieu marin. Chez les annélides néréidés, un arrêt de la sécrétion d'une neurohormone inhibitrice déclenche les transformations de l'épitoquie.

En écartant les aléas d'un changement de milieu, le développement direct n'implique pas *ipso facto* l'élimination de cette deuxième métamorphose, que, par souci de systématisation, certains auteurs ont cru reconnaître dans la puberté et l'acquisition de l'aptitude à la reproduction, chez les oiseaux et les mammifères entre autres. La prolactine, qui accélère cette seconde métamorphose chez les amphibiens, est ici aussi associée à la maturité sexuelle. Elle stimule la lactation chez les mammifères et, chez les pigeons, elle favorise la confection du "lait de jabot" absorbé par les jeunes. Chez les oiseaux et les mammifères, la métamorphose *sensu stricto* serait totalement intégrée à l'organogenèse embryonnaire et spécifiée par la régression des fentes branchiales, par analogie avec ce que l'on observe chez les amphibiens.

EXPANSION QUANTITATIVE DE L'ESPÈCE

La perpétuation de l'espèce est favorisée par la reproduction asexuée, dont les modalités sont très variées (bourgeonnement, scissiparité, strobilisation, architomie ou paratomie, selon que la scission terminale du corps isole un ou plusieurs individus différenciés...). En conditions défavorables (température...), des formes d'attente (propagules...) contribuent également à protéger l'espèce.

Le cycle vital est particulièrement difficile à boucler chez les parasites, puisqu'il comporte un ou plusieurs milieux biotiques plus ou moins spécifiques. Dans de telles conditions, la reproduction asexuée (polyembryonie des douves, organogenèse indéfinie et hydatides des cestodes...) et les formes d'attente (métacercaires des douves, cysticerques des ténias...) constituent des parades particulièrement opportunes à la conservation de l'espèce.

Métamorphoses et évolution

L'instauration des métamorphoses ne s'est pas manifestée de manière absolue au cours de l'évolution et, dans une même lignée, des développements directs peuvent coexister avec des développements dilatés, à métamorphoses plus ou moins complexes. En fait, celles-ci ont pu apparaître de manière isolée et accidentelle dans certains taxons de la lignée, notamment par mutations. Au cours de l'évolution ultérieure, quelques uns de ces taxons ont pu prospérer et entraîner une relative diversité des espèces à métamorphoses.

AUTRES FACTEURS SÉLECTIFS INTERVENANT

La signification biologique des métamorphoses a été singulièrement éclairée par les données de l'évolution, où interfèrent deux processus indépendants dans leurs mécanismes : la variation héréditaire, qui tend constamment à engendrer des types nouveaux, et la sélection écologique (sélection naturelle), qui canalise cette variation en éliminant les variants incompatibles avec les conditions physico-chimiques et biologiques du milieu (Abeloos).

Au plan moléculaire, la métamorphose représente le passage d'un programme génétique à un autre, chacun d'eux correspondant à un ensemble spécifique de gènes actifs. Le changement de milieu qui accompagne le phénomène aboutit par ailleurs à une modification de la contrainte écologique. L'existence de facteurs sélectifs différents, avant et après la métamorphose, a donc pu accentuer l'autonomie des développements larvaire et juvénile (ou adulte) et conduire à l'apparition d'individus mieux adaptés à leurs milieux respectifs, les constellations de gènes qui caractérisent ces individus devenant sans cesse plus distinctes. Le plan d'organisation très altéré que l'on observe chez certains animaux fixés (balanes, ascidies) ou parasites (sacculine), après leur métamorphose, est significatif à cet égard.

Les larves conservent en héritage bon nombre de caractères ancestraux, qui peuvent disparaître plus ou moins lors du passage à l'état juvénile (ou adulte). Une métamorphose atténuée éloigne peu l'organisation de l'adulte de celle de la larve. Lorsque la métamorphose et le nouveau mode de vie modifient trop substantiellement l'organisation des adultes, les larves constituent alors de précieux indicateurs phylétiques. Une sacculine adulte n'est guère plus qu'une gonade, et sa place chez les crustacés n'est démontrée que par l'examen de la larve.

Dans quelques cas, la prise en compte de certains caractères morphogénétiques confirme une convergence des plans d'organisation chez les adultes : les kamptozoaires et les bryozoaires, lors de leur métamorphose avec inversion de polarité, acquièrent une bouche au pôle supérieur. Celle-ci est néanmoins d'origine différente : chez les kamptozoaires (protostomiens), elle représente l'ex-bouche de la larve ; chez les bryozoaires (deutérostomiens), elle se creuse secondairement.

UN RÉVÉLATEUR DE L'ÉVOLUTION

La métamorphose peut constituer aussi un excellent révélateur de l'évolution, puisqu'elle peut récapituler une séquence phylogénétique en peu de temps. Chez les vertébrés, la métamorphose des amphibiens offre un bon exemple d'une telle "récapitulation de la phylogenèse par l'ontogenèse", selon la formule classique de Haeckel. Par les événements qui la concernent à tous les niveaux, ce phénomène établit le passage entre une organisation de "poisson" et celle d'un tétrapode, tandis que l'animal quitte les eaux douces pour gagner la terre ferme. Une récapitulation de l'évolution est réelle aussi chez les vertébrés amniotes à développement direct, comme les oiseaux ou les mammifères, mais elle reste plus discrète et intégrée au développement embryonnaire.

INCIDENCES DES DÉPENSES ÉNERGÉTIQUES

Un conflit entre la reproduction de l'espèce et le développement de l'individu a-t-il le pouvoir d'infléchir l'évolution des phylums ? L'intégration de données énergétiques a pu apporter quelques éléments de réponse à cette question, en soulignant l'existence d'un antagonisme entre reproduction et métamorphose. En nécessitant parfois la libération d'un nombre considérable de gamètes, la reproduction peut représenter une énorme dépense énergétique et abaisser la masse corporelle des géniteurs, au point d'être préjudiciable à leur survie. L'exemple des saumons est particulièrement édifiant à cet égard, puisqu'ils meurent après le frai. La métamorphose, qui sépare une phase de croissance larvaire d'une phase adulte et reproductrice, est également hautement endoénergétique, puisqu'elle reconstruit un nouvel individu.

La reproduction à l'état larvaire et l'exclusion de la métamorphose, typiques des néoténiques, pourraient garantir la perpétuation de l'espèce, sans que le prix à payer soit trop élevé. L'énergie disponible servirait alors aux seuls besoins de la reproduction et, en aucun cas, à créditer un changement d'organisation moins indispensable à l'espèce. La partie terminale du cycle vital serait en fait éliminée. Un tel mécanisme a probablement engendré les vertébrés à partir de quelque invertébré marin. Une larve néoténique d'ascidie aurait très bien pu constituer ce maillon ancestral et initier le plan d'organisation spécifique du phylum des chordés. On peut rappeler que, chez les ascidies actuelles, la métamorphose bouleverse totalement l'organisation de la larve, au point d'occulter les caractères phylétiques.

Le développement direct serait tout aussi parcimonieux au plan énergétique, puisqu'il éviterait la reconstruction onéreuse d'un nouvel organisme lors de la métamorphose. Une telle ontogenèse, qui marque le terme d'une série évolutive, peut être illustrée notamment par le passage des amphibiens aux vertébrés amniotes.

Bibliographie

M. Abeloos (1956) *Les métamorphoses*. A. Colin, Paris.

K.G. Adiyodi & R.G. Adiyodi (1990) *Reproductive biology of invertebrates. Fertilization, development, and parental care* (vol. IV, part B). Oxford & IBH Publishing Company, New Dehli.

D.T. Anderson (1973) *Embryology and phylogeny in annelids and arthropods*. Pergamon Press, Oxford.

E.J.W. Barrington (1979) *Hormones and evolution*. Academic Press, New York.

A. Beaumont & P. Cassier (1983) *Travaux pratiques de biologie animale. Zoologie, embryologie, histologie*. Dunod, Paris.

A. Beaumont & P. Cassier (1982) *Biologie animale. Les cordés, anatomie comparée des vertébrés*. Dunod, Paris.

A. Beaumont & P. Cassier (1982) *Biologie animale. Des protozoaires aux métazoaires épithélioneuriens*. Dunod, Paris.

J.J. Bounhiol (1980) *Larves et métamorphoses*. Presses Universitaires de France, Paris.

R.C. & G.J. Brusca (1990) *Invertebrates*. Sinauer Associates ed., Sunderland (Massachusetts).

F.S. Chia & M.E. Rice (1978) *Settlement and metamorphosis of marine invertebrate larvae*. Elsevier, New York.

P.P. Cohen, R.F. Brucker & S.M. Morris (1978) Cellular and molecular aspects of thyroid hormone action during amphibian metamorphosis. In C.H. Li ed. : *Hormonal proteins and peptides. Thyroid hormones* (vol. 6). Academic Press, New York, pp. 273-381.

C. Dawydoff (1959) Ontogenèse des annélides. In P.P. Grassé ed. : *Traité de zoologie* (vol. 5). Masson, Paris, pp. 594-686.

M. Durchon & P. Joly (1978) *L'endocrinologie des invertébrés*. Presses Universitaires de France, Paris.

P. Fioroni (1971) Die Entwicklungstypen der Mollusken, eine vergleichend-embryologische Studie. *Z. Wiss. Zool. 182*, 263-394.

A. Fischer (1984) *Polychaeta reproduction*. G. Fischer-Verlag, Berlin.

M. Fontaine (1975) Physiological mechanisms in the migration of marine and amphihaline fish. *Adv. Mar. Biol. 13*, 241-355.

H. Fox (1984) *Amphibian morphogenesis*. Humana Press Publication, Londres.

A.C. Giese & A.G.E. Pearce (1975) *Reproduction of marine invertebrates*. Academic Press, New York.

L.I. Gilbert & E. Frieden (1981) *Metamorphosis : a problem in developmental biology* (2e éd.). Plenum Press, New York – Londres.

P. Grant (1978) *Biology of developing systems*. Holt, Rinehart & Winston, New York.

M.W. Hardisty (1979) *Biology of the cyclostomes*. Chapman & Hall, Londres.

K.C. Highnam & L. Hill (1978) *The comparative endocrinology of the invertebrates*. Edward Arnold, Londres.

W.S. Hoar (1988) The physiology of smolting salmonids. In W.S. Hoar & D.J. Randall eds. : *Fish physiology, XIB: the physiology of developing fish*. Academic Press, New York, pp. 275-329.

J. Hourdry & A. Beaumont (1985) *Les métamorphoses des amphibiens*. Masson/Singer-Polignac, Paris.

C. Lévi (1956) Étude des *Halisarca* de Roscoff. Embryologie et systématique des démosponges. *Arch. Zool. Exp. Gen. 93*, 1-184.

B. Mauchamp, F. Couillaud & J.C. Baehr (1992) *Insect juvenile hormone research. Fundamental and applied approaches. Chemistry, biochemistry and mode of action*. INRA éditions, Paris.

B. Lofts (1976) *Physiology of the amphibia*. Academic Press, New York.

W.W. Newby (1940) The embryology of the echiurid worm *Urechis caupo*. *Amer. Phil. Soc. 16*, 1-219.

C. Nielsen (1971) Entoproct life-cycles and the entoproct/ectoproct relationship. *Ophelia 9*, 209-341.

M. Raabe (1989) *Recent developments in insect neurohormones*. Plenum Press, New York & Londres.

J. Raccaud-Schoeller (1980) *Les insectes, physiologie et développement*. Masson, Paris.

F.W. Tesch (1977) *The eel. Biology and management of anguillid eels*. Chapman & Hall, Londres.

R. Weber (1967) *The biochemistry of animal development*. Academic Press, New York.

E. Witschi (1956) *Development of vertebrates*. Saunders, Philadelphie.

J.H. Youson (1988) First metamorphosis. In W.S. Hoar & D.J. Randall eds. : *Fish physiology, XIB: the physiology of developing fish*. Academic Press, New York, pp. 135-196.

Abréviations

A_{50}	activité à 50 %
ACP-I *(acid cystein protease-I)*	cystéine-protéase acide I
ACP-II *(acid cystein protease-II)*	cystéine-protéase acide II
ACTH *(adrenocorticotropic hormone)*	hormone corticotrope
ADN	acide désoxyribonucléique
ADNc	acide désoxyribonucléique complémentaire
AMPc	adénosine monophosphate cyclique
AP-I *(acid protease-I)*	protéase acide I
AP-II *(acid protease-II)*	protéase acide II
ARN	acide ribonucléique
ARNm	ARN messager
ATP	adénosine triphosphate
ATPase	Na^+,K^+ adénosine triphosphatase
AVP	arginine-VP, arginine vasopressine
AVT	arginine vasotocine
C	carbone
CA	*corpora allata*
CC	*corpora cardiaca*
CCK	cholécystokinine
cHH *(crustacean hyperglycemic hormone)*	hormone hyperglycémiante des crustacés
CNH *(cuticulogenesis neurohormone)*	hormone de cuticulogenèse
CRF *(corticotropin releasing factor)*	facteur hypothalamique libérant l'hormone corticotrope
CRH *(corticotropin releasing hormone)*	hormone hypothalamique libérant l'hormone corticotrope, corticolibérine
Da	dalton
DNAse	désoxyribonucléase
DOPA	dopamine
DRPH *(dispersing red pigment hormone)*	hormone dispersant le pigment rouge
EH *(eclosion hormone)*	hormone d'éclosion
EIA *(enzyme immuno assay)*	dosage immuno-enzymatique
erbA	proto-oncogène d'une érythrocytoblastose aviaire
ERH	élément de réponse à l'hormone
GC	chromatographie en phase gazeuse
GH *(growth hormone)*	hormone somatotrope, hormone de croissance
GHRF *(growth hormone releasing factor)*	facteur hypothalamique libérant l'hormone somatotrope
GMPc	guanosine monophosphate cyclique
GnRF *(gonadotropin releasing factor)*	facteur hypothalamique libérant les hormones gonadotropes
GnRH *(gonadotropin releasing hormone)*	hormone hypothalamique libérant les hormones gonadotropes, gonadolibérine
GTH *(gonadotropic hormone)*	hormone gonadotrope
Hb.ad	hémoglobine de l'adulte
Hb.l	hémoglobine de la larve
5-HT	5-hydroxytryptamine, sérotonine
IP 3	inositol triphosphate
JH *(juvenile hormone)*	hormone juvénile

kDa	kilodalton
L-ADN	domaine de liaison à l'ADN
L-HT	domaine de liaison des hormones thyroïdiennes
LVP	lysine-VP, lysine vasopressine
MIH *(moulting inhibiting hormone)*	hormone inhibitrice de la mue
MM	masse moléculaire
MS *(mass spectrometry)*	spectrométrie de masse
NCA I	nerf des *corpora allata* I
NCA II	nerf des *corpora allata* II
NCC *(nervi corpori cardiaci)*	nerfs des *corpora cardiaca*
NCC I	nerfs des *corpora cardiaca* I
NCC II	nerfs des *corpora cardiaca* II
NCC III	nerfs des *corpora cardiaca* III
NCCIV	nerfs des *corpora cardiaca* IV
P_{58}, ... P_{450}	protéine de 58 kilodaltons, ... de 450 kilodaltons
pI	point isoélectrique
PI	*pars intercerebralis*
PTTH *(prothoracicotropic hormone)*	hormone prothoracotrope
RCA *(radiochemical assay)*	dosage radiochimique
RF *(releasing factor)*	libérine hypothalamique
RIA *(radioimmunological assay)*	dosage radio-immunologique
RPCH *(red pigment chromatophore hormone)*	hormone des chromatophores à pigment rouge
RP-HPLC *(reverse phase-high performance liquid chromatography)*	chromatographie liquide en phase réverse
RT, RTα, RTβ	récepteur, récepteur α, récepteur β des hormones thyroïdiennes
RTβA, RTβB	gènes A et B codant les récepteurs β des hormones thyroïdiennes
RT -ARNm	ARN messager du récepteur des hormones thyroïdiennes
RTα-ARNm	ARN messager du récepteur α des hormones thyroïdiennes
RTβ-ARNm	ARN messager du récepteur β des hormones thyroïdiennes
S=S	pont disulfure
T3	triiodothyronine
T4	tétraiodothyronine, thyroxine
TRF *(thyrotropin releasing factor)*	facteur hypothalamique libérant l'hormone thyréotrope
TRH *(thyrotropin releasing hormone)*	hormone hypothalamique libérant l'hormone thyréotrope, thyréolibérine
TSH *(thyroid stimulating hormone)*	hormone thyréotrope, hormone thyréostimulante
VIH *(vitellogenin inhibiting hormone)*	hormone inhibitrice de la vitellogénine
VP	vasopressine

Index des genres et espèces

Index des matières

Direction éditoriale : Patricia Kerserho

Imprimé en France par
LIGHTNING SOURCE
www.lightningsource.fr

IMPRIM'VERT
Votre imprimeur agit pour l'environnement

Printed in Dunstable, United Kingdom

91336122R00214